嵌入式实时操作系统 μC/OS-III 应用技术
——基于 ARM Cortex-M3 LPC1788

张 勇 夏家莉 陈 滨 蔡 鹏 编著

北京航空航天大学出版社

内 容 简 介

本书基于 μC/OS-III 和 IAR-LPC1788 实验板讲述基于嵌入式实时操作系统进行面向任务应用程序设计的方法,阐述了 μC/OS-III 系统组件的应用技巧和开发应用程序的工作流程。全书共 14 章,包括嵌入式实时操作系统 μC/OS-III 概述,Cortex-M3 内核体系,IAR KSK LPC1788 开发板与 LPC1788 微控制器,IAR EWARM 软件和应用程序框架,μC/OS-III 移植,μC/OS-III 用户任务,μC/OS-III 系统任务,信号量、任务信号量和互斥信号量、消息队列和任务消息队列、事件标志组、多事件请求、存储管理、LCD 显示原理与面向任务程序设计实例以及 Keil MDK 程序设计方法。书中给出了 23 个完整实例,对学习嵌入式操作系统应用程序设计具有较强的指导作用,读者可在北京航空航天大学出版社网站下载源代码。

本书可作为电子通信、软件工程、自动控制、智能仪器和物联网相关专业高年级本科生或研究生学习嵌入式操作系统及其应用技术的教材,也可作为嵌入式系统开发和研究人员的参考用书。

图书在版编目(CIP)数据

嵌入式实时操作系统 μC/OS-III 应用技术 : 基于 ARM Cortex-M3 LPC1788 / 张勇等编著. --北京 : 北京航空航天大学出版社,2013.4
ISBN 978-7-5124-1098-5

Ⅰ. ①嵌… Ⅱ. ①张… Ⅲ. ①实时操作系统 Ⅳ. ①TP316.2

中国版本图书馆 CIP 数据核字(2013)第 065046 号

嵌入式实时操作系统 μC/OS-III 应用技术
——基于 ARM Cortex-M3 LPC1788
张 勇 夏家莉 陈 滨 蔡 鹏 编著
责任编辑 刘晓明

*

北京航空航天大学出版社出版发行

北京市海淀区学院路 37 号(邮编 100191) http://www.buaapress.com.cn
发行部电话:(010)82317024 传真:(010)82328026
读者信箱:emsbook@gmail.com 邮购电话:(010)82316936
涿州市新华印刷有限公司印装 各地书店经销

*

开本:710×1 000 1/16 印张:26.5 字数:565 千字
2013 年 4 月第 1 版 2013 年 4 月第 1 次印刷 印数:4 000 册
ISBN 978-7-5124-1098-5 定价:59.00 元

前　言

> **本书的结构与简介**

与人们熟知的通用计算机系统相对应的概念是专用集成电路系统,专用集成电路系统的特点在于面向某些方面应用、存储空间相对较小且具有特定的外设,系统的核心为 ARM 芯片、DSP 芯片或 FPGA 等可编程芯片。随着人们对智能技术提出越来越高的要求,专用集成电路系统的软件设计越来越复杂,特别是基于 ARM 核心的专用集成电路系统,往往需要加载嵌入式操作系统,例如 Windows CE、嵌入式 Linux、VxWorks、eCos、μC/OS-II 等,然后在嵌入式操作系统的基础上设计用户应用程序。

嵌入式操作系统与通用 Windows XP(或 Windows 7)系统有较大的区别,一般地,可以认为嵌入式操作系统具有体积小、实时性强、可靠性高、功能可裁剪、系统可移植等特点。www.google.cn 上关于嵌入式操作系统的定义为"为嵌入式计算机系统设计的操作系统,该操作系统被设计得非常紧凑和高效,舍弃了那些不会被用于专用场合下的非嵌入式计算机操作系统提供的函数,嵌入式操作系统往往是实时操作系统。例如,ATM、CCTV 系统、机顶盒、GPS、MP5 和机器人等设备上常使用嵌入式操作系统。"

本书重点讲述嵌入式操作系统的内核体系以及基于 Cortex-M3 架构 LPC1788 芯片进行面向任务应用程序设计的方法,由于 μC/OS-III 嵌入式实时系统是一款公开了源代码的中小型嵌入式操作系统,适合于教学、研究以及微控制内核的应用,故本书以讲解 μC/OS-III 为主线。全书共分 14 章,第 1 章介绍嵌入式实时操作系统 μC/OS-III 发展历程和系统组成;第 2 章介绍 Cortex-M3 内核体系;第 3 章介绍 IAR KSK LPC1788 开发板与 LPC1788 微控制器;第 4 章介绍 IAR EWARM 软件和应用程序框架;第 5 章介绍 μC/OS-III 在 LPC1788 微控制器上的移植;第 6、7 章分别介绍 μC/OS-III 用户任务和系统任务;第 8 章介绍信号量、任务信号量和互斥信号量;第 9 章介绍消息队列和任务消息队列;第 10 章介绍事件标志组;第 11 章介绍多事件请求;第 12 章介绍存储管理;第 13 章介绍 LCD 显示原理并给出了一个功能全面的面向任务的程序设计实例;第 14 章讲述基于 Keil MDK 的程序设计方法。其中,第 8~12 章为 μC/OS－III 系统组件。

本书是作者已出版的《μC/OS－II 原理与 ARM 应用程序设计》和《嵌入式操作系统原理与面向任务程序设计》(西安电子科技大学出版社)的升级篇,偏重于讲述嵌入式操作系统 μC/OS－III 的内核结构与应用技术,读者可以在本书实例的基础上,修改并扩展具有个人特色的功能,对以后工程应用具有较强的指导作用。作为从事嵌入式方面教学与科研的大学教师,作者将会一直跟踪 μC/OS－III 的升级和发展,并不断充实和修订本书。

➤ 本书的自学方法

本书理论内容尽可能做到自成体系,读者只需参考一些芯片资料和本书列出的参考文献就可通读全书。但是工程实例源代码是完整的和自成体系的,即每个工程的代码都是完整的。读者仍然可以通过 Email:zhangyong@jxufe.edu.cn 或 QQ:493815991 向作者索取源代码,作者将针对 EWARM 提供 H－JTAG 或 J－Link 仿真器实现的工程,针对 Keil MDK 提供 U－Link2 仿真器实现的工程。对 LPC1788 芯片而言,建议使用 U－Link2 仿真器。

在自学过程中,读者需要同步阅读 LPC1788 和 Cortex－M3 的相关资料,特别是对于硬件设计相关专业的学生,应充分理解书中给出的原理图,对 LPC1788 芯片的片上资源和外设有全面的了解。但愿读者的记忆力足够好,一些内容是需要死记硬背的。

本书已经将 μC/OS－III 应用程序设计技术讲解得非常全面,但是仍然建议读者进一步参考 J. J. Labrosse 先生关于 μC/OS－III 的英文原著,以及经常登录 www.micrium.com 网站了解 μC/OS－III 的最新进展,自学掌握 μC/Probe 观测 μC/OS－III 系统变量和用户变量的方法。

最后,建议读者有一套 Cortex－M3 架构的 LPC1788 实验平台,自己动手,在实现书上提供的实例的基础上,能独立地进行实例设计和实现工作,这样将会有一个巨大的能力提升。

➤ 本书的教学思路

本书根据作者的讲义整理而成,理论课时为 32 学时,实验课时为 32 学时,开放实验课时为 16 学时。如用做大学本科教材,则理论课时宜为 28~40 学时,建议讲述第 1~12 章内容,讲述顺序为 2→3→1→4→5→7→6→8→9→10→11→12。当理论课时高于 32 学时时,可讲述全部内容。实验学时建议为 20~32 学时。

建议理论教学与实验教学同步进行。理论教学过程中,可设置 2 学时讨论课,或让学生分组作学习交流主题报告。实验教学可设置 3~4 个基础性实验和 1~2 个设计性实验,实验应涉及 μC/OS－III 内核以及实验平台外设驱动等方面的内容,应以学生自己动手为主。

➤ 本书的特色

本书具有以下四个方面的特色：

其一，很细致地讲解了嵌入式实时操作系统 μC/OS-Ⅲ 的基本结构和工作原理，是目前可查的为数不多的 μC/OS-Ⅲ 方面的中文图书；

其二，基于 μC/OS-Ⅲ 讲解了其在 Cortex-M3 内核 LPC1788 芯片上的应用，重点讲述了 LPC1788 芯片设计、加载和运行嵌入式操作系统和应用程序的方法；

其三，实例丰富，书中给出了 23 个代码完整的实例，通过这些实例详细阐述了 μC/OS-Ⅲ 各个组件的使用方法和技巧；

其四，对硬件平台和软件设计均有详细的描述，详细介绍了 Cortex-M3 内核、LPC1788 芯片和面向任务的程序设计方法，对嵌入式系统设计具有较强的指导作用。

➤ 本书的配套源码

实例丰富是本书的特色，书中给出了 23 个实例，后面章节的实例是在前面章节实例的基础上扩充或修改而来的，使得所有 23 个实例均为代码完整的实例。根据本书内容，读者能还原本书的所有实例工程，作者强烈建议读者按书中方法和源代码重构各个实例，加深学习认识；此外，读者可通过 Email：zhangyong@jxufe.edu.cn 向作者索取所有工程源代码，务请来信时告知使用的仿真器和平台；此外，在北京航空航天大学出版社网站上也可以下载到所有工程代码。

➤ 致　谢

感谢恩智浦半导体公司（NXP）提供了 IAR-LPC1788 实验板和 EA-LPC1788 实验板，本书所有实例均基于这两个实验板，这些实例也支持集成了 LPC1788 芯片的类似实验平台，甚至稍作修改即可适用于基于 Cortex-M3 内核的其他 LPC 系列芯片。同时，感谢 NXP 公司金宇杰、王朋朋、周荣政、梅润平、张宇和宋岩等领导的大力支持，特别感谢张宇工程师为本书编写提出了大量建设性意见。感谢北京博创公司陆海军总经理对本书编写的关心与支持。

同时，感谢那些将阅读本书并提出宝贵意见的读者，这些意见对于作者编写新书或修订再版已出版的书籍将有实质性的帮助。由于作者水平有限，书中难免会有纰漏之处，敬请专家和读者批评指正。

➤ 免责声明

本书内容仅用于教学目的，书中引用的 μC/OS-Ⅲ、Cortex-M3、LPC1788、IAR EWARM、Keil MDK 等内容的知识产权归相关公司所有，作者保留其余内容的所有权利。禁止任何单位或个人摘抄或扩充本书内容用于出版发行，严禁将本书内容应用于商业场合。

作　者

2012 年 12 月于江西财经大学

目 录

第1章

嵌入式实时操作系统
μC/OS-III 概述

本章将介绍 μC/OS-III 的发展历程、特点、应用领域和系统结构,重点在于通过与 μC/OS 和 μC/OS-II 对比,阐述 μC/OS-III 的特色,并详细讨论 μC/OS-III 的系统组成、文件结构、配置文件、用户应用程序接口(API)函数和自定义变量类型等。

1.1 μC/OS-III 发展历程

自 1992 年 μC/OS 诞生至 2012 年 μC/OS-III 开放源码,20 年来,这款嵌入式实时操作系统在嵌入式系统应用领域得到了人们广泛的认可和喜爱,特别是在教学领域,由于其开放全部源代码,且对教学用户免费,因此受到了广大嵌入式相关专业师生的欢迎。

μC/OS 内核的雏形最早见于 J. J. Labrosse 于 1992 年 5—6 月发表在 *Embedded System Programming* 杂志上的长达 30 页的实时操作系统(RTOS)。J. J. Labrosse 可称为"μC/OS 之父"。1992 年 12 月,J. J. Labrosse 将该内核扩充为 266 页的书 *μC/OS the Real-Time Kernel*。在这本书中,μC/OS 内核的版本号为 V1.08,与发表在 *Embedded System Programming* 杂志上的 RTOS 不同的是,书中对 μC/OS 内核的代码作了详细的注解,针对半年来用户的一些反馈作了内核改进,解释了 μC/OS 内核的设计与实现方法,指出该内核是用 C 语言和最小限度的汇编代码编写的,这些汇编代码主要涉及与目标处理器相关的操作部分。μC/OS V1.08 最大支持 63 个任务,凡是具有堆栈指针寄存器和 CPU 堆栈操作的微处理器均可以移植该 μC/OS 内核。事实上,当时该内核已经可以和美国流行的一些商业 RTOS 相媲美了。

μC/OS 内核发展到 V1.11 后,1999 年,J. J. Labrosse 出版了 *MicroC/OS-II The Real Time Kernel*,正式推出了 μC/OS-II,此时的版本号为 V2.00 或 V2.04 (V2.04 与 V2.00 本质上相同,只是 V2.04 在 V2.00 的基础上对一小部分函数作了调整)。同年,J. J. Labrosse 成立了 Micrium 公司,研发和销售 μC/OS-II 软件;这一年初,J. J. Labrosse 还出版了 *Embedded Systems Building Blocks, Second*

Edition：Complete and Ready-to-use Modules in C，这本书当时已经是第 2 版，针对 μC/OS – II 详细阐述用 C 语言实现嵌入式实时操作系统各个模块的技术，并介绍了微处理器外设的访问技术；然后，在 2002 年出版了 MicroC/OS –II The Real Time Kernel Second Edition（第 2 版），在该书中，介绍了 μC/OS – II V2.52 内核。μC/OS V2.52 内核具有任务管理、时间管理、信号量、互斥信号量、事件标志组、消息邮箱、消息队列和内存管理等功能，相比 μC/OS V1.11，μC/OS – II 增加了互斥信号量和事件标志组的功能。早在 2000 年 7 月，μC/OS – II 就通过了美国联邦航空管理局（FAA）关于商用飞机的符合 RTCA DO –178B 标准的认证，说明 μC/OS – II 具有足够的安全性和稳定性，可以用于与人性命攸关、安全性要求苛刻的系统中。

张勇在 2010 年 2 月和 12 月出版了两本关于 μC/OS – II V2.86 的书：《μC/OS – II 原理与 ARM 应用程序设计》和《嵌入式操作系统原理与面向任务程序设计》。当时 μC/OS – II 的最高版本就是 V2.86，相比 V2.52，其重大改进在于自 V2.80 后，由原来只能支持 64 个任务扩展到支持 255 个任务，自 V2.81 后支持系统软定时器，到 V2.86 支持多事件请求操作。J. J. Labrosse 的书是采用"搭积木"的方法编写的，读起来更像是技术手册，这对于初学者或入门学生而言，需要较长的学习时间才能充分掌握 μC/OS – II；而张勇的书则从实例和应用的角度进行编写，特别适合于入门学者。对于那些对硬件不太熟悉的初学者，还可以参考一下张勇 2009 年 4 月出版的《ARM 原理与 C 程序设计》。后来，J. J. Labrosse 对 μC/OS – II 进行了极其微小的改良，形成了现在的 μC/OS – II 的最高版本 V2.91。

现在，μC/OS – II 仍然在全球范围内被广泛使用，但是早在 2009 年，J. J. Labrosse 就推出了 μC/OS 第三代 μC/OS – III。最初的 μC/OS – III 仅向授权用户开放源代码，这在一定程度上限制了它的推广应用。直到 2012 年，新的 μC/OS – III 才面向教学用户开放源代码，此时的版本号已经是 V3.03。伴随 μC/OS – III 的诞生，Labrosse 还针对不同的微处理器系列编写了大量相关的应用手册，目前面世的就有 μC/OS –III：The Real-Time Kernel for the Freescale Kinetis 、μC/OS –III：The Real-Time Kernel for the NXP LPC1700 、μC/OS –III：The Real-Time Kernel for the Renesas RX62N 、μC/OS –III：The Real-Time Kernel for the Renesas SH7216 、μC/OS –III：The Real-Time Kernel for the STMicroelectronics STM32F107 、μC/OS –III：The Real-Time Kernel for the Texas Instruments Stellaris MCUs 。令人欣慰的是，这 6 本书均可以从 Micriμm 官方网站 http://www.micrium.com 上免费下载全文电子稿阅读。实际上，这 6 本书的每一本都包含两部分内容，即均分为上下两篇，上篇是以 μC/OS – III 为例介绍嵌入式实时操作系统工作原理，下篇是针对特定的芯片或架构介绍 μC/OS – III 的典型应用实例，因此，这 6 本书的上篇内容基本相同；而下篇内容则具有很强的针对性，不同的手册采用了不同的硬件平台，而且编译环境也不尽相同，有采用 Keil MDK 或 RVDS 的，有采用 IAR EWARM 的。北京航空航天大学出版社也正在对其中一些书的中译本进行紧张的出版工作。

尽管 μC/OS-III 的工作原理与 μC/OS-II 有相同之处,但是,专家普遍认为 μC/OS-III 相对于 μC/OS-II 是一个近似全新的嵌入式实时操作系统,本书第 1.2 节将对比这两个操作系统的特点,来进一步说明 μC/OS-III 的优势。关于 μC/OS-II 的详细内容,请读者首先参考张勇的《μC/OS-II 原理与 ARM 应用程序设计》和《嵌入式操作系统原理与面向任务程序设计》,然后深入学习 J. J. Labrosse 的 *MicroC/OS-II The Real-Time Kernel Second Edition*,其中译本《嵌入式实时操作系统 μC/OS-II(第 2 版)》已经于 2003 年 5 月由北京航空航天大学出版社出版了。因此,本书中仅介绍 μC/OS-III 的工作原理和应用实例,不再涉及 μC/OS-II 的方方面面,同时考虑到避免与 J. J. Labrosse 先生已出版的系列手册内容重复,本书中没有对 μC/OS-III 的工作原理全面展开论述。本书重点考虑的读者为入门初学者和嵌入式相关专业大学本科学生,同时兼顾这方面的工程师、嵌入式爱好者和研究生对嵌入式实时操作系统的学习。

Micriμm 网站 http://www.micrium.com 上有大量关于 μC/OS-III 的应用手册和资料以及不断更新的 μC/OS-III 最新源代码供读者下载,显然,μC/OS-III 是一个不断发展和进化的嵌入式实时操作系统,初学者应经常浏览该网站,并获取最新的 μC/OS-III 应用信息。需要强调指出的是,尽管 μC/OS-III 是开放源代码的,但是 μC/OS-III 不是自由软件,那些用于非教学及和平事业的商业场合下的用户,必须购买用户使用许可证。

1.2 μC/OS-III 特点

嵌入式实时操作系统 μC/OS-III 是具有可裁剪和方便移植的抢先型实时内核,具有以下特点。

(1) 开放源代码

μC/OS-III 系统内核包括 20 个文件,约 17 098 行代码,所有这些代码采用右对齐的方式被完美地注释了,使得这些代码本身就是一部良好的学习 C 语言和实时操作系统的手册。

(2) API 函数命名规范

μC/OS-III 提供了 81 个用户可调用的应用程序接口(API)函数,需要掌握的只有 55 个函数。所有这些函数的命名非常规范,都是以 OS 开头,达到了见名知义的目的,例如,OSVersion 函数用于返回当前 μC/OS-III 的版本号;OSTimeDly 函数允许一个任务延时一定的时钟节拍数等。

(3) 抢先型多任务内核

μC/OS-III 系统的任务具有 5 种状态,即就绪态、运行态、等待态、中断态和休眠态。任何时刻处于运行态的任务都只能是处于就绪态的优先级最高(优先级号最小)的那个任务,当有多个就绪的任务优先级相同且同时是就绪态所有任务的最高优先级任务时,μC/OS‐III 将按时间片循环方法依次执行这些同优先级的任务。

(4) 高性能中断管理

μC/OS‐III 提供了两种保护临界区代码的方法,其一是与 μC/OS‐II 相同的关闭中断的方法,其二是新的通过锁住任务调度器防止任务切换的方法。在后者中,执行临界区代码时,没有关闭中断,因此,与 μC/OS‐II 相比,μC/OS‐III 的总的中断关闭时间大大减小,使得 μC/OS‐III 可以响应快速中断源。

(5) 中断和服务执行时间确定

在 μC/OS‐III 中,中断响应时间是确定的,同时,绝大多数系统服务的时间也是确定的。

(6) 可裁剪

从 Micriμm 官网上下载 μC/OS‐III 系统,其文件名为 KRN‐K3XX‐000000. zip,其解压目录\Micrium\Software\uCOS‐III\Cfg\Template 下,有一个名为 os_cfg. h 的配置用头文件,通过设置其中宏定义的值为 0u 或 1u 等,可以启用或关闭 μC/OS‐III 的某些系统服务,例如,os_cfg. h 文件中的第 56 行代码:

```
#define     OS_CFG_FLAG_EN        1u
```

如果上述代码的最后设为 0u,则关闭 μC/OS‐III 中事件标志组的服务功能,即不允许使用事件标志组相关的所有 API 函数,那么事件标志组就被从 μC/OS‐III 中裁剪掉了;如果设为 1u,如上述代码所示,则启用 μC/OS‐III 中事件标志组的服务功能,即允许用户使用事件标志组的某些相关 API 函数,例如创建、请求或释放事件标志组函数。

(7) 移植性强

μC/OS‐III 内核可以被移植到 45 种以上的 CPU 架构上,涉及到单片机、DSP、ARM 和 FPGA(SoPC 系统)等,所有 μC/OS‐II 的移植代码稍做修改就可以用于 μC/OS‐III 的移植。那些具有堆栈指针寄存器和支持 CPU 寄存器堆栈操作的 CPU 芯片均可以移植 μC/OS‐III,这使得只有极少数芯片例如 Motorola 68HC05 (该芯片不具备用户堆栈操作指令)等不能移植 μC/OS‐III 系统。

(8) 可固化在 ROM 中

μC/OS‐III 内核可以与用户应用程序一起固化在只读存储器(ROM)中,实际上,μC/OS‐III 内核是作为用户软件系统的一部分存在的。这点与 Windows CE 嵌入式实时操作系统不同,Windows CE 系统本身具有文件系统和用户界面,使得它与桌面 Windows 系统的操作相类似。当移动设备安装了 Windows CE 系统后,用户只需要在该系统上安装用户应用程序即可,即在 Windows CE 系统下,绝大多数应用程序与 Windows CE 系统是相对独立的。μC/OS‐III 没有文件系统,也没有用户界面,它主要是提供了操作系统的任务调度功能,因此,它必须作为用户应用软件的一部分存在于嵌入式系统中,与用户应用软件一起移植固化到移动设备的 ROM 中。

(9) 运行时可配置组件

μC/OS-Ⅲ 内核是一个模块化或组件化的嵌入式实时操作系统,它具有任务、信号量、互斥信号量、事件标志组、消息队列、内存分区、系统软定时器等组件服务,这些组件的数量可以在 μC/OS-Ⅲ 系统运行时配置其数量,甚至可以配置其占用堆栈的大小。

(10) 支持无限多任务数

μC/OS-Ⅱ 内核最多可支持 255 个任务,μC/OS-Ⅲ 则可以支持无限多个任务。事实上,在 μC/OS-Ⅲ 中,任务的调度算法(此处特指任务优先级解析算法,例如任务的优先级号因任务就绪、执行或挂起等原因进出"任务优先级表"的算法)没有μC/OS-Ⅱ 高级,由于 μC/OS-Ⅲ 是基于 32 位的内核且支持无限多个任务调度,所以,其优先级号解析算法就是简单的数组元素中的位元判断。对于不支持硬件指令统计变量中第一个 1 位所在位置的处理器而言,尽管基于这类优先级号解析的调度算法的时间确定性仍可以保证,但是对于不同优先级的调度时间,做不到完全相等。

(11) 支持无限优先级数

在 μC/OS-Ⅲ 中,任务的优先级号可以使用从 0 至无穷大正整数中的任意整数,即在 μC/OS-Ⅲ 中,任务的优先级号的数目是无限的。

(12) 支持同优先级任务

在 μC/OS-Ⅱ 中,各个任务的优先级号不能相同;而在 μC/OS-Ⅲ 中,允许具有相同优先级号的多个任务存在,当这些任务同时就绪且是就绪的所有任务中优先级最高的任务时,μC/OS-Ⅲ 内核将使用时间片轮换方法(Round-Robin Scheduling)进行这些任务的运行调度,并且,每个任务占有的 CPU 时间片大小可以由用户设定。

(13) 新的组件(或服务)

在 μC/OS-Ⅱ 的基础上,μC/OS-Ⅲ 内核提供了新的任务级别的组件(或服务),例如,任务信号量和任务消息队列,这两种组件分别实现了任务直接向其他任务请求或释放信号量或消息(队列),或者中断直接向任务释放信号量或消息(队列),而无需创建"全局"的信号量和消息队列。因此,μC/OS-Ⅲ 共有以下组件(或服务):任务、信号量、任务信号量、互斥信号量、事件标志组、消息队列、任务消息队列、系统软定时器、内存分区等。

(14) 互斥信号量

互斥信号量用于保护共享资源,且能避免任务间竞争共享资源而死锁。在 μC/OS-Ⅲ 中,对互斥信号量采用内置的优先级继承方法,即当低优先级的任务请求了互斥信号量在使用共享资源时,被更高优先级的就绪任务抢占了 CPU 使用权,而当这个更高优先级任务请求互斥信号量使用共享资源时,原先的占用互斥信号量正在使用该共享资源的任务的优先级将上升到与后者任务相同的优先级,后者任务进入到互斥信号量等待列表中。与 μC/OS-Ⅱ 相比,在 μC/OS-Ⅲ 下互斥信号量不占用新的更高的优先级号,因此,μC/OS-Ⅲ 避免了没有约束的优先级继承优先级号

的增加。同时,互斥信号量的请求释放可以做最大 250 次的嵌套使用。

(15) 任务挂起嵌套

与 μC/OS‐II 相似,μC/OS‐III 中一个任务调用 OSTaskSuspend 函数可以将自身或其他任务挂起。如果是挂起其他任务,则在 μC/OS‐III 中可以有 250 级嵌套,而 μC/OS‐II 不具有该能力。被嵌套的挂起必须调用与 OSTaskResume 函数同样多的级数才能把任务从挂起状态恢复出来。

(16) 支持系统软定时器

与 μC/OS‐II 相似,μC/OS‐III 支持系统软定时器,即 μC/OS‐III 系统定时器任务 OS_TmrTask 产生的软件定时器,包括两种,其一为单拍(One‐Shot)型,其二为周期型。前者定时一次后即自动关闭,后者按指定的定时周期不断循环。这两种定时器的共同点在于,当定时值减到 0 后,自动调用该定时器关联的回调函数;不同点在于,对于周期型定时器,当定时值减到 0 后,自动重新装入定时周期值。

(17) 支持任务级别寄存器

用户可以在任务级别的寄存器保存任务调用出错码、任务 ID 号、每个任务的中断关闭时间等。

(18) 任务调用出错检查

μC/OS‐III 中,每个 API 函数被调用后均返回一个出错码,当该出错码为 OS_ERR_NONE(该常量在 os.h 文件中被宏定义为 0u)时,常常表示该 API 函数被正常(或正确)调用。其他的出错码则或多或少地对应着一些不正常调用,一般地在程序中需要用 switch 语句检测这些出错码的出现,以进行相应的异常处理。

(19) 内置性能检测

在调试基于 μC/OS‐III 内核的应用程序中,可以借助 μC/OS‐III 内置的性能检测函数,实时掌握每个任务的执行时间、每个任务的堆栈占有情况、任务的切换次数、CPU 利用率、中断到任务和任务间切换的时间、中断关闭和调度器关闭时间、系统内部各种数据结构(记录任务或事件的各种列表、数组或链表等)的最大利用个数等(例如,对于长度为 200 的系统数组,在程序运行过程中,峰值占用个数为 120,则 120 为该数组的最大利用个数)。

(20) 易于优化

μC/OS‐III 的易于优化特性表现在两个方面:其一,针对不同字长的 CPU,可以将 μC/OS‐III 优化为对应的系统,尽管 μC/OS‐III 本身是 32 位的,但是若目标系统是 8 位或 16 位的,那么可以很容易地将 μC/OS‐III 按目标机的字长优化;其二,某些与硬件密切相关的函数可以用汇编语言实现,从而进一步提升 μC/OS‐III 的运行速度,例如,优先级号解析算法,对于具有定位变量中第一个不是 0 的位元位置的汇编指令的处理器,可以用汇编语言实现优先级号解析算法,这将大大加快 μC/OS‐III 的任务调度过程。

(21) 避免死锁性能

μC/OS-III 中具有互斥信号量组件,可以有效地避免因任务间竞争共享资源而导致死锁。同时,μC/OS-III 中所有的请求函数,均带有请求超时功能,也能有效地避免发生请求等待死锁。

(22) 任务级系统服务节拍

在 μC/OS-III 中,系统节拍管理是由系统任务 OS_TickTask 实现的,硬件时钟节拍中断服务函数将调用 OSTimeTick 函数,并由后者向系统任务 OS_TickTask 发送任务信号量,去进一步管理系统节拍。相比 μC/OS-II,这种方法的优势在于极大地减小了中断关闭时间。

(23) "钩子"函数

为了保持 μC/OS-III 内核代码的完整性,方便用户添加新的功能,又不致于修改 μC/OS-III 的内核代码,因此,μC/OS-III 集成了一些"钩子"函数,这些函数名的末尾均为"Hook"。例如,如果用户想在任务创建时添加一些功能,可以把这些附加功能放在钩子函数 OSTaskCreateHook 函数中;当任务被删除时添加的附加功能,可以放在钩子函数 OSTaskDelHook 函数中,等等。此外,用户还可以自定义钩子函数。

(24) 时间邮票

μC/OS-III 中具有一个自由计数的定时计数器,该计数器的值可以在运行阶段被读出来,称为时间邮票的原因在于:它被广泛用来记录各个事件发生的时间间隔,就像贴有时间点的邮票一样,在程序运行过程中被事件携带传递着。例如,当中断服务程序(ISR)向一个任务发送一个任务消息时,该时刻点将自动从定时计数器中读出并记录在任务消息中作为"时间邮票";该任务消息被任务接收后,任务可以从收到的任务消息中读出传递来的时间邮票,并可进一步调用 OS_TS_GET 函数读出定时计数器的当前值,该值与时间邮票的差即为此任务消息的传递时间。时间邮票只有在程序调试时才会被使用。

(25) 支持内置内核调试器

调试基于 μC/OS-III 的应用程序,用户可以使用 μC/Probe 动态显示程序运行时的系统变量和数据结构,甚至能显示用户变量,这得益于 μC/OS-III 内置了内核感知调试器,该功能主要用于程序调试阶段。对于试用版的 μC/Probe,只能显示约 8 个用户变量,但可以显示全部 μC/OS-III 系统变量。

(26) 组件或事件命名规范

在 μC/OS-III 中,每个组件或事件均有一个 ASCII 码字符串(以空字符 NUL 为结尾)的名称与之对应,字符串的长度不受限制,例如,任务、信号量、互斥信号量、消息队列、内存分区、系统软定时器等均可指定其名称。

表 1-1 为 μC/OS-III 与 μC/OS-II 和 μC/OS 的特性对比,参考自 J. J. Labrosse 的 *μC/OS-III The Real-Time Kernel*。

表 1 - 1　μC/OS - III 与 μC/OS - II 和 μC/OS 特性对比

序　号	特　性	μC/OS	μC/OS - II	μC/OS - III
1	诞生时间	1992 年	1998 年	2009 年
2	配套手册	有	有	有
3	是否开放源代码	是	是	是
4	抢先式多任务	是	是	是
5	最大任务数	64	255	无限
6	每个任务优先级号个数	1	1	无限
7	时间片调度法	不支持	不支持	支持
8	信号量	支持	支持	支持
9	互斥信号量	不支持	支持	支持(可嵌套)
10	事件标志组	不支持	支持	支持
11	**消息邮箱**	**支持**	**支持**	**不支持**
12	消息队列	支持	支持	支持
13	内存分区	不支持	支持	支持
14	任务信号量	不支持	不支持	支持
15	任务消息队列	不支持	不支持	支持
16	系统软定时器	不支持	支持	支持
17	任务挂起和恢复	不支持	支持	支持(可嵌套)
18	死锁保护	有	有	有
19	可裁剪	可以	可以	可以
20	系统代码大小/KB	3~8	6~26	6~20
21	系统数据大小/KB	至少 1	至少 1	至少 1
22	可固定在 ROM 中	可以	可以	可以
23	运行时可配置	不支持	不支持	支持
24	编译时可配置	支持	支持	支持
25	组件或事件命名	不支持	支持	支持
26	多事件请求	不支持	支持	支持
27	任务寄存器	不支持	不支持	支持
28	内置性能测试	不支持	有限功能	扩展
29	用户定义钩子函数	不支持	支持	支持
30	时间邮票(释放)	不支持	不支持	支持
31	内置内核感知调试器	无	有	有
32	可用汇编语言优化	不可以	可以	可以
33	任务级的系统时钟节拍	不是	不是	是
34	服务函数个数	约20	约90	约70
35	MISRA－C 标准	无	1998(有 10 个例外)	2004(有 7 个例外)

特别需要注意的是,表 1 - 1 中第 11 序号处关于消息邮箱的支持,在 μC/OS 和

μC/OS - II 中均支持消息邮箱,而 μC/OS - III 内核中没有消息邮箱这个组件,即不再支持消息邮箱。之所以如此,是因为 J.J. Labrosse 认为消息队列本身涵盖了消息邮箱的功能,即认为消息邮箱是多余的组件,因此,在 μC/OS - III 中故意将其去掉了。

1.3　μC/OS - III 应用领域

　　μC/OS - II 已经成功地应用在许多领域,同样地,μC/OS - III 也可以应用在这些领域。在医疗电子方面,μC/OS - II 支持医疗 FDA 510(k)、DO - 178B Level A 和 SIL3/SIL4 IEC 等标准,因此,μC/OS - II 在医疗设备方面具有良好的应用前景。目前 μC/OS - III 正处于这些标准的测试阶段。

　　μC/OS - II 在军事和航空方面应用广泛,由于其支持军用飞机 RTCA DO - 178B 和 EUROCAE ED - 12B 以及 IEC 61508 等标准,因而使得 μC/OS - II 可用于与人性命攸关的场合中。

　　与 μC/OS - II 相似,μC/OS - III 可以移植到绝大多数微处理器上,使其在嵌入式系统中具有广泛的应用背景和应用前景。例如,μC/OS - III 移植到单片机上,可用于工业控制系统;当移植到 ARM 上时,除可以作为工业控制系统外,还可以用于通信系统、消费电子和汽车电子等领域;当移植到 DSP 上时,可以用于语音,甚至图像系统的处理方面。

　　为了配合 μC/OS - III 的推广应用,Micriμm 公司还推出了 μC/USB、μC/TCP - IP、μC/GUI、μC/File System 和 μC/CAN 等软件包,使得 μC/OS - III 的应用领域向 USB 设计、网络应用、用户界面、文件系统和 CAN 总线方面拓展,使其成为嵌入式系统领域具有强大生命力的嵌入式实时操作系统。

　　需要指出的是,由于 μC/OS - III 是开放源代码的嵌入式实时操作系统,其良好的源代码规范和丰富详细的技术手册,使得 μC/OS - III(或 μC/OS - II)被众多高等院校用做教科书;在国内除了 J.J. Labrosse 的译著外,还有很多专家、学者编写了 μC/OS - II 相关的教材,使得 μC/OS - II(或 μC/OS - III)迅速普及,从而其应用领域也在迅速扩大。

　　一些典型的应用领域如下:

➤ 汽车电子方面:发动机控制、防抱死系统(ABS)、全球定位系统(GPS)等;

➤ 办公用品:传真机、打印机、复印机、扫描仪等;

➤ 通信电子:交换机、路由器、调制解调器、智能手机等;

➤ 过程控制:食品加工、机械制造等;

➤ 航空航天:飞机控制系统、喷气式发动机控制等;

➤ 消费电子:MP3/MP4/MP5 播放器、机顶盒、洗衣机、电冰箱等;

➤ 机器人和武器制导系统等。

1.4　μC/OS-III 系统组成

　　基于 μC/OS-III 内核的典型嵌入式系统结构如图 1-1 所示。从图 1-1 可以看出,该系统分为四部分,从顶向下依次为用户代码部分、μC/OS-III 系统文件部分、硬件抽象部分、硬件平台部分,前三者均属于软件部分。一般地,硬件平台的代表特征为 CPU、定时器和中断控制器,这些是加载 μC/OS-III 系统所必需的硬件组件。图 1-1 中的用户代码部分主要是针对特定功能而设计的用户任务,图中用 app.c 和 app.h 分别代表 C 语言程序文件和头文件,实际上,用户可以指定任意合法的文件名和任意数量的文件,同时要牢记 C 程序的入口是 main 函数。

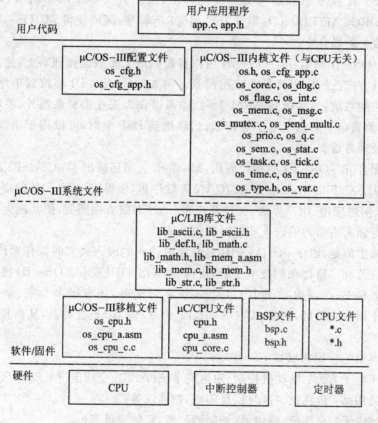

图 1-1　基于 μC/OS-III 的嵌入式系统典型结构

　　μC/OS-III 系统文件由 μC/OS-III 内核文件和 μC/OS-III 配置文件组成,共有 20 个内核文件和 2 个配置文件,稍后会详细介绍每个文件在 μC/OS-III 系统中扮演的角色和作用。μC/OS-III 移植文件、μC/CPU 文件、BSP 文件和 CPU 文件以

及 μC/LIB 库文件可以统称为硬件抽象层文件,这些文件搭建了硬件与 μC/OS−III 系统文件之间的桥梁,使得 μC/OS−III 系统文件成为与硬件完全无关的部分,因此,即使把 μC/OS−III 系统运行在不同的硬件平台上,也无须修改 μC/OS−III 系统文件,只需要修改硬件抽象层文件即可。其中,μC/OS−III 移植文件包括 os_cpu. h、os_cpu_a. asm 和 os_cpu_c. c,主要完成堆栈初始化、系统时钟节拍触发、钩子函数、任务切换异常处理等;μC/CPU 文件包括 cpu. h、cpu_a. asm、cpu_core. c 文件,主要用于 CPU 初始化、CPU 中断、时间邮票定时器和一些性能测试功能等;BSP 文件即 Board Support Package(板级支持包)文件,用 bsp. c 和 bsp. h 表示,包含直接访问硬件外设的一些函数,可供用户程序直接调用,例如,开关 LED 灯、读板上温度传感器、读按键值、开关继电器等;CPU 文件是指硬件制造商提供的访问其 CPU 或片上外设的函数。μC/LIB 库文件包含一些数学函数、内存操作、字符串或 ASCII 相关的函数,用于替换标准的 C 语言库文件 stdlib 等,使得 μC/OS−III 的可移植性更强,这部分函数主要供 μC/CPU 使用,μC/OS−III 系统文件不直接调用这些函数。

从 Micriμm 官网上下载 μC/OS−III 源程序文件 KRN−K3XX−000000. zip,解压后的目录结构如图 1−2 所示。在图 1−2 中,Doc 子目录下为 μC/OS−III 用户手册 *μC/OS−III The Real−Time Kernel User's Manual* ,其文件名为 Micrium−uCOS−III−UserManual. pdf。该手册是学习 μC/OS−III 最权威的资料,这个手册的内容实际上就是 Labrosse 出版的很多关于 μC/OS−III 的书籍的上篇内容(下篇内容为针对具体硬件平台的实例)。在学习完本书后,读者需要进一步深入研究这个文档,该文档的中译本已由北京航空航天大学出版社出版。

图 1−2 中 Release 目录下只有一个文本文件 ReadMe−Source. txt,该文件的内容反映了自 2009 年 12 月 7 日版本 V3.01.0 至 2012 年 2 月 14 日版本 V3.03.00 期间 μC/OS−III 的升级情况。Source 目录下为 20 个 μC/OS−III 内核文件,这些内核文件与硬件(CPU)是无关的,全部是用 C 语言编写成的,将在第 1.4.2 小节对这些文件实现的功能作详细的介绍。Cfg 目录下有一个子目录 Template,其下有 4 个文件,其中,os_cfg. h 和 os_cfg_app. h 为 μC/OS−III 配置文件,而 os_app_hooks. h 和 os_app_hooks. c 文件包含了约 10 个用户扩展功能的钩子函数,例如,任务创建好之后会调用的钩子函数 App_OS_TaskCreateHook,任务删除之后会调用的钩子函数 App_OS_TaskDelHook 等,注意,这些钩子函数基本上是空函数,不执行任何功能扩展。Template 是模板的意思,说明这个目录下的 4 个文件是供用户参考的,用户可以直接使用;也可以作出调整,特别是,当用户想扩展一些功能时,需要向文件 os_app_hooks. c 中相应的钩子函数添加代码。

图 1−2 中 TLS 目录是 μC/OS−III V3.03.00 版本新扩展的功能,即任务局部存储管理(Thread Local Storage Management),或称线程局部内存管理,这个功能与互斥信号量配合用于保护动态调用的 C 语言库函数中的共享资源,把这部分共享资源保存在任务专有的存储空间中,这部分内容请参考 μC/OS−III 用户手册的第 20

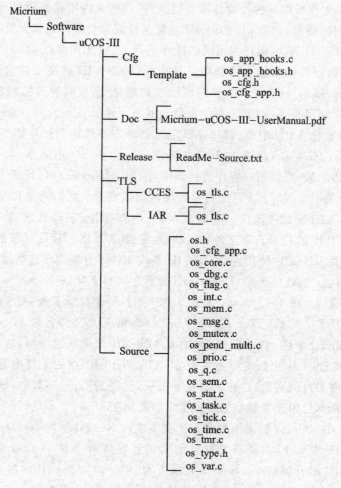

图 1‐2　压缩文件 KRN‐K3XX‐000000. zip 构成

章,本书中并不深入讨论。TLS 下有两个子目录,即 CCES 和 IAR,均只包含一个同名的文件 os_tls. c,其中,CCES 目录下的 os_tls. c 是用于 Cross Core Embedded Studio (CCES)实现的代码,而 IAR 目录下的 os_tls. c 是用于 IAR EWARM 集成开发环境的代码。

1.4.1　μC/OS‐Ⅲ 配置文件

μC/OS‐Ⅲ 是可裁剪的,即当应用程序不需要 μC/OS‐Ⅲ 内核的某些组件时,可以把这些组件在编译阶段去掉;或者,当应用程序不需要很多的任务或数据结构时,可以设置较少数量的任务数和数据结构大小。这些裁剪工作是通过调整配置文件 os_cfg. h 和 os_cfg_app. h 中的宏定义常量的值实现的。

通过阅读配置文件 os_cfg.h 可以了解到 μC/OS‐III 几乎全部的组件,因此,下面给出了这个文件的完整代码。由于要对这些代码作详细的分析,故省掉了文件 os_cfg.h 中的详细注解。

程序段 1 - 1　文件 os_cfg.h

```
 1     # ifndef OS_CFG_H
 2     # define OS_CFG_H
 3
 4     # define OS_CFG_APP_HOOKS_EN                    1u
 5     # define OS_CFG_ARG_CHK_EN                      1u
 6     # define OS_CFG_CALLED_FROM_ISR_CHK_EN          1u
 7     # define OS_CFG_DBG_EN                          1u
 8     # define OS_CFG_ISR_POST_DEFERRED_EN            0u
 9     # define OS_CFG_OBJ_TYPE_CHK_EN                 1u
10     # define OS_CFG_TS_EN                           1u
11
12     # define OS_CFG_PEND_MULTI_EN                   1u
13
14     # define OS_CFG_PRIO_MAX                        32u
15
16     # define OS_CFG_SCHED_LOCK_TIME_MEAS_EN         1u
17     # define OS_CFG_SCHED_ROUND_ROBIN_EN            1u
18     # define OS_CFG_STK_SIZE_MIN                    64u
19
20     # define OS_CFG_FLAG_EN                         1u
21     # define OS_CFG_FLAG_DEL_EN                     0u
22     # define OS_CFG_FLAG_MODE_CLR_EN               0u
23     # define OS_CFG_FLAG_PEND_ABORT_EN              0u
24
25     # define OS_CFG_MEM_EN                          1u
26
27     # define OS_CFG_MUTEX_EN                        1u
28     # define OS_CFG_MUTEX_DEL_EN                    0u
29     # define OS_CFG_MUTEX_PEND_ABORT_EN             0u
30
31     # define OS_CFG_Q_EN                            1u
32     # define OS_CFG_Q_DEL_EN                        0u
33     # define OS_CFG_Q_FLUSH_EN                      0u
34     # define OS_CFG_Q_PEND_ABORT_EN                 1u
35
36     # define OS_CFG_SEM_EN                          1u
37     # define OS_CFG_SEM_DEL_EN                      0u
38     # define OS_CFG_SEM_PEND_ABORT_EN               1u
39     # define OS_CFG_SEM_SET_EN                      1u
40
41     # define OS_CFG_STAT_TASK_EN                    1u
42     # define OS_CFG_STAT_TASK_STK_CHK_EN            1u
```

```
43
44      #define OS_CFG_TASK_CHANGE_PRIO_EN              1u
45      #define OS_CFG_TASK_DEL_EN                      0u
46      #define OS_CFG_TASK_Q_EN                        1u
47      #define OS_CFG_TASK_Q_PEND_ABORT_EN             0u
48      #define OS_CFG_TASK_PROFILE_EN                  1u
49      #define OS_CFG_TASK_REG_TBL_SIZE                1u
50      #define OS_CFG_TASK_SEM_PEND_ABORT_EN           1u
51      #define OS_CFG_TASK_SUSPEND_EN                  1u
52
53      #define OS_CFG_TIME_DLY_HMSM_EN                 1u
54      #define OS_CFG_TIME_DLY_RESUME_EN               0u
55
56      #define OS_CFG_TLS_TBL_SIZE                     0u
57
58      #define OS_CFG_TMR_EN                           1u
59      #define OS_CFG_TMR_DEL_EN                       0u
60
61      #endif
```

上述程序段 1-1 中，第 1、2 行和第 61 行构成预编译指令，防止第 4～59 行被重复包含，第一个包含头文件 os_cfg.h 的文件中如果没有定义 OS_CFG_H 常量，则第 2 行将定义该常量 OS_CFG_H；其他的文件再包含头文件 os_cfg.h 时，由于 OS_CFG_H 已被定义，则第 1 行返回假，于是第 2～59 行无法执行，故第 4～59 行仅被包含了一次。

第 4 行中宏常量 OS_CFG_APP_HOOKS_EN 为 1 时，允许用户使用钩子函数；为 0 时，禁止使用钩子函数；缺省值为 1。第 5 行中 OS_CFG_ARG_CHK_EN 为 1 时，进行函数参数合法性检查；为 0 时，关闭函数参数合法性检查；缺省值为 1。第 6 行 OS_CFG_CALLED_FROM_ISR_CHK_EN 为 1 时，将对从中断服务程序（ISR）调用系统函数的合法性进行检查；为 0 时，不做检查；缺省值为 1。第 7 行 OS_CFG_DBG_EN 为 1 时，支持调试代码和调试变量；为 0 时，不支持；缺省值为 1。

第 8 行 OS_CFG_ISR_POST_DEFERRED_EN 是一个非常重要的宏常量。当从中断服务程序中释放事件（例如释放消息等）时，μC/OS – III 有两种方法，其一为直接向任务释放，其二为推延的释放。前者与 μC/OS – II 中相同，这种方式下中断被关闭的时间稍长；后者是先将事件通过中断队列向优先级为 0 的中断处理系统任务释放，然后，中断处理系统任务再将事件向用户任务释放，比直接释放的方法稍微复杂一些，但是中断只有在中断处理系统任务从中断队列中取事件时才是关闭的，这样做可以防止从中断队列取事件时被中断掉，因此，在推延的释放方法中，中断几乎总是开放的。当 OS_CFG_ISR_POST_DEFERRED_EN 为缺省值 0 时，中断服务程序采用直接向任务释放事件的方法；为 1 时，采用推延的释放方法。

第 9 行 OS_CFG_OBJ_TYPE_CHK_EN 为 1 时，对事件的类型进行检查；为 0

时,不检查;缺省值为1。第10行 OS_CFG_TS_EN 为1时,支持时间邮票;为0时,不支持;缺省值为1。

第12行 OS_CFG_PEND_MULTI_EN 为1时,支持多事件请求;为0时,不支持多事件请求;缺省值为1。

第14行 OS_CFG_PRIO_MAX 定义任务优先级号的最大值,该值越大,内存占用越大,缺省值为32。

第16行 OS_CFG_SCHED_LOCK_TIME_MEAS_EN 为缺省值1时,支持测量任务调度锁定时间;为0时,不支持测量任务调度锁定时间。第17行 OS_CFG_SCHED_ROUND_ROBIN_EN 为缺省值1时,支持同优先级任务的时间片调度方法;为0时,不支持。第18行 OS_CFG_STK_SIZE_MIN 为最小允许的任务堆栈大小,缺省值为64。

第20~23行为事件标志组相关的宏常量定义。第20行 OS_CFG_FLAG_EN 为1时,支持事件标志组组件功能;为0时,不支持事件标志组组件功能;缺省值为1。第21行 OS_CFG_FLAG_DEL_EN 为1时,事件标志组删除函数 OSFlagDel 可用;为0时,OSFlagDel 函数不可用。这里的"可用"表示 OSFlagDel 函数的代码将被编译到可执行文件中,"不可用"表示 OSFlagDel 函数的代码没有被编译到可执行文件中,即被裁剪掉了;同样地,第22行 OS_CFG_FLAG_MODE_CLR_EN 为1时,等待事件标志组中清除事件标志位的代码可用;为0时,这部分代码不可用;缺省值为0。事件标志组中包含很多位,例如,对于一个32位的事件标志组,就有32个位。释放或请求事件标志组的某种状态有两种方法:其一是判断其中的某些位或全部位是否为1,其二是判断其中的某些位或全部位是否为0。对于请求事件标志组而言,后者称为等待事件标志组中清除事件标志位的请求操作。第23行 OS_CFG_FLAG_PEND_ABORT_EN 为1时,事件标志组请求中止函数 OSFlagPendAbort 可用;为缺省值0时,该函数不可用。

第25行 OS_CFG_MEM_EN 为缺省值1时,支持内存分区管理;为0时,不支持。

第27~29行为互斥信号量相关的宏常量。第27行 OS_CFG_MUTEX_EN 为缺省值1时,支持互斥信号量;为0时,不支持互斥信号量。第28行 OS_CFG_MUTEX_DEL_EN 为缺省值0时,互斥信号量删除函数 OSMutexDel 不可用;为1时,可用。第29行 OS_CFG_MUTEX_PEND_ABORT_EN 为缺省值0时,互斥信号量请求中止函数 OSMutexPendAbort 不可用;为1时,该函数可用。

第31~34行为消息队列裁剪相关的宏常量。第31行为缺省值1时,支持消息队列;为0时,不支持消息队列。第32行 OS_CFG_Q_DEL_EN 为缺省值0时,消息队列删除函数 OSQDel 不可用;为1时,该函数可用。第33行 OS_CFG_Q_FLUSH_EN 为缺省值0时,消息队列的消息清空函数 OSQFlush 不可用;为1时,该函数可用。第34行 OS_CFG_Q_PEND_ABORT_EN 为缺省值1时,消息队列请求中止函数

OSQPendAbort 可用；为 0 时，该函数不可用。

第 36～39 行为与信号量裁剪相关的宏常量。第 36 行 OS_CFG_SEM_EN 为缺省值 1 时，支持信号量；为 0 时，不支持信号量。第 37 行 OS_CFG_SEM_DEL_EN 为缺省值 0 时，信号量删除函数 OSSemDel 不可用；为 1 时，该函数可用。第 38 行 OS_CFG_SEM_PEND_ABORT_EN 为缺省值 1 时，请求信号量中止函数 OSSem-PendAbort 可用；为 0 时，该函数不可用。第 39 行 OS_CFG_SEM_SET_EN 为缺省值 1 时，信号量计数值设置函数 OSSemSet 可用；为 0 时，该函数不可用。

第 41～51 行为任务管理相关的宏常量。第 41 行 OS_CFG_STAT_TASK_EN 为缺省值 1 时，支持统计任务（统计任务属于系统任务）；为 0 时，不支持统计任务。第 42 行 OS_CFG_STAT_TASK_STK_CHK_EN 为缺省值 1 时，统计任务将对用户任务的堆栈使用情况进行检查；为 0 时，不做检查。第 44 行 OS_CFG_TASK_CHANGE_PRIO_EN 为缺省值 1 时，支持 OSTaskChangePrio 函数，即可以在运行时动态改变任务的优先级；为 0 时，不支持 OSTaskChangePrio 函数。第 45 行 OS_CFG_TASK_DEL_EN 为缺省值 0 时，不支持任务删除函数 OSTaskDel；为 1 时，支持该函数。第 46 行 OS_CFG_TASK_Q_EN 为缺省值 1 时，支持任务消息队列的函数，即那些函数名以 OSTaskQ 开头的函数都可用；为 0 时，这些函数不可用。第 47 行 OS_CFG_TASK_Q_PEND_ABORT_EN 为缺省值 0 时，任务消息队列请求中止函数 OSTaskQPendAbort 不可用；为 1 时，该函数可用。第 48 行 OS_CFG_TASK_PROFILE_EN 为缺省值 1 时，一些与任务消息队列或任务信号量的传递时间（时间邮票）等相关的变量集成在 OS_TCB 结构体变量中；为 0 时，这些变量没有使用。第 49 行 OS_CFG_TASK_REG_TBL_SIZE 表示任务专用寄存器的个数，缺省值为 1，访问这些寄存器的函数有 OSTaskRegSet 和 OSTaskRegGet 等，任务专用寄存器可供用户存取与该任务相关的数据，可根据需要设定其大小。对于 ARM 微处理器，由于其 RAM 空间较大，建议设置为 10 或稍大一点的数值。第 50 行 OS_CFG_TASK_SEM_PEND_ABORT_EN 为缺省值 1 时，任务信号量请求中止函数 OSTaskSem-PendAbort 可用；为 0 时，该函数不可用。第 51 行 OS_CFG_TASK_SUSPEND_EN 为缺省值 1 时，任务挂起函数 OSTaskSuspend 和任务恢复函数 OSTaskResume 可用，这两个函数常常配对使用；为 0 时，这两个函数不可用。

第 53～54 行为时间管理相关的宏常量。第 53 行 OS_CFG_TIME_DLY_HMSM_EN 为缺省值 1 时，延时函数 OSTimeDlyHMSM 可用，该函数可用小时、分、秒和毫秒来设定延时值；为 0 时，该函数不可用。第 54 行 OS_CFG_TIME_DLY_RESUME_EN 为缺省值 0 时，延时恢复函数 OSTimeDlyResume 不可用，所谓的"延时恢复"是指某个任务处于延时等待状态时，调用函数 OSTimeDlyResume 可使该任务从延时等待状态"恢复"出来，进入到就绪态（注意，如果该任务还有请求事件，则此函数无法恢复该任务）；为 1 时，延时恢复函数 OSTimeDlyResume 可用。

第 56 行 OS_CFG_TLS_TBL_SIZE 是与任务局部存储管理相关的宏常量，该值为缺省值 0 时,不支持任务局部存储管理;为 1 或大于 1 的值时,将支持任务局部存储管理,即在任务的存储空间中为保护某些不可重入函数(例如 C 语言的某些库函数)的全局变量(共享资源)而开辟一些寄存器,需要与互斥信号量配合使用。

第 58～59 行为系统软定时器管理相关的宏常量。第 58 行 OS_CFG_TMR_EN 为缺省值 1 时,支持系统软定时器;为 0 时,不支持。第 59 行 OS_CFG_TMR_DEL_EN 为缺省值 0 时,定时器删除函数 OSTmrDel 不可用;为 1 时,该函数可用。

需要说明的是,第 20 行 OS_CFG_FLAG_EN 为 0 时,后面的第 21～23 行的设置值将不起作用,因为关闭了事件标志组之后,与之相关的函数就无效了。同样道理,第 27 行的 OS_CFG_MUTEX_EN 为 0 时,第 28～29 行的设置值不起作用。第 31 行的 OS_CFG_Q_EN 为 0 时,第 32～34 行的设置值不起作用。第 36 行的 OS_CFG_SEM_EN 为 0 时,第 37～39 行的设置值不起作用。第 41 行的 OS_CFG_STAT_TASK_EN 为 0 时,第 42 行的设置值不起作用。第 58 行的 OS_CFG_TMR_EN 为 0 时,第 59 行的设置值不起作用。

配置文件 os_cfg_app. h 为一些常量的宏定义,其完整的程序代码如下所示,这里同样省掉了原程序文件中的注释。

程序段 1 - 2　　文件 os_cfg_app. h

```
1      # ifndef OS_CFG_APP_H
2      # define OS_CFG_APP_H
3
4      # define   OS_CFG_MSG_POOL_SIZE                  100u
5      # define   OS_CFG_ISR_STK_SIZE                   128u
6      # define   OS_CFG_TASK_STK_LIMIT_PCT_EMPTY       10u
7
8      # define   OS_CFG_IDLE_TASK_STK_SIZE             64u
9
10     # define   OS_CFG_INT_Q_SIZE                     10u
11     # define   OS_CFG_INT_Q_TASK_STK_SIZE            128u
12
13     # define   OS_CFG_STAT_TASK_PRIO                 11u
14     # define   OS_CFG_STAT_TASK_RATE_HZ             10u
15     # define   OS_CFG_STAT_TASK_STK_SIZE             128u
16
17     # define   OS_CFG_TICK_RATE_HZ                   1000u
18     # define   OS_CFG_TICK_TASK_PRIO                 10u
19     # define   OS_CFG_TICK_TASK_STK_SIZE             128u
20     # define   OS_CFG_TICK_WHEEL_SIZE                17u
21
22     # define   OS_CFG_TMR_TASK_PRIO                  11u
23     # define   OS_CFG_TMR_TASK_RATE_HZ               10u
24     # define   OS_CFG_TMR_TASK_STK_SIZE              128u
25     # define   OS_CFG_TMR_WHEEL_SIZE                 17u
26
```

```
27      #endif
```

上述代码中，第 4 行 OS_CFG_MSG_POOL_SIZE 为消息队列中容纳的最大消息数，缺省值为 100；第 5 行 OS_CFG_ISR_STK_SIZE 为中断服务程序的堆栈大小（每个元素被声明为 CPU_STK 类型的变量，µC/OS－Ⅲ 自定义变量类型在第 1.5 节讨论），缺省值为 128；第 6 行 OS_CFG_TASK_STK_LIMIT_PCT_EMPTY 设置堆栈空闲容量为总容量的超限百分比，缺省值为 10，即当只有 10 ％的堆栈空闲（或者已经使用了 90 ％的堆栈）时，用户可以通过任务切换钩子函数进行堆栈益出检查。

第 8 行 OS_CFG_IDLE_TASK_STK_SIZE 表示空闲任务的堆栈大小，缺省值为 64，变量类型为 CPU_STK。

第 10～11 行为中断处理系统任务相关的常量。第 10 行的 OS_CFG_INT_Q_SIZE 表示中断处理任务队列的大小，缺省值为 10。第 11 行 OS_CFG_INT_Q_TASK_STK_SIZE 表示中断处理系统任务堆栈的大小，缺省值为 128，变量类型为 CPU_STK。

第 13～15 行为与统计任务（系统任务）相关的常量。第 13 行 OS_CFG_STAT_TASK_PRIO 设置统计任务的优先级，默认值为 11。第 14 行 OS_CFG_STAT_TASK_RATE_HZ 设置统计任务执行的频率，缺省值为 10，即 10 Hz。第 15 行 OS_CFG_STAT_TASK_STK_SIZE 设置统计任务的堆栈大小，缺省值为 128，变量类型为 CPU_STK。

第 17～20 行为系统时钟节拍相关的常量。第 17 行 OS_CFG_TICK_RATE_HZ 设置系统时钟节拍的频率，默认值为 1 000，即 1 000 Hz。第 18 行 OS_CFG_TICK_TASK_PRIO 设置系统时钟节拍任务的优先级（在 µC/OS－Ⅲ 中，时钟节拍由时钟节拍任务产生），缺省值为 10。第 19 行 OS_CFG_TICK_TASK_STK_SIZE 设置时钟节拍任务的堆栈大小，缺省值为 128，变量类型为 CPU_STK。第 20 行 OS_CFG_TICK_WHEEL_SIZE 设置时钟节拍任务轮盘中入口的个数，为了保证每个入口的等待队列中的任务数近似相同（近似满足均匀分布），该常量应设置为素数（其原理可参考张勇的《嵌入式操作系统原理与面向任务程序设计》第 185 页关于 µC/OS－Ⅱ 定时器任务轮盘的描述，二者原理是相似的），默认值为 17。

第 22～25 行为定时器相关的配置常量。第 22 行 OS_CFG_TMR_TASK_PRIO 表示定时器任务的优先级，默认值为 11。第 23 行 OS_CFG_TMR_TASK_RATE_HZ 设置软定时器任务的定时频率，缺省值为 10，即 10 Hz，这个值不宜设置得过大。第 24 行 OS_CFG_TMR_TASK_STK_SIZE 设置定时器任务的堆栈大小，缺省值为 128，变量类型为 CPU_STK。第 25 行 OS_CFG_TMR_WHEEL_SIZE 表示定时器任务轮盘中入口的个数，为保证每个入口中软定时器的个数近似相同（近似均匀分布），该值应为素数（其原理请参考张勇的《嵌入式操作系统原理与面向任务程序设计》第 185 页关于 µC/OS－Ⅱ 定时器轮盘的描述），缺省值为 17。

对于 μC/OS－III 系统的应用型用户而言,充分了解 μC/OS－III 配置文件就可以了。对于那些要深入研究 μC/OS－III 工作原理的用户,还需要进一步学习 μC/OS－III 内核的 20 个文件,这些内容在下一小节中介绍。

1.4.2　μC/OS－III 内核文件

μC/OS－III 共有 20 个内核文件(见图 1－2),各个文件的作用及包括的用户常用 API 函数如表 1－2～表 1－11 所列,其中的 API 函数的用法和其参数含义将在后续章节中详细介绍。

表 1－2　μC/OS－III 各个内核文件的作用

文件名	作　用
os. h	系统头文件
os_cfg_app. c	系统配置.c 文件,其内容不可更改
os_core. c	系统初始化、任度调度、多任务启动和系统任务管理等
os_dbg. c	调试常量声明
os_flag. c	事件标志组管理
os_int. c	中断释放消息的推延方法管理
os_mem. c	内存分区管理
os_msg. c	消息队列数据结构管理
os_mutex. c	互斥信号量管理
os_pend_multi. c	多事件请求管理
os_prio. c	任务优先级列表管理
os_q. c	消息队列管理
os_sem. c	信号量管理
os_stat. c	统计任务管理
os_task. c	任务管理、任务信号量和任务消息队列管理
os_tick. c	系统时钟节拍管理
os_time. c	延时函数管理
os_tmr. c	定时器任务管理
os_type. c	系统自定义数据类型
os_var. c	定义了一个 os_var__c 常量,后续版本将扩展功能

表 1-3　文件 os_task.c 包含的常用 API 函数

序　号	函数原型	功　能
1	void　OSTaskCreate (OS_TCB * p_tcb, CPU_CHAR　* p_name, OS_TASK_PTR p_task, void * p_arg, OS_PRIO prio, CPU_STK　* p_stk_base, CPU_STK_SIZE stk_limit, CPU_STK_SIZE stk_size, OS_MSG_QTY q_size, OS_TICK time_quanta, void　* p_ext, OS_OPT opt, OS_ERR　* p_err)	用于创建任务。可以在开始多任务前创建任务或在其他的任务中创建新的任务,任务中必须包含无限循环或包括 OSTaskDel 函数终止自己。如果一个任务由于运行错误而返回了,则 μC/OS-III 系统将调用 OSTaskDel 删除该任务
2	void　OSTaskSuspend (OS_TCB　* p_tcb, OS_ERR　* p_err)	用于挂起正在执行的任务本身(p_tcb 为 NULL),或挂起其他任务(指定其任务控制块地址)。当挂起正在执行的任务时,将发生任务调度,就绪的最高优先级任务得到执行。挂起任务支持嵌套功能,被挂起的任务必须使用 OSTaskResume 函数恢复(对于嵌套多次的挂起,必须恢复同样多次数)
3	void　OSTaskResume (OS_TCB　* p_tcb, OS_ERR　* p_err)	用于恢复其他被挂起的任务
4	void　OSTaskChangePrio (OS_TCB * p_tcb, OS_PRIO　prio_new, OS_ERR　* p_err)	用于系统运行时动态改变任务的优先级,其中优先级号 0 和 OS_PRIO_MAX-1 固定被中断处理系统任务和空闲任务占用,用户任务不能占用;不能在中断服务程序(ISR)中调用该函数改变任务优先级
5	void　OSTaskDel (OS_TCB　* p_tcb, OS_ERR　* p_err)	用于删除任务。当使用参数(OS_TCB *)0 时,表示删除正在运行的任务本身。如果一个任务占有共享资源,删除该任务前应使该任务释放掉这些资源,否则可能导致死锁等不可预见的行为,因此,该函数慎用
6	void OSTaskStkChk(OS_TCB　* p_tcb, CPU_STK_SIZE　* p_free, CPU_STK_SIZE　* p_used, OS_ERR　* p_err)	用于统计任务剩余堆栈空间大小和已经使用空间大小,要求创建任务时必须使用参数 OS_TASK_OPT_STK_CHK 和 OS_TASK_OPT_STK_CLR

续表 1 - 3

序 号	函数原型	功 能
7	void OSTaskTimeQuantaSet(OS_TCB * p_tcb, 　　OS_TICK　time_quanta, 　　OS_ERR　* p_err)	用于设置同优先级多任务运行时占用的时间片大小
8	OS_REG OSTaskRegGet (OS_TCB　* p_tcb, 　　　　OS_REG_ID　id, 　　　　OS_ERR　* p_err)	用于从任务专用寄存器中读取数据
9	void　OSTaskRegSet (OS_TCB　* p_tcb, 　　　　OS_REG_ID id, 　　　　OS_REG　value, 　　　　OS_ERR　* p_err)	用于向任务专用寄存器中存储数据
10	OS_SEM_CTR OSTaskSemPend(OS_TICK time-out, 　　OS_OPT　opt, 　　CPU_TS　* p_ts, 　　OS_ERR　* p_err)	用于任务直接向 ISR 或其他任务请求信号量。当指定参数 OS _ OPT _ PEND _ BLOCKING 且没有请求到信号量时,该任务将处于等待状态或等待指定的超时时间。被 OSTaskSuspend 挂起的任务仍然可以接收到信号量,但是该任务接收到信号量后会保持挂起状态,直到被 OSTaskResume 恢复
11	OS_SEM_CTR　OSTaskSemPost (OS_TCB 　　* p_tcb, 　　OS_OPT　opt, 　　OS_ERR　* p_err)	用于 ISR 或任务直接向另一个任务释放信号量。一个任务向另一个任务释放任务信号量时,当参数设置为 OS_OPT_POST_NONE 时,将触发调度器,就绪的最高优先级任务取得执行权;当参数为 OS_OPT_POST_NO_SCHED 时,在释放任务信号量的任务执行完前,不发生任务调度
12	OS_SEM_CTR　OSTaskSemSet (OS_TCB 　　* p_tcb, 　　OS_SEM_CTR　cnt, 　　OS_ERR　* p_err)	用于设置任务信号量计数值,当指定 p_tcb 参数为(OS_TCB *)0(即 NULL 空指针)时,改变当前任务的任务信号量计数值
13	CPU_BOOLEAN OSTaskSemPendAbort 　　(OS_TCB * p_tcb,OS_OPT　opt, 　　OS_ERR　* p_err)	用于中止对任务信号量的请求,并使 p_tcb 对应的任务就绪,该参数不能取(OS_TCB *)0 空指针

续表 1－3

序　号	函数原型	功　能
14	void　＊OSTaskQPend (OS_TICK　　　timeout, 　　　　　　　　　OS_OPT　　　　opt, 　　　　　　　　　OS_MSG_SIZE　＊p_msg_size, 　　　　　　　　　CPU_TS　　　　＊p_ts, 　　　　　　　　　OS_ERR　　　　＊p_err)	用于任务直接向 ISR 或其他任务请求消息。当参数 opt 设置为 OS_OPT_PEND_BLOCKING 且任务消息队列中无消息时，该任务被挂起等待，直到接收到一则消息或用户定义的超时时间到。一个被 OSTaskSuspend 挂起的任务可以接收任务消息，但是即使接收到消息后，也必须等到被 OSTaskResume 函数恢复后才能就绪
15	void　OSTaskQPost (OS_TCB　　＊p_tcb, 　　　　　　　　void　　　　＊p_void, 　　　　　　　　OS_MSG_SIZE　　msg_size, 　　　　　　　　OS_OPT　　　　opt, 　　　　　　　　OS_ERR　　　　＊p_err)	用于 ISR 或任务向另一个任务的任务消息队列中释放消息，根据 opt 的值，可以以先进先出 (FIFO) 或后进先出 (LIFO) 的方式释放消息。任务收到消息后将进入就绪态，如果该任务是就绪的最高优先级任务，则发生任务调度使其得到执行权。如果 opt 指定了参数 OS_OPT_POST_NO_SCHED，则不发生调度，一般用于连续释放多个消息
16	OS_MSG_QTY　OSTaskQFlush 　　　　(OS_TCB　　＊p_tcb, 　　　　OS_ERR　　＊p_err)	用于清空任务消息队列中的所有消息
17	CPU_BOOLEAN　OSTaskQPendAbort 　　　　(OS_TCB　＊p_tcb, OS_OPT　　opt, 　　　　OS_ERR　　＊p_err)	中止任务对其任务消息队列的请求等待，使其就绪

表 1－4　文件 os_time.c 包含的常用 API 函数

序　号	函数原型	功　能
1	void　OSTimeDly (OS_TICK　　dly, 　　　　　　　OS_OPT　　　opt, 　　　　　　　OS_ERR　　　＊p_err)	用于任务延时一定整数值的系统时钟节拍数。延时值分为 3 种，即相对延时(从当前时刻算起)、固定延时或绝对延时(达到某时刻)，对应的 opt 参数依次为 OS_OPT_TIME_DLY、OS_OPT_TIME_PERIODIC、OS_OPT_TIME_MATCH

续表 1－4

序　号	函数原型	功　能
2	void　OSTimeDlyHMSM (CPU_INT16U　　hours, 　　　　　　　　　　　CPU_INT16U　　minutes, 　　　　　　　　　　　CPU_INT16U　　seconds, 　　　　　　　　　　　CPU_INT32U　　milli, 　　　　　　　　　　　OS_OPT　　　　opt, 　　　　　　　　　　　OS_ERR　　　* p_err)	用于任务延时特定的小时、分、秒、毫秒。当 opt 为 OS_OPT_TIME_HMSM_STRICT 时,小时、分、秒、毫秒的延时范围依次为 0~99、0~59、0~59、0~999
3	void　OSTimeDlyResume (OS_TCB　* p_tcb, 　　　　　　　　　　　OS_ERR　* p_err)	用于取消一个调用 OSTimeDly 或 OSTimeDlyHMSM 被延时的任务的延时等待
4	OS_TICK　OSTimeGet (OS_ERR　* p_err)	用于获得系统时钟节拍的当前值
5	void　OSTimeSet (OS_TICK　　ticks, 　　　　　　　　　OS_ERR　* p_err)	用于设置系统时钟节拍计数器的值

表 1－5　文件 os_sem. c 包含的常用 API 函数

序　号	函数原型	功　能
1	void　OSSemCreate (OS_SEM　　* p_sem, 　　　　　　　　　CPU_CHAR　* p_name, 　　　　　　　　　OS_SEM_CTR　cnt, 　　　　　　　　　OS_ERR　* p_err)	用于创建信号量。信号量可用于任务间同步或任务同步 ISR 的事件,在不引起死锁的情况下,信号量也可用于保护共享资源
2	OS_SEM_CTR　OSSemPend (OS_SEM　　* p_sem, 　　　　　　　　　　OS_TICK　　timeout, 　　　　　　　　　　OS_OPT　　opt, 　　　　　　　　　　CPU_TS　　* p_ts, 　　　　　　　　　　OS_ERR　　* p_err)	用于任务请求信号量,当信号量的计数器值大于 0 时,其值减 1,任务将得到信号量而就绪;如果信号量的计数值为 0,则任务进入等待状态。当参数 timeout 设为 0 时,表示永远等待;当设为大于 0 的整数时,表示等待超时的时钟节拍值
3	OS_SEM_CTR　OSSemPost (OS_SEM　　* p_sem, 　　　　　　　　　　OS_OPT　　opt, 　　　　　　　　　　OS_ERR　* p_err)	用于释放信号量,信号量的计数值将加 1,将使等待该任务的最高优先级任务就绪,调度器将判断新就绪任务与释放信号量任务优先级的高低,决定哪个任务取得执行权。当 opt 为 OS_OPT_POST_NO_SCHED 时,释放信号量后不发生任务调度,用于多次释放信号量

序　号	函数原型	功　能
4	OS_OBJ_QTY　OSSemDel (OS_SEM　＊p_sem, 　　　　　　　　　　OS_OPT　　opt, 　　　　　　　　　　OS_ERR　＊p_err)	用于删除一个信号量。在删除它之前应先删除所有请求它的任务,建议慎用
5	OS_OBJ_QTY OSSemPendAbort(OS_SEM　＊p_sem, 　　　　　　　　　　OS_OPT　　opt, 　　　　　　　　　　OS_ERR　＊p_err)	中止任务对信号量的请求等待,使其就绪
6	void　OSSemSet (OS_SEM　　＊p_sem, 　　　　　　　OS_SEM_CTR　cnt, 　　　　　　　OS_ERR　＊p_err)	用于设置信号量的计数值

表 1‐6　文件 os_mutex.c 包含的常用 API 函数

序　号	函数原型	功　能
1	void　OSMutexCreate (OS_MUTEX　＊p_mutex, 　　　　　　　　　CPU_CHAR　＊p_name, 　　　　　　　　　OS_ERR　＊p_err)	用于创建互斥信号量。互斥信号量用于保护共享资源
2	void　OSMutexPend (OS_MUTEX　＊p_mutex, 　　　　　　　OS_TICK　　timeout, 　　　　　　　OS_OPT　　opt, 　　　　　　　CPU_TS　＊p_ts, 　　　　　　　OS_ERR　　＊p_err)	用于任务请求互斥信号量。当任务请求到互斥信号量后,它将使用共享资源,使用完共享资源后,再释放互斥信号量;如果任务没有请求到,则进入到该互斥信号量的等待列表
3	void　OSMutexPost (OS_MUTEX　＊p_mutex, 　　　　　　　OS_OPT　　opt, 　　　　　　　OS_ERR　＊p_err)	用于释放互斥信号量
4	OS_OBJ_QTY OSMutexPendAbort(OS_MUTEX　＊p_mutex, 　　　　　　　　　OS_OPT　　opt, 　　　　　　　　　OS_ERR　＊p_err)	用于中止任务对互斥信号量的请求,使其就绪
5	OS_OBJ_QTY　OSMutexDel (OS_MUTEX　＊p_mutex, 　　　　　　　　　OS_OPT　　opt, 　　　　　　　　　OS_ERR　＊p_err)	用于删除一个互斥信号量。删除互斥信号量前,应除所有请求该互斥信号量的任务,建议慎用该函数

表 1 – 7   文件 os_flag. c 包含的常用 API 函数

序　号	函数原型	功　能
1	void　OSFlagCreate (OS_FLAG_GRP　* p_grp, 　　　　　　　CPU_CHAR　　* p_name, 　　　　　　　OS_FLAGS　flags, 　　　　　　　OS_ERR　　* p_err)	用于创建事件标志组
2	OS_FLAGS　OSFlagPend (OS_FLAG_GRP　* p_grp, 　　　　　　　OS_FLAGS　flags, 　　　　　　　OS_TICK　timeout, 　　　　　　　OS_OPT　opt, 　　　　　　　CPU_TS　* p_ts, 　　　　　　　OS_ERR　* p_err)	用于任务请求事件标志组。请求条件可以是事件标志组中任意位被置位或清 0 的组合状态。当参数 opt 为 OS_OPT_PEND_FLAG_CLR_ALL 时，检查事件标志组所有的位是否被清 0；为 OS_OPT_PEND_FLAG_CLR_ANY 时,检查事件标志组的任意位被清 0；为 OS_OPT_PEND_FLAG_SET_ALL 时,检查事件标志组的全部位被置 1；为 OS_OPT_PEND_FLAG_SET_ANY 时,检查事件标志组的任意位被置 1
3	OS_FLAGS　OSFlagPost (OS_FLAG_GRP　* p_grp, 　　　　　　　OS_FLAGS　flags, 　　　　　　　OS_OPT　opt, 　　　　　　　OS_ERR　* p_err)	用于释放事件标志组。根据参数 flags(位屏蔽)和 opt 的值设置或清 0 相应的位
4	OS_OBJ_QTY　OSFlagPendAbort (OS_FLAG_GRP 　　　　　* p_grp, 　　　　　OS_OPT　opt, 　　　　　OS_ERR　* p_err)	用于中止任务对事件标志组的请求,使其就绪
5	OS_OBJ_QTY　OSFlagDel (OS_FLAG_GRP 　　　　　　　* p_grp, 　　　　　　　OS_OPT　opt, 　　　　　　　OS_ERR　* p_err)	用于删除一个事件标志组。一般地,删除事件标志组前,应删除所有请求该事件标志组的任务,建议慎用该函数
6	OS_FLAGS　OSFlagPendGetFlagsRdy (OS_ERR 　　　　　　　　　* p_err)	用于取得引起当前任务就绪的任务标志组状态

表 1 - 8　文件 os_q. c 包含的常用 API 函数

序　号	函数原型	功　能
1	void　OSQCreate (OS_Q　* p_q, 　　　　　　　CPU_CHAR　* p_name, 　　　　　　　OS_MSG_QTY　max_qty, 　　　　　　　OS_ERR　　* p_err)	用于创建消息队列
2	void　　* OSQPend (OS_Q　　* p_q, 　　　　　OS_TICK　timeout, 　　　　　OS_OPT　opt, 　　　　　OS_MSG_SIZE　* p_msg_size, 　　　　　CPU_TS　* p_ts, 　　　　　OS_ERR　* p_err)	用于任务向消息队列中请求消息。如果消息队列为空且参数 opt 为 OS_OPT_PEND_BLOCKING,则请求消息的任务进入该消息队列的等待列表;如果消息队列为空且参数 opt 为 OS_OPT_PEND_NON_BLOCKING,则请求消息的任务不进入等待状态。如果消息队列中有消息,则请求消息的任务就绪
3	void　OSQPost (OS_Q　* p_q, 　　　　　void　* p_void, 　　　　　OS_MSG_SIZE　msg_size, 　　　　　OS_OPT　opt, 　　　　　OS_ERR　* p_err)	用于 ISR 或任务向消息队列中释放消息。根据参数 opt 值,可以采用先进先出(FIFO)或后进先出(LIFO)的消息入队方式。当 opt 值包含 OS_OPT_POST_NO_SCHED 时,释放消息后不进行任务调度,可用于实现多次释放消息后再进行任务调度
4	OS_OBJ_QTY　OSQDel (OS_Q　* p_q, 　　　　　　　OS_OPT　opt, 　　　　　　　OS_ERR　* p_err)	用于删除一个消息队列。一般地,删除一个消息队列前,应删除所有请求该消息队列的任务,建议慎用
5	OS_OBJ_QTY OSQPendAbort (OS_Q　* p_q, 　　　　　　　OS_OPT　opt, 　　　　　　　OS_ERR　* p_err)	用于中止请求消息队列的任务,使其就绪
6	OS_MSG_QTY　OSQFlush (OS_Q　* p_q, 　　　　　　　OS_ERR　* p_err)	用于清空消息队列中的全部消息

表 1-9　文件 os_pend_multi.c 包含的常用 API 函数

序　号	函数原型	功　能
1	OS_OBJ_QTY OSPendMulti (OS_PEND_DATA 　　　　　　　　* p_pend_data_tbl, 　　　　　　　OS_OBJ_QTY　tbl_size, 　　　　　　　OS_TICK　timeout, 　　　　　　　OS_OPT　opt, 　　　　　　　OS_ERR　* p_err)	用于任务请求多个事件(指多个信号量或消息队列),当某个事件可用时,该任务就进入就绪态。如果所有被请求的多个事件均不可用,则该任务进入等待状态,直到某个事件可用、超时、请求中止或多事件被删除等情况发生后,才能进入就绪态

表 1-10　文件 os_tmr.c 包含的常用 API 函数

序　号	函数原型	功　能
1	void　OSTmrCreate (OS_TMR　* p_tmr, 　　　　　　CPU_CHAR　* p_name, 　　　　　　OS_TICK　dly, 　　　　　　OS_TICK　period, 　　　　　　OS_OPT　opt, 　　　　　　OS_TMR_CALLBACK_PTR　p_callback, 　　　　　　void　* p_callback_arg, 　　　　　　OS_ERR　* p_err)	用于创建一个系统软定时器,该定时器可配置为周期运行(opt 为 OS_TMR_OPT_PERI-ODIC)或单拍运行(即只执行一次,opt 为 OS_TMR_OPT_ONE_SHOT)。当定时器减计数到 0 时,p_callback 指定的回调函数将被调用
2	CPU_BOOLEAN　OSTmrStart (OS_TMR　* p_tmr, 　　　　　　　　OS_ERR　* p_err)	用于启动系统软定时器的减计数
3	CPU_BOOLEAN　OSTmrStop (OS_TMR　* p_tmr, 　　　　　　　　OS_OPT　opt, 　　　　void　* p_callback_arg, 　　　　　　　OS_ERR　* p_err)	用于停止系统软定时器的减计数
4	CPU_BOOLEAN　OSTmrDel (OS_TMR　* p_tmr, 　　　　　　　　OS_ERR　* p_err)	用于删除系统软定时器。如果定时器正在运行,则首先被停止,然后被删除
5	OS_TICK　OSTmrRemainGet (OS_TMR　* p_tmr, 　　　　　　　　OS_ERR　* p_err)	用于获取软定时器距离计数到 0 的剩余计数值

序　号	函数原型	功　能
6	OS_STATE　OSTmrStateGet (OS_TMR　* p_tmr, 　　　　　　　　　　　　OS_ERR　* p_err)	用于获取软定时器的状态。软定时器有 4 种状态：没有创建、停止、单拍模式完成、正在运行，返回值依次为 OS_TMR_STATE _UNUSED、OS_TMR_STATE _STOPPED、OS_TMR_STATE _ COMPLETED、OS _TMR_STATE _RUNNING

表 1‐11　文件 os_mem. c 包含的常用 API 函数

序　号	函数原型	功　能
1	void　OSMemCreate (OS_MEM　* p_mem, 　　　　　　　CPU_CHAR　* p_name, 　　　　　　　void　* p_addr, 　　　　　　　OS_MEM_QTY　n_blks, 　　　　　　　OS_MEM_SIZE　blk_size, 　　　　　　　OS_ERR　* p_err)	用于创建内存分区。一个内存分区包括用户指定数量的固定大小的内存块。任务可以从内存分区中获取内存块，使用完后把内存块归还到内存分区中
2	void　* OSMemGet (OS_MEM　* p_mem, 　　　　　　　OS_ERR　* p_err)	用于从内存分区中获取内存块，假定用户知道内存块的大小
3	void　OSMemPut (OS_MEM　* p_mem, 　　　　　　　void　* p_blk, 　　　　　　　OS_ERR　* p_err)	用于将内存块归还到它所属的内存分区中

　　表 1‐3~表 1‐11 中加粗且斜体的序号对应的函数是需要牢记的常用 API 函数。信号量、互斥信号量、消息队列、事件标志组、内存分区、定时器等称为 μC/OS‐III 的组件，这些组件常用的功能为创建、请求和释放等。对于定时器而言，"请求"相当于开启定时器，"释放"相当于停止定时器；对于内存分区管理，"请求"相当于获取内存块，"释放"相当于放回内存；其他情况下，"请求"用 Pend 后缀表示，"释放"用 Post 后缀表示。

1.5　μC/OS‐III 自定义数据类型

　　μC/OS‐III 出现了大量的自定义数据类型是为了方便 μC/OS‐III 内核的移植，但是，初学者或有 C 语言基础的读者对这些自定义数据类型可能会不太习惯，这里针对 32 位 Cortext-M3 系列 ARM 核心列出这些自定义数据类型对应的 C 语言基础类型,从而使读者可以深入了解所有这些自定义类型的字长和属性。

文件 os_type.h 定义了 μC/OS-III 的自定义数据类型,其内容如下所示。

程序段 1-3 文件 os_type.h 源代码

```
1     # ifndef    OS_TYPE_H
2     # define    OS_TYPE_H
3
4     # ifdef     VSC_INCLUDE_H_FILE_NAMES
5     const    CPU_CHAR    * os_type__h = " $ Id: $ ";
6     # endif
7
8     typedef  CPU_INT16U      OS_CPU_USAGE;
9
10    typedef  CPU_INT32U      OS_CTR;
11
12    typedef  CPU_INT32U      OS_CTX_SW_CTR;
13
14    typedef  CPU_INT32U      OS_CYCLES;
15
16    typedef  CPU_INT32U      OS_FLAGS;
17
18    typedef  CPU_INT32U      OS_IDLE_CTR;
19
20    typedef  CPU_INT16U      OS_MEM_QTY;
21    typedef  CPU_INT16U      OS_MEM_SIZE;
22
23    typedef  CPU_INT16U      OS_MSG_QTY;
24    typedef  CPU_INT16U      OS_MSG_SIZE;
25
26    typedef  CPU_INT08U      OS_NESTING_CTR;
27
28    typedef  CPU_INT16U      OS_OBJ_QTY;
29    typedef  CPU_INT32U      OS_OBJ_TYPE;
30
31    typedef  CPU_INT16U      OS_OPT;
32
33    typedef  CPU_INT08U      OS_PRIO;
34
35    typedef  CPU_INT16U      OS_QTY;
36
37    typedef  CPU_INT32U      OS_RATE_HZ;
38
39    typedef  CPU_INT32U      OS_REG;
40    typedef  CPU_INT08U      OS_REG_ID;
41
42    typedef  CPU_INT32U      OS_SEM_CTR;
```

```
43
44      typedef    CPU_INT08U           OS_STATE;
45
46      typedef    CPU_INT08U           OS_STATUS;
47
48      typedef    CPU_INT32U           OS_TICK;
49      typedef    CPU_INT16U           OS_TICK_SPOKE_IX;
50
51      typedef    CPU_INT16U           OS_TMR_SPOKE_IX;
52
53      #endif
```

上述代码中,第 4 行如果定义了常量 VSC_INCLUDE_H_FILE_NAMES,则第 5 行定义常量 os_type__h 为"$Id: $"。

第 8~51 行为自定义变量类型。其中,CPU_表示这些变量类型定义在 cpu.h 文件中,cpu.h 属于 μC/CPU 文件(见图 1-1)。在 cpu.h 文件中,这些变量类型的定义如下所示。

程序段 1-4   文件 cpu.h 的部分代码

```
1      typedef    unsigned   char      CPU_INT08U;
2      typedef    unsigned   short     CPU_INT16U;
3      typedef    unsigned   int       CPU_INT32U;
```

上述代码说明,CPU_INT08U 为无符号字符型,占 8 位(1 字节);CPU_INT16U 为无符号短整型,占 16 位(2 字节);CPU_INT32U 为无符号整型,占 32 位(4 字节)。这样,程序段 1-3 中各个自定义类型的字长和属性就与标准和 C 语言类型直接关联了。

在程序段 1-3 中,第 8 行 OS_CPU_USAGE 用于定义 CPU 使用效率相关变量的自定义变量类型;第 10 行 OS_CTR 用于定义计数器相关变量的变量类型;第 12 行 OS_CTX_SW_CTR 用于定义任务切换数相关变量的变量类型;第 14 行 OS_CYCLES 用于定义 CPU 时钟周期相关变量的变量类型;第 16 行 OS_FLAGS 用于定义事件标志组相关变量的变量类型;第 18 行 OS_IDLE_CTR 用于定义空闲任务运行次数相关变量的变量类型;第 20~21 行的 OS_MEM_QTY 和 OS_MEM_SIZE 分别用于定义内存块数量和内存块大小(单位为字节)相关变量的变量类型;第 23~24 行 OS_MSG_QTY 和 OS_MSG_SIZE 分别用于定义消息池中消息个数和消息大小(单位为字节)相关变量的变量类型;第 26 行 OS_NESTING_CTR 用于定义中断或任务调度嵌套个数变量相关的变量类型;第 28~29 行 OS_OBJ_QTY 和 OS_OBJ_TYPE 分别用于定义内核对象个数和对象类型相关变量的变量类型,这里的对象是指系统组件或事件;第 31 行 OS_OPT 用于定义函数参数选项相关变量的变量类型;第 33 行 OS_PRIO 用于定义任务优先级相关变量的变量类型;第 35 行 OS_QTY 用于定义数量相关变量的变量类型,以及出现在声明中断消息缓冲区的消息个数变量;第

37 行 OS_RATE_HZ 用于定义统计时间相关变量的变量类型,单位为 Hz;第 39～40 行 OS_REG 和 OS_REG_ID 分别用于定义任务寄存器和寄存器索引号相关变量的变量类型;第 42 行 OS_SEM_CTR 用于定义信号量计数值相关变量的变量类型;第 44、46 行 OS_STATE 和 OS_STATUS 均用于定义任务状态相关变量的变量类型,后者主要用于定义请求状态;第 48～49 行 OS_TICK、OS_TICK_SPOKE_IX 分别用于定义系统时钟节拍和节拍轮盘位置相关变量的变量类型;第 51 行 OS_TMR_SPOKE_IX 用于定义定时器轮盘位置相关变量的变量类型。

通过程序段 1-3 和 1-4 可知,在程序段 1-3 中,第 10、12、14、16、18、29、37、39、42、48 行为 32 位无符号整型;第 8、20、21、23、24、28、31、35、49、51 行为 16 位无符号短整型;第 26、33、40、44、46 行为 8 位无符号字符型。

1.6 本章小结

本章介绍了 μC/OS-III 的由来、特点、应用领域、系统组成和自定义数据类型,其中,重点内容为 μC/OS-III 系统组成。建议读者结合本章内容,借助 Source Insight 软件浏览一下 μC/OS-III 的全部源代码,阅读一下第 1.4.2 小节给出的 API 函数内容,总体上了解 μC/OS-III 的文件结构与优良代码风格,以便为后续学习奠定良好的基础。

第 2 章

Cortex – M3 内核体系

Cortex – M3 是一种 ARM 内核。ARM 即 Advanced RISC Machine(高级精简指令集机器),它是 ARM 公司设计的高性能微处理器内核的统称。ARM 公司(http://www.arm.com)本身不生产芯片,通过转让或出售 ARM 技术知识产权核给 OEM(原始设备生产商)专业生产商来生产和销售 ARM 芯片给第三方用户。全球大约有 200 多家大型半导体生产厂商购买了 ARM 知识产权,生产具有 ARM 核的微处理器芯片,每秒就有约 90 个 ARM 芯片被使用。

早在 1985 年第一个 ARM1 原型就诞生了,1990 年 ARM 公司正式成立,早期设计的一些技术大都不再使用了,目前流行的 ARM 体系结构(或称指令集体系结构 ISA)有 ARMv4、ARMv4T、ARMv5TE、ARMv5TEJ、ARMv6 和 ARMv7 等,并且版本号还在不断升级,对应的处理器家族有 ARM7、ARM9、ARM9E、ARM10E、ARM11、Cortex、SecurCore 和 XScale 等处理器内核。其中,广泛应用的 ARM7TDMI 和 ARM920T 内核就属于 ARMv4T 体系架构,而 ARM1176JZF – S 内核属于 ARMv6 体系架构。本书所关注的 Cortex – M3 内核属于 ARMv7 – M 体系架构,该架构相对于 ARMv7 而言,主要针对嵌入式控制领域,优化了微控制器,降低了功耗。

Cortex – M3 是一款旨在替代传统意义上的单片机而设计的微处理器内核,具有中断延迟小、功耗低、集成门电路数少(功耗低的一个因素)、开发调试成本低等优点,特别适用于嵌入式控制应用,同时,也特别适合于加载 μC/OS – III 等微型嵌入式实时操作系统。以 Cortex – M3 为核心的微处理器已经被广泛应用于航空航天、医疗器具、通信终端、汽车电子、消费电子、环境监测、智能机器人、网络设备、工业控制、智能玩具、智能家居和物联网终端等领域。

本章将主要介绍 Cortex – M3 的内核架构、存储器配置、异常、寄存器和部分常用指令集等,以便为更好地学习后面的章节作铺垫,关于这些内容的详细介绍请进一步阅读本书列出的参考文献[1-4]。

2.1 Cortex - M3 内核架构

Cortex - M3 由处理器核心、高性能总线和扩展接口等组成,如图 2 - 1 所示(摘自参考文献[3]),图中加了阴影的框图为可选功能模块。图 2 - 1 中各模块的功能如下。

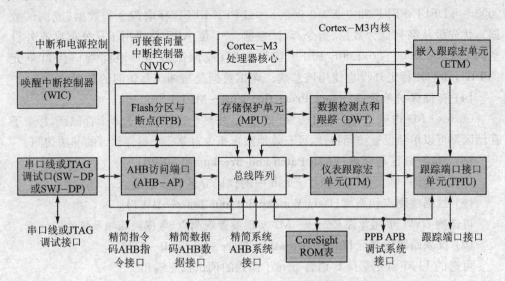

图 2 - 1 Cortex - M3 结构功能框图

(1) Cortex - M3 处理器核心

Cortex - M3 处理器核心具有集成门电路数少、中断延时短、支持 ARMv7 - M 架构下 Thumb - 2 指令集、分块堆栈指针(Banked Stack Pointer - SP)、硬件整数除法器、手柄和线程模式(Handler and Thread modes)、支持新的字节不变大端模式(byte - invariant big - endian)和小端模式(little - endian)等功能特点。

(2) 可嵌套向量中断控制器(Nested Vectored Interrupt Controller—NVIC)

先进的 NVIC 控制器可以使 Cortex - M3 支持 1~240 个外部中断,且每个中断的优先级可动态配置或分组,优先级分组使得某些中断不能被其他中断抢占,而另外一些中断可以被其他中断抢占;支持中断尾连(tail - chaining)和中断晚到(late arrival of interrupts),使得一个中断切换到另一个中断时,不需要进行中断间的环境状态保存和恢复;中断发生时与中断入口相关的处理器状态自动存储,中断退出时,这些状态自动恢复,由硬件完成,不需要指令操作。

(3) 总线阵列(Bus Matrix)

由图 2-1 可知,总线阵列提供了 Cortex - M3 内核和 3 根外部精简先进高性能总线(Advanced High - performance Bus—AHB)与 1 根先进外设总线(Advanced

Peripheral Bus—APB)的接口。其中,32 位精简指令码 AHB 总线用于从空间 0x0000 0000～0x1FFF FFFF 存取指令,每次按字对齐方式存取指令。本书中,字指 32 位,半字指 16 位,字节指 8 位。32 位精简数据码 AHB 总线用于从空间 0x0000 0000～0x1FFF FFFF 存取数据(或调试数据),当同时发生数据访问和调试数据访问时,数据访问优先级高;当同时发生数据码 AHB 总线访问和指令码 AHB 总线访问时,数据码 AHB 总线访问优先级高。32 位精简系统 AHB 总线用于从空间 0x2000 0000～0xDFFF FFFF 和 0xE010 0000～0xFFFF FFFF 存取指令和数据(或调试数据),优先级从高到低为数据、指令、调试数据。32 位 APB 总线用于从外部私有外设空间 0xE004 0000～0xE00F FFFF 访问数据(或调试数据),跟踪端口接口单元 (TPIU)和芯片特定外设也使用该总线。调试数据是指调试器访问的数据。

(4) 存储保护单元(Memory Protection Unit—MPU)

Cortex - M3 内核具有一个可选 MPU 单元,将整个存储器分为 8 个存储区,每个子存储区都可以单独设置访问特性,可有效地防止指令对某些关键存储区的非法访问。

(5) Flash 分区与断点(Flash Patch and Breakpoint—FPB)

可选的 FPB 单元允许存储在 Flash 中的代码分区和设置断点。

(6) 数据检测点和跟踪(Data Watchpoint and Trace—DWT)

可选的 DWT 单元允许 Cortex - M3 实现设置观测点、数据跟踪和系统性能分析。

(7) 仪表跟踪宏单元(Instrumentation Trace Macrocell—ITM)

可选的 ITM 单元支持 C 语言 printf 样式的调试信息输出。

(8) 嵌入跟踪宏单元(Embedded Trace Macrocell—ETM)

可选的 ETM 允许 Cortex - M3 支持指令执行情况跟踪。

(9) 跟踪端口接口单元(Trace Port Interface Unit—TPIU)

可选的 TPIU 单元提供 ITM 或 ETM 与跟踪端口分析器(Trace Port Analyzer—TPA)的桥接。

(10) AHB 访问端口(AHB Access Port—AHB - AP)

可选的 AHB - AP 单元用于连接总线阵列与 SW - DP 或 SWJ - DP 单元。

(11) 串口线或 JTAG 调试口(Serial - Wire or JTAG Debug Port—SW - DP or SWJ - DP)

Cortex - M3 支持带 JTAG 功能的串口线调试口 SWJ - DP 或不带 JTAG 功能的串口线调试口 SW - DP。

(12) CoreSight ROM 表

内核可视(CoreSight)ROM 表包括内核可视组件或外设 ID 号和指针组,指针组是三个指向系统控制空间、断点单元(BPU)和数据观测点单元的指针,主要用于调试和检测。

(13) 唤醒中断控制器(Wake - up Interrupt Controller—WIC)

Cortex - M3 内核具有一个可选的唤醒中断控制器(WIC),支持从极低功耗休眠

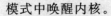

模式中唤醒内核。

2.2　Cortex – M3 存储器配置

访问存储器单元必须首先定位存储单元的地址,然后才能按既定的时序访问该地址处的存储单元内容。狭义的存储器是指能够存储数据的各类存储器,例如,RAM、ROM 或 Flash 等,这类存储器本身具有物理编址(即物理地址),对外接口具有地址总线、数据总线或复合总线等。广义的存储器是统指那些能够映射到存储空间的各类外设,使得访问这类外设就像访问存储空间单元(按特定的访问时序要求),其中有些外设本身不具有存储功能,也不具有物理编址,例如映射到存储空间的CPLD 芯片。显然,广义的存储器包括狭义的存储器。要使得任何存储器能被 Cortex – M3 内核合法访问,必须将该存储器的物理地址空间映射到 Cortex – M3 的存储空间上,该存储器空间称为其映射存储空间(或称寻址能力);同样地,只有那些映射了片上物理存储设备或外设的映射存储空间才能被访问。Cortex – M3 具有固定编址的映射存储空间,其大小为 4 GB,结构如图 2 – 2 所示。

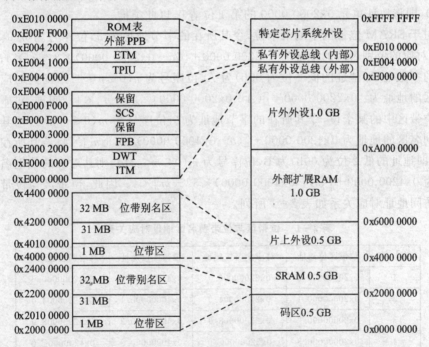

图 2 – 2　Cortex – M3 映射存储空间

在图 2 – 2 中,"码区"可存放指令和数据,取指通过指令码(ICode)总线,数据访问借助数据码(DCode)总线;"SRAM"可存放指令和数据,通过系统总线访问;"片上外设"、"外部扩展 RAM"和"片外外设"通过系统总线访问。内部私有外设总线 (PPB)提供对 ITM、DWT、FPB 和系统控制空间(System Control Space—SCS,包括 MPU 和 NVIC)等的访问;外部 PPB 提供对 TPIU、ETM、ROM 表和 PPB 存储器映射的特定区域等的访问。

在图 2-2 中,"SRAM"和"片上外设"有两个位带区,大小均为 1 MB,这两个区域可以按位寻址,即每个位带区可以有 8 Mbit 的位寻址单元,而且,每个位带区都具有对应的位带别名区,例如:0x2000 0000~0x200F FFFF 地址区间的 1 MB 位带区的别名区位于 0x2200 0000~0x23FF FFFF 地址区间,该区间的每个字对应着位带区的一位,别名区的每个字只有最低位有效,这样位带别名区的大小为 32×8 Mbit= 32 MB。同理,0x4000 0000~0x400F FFFF 地址区间的 1 MB 位带区的别名区位于 0x4200 0000~0x43FF FFFF 地址区间。位带别名区方便了位带区中每位的访问,访问这两个区域本质上都是访问位带区,可以认为位带别名区是位带区的访问映射,不是独立的存储空间。例如,向地址单元 0x2200 0000 写入字 1(即 0x0000 0001),即将地址单元 0x2000 0000 的第 0 位置 1;向地址单元 0x2200 0004 写入字 1,即将地址单元 0x2000 0000 的第 1 位置 1,以此类推。向地址单元 0x2200 0000 写入字 0(即 0x0000 0000),即将地址单元 0x2000 0000 的第 0 位清 0;向地址单元 0x2200 0004 写入字 0,即将地址单元 0x2000 0000 的第 1 位清 0,以此类推。

对于 SRAM 位带区中的某个位,令其所在的字节地址为 a,位序号为 $n(0 \leqslant n \leqslant 7)$,其对应的位别名区的地址为 $0x2200\ 0000+[(a-0x2000\ 0000) \times 8+n] \times 4$;若其所在的字地址(即地址的低 2 位为 00b)为 A,位序号为 $n(0 \leqslant n \leqslant 31)$,则其对应的位别名区的地址为:$0x2200\ 0000+[(A-0x2000\ 0000) \times 32+n] \times 4$。同理,对于片上外设位带区中的某个位,令其所在的字节地址为 b,位序号为 $m(0 \leqslant m \leqslant 7)$,其对应的位别名区的地址为 $0x4200\ 0000+[(b-0x4000\ 0000) \times 8+m] \times 4$;若其所在的字地址(即地址的低 2 位为 00b)为 B,位序号为 $m(0 \leqslant m \leqslant 31)$,则其对应的位别名区的地址为 $0x4200\ 0000+[(B-0x4000\ 0000) \times 32+m] \times 4$。因此,位带区与位带别名区的访问地址对应关系如表 2-1 所列。

表 2-1　位带区与位带别名区地址对应关系

序号	位带区位地址	对应别名区地址	位带区位地址	对应别名区地址
1	0x20000000.0	0x22000000.0	0x40000000.0	0x42000000.0
2	0x20000000.1	0x22000004.0	0x40000000.1	0x42000004.0
3	0x20000000.2	0x22000008.0	0x40000000.2	0x42000008.0
4	0x20000000.3	0x2200000C.0	0x40000000.3	0x4200000C.0
5	0x20000000.4	0x22000010.0	0x40000000.4	0x42000010.0
6	0x20000000.5	0x22000014.0	0x40000000.5	0x42000014.0
7	0x20000000.6	0x22000018.0	0x40000000.6	0x42000018.0

续表 2 - 1

序　号	位带区位地址	对应别名区地址	位带区位地址	对应别名区地址
8	0x20000000.7	0x2200001C.0	0x40000000.7	0x4200001C.0
9	0x20000000.8	0x22000020.0	0x40000000.8	0x42000020.0
10	0x20000000.9	0x22000024.0	0x40000000.9	0x42000024.0
11	0x20000000.10	0x22000028.0	0x40000000.10	0x42000028.0
12	0x20000000.11	0x2200002C.0	0x40000000.11	0x4200002C.0
⋮	⋮	⋮	⋮	⋮
32	0x20000000.31	0x2200007C.0	0x40000000.31	0x4200007C.0
33	0x20000004.0	0x22000080.0	0x40000004.0	0x42000080.0
34	0x20000004.1	0x22000084.0	0x40000004.1	0x42000084.0
35	0x20000004.2	0x22000088.0	0x40000004.2	0x42000088.0
36	0x20000004.3	0x2200008C.0	0x40000004.3	0x4200008C.0
37	0x20000004.4	0x22000090.0	0x40000004.4	0x42000090.0
⋮	⋮	⋮	⋮	⋮
1 048 576	0x200FFFFC.31	0x23FFFFFC.0	0x400FFFFC.31	0x43FFFFFC.0

表 2 - 1 中,格式"m.n"中的 m 表示地址,n 表示该地址对应的字存储单元中的位序号,例如"0x20000000.0"表示地址 0x2000 0000 的字存储单元的第 0 位。还要注意:位别名区的字存储单元只有第 0 位有效,尽管表 2 - 1 中均以第 0 位的方式列出,但实际上是按字单元进行访问的。

2.3　Cortex - M3 工作模式与异常

Cortex - M3 内核具有两种工作模式,即线程模式(thread mode)和手柄模式(handler mode)。Cortex - M3 处理器复位后进入线程模式,当处理器响应异常时进入手柄模式。Cortex - M3 内核还具有两种访问模式,即特权模式和用户模式(非特权模式)。在特权模式下,可以访问所有内核资源,μC/OS - III 工作在这种访问模式下;而在用户模式下,用户程序仅能访问部分内核资源,可有效防止用户任务的过失资源访问。Cortext - M3 有两种工作状态,即 Thumb - 2 状态和调试状态。在

Thumb - 2 状态下,执行 16 位或 32 位半字对齐的 Thumb 指令;在调试状态下,可中止处理器的运行进行调试信息分析。工作模式与访问模式的关系如表 2 - 2 所列。

表 2 - 2 说明线程模式下可以实现特权访问模式或用户访问模式,而手柄模式

表 2 - 2　工作模式与访问模式的关系

访问模式	工作模式	
	线程模式	手柄模式
特权模式	√	√
用户模式	√	×

下仅支持特权访问模式。

2.3.1 异常向量表

在 Cortex‑M3 中,能中止当前进程运行的系统行为或外部中断均称为异常(exception)。当异常发生时,程序计数器指针(PC)跳转到异常向量表中该异常位置处,该位置包含一条跳转指令,进而跳转到异常服务程序中。Cortex‑M3 复位后异常向量表存放在地址 0x0000 0000 开始处,为便于后续程序修改异常向量表,程序启动后可以重新配置异常向量表在内存中的位置,将其转移到 SRAM 空间中。

Cortex‑M3 的异常向量表如表 2‑3 所列,其中异常号(或称异常编号)为异常在异常向量表中的相对地址,即偏移量,每个向量占有 1 个字,即 4 字节;此外,如果多个异常具有相同的优先级,那么异常号越小,其相对优先级越高,即越优先被执行。

表 2‑3   异常向量表

异常号	名　称	优先级	描　述
0	SP_main	—	主堆栈指针的初始值
1	Reset	−3	复位异常,PC 初始值
2	NMI	−2	不可屏蔽异常
3	HardFault	−1	没有被响应的硬件访问异常均提交到 HardFault(硬件出错)异常
4	MemManage	可配置	存储器管理出错异常
5	BusFault	可配置	检测总线访问出错异常
6	UsageFault	可配置	与内存管理无关的指令执行出错异常
7～10	保留	—	—
11	SVCall	可配置	SVC 指令触发的异常。相当于软中断,该异常总是有效的
12	Debug Monitor	可配置	调试监视器异常
13	保留	—	—
14	PendSV	可配置	进程请求特权服务的异常,或称为挂起当前进程的异常,被 µC/OS‑III 操作系统使用
15	SysTick	可配置	SysTick 定时器定时异常,被 µC/OS‑III 操作系统使用
16+0	外部中断 0	可配置	外部中断 0
16+1	外部中断 1	可配置	外部中断 1
16+2	外部中断 2	可配置	外部中断 2
⋮	⋮	⋮	⋮
16+239	外部中断 239	可配置	外部中断 239

表 2‑3 所示异常向量表的位置受 Cortex‑M3 系统控制寄存器 VTOR(向量表

偏移地址寄存器)的控制,VTOR 的地址为 0xE000 ED08,复位后初始值为 0x0000
0000。VTOR 寄存器结构如表 2-4 所列。

例如,在表 2-4 中设置 VTOR 寄存器
的值为 0x2400 0000,则异常向量表被重新
分配到地址 0x2400 0000～0x2400 0400—1。
由于 VTOR 寄存器的低 7 位为 0(保留),故
异常向量表首地址只能重定位到被 128 字节
整除的地址单元。

表 2-4　VTOR 寄存器结构

位　组	名　称	描　述
[31:7]	TBLOFF	异常向量表地址
[6:0]	保留	—

在表 2-3 中,异常的优先级数值越小,优先级别越高;当可配置优先级的多个异
常具有相同的优先级时,其异常号越小,优先级越高。表 2-3 中,Reset(复位)异常
的优先级最高,优先级号固定为—3,这是上电复位异常;不可屏蔽异常(NMI)具有
次高的优先级,其优先级号固定为—2;然后,硬件出错异常(HardFault)具有固定优
先级号—1,优先级排名为第三;其余 247 个异常均可借助系统控制寄存器配置其优
先级大小,优先级号最小可选整数 0(复位时初值均为 0),因此,Reset、NMI 和 Hard-
Fault 异常的优先级高于这 247 个异常。需要注意的是,尽管对于优先级相同的多个
异常,其异常号相当于它们的优先级标准,但是,当一个异常在运行时,只有(主)优先
级更高的异常才能抢占当前异常的运行,即优先级相同(指主、次优先级完全相同)但
异常号小的异常不能抢占同优先级的异常的运行。下面进一步阐述在主优先级相同
的情况下,次优先级高的中断也不能抢占次优先级低的中断的执行。

Cortex - M3 对中断优先级的管理思想与传统的单片机不同,目的在于用最少的
门电路实现中断优先级管理,从而在支持优先级抢占的情况下实现低功耗操作。
Cortex - M3 优先级分为两种类型,即可运行时抢先的主优先级和不可运行时抢先的
次优先级(意思是:当某个主优先级的进程正在运行时,比它主优先级高的进程就绪
后,将抢占它的 CPU 使用权;与它主优先级相同,但是次优先级更高的进程就绪后,
不会抢占它的 CPU 使用权。但是,如果是几个相同主优先级的进程同时就绪了,则
次优先级最高的进程优先获得 CPU 使用权。用排队买票作个比方:次优先级高的
人可以站到相同主优先级的队列中所有次优先级比他低的人的前面,但是,如果有一
个次优先级比他低的人正在"买票"事件中,则他必须等对方买完后才能被服务)。
Cortex - M3 最少支持 8 级优先级,最多支持 256 级优先级,因此,可用 8 位(1 字节)
表示优先级的数值。当仅支持 8 级优先级时,使用该字节的高 3 位,其余 5 位保留
(读出时为 0);当支持 256 级优先级时,使用全部的 8 位。根据使用的位数 n(从 3 位
到 8 位)大小,Cortex - M3 支持的优先级数为 2^n。不失一般性,下面介绍 256 级优先
级的配置情况(对于小于 256 级的情况,只需要把 8 位的低位域视为 0 处理即可)。

Cortex - M3 应用程序中断与复位控制寄存器 AIRCR(地址:0xE000 ED0C)的
第[10:8]位为 PRIGROUP 位域,复位值为 000b,表示优先级分组方案,如表 2-5
所列。

表 2 – 5　优先级分组方案

序　号	PRIGROUP 值	主优先级位域	运行时抢先优先级数	次优先级位域	运行时不可抢先优先级数
1	0(复位值)	[7:1]	128	[0]	2
2	1	[7:2]	64	[1:0]	4
3	2	[7:3]	32	[2:0]	8
4	3	[7:4]	16	[3:0]	16
5	4	[7:5]	8	[4:0]	32
6	5	[7:6]	4	[5:0]	64
7	6	[7]	2	[6:0]	128
8	7		0	[7:0]	256

表 2 – 5 说明 Cortex – M3 最多支持 128 个运行时可抢先的优先级。当 Cortex – M3 的 NVIC(可嵌套中断控制器)的中断控制器类型寄存器 ICTR(地址：0xE000 E004)的第[4:0]位为只读的 INTLINESUM 位域时,芯片制造商在芯片出厂时固化该寄存器的值,如果 INTLINESUM 位域为 0,则表示 NVIC 只支持 32 个中断,该位域的值 m 与支持的中断数 n 间的关系为 $n=32(m+1)$。当 $m=7$ 时,$n=256$(此时最大支持 240 个外部中断,见表 2 – 3)。一般地 Cortex – M3 芯片支持的中断数常常小于 256。不妨设 $m=7$,则 NVIC 支持 256 个中断,每个中断优先级占用 8 位(1 字节),4 个中断优先级合在一起组成一个字,256 个中断优先级需要使用 NVIC 中断优先级寄存器 NVIC_IPR0～NVIC_IPR63(有 NVIC_IPR0～NVIC_IPR123 共 124 个寄存器),每个 NVIC_IPR 寄存器的结构如图 2 – 3 所示。

31	24 23	16 15	8 7	0
PRI_N3	PRI_N2	PRI_N1	PRI_N0	

图 2 – 3　NVIC_IPR 寄存器结构

在图 2 – 3 中,每个 8 位位域对应的中断号如表 2 – 6 所列。

表 2 – 6　NVIC_IPRn 寄存器对应的中断号($n=0～63$)

序　号	位　域	名　称	对应中断号
1	[7:0]	PRI_N0	$4n$
2	[15:8]	PRI_N1	$4n+1$
3	[23:16]	PRI_N2	$4n+2$
4	[31:24]	PRI_N3	$4n+3$

由表 2 – 6 可知,当 $n=3$ 时,NVIC_IPR3 寄存器的 PRI_N0 对应中断号为 12 的

优先级值,PRI_N1 对应中断号为 13 的优先级值,PRI_N2 对应中断号为 14 的优先级值,PRI_N3 对应中断号为 15 的优先级值。其余 n 值以此类推。

现在举一个例子:假设表 2 - 5 中的 PRIGROUP 为 4(表中序号为 5 的行),NVIC_IPR3 寄存器的 PRI_N0 的值为 1010 0010b(为方便分析,写成 101 - 00010b),其对应的中断号为 12(对应的异常号为 16+12),则该中断的主优先级为第 5 级,次优先级为第 2 级。再如,当 NVIC_IPR0 寄存器的 PRI_N3 的值为 001 - 00001b 时,对应中断号为 3(对应异常号为 16+3),则该中断的主优先级为第 1 级(注:最高为第 0 级),次优先级为第 1 级。又如,当 NVIC_IPR2 寄存器的 PRI_N2 的值为 101 - 11001b 时,对应中断号为 10(对应异常号为 16+10),则该中断的主优先级为第 5 级,次优先级为第 25 级。因此,中断号为 10 和 12 的两个中断具有相同的主优先级,但是中断号为 12 的中断次优先级更高(次优先级数值更小);而中断号为 3 的中断的主优先级比中断号为 10 和 12 的两个中断的优先级均高。如果某时刻中断号为 10 的中断在运行,此时中断号为 12 的中断发生了,则后者尽管次优先级更高,却不能抢占 CPU 使用权;然后,中断号为 3 的中断发生了,由于其主优先级更高,它将抢占 CPU 使用权,使中断号为 10 的中断处于等待状态。当中断号为 3 的中断响应完成后,由于中断号为 12 的中断次优先级更高,将优先得到执行,此时中断号为 10 的中断继续等待。等中断号为 12 的中断执行完后,中断号为 10 的中断才重新获得 CPU 使用权。所以,异常的优先级可以分为 3 类,即主优先级、次优先级和异常号。主优先级具有执行时抢先特性,可抢占比其他主优先级低的中断的 CPU 使用权;次优先级具有等待时抢先特性,即同时等待执行的主优先级相同的两个或多个中断,其次优先级越高,越优先获得 CPU 使用权,但不能抢占比它次优先级低(主优先级相同)的正在执行的中断;异常号也具有等待时抢先特性,当主、次优先级都相同的两个或多个中断在等待 CPU 使用权时,异常号小的中断优先获得 CPU 使用权。

2.3.2　PendSV 异常

PendSV 异常是请求系统服务异常,在 μC/OS - III 中用做任务间切换(或称上下文切换)。在 Cortex - M3 中有两个请求系统服务的异常,即 SVCall 和 PendSV。这二者都是始终有效的,不同的是前者通过指令 SVC 触发,触发后需要被立即响应,由于一般 SVCall 异常服务程序用于处理硬件操作,当 SVCall 异常不能被立即响应时,则优先级别提升为 HardFault 异常。因此,SVCall 异常一般不用嵌套。而 PendSV 异常常被称为 PendSV 中断,如果 PendSV 中断优先级比较低,则可以等比它优先级高的异常响应后再执行,并且还可以嵌套。PendSV 由中断控制与状态寄存器 ICSR(地址:0xE000 ED04)管理。与 PendSV 和第 2.3.3 小节有关的 ICSR 寄存器位域如表 2 - 7 所列。

表 2 - 7　与 PendSV 和 SysTick 异常相关的 ICSR 寄存器位域

位	读/写类型	名　称	含　义
[28]	可读可写	PENDSVSET	写 1 挂起 PendSV 中断;写 0 无效。读出 0 表示 PendSV 中断没有被挂起;读出 1 表示该中断被挂起
[27]	只写	PENDSVCLR	写 1 去除 PendSV 中断的挂起状态,使其恢复或就绪;写 0 无效
[26]	可读可写	PENDSTSET	写 0 无效;写 1 挂起 SysTick 中断。读 0 表示 SysTick 中断没有被挂起;读 1 表示该中断被挂起
[25]	只写	PENDSTCLR	写 0 无效;写 1 去除 SysTick 中断的挂起状态

注意：表 2 - 7 中不能同时向 PENDSVSET 和 PENDSVCLR 写 1,也不能同时向 PENDSTSET 和 PENDSTCLR 写 1,这类操作实质上是同时挂起和解除挂起同一个中断,其结果不可预测。另外,写 0 无效操作对于访问一个寄存器中的某些位非常方便,通过向不需要改变值的位写 0,向需要改变值的位写 1,就可以用一条写入指令实现对一个寄存器值的配置,而不需要读出寄存器原来的值再取或写入的多指令操作方法。

在第 2.3.1 小节中详细地阐述了 240 个外部中断的优先级配置方法,从表 2 - 3 中可见异常号 4～15(其中,异常号 7～10 和 13 保留)的异常也是可以配置优先级的,其中包括异常号为 14 的 PendSV 中断。下面介绍这些异常的优先级配置方式,重点关注 PendSV 中断的优先级配置。

Cortex - M3 具有 3 个系统手柄优先级寄存器(System Handler Priority Register)：SHPR1、SHPR2 和 SHPR3。由表 2 - 3 可知,异常号 0～3 具有固定的优先级,异常号 4～15 的优先级使用系统手柄优先级寄存器进行配置,其中,异常号 7～10 和 13 为保留的异常号位置,为以后的功能扩展用。异常号 4～15 的优先级配置情况如表 2 - 8 所列。

表 2 - 8　异常号 4～15 的优先级配置寄存器

序　号	异常号	异常名称	位　域	配置名称	寄存器
1	4	MemManage	[7:0]	PRI_4	SHPR1
2	5	BusFault	[15:8]	PRI_5	
3	6	UsageFault	[23:16]	PRI_6	
4	7	保留	[31:24]	PRI_7	
5	8	保留	[7:0]	PRI_8	SHPR2
6	9	保留	[15:8]	PRI_9	
7	10	保留	[23:16]	PRI_10	
8	11	SVCall	[31:24]	PRI_11	

续表 2 - 8

序　号	异常号	异常名称	位　域	配置名称	寄存器
9	12	Debug Monitor	[7:0]	PRI_12	
10	13	保留	[15:8]	PRI_13	SHPR3
11	14	PendSV	[23:16]	PRI_14	
12	15	SysTick	[31:24]	PRI_15	

表 2 - 8 中序号 11 对应的行为 PendSV 中断的优先级配置寄存器,可见 SHPR3 寄存器的第[23:16]位用于配置 PendSV 的优先级,具体优先级值的配置方法与第 2.3.1 小节配置 NVIC 中断的方法相同。在 Cortex - M3 中每个异常(或中断)都有与之对应的长度为 8 位的字节作为其优先级值,使得其优先级的配置非常灵活方便。

2.3.3　SysTick 定时器

Cortex - M3 的 SysTick(系统节拍)定时器是一个 24 位减计数器,被 μC/OS - III 用做操作系统节拍定时器(或称嘀嗒定时器,tick timer)。SysTick 定时器包括 4 个 32 位的寄存器:SysTick 控制状态寄存器 SYST_CSR(地址:0xE000 E010)、SysTick 重装计数值寄存器 SYST_RVR(地址:0xE000 E014)、SysTick 当前计数值寄存器 SYST_CVR(地址:0xE000 E018)和 SysTick 校准值寄存器 SYST_CALIB (地址:0xE000 E01C)。这 4 个寄存器的内容如表 2 - 9~表 2 - 12 所列。

表 2 - 9　SYST_CSR 寄存器

位　域	类　型	名　称	含　义
[31:17]	—	—	保留
[16]	只读	COUNTFLAG	减计数从 1 到 0 时置该位为 1;读该寄存器或写 SYST_CVR 寄存器将该位清 0。0 表示定时器没有计数到 0,1 表示定时器从上次读该寄存器后已计数到 0
[15:3]	—	—	保留
[2]	可读可写	CLKSOURCE	0 表示使用外部时钟;1 表示使用内部时钟
[1]	可读可写	TICKINT	0 表示计数到 0 不请求 SysTick 异常;1 表示计数到 0 请求 SysTick 异常。直接向 SYST_CVR 写 0 不会请求 SysTick 异常
[0]	可读可写	ENABLE	0 表示计数关闭;1 表示计数工作(或使能)

表 2-10　SYST_RVR 寄存器

位　域	类　型	名　称	含　义
[31:24]	—	—	保留
[23:0]	可读可写	RELOAD	当定时器计数到 0 后将该值写入 SYST_CVR 中

表 2-11　SYST_CRV 寄存器

位　域	类　型	名　称	含　义
[31:0]	可读可写	CURRENT	SysTick 定时器当前计数值

表 2-12　SYST_CALIB 寄存器

位　域	类　型	名　称	含　义
[31]	只读	NOREF	1 表示无外部参考时钟源;0 表示有外部参考时钟源
[30]	只读	SKEW	1 表示 10 ms 校准值不准确;0 表示 10 ms 校准值准确
[29:24]	—		保留
[23:0]	只读	TENMS	10 ms 的定时计数值,如果为 0,则表示校准值有误

　　Cortex-M3 复位后,SysTick 当前计数值寄存器 SYST_CVR 的值不确定,因此,使能 SysTick 计数前,需要先设置 SYST_RVR 的值和写寄存器 SYST_CVR,其中 SYST_RVR 的值为计数周期,而向 SYST_CVR 寄存器写入值时将清 0 该寄存器;然后使能 SysTick 计数器(置 SYST_CSR 的 ENABLE 位为 1),此时,SYST_CVR 将 SYST_RVR 的值装入其中,然后开始减计数。SYST_CSR 寄存器的 CLK-SOURCE 值决定计数器时钟源,0 表示使用外部时钟,1 表示使用内部 CPU 时钟,因此,SysTick 定时器计数周期由选用的时钟源和 SYST_RVR 的值而定。当 SYST_CSR 寄存器的 TICKINT 位为 1 时,每次减计数到 0 时请求 SysTick 异常,计数到 0 后的下一个计数时钟将 SYST_RVR 的值装入 SYST_CVR 中,因此,计数周期实际上为(SYST_RVR 的值+1)×计数时钟的周期。

　　此外,SysTick 异常的优先级参考表 2-8 中序号为 12 对应的行,该异常对应的入口地址参考表 2-3,这里不再赘述。

2.3.4　NVIC 中断配置

　　"中断配置"指配置中断的入口地址、使能与关闭、请求状态和优先级等,以及了解与中断相关的寄存器情况。在第 2.3.1 小节已经详细阐述了中断优先级的配置方法,NVIC 中断入口地址在中断向量表中的地址是相对固定的,随中断向量表整体平移。本小节重点介绍 NVIC 中断的使能与关闭以及请求状态等。NVIC 中断控制器相关的寄存器如表 2-13 所列。

表 2-13　NVIC 中断控制器相关的寄存器

序　号	寄存器	名　称	类　型	地　址	复位值
1	ICTR	中断控制器类型寄存器	只读	0xE000 E004	由配置定义
2	STIR	软件触发中断寄存器	只写	0xE000 EF00	—
3	NVIC_ISER0~NVIC_ISER15	中断置使能寄存器	可读可写	0xE000 E100~0xE000 E13C	0x0000 0000
4	NVIC_ICER0~NVIC_ICER15	中断清使能寄存器	可读可写	0xE000 E180~0xE000 E1BC	0x0000 0000
5	NVIC_ISPR0~NVIC_ISPR15	中断置请求寄存器	可读可写	0xE000 E200~0xE000 E23C	0x0000 0000
6	NVIC_ICPR0~NVIC_ICPR15	中断清请求寄存器	可读可写	0xE000 E280~0xE000 E2BC	0x0000 0000
7	NVIC_IABR0~NVIC_IABR15	中断活跃位寄存器	只读	0xE000 E300~0xE000 E33C	0x0000 0000
8	NVIC_IPR0~NVIC_IPR123	中断优先级寄存器	可读可写	0xE000 E400~0xE000 E7EC	0x0000 0000

表 2-13 中,32 位的中断控制器类型寄存器 ICTR 的第[31:4]位域为保留位域;第[3:0]位域为 INTLINESUM,表示支持的总的中断个数,由芯片生产商固化该寄存器的值,其含义参考第 2.3.1 小节。

32 位的软件触发中断寄存器 STIR 的第[31:9]位域为保留位域,第[8:0]位域为只写属性的 INTID 位域。INTID 的值(中断号)+16 就是异常号,向 INTID 写入某个中断号相当于 NVIC_ISPR 寄存器对应该中断号的请求位置 1,即用软件的方法请求该中断服务。

由表 2-13 可知,Cortex - M3 具有 16 个 32 位的中断置使能寄存器 NVIC_ISERn(n=0~15),每个寄存器的每一位对应着一个中断的状态,读出 1 表示中断使能,读出 0 表示中断关闭;写入 0 无效,写入 1 使能该中断。NVIC_ISERn(n=0~15)的第 m 位(m=0~31)对应的中断号为 32n+m。其中,寄存器 NVIC_ISER15 的第[31:16]位保留(注:实际上 ARMv7 - M 最多可支持 496 个中断,但 Cortex - M3 只支持 240 个外部中断)。

同理,16 个 32 位的中断清使能寄存器 NVIC_ICERn(n=0~15)的每一位也对应着一个中断的状态,读出 1 表示中断使能,读出 0 表示中断关闭;写入 0 无效,写入

1 关闭该中断。这种"写 0 无效—写 1 配置"的方式避免了普通单片机的读/写操作，使用一条写指令就可以完成操作，非常方便。NVIC_ICERn(n=0～15)的第 m 位(m=0～31)对应的中断号为 $32n+m$。其中，寄存器 NVIC_ICER15 的第[31:16]位保留。

　　16 个 32 位的中断置请求寄存器 NVIC_ISPRn(n=0～15)的每一位对应着一个中断的请求状态，读出 0 表示该中断没有请求，读出 1 表示该中断正在请求；写入 0 无效，写入 1 使该中断发出请求服务(注："中断请求"与"中断使能"是两个不同的概念：中断使能是指一个中断允许被触发，不使能(或关闭)指该中断不响应其中断信号；中断请求是指该中断有没有发生，如果发生了表示正在请求，如果没有发生则表示中断没有请求。因此，"中断请求"记录中断有没有发生，"中断使能"关注中断能不能被触发，只有在"中断使能"的前提下，"中断请求"才有可能)。NVIC_ISPRn(n=0～15)的第 m 位(m=0～31)对应的中断号为 $32n+m$。通过中断置请求寄存器触发中断请求是一种软件方法，更一般的情况是靠硬件外设触发中断请求。

　　同理，16 个 32 位的中断清请求寄存器 NVIC_ICPRn(n=0～15)的每一位也对应着一个中断的请求状态，读出 0 表示该中断没有请求，读出 1 表示该中断正在请求；写入 0 无效，写入 1 清除该中断的请求状态。NVIC_ICPRn(n=0～15)的第 m 位(m=0～31)对应的中断号为 $32n+m$。寄存器 NVIC_ICER15 的第[31:16]位保留。一般地，只能通过借助中断清请求寄存器清除中断的请求状态。

　　寄存器 NVIC_IABR n(n=0～15)表示 NVIC 中断是否活跃，一个中断活跃期是指它从中断产生到中断返回之间的时期，在这个活跃期内，该中断对应的 NVIC_IABR n(n=0～15)的那一位被置 1，否则清 0，该类寄存器是只读的。NVIC_IABRn(n=0～15)的第 m 位(m=0～31)对应的中断号为 $32n+m$。

　　"中断活跃态"和"中断请求态"是两个不同的概念。当中断产生后，该中断处于活跃态；中断返回后，该中断处于不活跃态。当中断发生后，中断处于请求态，从而中断请求中断服务程序；当中断进入中断服务程序后，即处于中断态时，不再关心该中断是否处于请求态；当中断返回后，则去询问中断是否处于请求态，如果是，则再次进入中断服务态。因此，进入中断服务程序后，常常用软件方法清除中断请求状态位。一般地，其产生顺序为：中断发生→中断请求→中断活跃→清除中断请求→中断不活跃(中断返回)→某个时刻中断再次发生。可见，同一个中断的发生是不支持嵌套的(当然，也没有必要嵌套)。当不同的中断嵌套时，在各个中断返回前，其活跃态一直保持。

2.4　Cortex－M3 寄存器

　　Cortex－M3 具有两种类型的寄存器，即内核寄存器和内存映射寄存器。这两种寄存器的访问方法不同：内核寄存器属于 CPU 核，通过专用的汇编指令访问，即内核寄存器是作为汇编指令的某个(或某些)操作数而被访问的，没有地址可言；内存映射寄存器是指那些"投影"到某段内存空间的寄存器(访问这段内存空间就是访问该类寄存器)，访问这类寄存器与访问普通内存空间的方法相同，是根据内存地址进行访问的。掌握 Cortex – M3 硬件资源必须充分了解各个寄存器的含义与配置使用方法，寄存器、存储器配置和中断系统被称为硬件资源管理的三要素。

2.4.1 内核寄存器

Cortex – M3 具有 24 个物理的内核寄存器，通常把通用目的寄存器 R0～R12、两个堆栈指针寄存器 SP_main 和 SP_process(或称 R13)、连接寄存器 LR(或称 R14)和程序状态寄存器 PC(或称 R15)等 17 个寄存器称为内核寄存器，而本书中把专用目的程序状态寄存器 APSR、IPSR、EPSR 和专用目的屏蔽寄存器 PRIMASK、BASEPRI、FAULTMASK 以及专用目的控制寄存器 CONTROL 等均视为内核寄存器，可称为广义的内核寄存器，R0～R15 可称为狭义的内核寄存器，如图 2 – 4 所示。

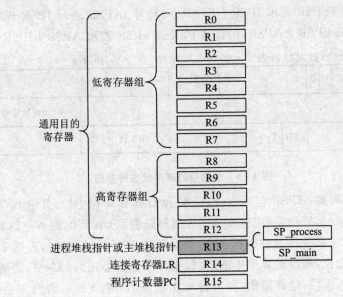

图 2 – 4 内核寄存器

13 个通用目的的寄存器 R0～R12 分为两组，低寄存器组包括 R0～R7，可用于 16 位或 32 位的指令中；而高寄存器组包括 R8～R12，仅用于 32 位指令中。

R13 用做堆栈指令寄存器，对应着两个不同的物理寄存器，手柄模式下只能使用 SP_main 寄存器，线程模式下可使用 SP_main 或 SP_process 寄存器。复位后使用

SP_main 指针。Cortex - M3 支持"向低地址端生长"的后进先出(LIFO)型堆栈,堆栈指针 SP 总是指向栈区中最顶端的数据。当新数据(假设 32 位)入栈时(PUSH 操作),SP 先向低地址端移动一个字,然后新数据入栈;当数据出栈时(POP 操作),SP 指向的数据弹出堆栈,然后 SP 指针向高地址端移动一个字。SP 指向的地址始终是字地址,因此,SP 的值的低 2 位始终为 0(即 4 字节对齐)。

R14 是连接寄存器(LR),当程序跳转时,子程序的返回地址保存在 LR 中;此外,异常返回也使用 LR 寄存器。由于 Cortex - M3 支持 16 位或 32 位指令,因此,LR 的最低位总是 0。

R15(即 PC)程序计数器指针指向当前正在执行的指令的地址+4,即指向要取指的指令的地址。Cortex - M3 要求指令至少是半字对齐的,所以,PC 的最低位(读出时)总是 0。PC 具有可读可写属性,软件可以向 PC 写入地址,这样将引起程序跳转到新的 PC 地址处。需要注意的是,向 PC 写地址数据时,必须保证该数据的最低位为 1,即使得 Cortex - M3 工作在 Thumb 状态。

专用目的程序状态寄存器包括应用程序状态寄存器 APSR、中断程序状态寄存器 IPSR 和执行程序状态寄存器 EPSR,借助指令 MRS 和 MSR 访问这些寄存器,这三个寄存器的结构如图 2-5 所示。MRS 或 MSR 指令可以同时访问这三个寄存器的组合,用符号 IEPSR 表示 IPSR+EPSR,用符号 IAPSR 表示 IPSR+APSR,用符号 EAPSR 表示 EPSR+APSR,用符号 PSR 或 xPSR 表示 APSR+IPSR+EPSR。

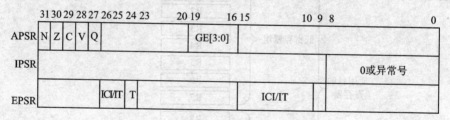

图 2-5 专用目的程序状态寄存器

由图 2-5 可知,APSR 包括 N、Z、C、V 和 Q 这 5 个标志位,其中 N 为负条件码标志位,如果指令运算结果(用有符号二进制补码表示)小于 0,则 N=1;如果大于或等于 0,则 N=0。Z 为零条件码标志位,当运算结果为 0 时,Z=1,否则 Z=0。C 为进位条件码标志位,指令运算产生进位(如无符号加法溢出)时 C=1,否则 C=0。V 为溢出条件码标志位,运算溢出(如有符号加法溢出)时,V=1,否则 V=0。Q 为饱和条件码标志位,当 SSAT 或 USAT 指令改变了运算数值或进行数字信号处理(DSP)的某些乘法运算溢出时,Q=1,否则 Q=0。GE[3:0]为大于或等于标志位域,服务于 DSP 扩展功能的 SIMD(单指令多操作数)指令;没有扩展 DSP 功能的芯片,该位域保留。

IPSR 寄存器仅使用了第[8:0]位,处于线程模式时,该位域为 0;在手柄模式下,该位域为当前异常的异常号。

EPSR 寄存器中第[24]位 T＝1 时,表示工作在 Thumb 状态(而 T＝0 时,表示工作在 ARM 状态)。Cortex－M3 仅支持 Thumb 状态,因此 T 位必须始终为 1。对于多执行周期的存储/装入指令或 IT(IF－THEN)指令,它们在一个 CPU 时钟周期内不能完成操作,如果在它们的执行过程中发生了异常(或中断),则 ICI/IT 位域保存这些指令的执行状态信息,以使中断返回后继续执行这些指令,因此,ICI/IT 称为中断连续的指令状态或 IT 状态位域,其各位的含义如表 2－14 所列。

表 2－14　ICI/IT 各位含义

用　途	EPSR[26:25]	EPSR[15:12]	EPSR[11:10]	备　注
IT	IT[1:0]	IT[7:4]	IT[3:2]	ITSTATE 指令码
ICI	ICI[7:6]＝00b	ICI[5:2]	ICI[1:0]＝00b	ICI[5:2]存放寄存器号(0～15)

由于本书重点不在于介绍 Cortex－M3 汇编指令,故表 2－14 不作深入讨论了,这里需要了解的是:IT 是 IT 指令码中的低 8 位域,即 ITSTATE 指令码,表示分支的条件、分支块大小和条件码最低位等信息;ICI 位域表示装入/存储(LDM/STM)要使用的通用寄存器号。

专用目的屏蔽寄存器 PRIMASK、FAULTMASK 和 BASEPRI 的结构如图 2－6 所示。

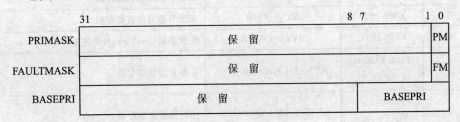

图 2－6　PRIMASK、FAULTMASK 和 BASEPRI 的结构图

由图 2－6 可知,PRIMASK 只有最低位有效,当 PM 置 1 时,进程执行的优先级上升到 0 级,因此,所有优先级大于或等于 0 的异常将被屏蔽,PM 为 0 时不屏蔽这些中断。FAULTMASK 只有最低位有效;当 FM 置 1 时,进程执行的优先级上升到－1 级,所有优先级大于或等于－1 的异常将被屏蔽,此时 HardFault 异常(优先级为－1)就被屏蔽了,只有不可屏蔽异常 NMI(优先级为－2)和复位异常(优先级为－3)没有被屏蔽。显然,从功能上讲,这两个异常也不可能被屏蔽。BASEPRI 的低 8 位 BASEPRI 有效,设置 BASEPRI 为某个大于 0 的数值,则屏蔽了大于或等于该数值的所有中断;当设为 0 时,不屏蔽任何中断。

专用目的控制寄存器 CONTROL 只有低 2 位有效,其中第 0 位 nPRIV 定义在线程模式下访问方式,为 0 表示特权访问方式,为 1 表示用户访问方式(即非特权方式)。注意:在手柄模式下始终是特权访问方式。第 1 位 SPSEL 定义使用的堆栈指针寄存器,为 0 表示使用 SP_main,为 1 表示使用 SP_process。注意:在手柄模式下只使用 SP_main。当芯片支持浮点协处理器时,CONTROL 寄存器的第 3 位 FPCA 定义协处理器 FP 的活跃状态,为 0 表示 FP 不活跃,为 1 表示 FP 活跃(即 FP 指令成功执行)。

2.4.2 内存映射寄存器

内存映射寄存器分为两类,即内存映射系统寄存器和内存映射调试寄存器。表 2 - 15 和表 2 - 16 列出这些寄存器的名称和地址,关于这些寄存器的详细说明请阅读参考文献[1](注:表中的某些寄存器前文已详细介绍了),本小节供学生结合参考文献[1]自学。

表 2 - 15　内存映射系统寄存器

序　号	地址(0x)	寄存器	名　称
1	E000 E004	ICTR	中断控制类型寄存器
2	E000 E008	ACTLR	辅助控制寄存器
3	E000 E010	SYST_CSR	系统节拍控制和状态寄存器
4	E000 E014	SYST_RVR	系统节拍重装值寄存器
5	E000 E018	SYST_CVR	系统节拍当前值寄存器
6	E000 E01C	SYST_CALIB	系统节拍(SysTick)校准值寄存器
7	E000 E100~ E000 E13C	NVIC_ISERn(n=0~15)	中断置使能寄存器
8	E000 E180~ E000 E1BC	NVIC_ICERn(n=0~15)	中断清使能寄存器
9	E000 E200~ E000 E23C	NVIC_ISPRn(n=0~15)	中断置请求寄存器
10	E000 E280~ E000 E2BC	NVIC_ICPRn(n=0~15)	中断清请求寄存器
11	E000 E300~ E000 E33C	NVIC_IABRn(n=0~15)	中断活跃位寄存器
12	E000 E400~ E000 E7EC	NVIC_IPRn(n=0~123)	中断优先级寄存器
13	E000 ED00	CPUID	CPUID 基寄存器
14	E000 ED04	ICSR	中断控制与状态寄存器
15	E000 ED08	VTOR	中断向量表偏移寄存器
16	E000 ED0C	AIRCR	应用程序中断与复位控制寄存器

序　号	地址(0x)	寄存器	名　称
17	E000 ED10	SCR	系统控制寄存器
18	E000 ED14	CCR	配置和控制寄存器
19	E000 ED18～ E000 ED20	SHPR$n(n=1\sim3)$	系统手柄优先级寄存器
20	E000 ED24	SHCSR	系统手柄控制与状态寄存器
21	E000 ED28	CFSR	可配置出错状态寄存器
22	E000 ED28	MMFSR(CFSR[7:0])	存储管理出错状态寄存器(8 位)
23	E000 ED29	BFSR(CFSR[15:8])	总线出错(BusFault)状态寄存器(8 位)
24	E000 ED2A	UFSR(CFSR[31:16])	应用出错(UsageFault)状态寄存器(16 位)
25	E000 ED2C	HFSR	硬件出错(HardFault)状态寄存器
26	E000 ED34	MMFAR	存储管理出错地址寄存器
27	E000 ED38	BFAR	总线出错(BusFault)地址寄存器
28	E000 ED3C	AFSR	辅助出错状态寄存器
29	E000 ED40～ E000 ED44	ID_PFR$n(n=0\sim1)$	处理器特性寄存器 n
30	E000 ED48	ID_DFR0	调试特性寄存器 0
31	E000 ED4C	ID_AFR0	辅助特性寄存器 0
32	E000 ED50～ E000 ED5C	ID_MMFR$n(n=0\sim3)$	内存模式特性寄存器 n
33	E000 ED60～ E000 ED70	ID_ISAR$n(n=0\sim4)$	指令集属性寄存器 n
34	E000 ED88	CPACR	协处理器访问控制寄存器
35	E000 ED90	MPU_TYPE	MPU 类型寄存器
36	E000 ED94	MPU_CTRL	MPU 控制寄存器
37	E000 ED98	MPU_RNR	MPU 区域数寄存器
38	E000 ED9C	MPU_RBAR	MPU 基地址寄存器
39	E000 EDA0	MPU_RASR	MPU 区域属性与大小寄存器
40	E000 EF00	STIR	软件触发中断寄存器
41	E000 EF34	FPCCR	浮点上下文控制寄存器
42	E000 EF38	FPCAR	浮点上下文地址寄存器
43	E000 EF3C	FPDSCR	浮点出错状态控制寄存器
44	E000 EF40～ E000 EF44	MVFR$n(n=0\sim1)$	媒体与浮点协处理器特性寄存器

表 2-16 内存映射调试寄存器

序号	地址	寄存器	名称
1	E000 0000 ～ E000 03FC	ITM_STIMn	激励口寄存器（n=0～255）
2	E000 0E00 ～ E000 0E1C	ITM_TERn	跟踪使能寄存器（n=0～7）
3	E000 0E40	ITM_TPR	跟踪特权寄存器
4	E000 0E80	ITM_TCR	跟踪控制寄存器
5	E000 1000	DWT_CTRL	控制寄存器
6	E000 1004	DWT_CYCCNT	循环计数寄存器
7	E000 1008	DWT_CPICNT	CPI 计数寄存器
8	E000 100C	DWT_EXCCNT	异常过载计数寄存器
9	E000 1010	DWT_SLEEPCNT	睡眠计数寄存器
10	E000 1014	DWT_LSUCNT	LSU 计数寄存器
11	E000 1018	DWT_FOLDCNT	折叠指令计数寄存器
12	E000 101C	DWT_PCSR	程序计数样本寄存器
13	E000 1020+ 16n	DWT_COMPn	比较器寄存器（n=0～DWT_CTRL.NUMCOMP-1）
14	E000 1024+ 16n	DWT_MASKn	比较器屏蔽寄存器（n=0～DWT_CTRL.NUMCOMP-1）
15	E000 1028+ 16n	DWT_FUNCTIONn	比较器功能寄存器（n=0～DWT_CTRL.NUMCOMP-1）
16	E000 2000	FP_CTRL	FlashPatch 控制寄存器
17	E000 2004	FP_REMAP	FlashPatch 重映射寄存器
18	E000 2008+ 4n	FP_COMPn	FlashPatch 比较器寄存器（n=0～DWT_CTRL.NUMCOMP-1）
19	E000 ED30	DFSR	调试出错状态寄存器
20	E000 EDF0	DHCSR	调试暂停控制与状态寄存器
21	E000 EDF4	DCRSR	调试内核寄存器选择寄存器
22	E000 EDF8	DCRDR	调试内核寄存器数据寄存器
23	E000 EDFC	DEMCR	调试异常与监视控制寄存器
24	E004 0000	TPIU_SSPSR	支持并口大小寄存器
25	E004 0004	TPIU_CSPSR	当前并行口大小寄存器
26	E004 0010	TPIU_ACPR	异步时钟预定标寄存器
27	E004 00F0	TPIU_SPPR	选择引脚协议寄存器
28	E004 0FFC	TPIU_TYPE	TPIU 类型寄存器
29	—	ETM registers	嵌入跟踪宏单元(ETM)相关的寄存器

表 2 - 15 和表 2 - 16 中地址空间并不连续,中间没有出现的地址为预留寄存器或可选寄存器。

2.5　Cortex - M3 汇编语言

基于 Cortex - M3 的程序设计,无论是借助于 IAR EWARM 开发环境,还是借助于 Keil MDK 开发环境,使用 C 语言编程都是最佳选择。汇编语言的应用主要集中在启动代码、Bootloader 代码和嵌入式操作系统的移植代码上,以及那些对实时性要求很高的信号处理算法上;此外,学习汇编语言程序设计和 Cortex - M3 指令集有助于深入了解 Cortex - M3 架构和芯片硬件体系,对于偏重硬件设计的电子工程相关专业读者,特别是从事嵌入式操作系统底层设计和驱动方面研究的读者,很有必要深入学习 Cortex - M3 指令集,并熟练掌握汇编语言程序方法。

考虑到 Keil MDK 软件实现汇编语言程序设计与 ARM Cortex - M3 语法完全相同(包括伪指令),本节首先使用 Keil MDK 介绍一个汇编语言程序设计的实例,可用该实例进一步验证和学习 Cortex - M3 指令集,然后再介绍一个 IAR EWARM 汇编语言程序设计实例。Keil MDK 和 IAR EWARM 都是优秀的 ARM 程序设计与开发软件平台,但是风格迥异,好像彼此从不了解对方的软件一样。本书将涉及到这两个集成开发环境的应用,由于 Keil MDK 更容易上手,所以,为 IAR EWARM 分配了更大的篇幅。

2.5.1　Keil MDK 汇编语言程序实例

截至 2012 年 6 月,Keil MDK 软件最新的版本号为 V4.53。下面使用 Keil MDK V4.53 开发环境编写一段基于 LPC1788 芯片(Cortex - M3 内核)的汇编语言程序,计算 1+2+3+…+100 的值。本小节使用的硬件平台为 IAR KSK LPC1788 实验板和 H - JTAG USB 增强版仿真器,其中,IAR KSK LPC1788 实验板将在第 3 章详细介绍;需要用到的软件有 Keil MDK V4.53(安装在 C:\KeilMDK453 目录下)和 H - JTAG 服务器软件(目前最新版本为 V2.1),可从 www.keil.com 和 www.hjtag.com 上下载这两个软件。一般地,除了 H - JTAG 仿真器外,还常用 ULink2 仿真器连接 Keil MDK 和 ARM 目标板。

下面按步骤介绍基于 Keil MDK 开发环境的建设以及用汇编语言实现计算 1+2+3+…+100 的程序设计实例。

S1. 将 H - JTAG 一端与 IAR KSK LPC1788 实验板 JTAG1 相连,另一端通过 USB 与计算机相连,给 IAR KSK LPC1788 实验板提供 9 V 外接电源(可参考第 3 章介绍)。

S2. 在 Windows 7(32 位版)下,安装 Keil MDK V4.53 软件,将在 Windows 桌面上创建快捷图标 Keil uVision4(同时会在 Windows 启动菜单中创建快捷菜单)。Keil 软件分为两个大类,一类是单片机 C51,另一类是 MDK。如果两类都安装了,则应尽量安装在不同的目录下。

S3. 安装 H - JTAG 服务器软件 V2.10,该软件将在 Windows 桌面上创建 5 个快捷图标,即 H - JTAG、H - Flasher、H - Converter、H - Flasher Lite 和 ToolConf,

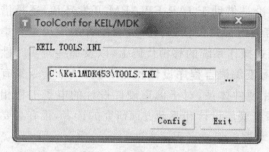

依次是 H - JTAG 服务器、Flash 下载器、目标代码格式转换器、不支持自动下载的 Flash 下载器和仿真环境配置器。运行 ToolConf(双击桌面上的 ToolConf 图标),如图 2 - 7 所示。

在图 2 - 7 中选择"C:\KeilM-DK453\TOOLS.INI",然后单击 Config 按钮完成配置,实际上在文件

图 2 - 7 ToolConf 配置界面

TOOLS.INI 的末尾添加了以下三行:

TDRV14＝H - JTAG\HJARM.dll("H - JTAG ARM")

TDRV15＝H - JTAG\HJCM0.dll("H - JTAG Cortex - M0")

TDRV16＝H - JTAG\HJCM3.dll("H - JTAG Cortex - M3")

S4. 双击 Windows 桌面上的"H - JTAG"启动 H - JTAG 服务器,显示如图 2 - 8 所示界面。

图 2 - 8 H - JTAG 服务器

图 2-8 显示目标板已经和 H-JTAG 服务器连接,其中的 CORTEX-M3 为芯片类型,0x4BA00477 表示芯片 ID 号。

S5. 双击 Windows 桌面上的 H-Flasher 图标启动 H-Flasher(或在图 2-8 点击菜单 Flasher 下的子菜单 Start H-Flasher 启动 H-Flasher)。然后,在 Flash Selection 中选择 NXP 栏下的 LPC1788,其他配置可保持不变。单击 Save 菜单将配置保存为一个文件,这里保存到"C:\KeilMDK453\LPC1788.hfc"。图 2-9 显示 NXP LPC1788 芯片片上集成 8 位 Flash(ON-CHIP FLASH)的大小为 512 KB,Flash 芯片 ID 号为 0x000D3F47。

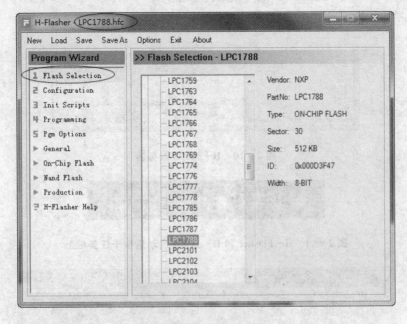

图 2-9   H-Flasher

S6. 在 H-JTAG Server 界面下勾选菜单项 Auto Download,如图 2-10 所示。

这样,H-JTAG 服务器和 H-Flasher 始终位于 Windows 桌面右下角的任务栏上,如图 2-11 所示,即这两个软件一直在后台为 Keil MDK 在线调试服务。

S7. 双击 Windows 桌面上的 Keil uVision4 启动 Keil MDK V4.53,如图 2-12 所示。

在图 2-12 中,选择菜单 Project 的下拉子菜单"New μVision Project…",弹出对话框窗口,如图 2-13 所示。在图 2-13 中选择保存的目录为"D:\xtucos3\ex2_1",工程文件名输入 ex2_1,默认扩展名为.uvproj;然后,单击"保存(S)"按钮,进入界面图 2-14。

图 2-14 中选择 NXP(founded by Philips)下的 LPC1788 作为目标芯片,然后单击 OK 按钮,进入图 2-15 所示界面。

图 2-10　H-JTAG 服务器

图 2-11　H-Flasher 和 H-JTAG 启动后位于任务栏上

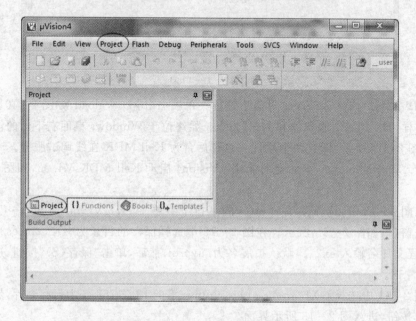

图 2-12　Keil MDK 启动界面

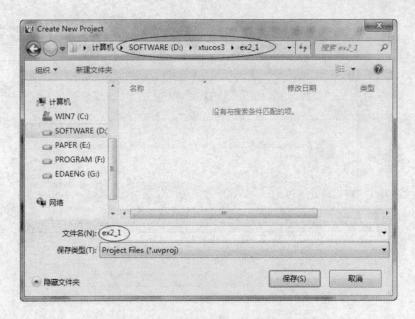

图 2 - 13　新建 Keil MDK 工程 ex2_1

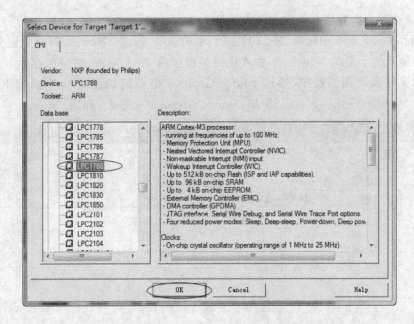

图 2 - 14　选择 NXP LPC1788 作为目标芯片

在图 2 - 15 中,提示把启动代码文件 startup_LPC177x_8x.s 复制到工程文件目录下,同时把该启动文件添加到工程中去,此时,要选择"是(Y)"。启动文件 startup_LPC177x_8x.s 是 Keil 公司设计的汇编语言文件,用于分配堆、栈、异常(中断)向量表和用户程序入口等,在附录中详细介绍了该文件内容。对于电子工程相关专业学

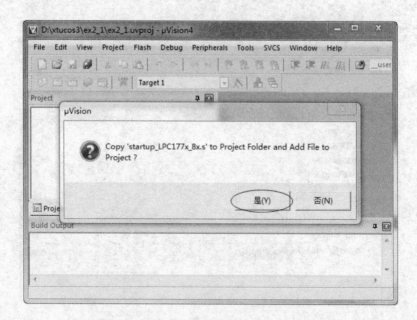

图 2-15　提示添加启动代码文件 startup_LPC177x_8x.s

生,建议这部分内容应在课堂上深入学习。

S8. 在图 2-15 中选择"是(Y)"之后,单击菜单"File | New..."(这种记号表示 File 菜单下的子菜单 New...),输入代码如程序段 2-1 所示,然后保存为 main.s, 并将该文件添加到工程中(通过 Source Group 1 的右键快捷菜单项"Add Files to Group 'Source Group 1'..."添加,Source Group 1 见图 2-16)。

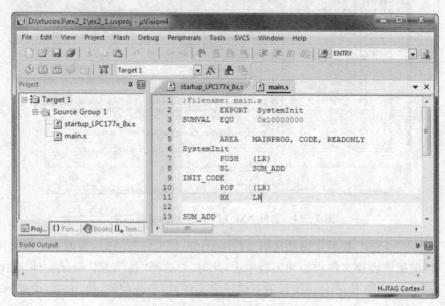

图 2-16　添加了文件 main.s 的 ex2_1 工程

程序段 2 – 1　　main. s 代码

```
1       ;Filename: main.s
2               EXPORT   SystemInit
3       SUMVAL  EQU      0x10000000
4
5               AREA     MAINPROG, CODE, READONLY
6       SystemInit
7               PUSH     {LR}
8               BL       SUM_ADD
9       INIT_CODE
10              POP      {LR}
11              BX       LR
12
13      SUM_ADD
14              LDR      R0, = SUMVAL
15              MOV      R1, # 0
16              MOV      R2, # 0
17      CYC_ADD
18              ADD      R2, # 1
19              ADD      R1, R2
20              CMP      R2, # 100
21              BLT      CYC_ADD
22
23              STR      R1, [R0]
24
25              BX       LR
26
27              END
28
```

第 2 行声明了外部引用的符号 SystemInit,供启动文件 statup_LPC177x_8x. s 中的代码引用,在启动文件中有"IMPORT SystemInit"和"LDR　R0, = SystemInit"、"BLX　R0"等语句要使用 SystemInit,Keil MDK 希望用户在 SystemInit 函数中添加芯片初始化代码,如果以 C 语言形式出现,则为"void　SystemInit(void) { }"。

第 3 行定义符号常量 SUMVAL,其值为 0x1000 0000,该地址是 LPC1788 芯片片上 RAM 区的首地址,具有可读可写属性,1+2+3+…+100 的运算结果最后保存到该地址空间中。

第 5 行定义只读代码区 MAINPROG。第 6 行为标号 SystemInit。第 7 行将 LR 入栈,对应于第 10 行将 LR 出栈;第 8 行跳转到子函数 SUM_ADD;第 9 行的 INIT_CODE 标号提示此处可添加芯片初始化代码;第 11 行借助于"BX　LR"返回,由于第 7、10 行借助堆栈对 LR 进行了保护,所以第 11 行能成功地返回到调用"子函数" SystemInit 的"函数"。

第 13～25 行为子函数,实现 1+2+3+…+100 的运算。第 13 行为标号 SUM_

ADD,即调用入口点。第 14 行将 R0 赋为 0x1000 0000。第 15 行令 R1＝0;第 16 行令 R2＝0;第 17～21 行为循环体,第 17 行为标号 CYC_ADD,每循环一次,第 18 行令 R2 累加 1,第 19 行将 R2 的值加到 R1 上,第 20 行比较 R2 和 100 的大小(设置指令运行标志位),第 21 行判断当 R2 小于 100 时跳转到 CYC_ADD 处循环执行,这一过程实现了 1～100 的累加和计算。第 23 行将 R1 的值写入到 R0 指向的地址中(即写入到地址 0x1000 0000 处),第 24 行从该子函数返回到调用函数 SystemInit 中(返回到第 10 行)。

　　汇编语言程序必须以 END 结尾,第 27 行 END 为汇编语言程序结尾伪指令。第 28 行为空行,Keil MDK 要求每个文件(包括 C 语言程序文件)必须以空行结束。

　　由于 Keil MDK 提倡使用 C 语言开发,如果工程中不添加 C 语言形式的 main函数,将会提示一些存储配置方面的警告(与 scatter 分散配置文件有关),所以,在工程 ex2_1 中添加了一个“空”的 C 语言程序文件 zlx_main.c,如图 2－17 所示。

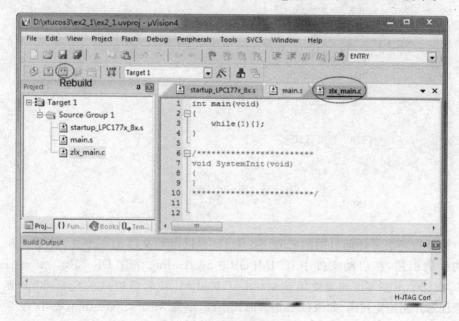

图 2－17　完整的工程 ex2_1

　　S9. 在图 2－17 中,右击 Target 1,弹出快捷菜单“Options for Target ‘Target 1’...Alt＋F7”,进入图 2－18 所示界面。

　　图 2－18 中下部两个框住的部分分别表示片上 ROM 和片上 RAM,LPC1788 芯片片上 ROM 为 512 KB,映射到地址 0x0000 0000～0x0007 FFFF 空间范围内;片上RAM 为 96 KB,其中 64 KB 映射到地址 0x1000 0000～0x1000 FFFF 空间范围内,另外 32 KB 映射到地址 0x2000 0000～0x2000 7FFF 空间范围内。关于 LPC1788 芯片资源的详细情况将在第 3 章中介绍。

　　在图 2－18 中单击选项卡 Output,如图 2－19 所示,复选 Create HEX File。

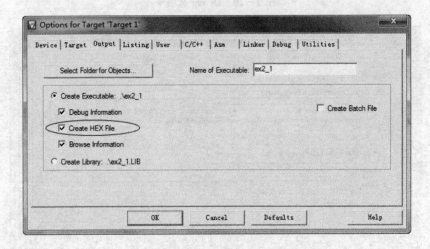

图 2-18　Target 选项配置页

图 2-19　Output 选项卡

在图 2-19 中选择 Debug 选项卡,如图 2-20 所示,选择使用 H-JTAG Cortex-M3 作为在线仿真器。然后,在图 2-20 中选择 Utilities 选项卡,如图 2-21 所示,选择 H-JTAG Cortex-M3 作为 Flash 下载管理器。

在图 2-21 中单击 OK 按钮回到图 2-17 所示界面,在该界面下单击 Rebuild 快捷按钮(图 2-17 左上角圈住的快捷钮),将在图 2-17 下方的 Build Output 窗口中出现如图 2-22 所示编译连接输出信息。

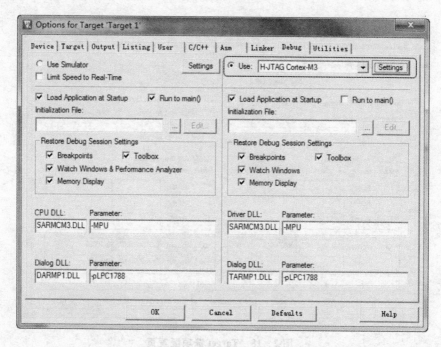

图 2 – 20　Debug 选项卡

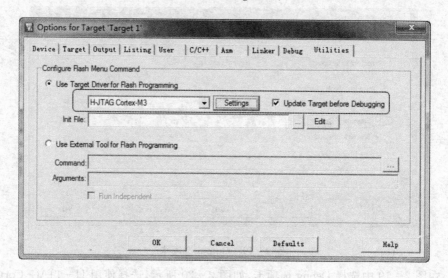

图 2 – 21　Utilities 选项卡

由图 2 – 22 可知,程序可执行代码长度为 330 B,常量等只读数据为 388 B,已初始化的全局变量等可读/写数据为 0 B,未初始化的全局变量(ZI – data)为 1 632 B。

S10. 在图 2 – 17 中,单击菜单"Debug | Start/Stop Debug Session Ctrl＋F5"进入到在线仿真环境,然后,连续按 F11 键单步执行程序,观察寄存器和存储空间的变化(使用 View | Memory Windows 打开存储空间窗口),如图 2 – 23 所示。

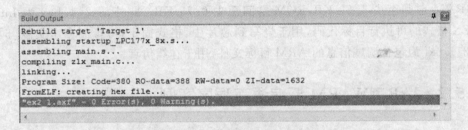

图 2 - 22　编译连接输出信息

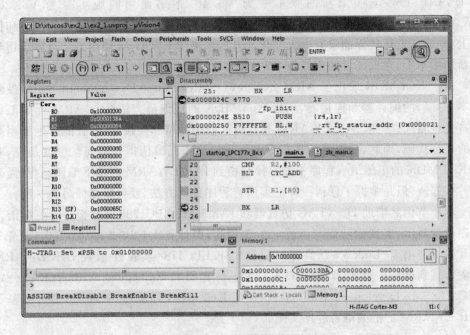

图 2 - 23　在线调试窗口

由图 2 - 23 可见,执行到第 25 行(在该行设置了一个断点)时,R1 的值为 0x000013BA,而 0x1000 0000 地址处的值也是 0x000013BA(即十进制数 5 050),说明运算结果正确。

工程 ex2_1 执行下去将定位在 zlx_main. c 的 while 死循环上。

S11. 在工程 ex2_1 中,尽管用户编写的程序文件只有 main. s 和 zlx_main. c,但到目录 D:\xtucos3\ex2_1 下,可以看到大约有 30 多个文件。其中,ex2_1. map 是存储映射表文件,ex2_1. sct 为分散存储配置文件,这两个文件需要用户读懂。需要指出的是,在. map 文件的末尾显示程序占用 ROM 和 RAM 空间的统计信息,例如,ex2_1. map 的末尾为

Total RO　Size (Code＋RO Data)　　　　　　　768 (0.75 KB)

Total RW　Size (RW Data＋ZI Data)　　　　　1632 (1.59 KB)

Total ROM　Size (Code＋RO Data＋RW Data)　768 (0.75 KB)

即 RAM 空间至少 1.59 KB,ROM 空间至少 0.75 KB。此外,ex2_1.hex 为 Intel HEX 格式的可执行目标代码,用于烧写到芯片中,格式固定,可参阅参考文献[5];ex2_1.axf 为包含调试信息的 ARM 目标文件,用于在线仿真。

2.5.2 IAR EWARM 汇编语言程序实例

IAR EWARM 全称为 IAR Embedded Workbench for ARM,截至 2012 年 6 月 12 日,IAR EWARM 最新的版本号为 V6.40,本书使用的版本号为 V6.30。EWARM 软件操作界面十分简洁,版本号的变化主要体现在对新的芯片的支持和优化上,集成开发环境界面没有太大变化,所以,本书的 EWARM 使用方法可以应用到最新的版本上,建议读者使用最新 EWARM 软件。

由于 Keil MDK 采用了 ARM 公司 RVDS(Real View Development Suite,最新版本 V4.1)的编译器和连接器,所以 Keil MDK 的汇编语言语法与 ARM 标准汇编语言完全相同;然而,IAR EWARM 具有自己的编译器和连接器,并且能产生相当高效的目标代码,因此,一些汇编伪指令与标准 ARM 汇编伪指令不同。也就是说,基于 Keil MDK 的汇编语言程序不能直接移植到 IAR EWARM 环境下编译运行,需要做一些修改,但是掌握了任何一种汇编语言程序设计方法,就可以读懂另外一种。

本小节仍然借助 H-JTAG 仿真器和 IAR KSK LPC1788 实验板进行汇编语言程序设计演示,实现的功能与工程 ex2_1 相同,即计算 $1+2+3+\cdots+100$。从第 3 章开始将使用 J-Link V8 仿真器和 IAR KSK LPC1788 实验板(使用 IAR EWARM 环境),直到最后一章回到使用 H-JTAG 仿真器和 Embedded Artists(EA)公司 LPC1788-32 Developer's Kit 实验板(使用 Keil MDK 环境)。下面分步骤介绍基于 IAR EWARM 的汇编语言程序实例。

S1. 使用与工程 ex2_1 相同的硬件平台(H-JTAG 仿真器＋IAR KSK LPC1788 实验板)。注意:H-JTAG 服务器和 H-Flasher 软件的配置与第 2.5.1 小节相同。安装 IAR EWARM V6.30 软件,并安装 J-Link 驱动程序(为了后续章节使用 J-Link 仿真器)。单击 Windows"开始"菜单|所有程序|IAR Systems|IAR Embedded Workbench for ARM 6.30|IAR Embedded Workbench,启动 IAR EWARM,如图 2-24 所示。

S2. 在图 2-24 中,单击菜单"Project | Create New Project..."，进入如图 2-25 所示界面。在图 2-25 中选择 Empty project(空项目),然后,单击 OK 按钮,进入如图 2-26 所示界面。

在图 2-26 中,选择保存工程的路径为"D:\xtucos3\ex2_2",工程文件名输入 ex2_2,然后,单击"保存"按钮,进入如图 2-27 所示界面。在图 2-27 中,单击菜单"File | Save Workspace",弹出如图 2-28 所示界面。在图 2-28 中输入工作区名为 ex2_2,然后单击"保存(S)"按钮回到图 2-27。工程文件的扩展名为.ewp,工作区文

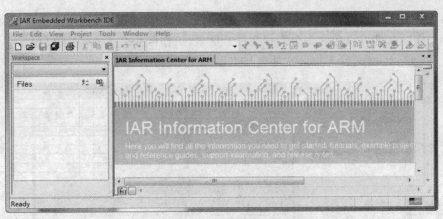

图 2 - 24　IAR EWARM 软件界面

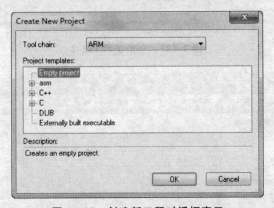

图 2 - 25　创建新工程对话框窗口

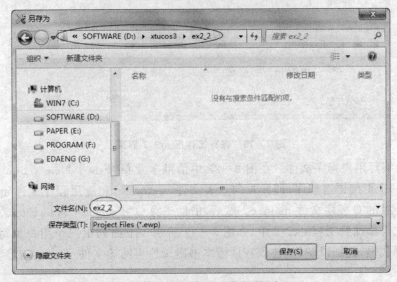

图 2 - 26　工程"另存为"对话框窗口

件的扩展名为. eww, IAR EWARM 要求每个工程文件必须隶属于一个工作区文件, 一个工作区文件可以包含多个工程文件。这里,工作区 ex2_2. eww 下仅包含一个工程文件 ex2_2. ewp,且工作区文件名与工程文件同名。

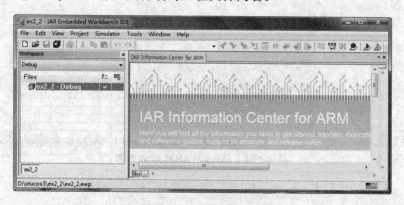

图 2 – 27 空的工程 ex2_2

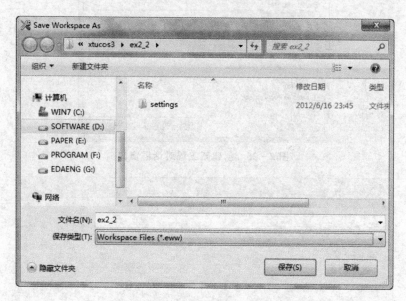

图 2 – 28 保存工作区 ex2_2 界面

S3. 编写用户程序文件。在图 2 – 27 中借助于菜单"File ｜ New ｜ File   Ctrl＋N"编写两个汇编语言程序,即异常向量表文件 vectors. s 和应用程序文件 app. s,以及一个"空"的 C 程序文件 main. c。然后,借助于菜单"Project ｜ Add Files..."将以上三个文件添加到工程 ex2_2 中,如图 2 – 29 所示。下面列出三个用户编写的程序文件的源代码,并加以解释(建议在读懂本书附录后再阅读文件 vectors. s)。

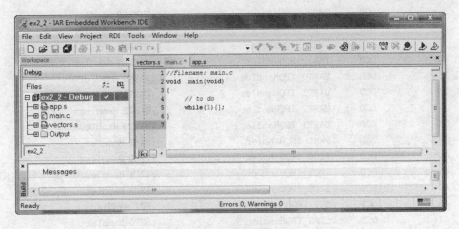

图 2 - 29　完整的工程 ex2_2

程序段 2 - 2　异常向量表文件 vectors. s

```
1       ;Filename: vectors.s
2               MODULE  ? cstartup
3
4               SECTION CSTACK:DATA:NOROOT(3)
5
6               SECTION .intvec:CODE:NOROOT(2)
7               EXTERN  RESET_Handler
8               PUBLIC  __vector_table
9               PUBLIC  __vector_table_0x1c
10
11              DATA
12      __vector_table
13              DCD     sfe(CSTACK)             ;Top of Stack
14              DCD     RESET_Handler           ;Reset Handler
15              DCD     NMI_Handler             ;NMI Handler
16              DCD     HardFault_Handler       ;Hard Fault Handler
17              DCD     MemManage_Handler       ;MPU Fault Handler
18              DCD     BusFault_Handler        ;Bus Fault Handler
19              DCD     UsageFault_Handler      ;Usage Fault Handler
20      __vector_table_0x1c
21              DCD     0                       ;Reserved
22              DCD     0                       ;Reserved
23              DCD     0                       ;Reserved
24              DCD     0                       ;Reserved
25              DCD     SVC_Handler             ;SVCall Handler
26              DCD     DebugMon_Handler        ;Debug Monitor Handler
27              DCD     0                       ;Reserved
28              DCD     PendSV_Handler          ;PendSV Handler
29              DCD     SysTick_Handler         ;SysTick Handler
30              DCD     WDT_IRQHandler          ;Watchdog Handler
```

```
31          DCD      TMR0_IRQHandler              ;TIMER0 Handler
32          DCD      TMR1_IRQHandler              ;TIMER1 Handler
33          DCD      TMR2_IRQHandler              ;TIMER2 Handler
34          DCD      TMR3_IRQHandler              ;TIMER3 Handler
35          DCD      UART0_IRQHandler             ;UART0 Handler
36          DCD      UART1_IRQHandler             ;UART1 Handler
37          DCD      UART2_IRQHandler             ;UART2 Handler
38          DCD      UART3_IRQHandler             ;UART3 Handler
39          DCD      PWM1_IRQHandler              ;PWM1 Handler
40          DCD      I2C0_IRQHandler              ;I2C0 Handler
41          DCD      I2C1_IRQHandler              ;I2C1 Handler
42          DCD      I2C2_IRQHandler              ;I2C2 Handler
43          DCD      SPI_IRQHandler               ;SPI Handler
44          DCD      SSP0_IRQHandler              ;SSP0 Handler
45          DCD      SSP1_IRQHandler              ;SSP1 Handler
46          DCD      PLL0_IRQHandler              ;PLL0 Handler
47          DCD      RTC_IRQHandler               ;RTC Handler
48          DCD      EINT0_IRQHandler             ;EXT Interupt 0 Handler
49          DCD      EINT1_IRQHandler             ;EXT Interupt 1 Handler
50          DCD      EINT2_IRQHandler             ;EXT Interupt 2 Handler
51          DCD      EINT3_IRQHandler             ;EXT Interupt 3 Handler
52          DCD      ADC_IRQHandler               ;ADC Handler
53          DCD      BOD_IRQHandler               ;BOD Handler
54          DCD      USB_IRQHandler               ;USB Handler
55          DCD      CAN_IRQHandler               ;CAN Handler
56          DCD      GPDMA_IRQHandler             ;General Purpose DMA Handler
57          DCD      I2S_IRQHandler               ;I2S Handler
58          DCD      Ethernet_IRQHandler          ;Ethernet Handler
59          DCD      RIT_IRQHandler               ;Repetitive Interrupt Timer Handler
60          DCD      MotorControlPWM_IRQHandler   ;Motor Control PWM Handler
61          DCD      QE_IRQHandler                ;Quadrature Encoder Handler
62          DCD      PLL1_IRQHandler              ;PLL1 Handler
63          DCD      USB_ACT_IRQHandler           ;USB Activity Handler
64          DCD      CAN_ACT_IRQHandler           ;CAN Activity Handler
65          DCD      UART4_IRQHandler             ;UART4 Handler
66          DCD      SSP2_IRQHandler              ;SSP2 Handler
67          DCD      LCDC_IRQHandler              ;LCD controller Handler
68          DCD      GPIO_IRQHandler              ;GPIO Handler
69          DCD      PWM0_IRQHandler              ;PWM0 Handler
70          DCD      EEPROM_IRQHandler            ;EEPROM Handler
71
72          PUBWEAK NMI_Handler
73          PUBWEAK HardFault_Handler
74          PUBWEAK MemManage_Handler
75          PUBWEAK BusFault_Handler
76          PUBWEAK UsageFault_Handler
77          PUBWEAK SVC_Handler
```

```
78          PUBWEAK DebugMon_Handler
79          PUBWEAK PendSV_Handler
80          PUBWEAK SysTick_Handler
81          PUBWEAK WDT_IRQHandler
82          PUBWEAK TMR0_IRQHandler
83          PUBWEAK TMR1_IRQHandler
84          PUBWEAK TMR2_IRQHandler
85          PUBWEAK TMR3_IRQHandler
86          PUBWEAK UART0_IRQHandler
87          PUBWEAK UART1_IRQHandler
88          PUBWEAK UART2_IRQHandler
89          PUBWEAK UART3_IRQHandler
90          PUBWEAK PWM1_IRQHandler
91          PUBWEAK I2C0_IRQHandler
92          PUBWEAK I2C1_IRQHandler
93          PUBWEAK I2C2_IRQHandler
94          PUBWEAK SPI_IRQHandler
95          PUBWEAK SSP0_IRQHandler
96          PUBWEAK SSP1_IRQHandler
97          PUBWEAK PLL0_IRQHandler
98          PUBWEAK RTC_IRQHandler
99          PUBWEAK EINT0_IRQHandler
100         PUBWEAK EINT1_IRQHandler
101         PUBWEAK EINT2_IRQHandler
102         PUBWEAK EINT3_IRQHandler
103         PUBWEAK ADC_IRQHandler
104         PUBWEAK BOD_IRQHandler
105         PUBWEAK USB_IRQHandler
106         PUBWEAK CAN_IRQHandler
107         PUBWEAK GPDMA_IRQHandler
108         PUBWEAK I2S_IRQHandler
109         PUBWEAK Ethernet_IRQHandler
110         PUBWEAK RIT_IRQHandler
111         PUBWEAK MotorControlPWM_IRQHandler
112         PUBWEAK QE_IRQHandler
113         PUBWEAK PLL1_IRQHandler
114         PUBWEAK USB_ACT_IRQHandler
115         PUBWEAK CAN_ACT_IRQHandler
116         PUBWEAK UART4_IRQHandler
117         PUBWEAK SSP2_IRQHandler
118         PUBWEAK LCDC_IRQHandler
119         PUBWEAK GPIO_IRQHandler
120         PUBWEAK PWM0_IRQHandler
121         PUBWEAK EEPROM_IRQHandler
122
123         SECTION .text:CODE:REORDER(2)
124         THUMB
```

125	NMI_Handler
126	HardFault_Handler
127	MemManage_Handler
128	BusFault_Handler
129	UsageFault_Handler
130	SVC_Handler
131	DebugMon_Handler
132	PendSV_Handler
133	SysTick_Handler
134	WDT_IRQHandler
135	TMR0_IRQHandler
136	TMR1_IRQHandler
137	TMR2_IRQHandler
138	TMR3_IRQHandler
139	UART0_IRQHandler
140	UART1_IRQHandler
141	UART2_IRQHandler
142	UART3_IRQHandler
143	PWM1_IRQHandler
144	I2C0_IRQHandler
145	I2C1_IRQHandler
146	I2C2_IRQHandler
147	SPI_IRQHandler
148	SSP0_IRQHandler
149	SSP1_IRQHandler
150	PLL0_IRQHandler
151	RTC_IRQHandler
152	EINT0_IRQHandler
153	EINT1_IRQHandler
154	EINT2_IRQHandler
155	EINT3_IRQHandler
156	ADC_IRQHandler
157	BOD_IRQHandler
158	USB_IRQHandler
159	CAN_IRQHandler
160	GPDMA_IRQHandler
161	I2S_IRQHandler
162	Ethernet_IRQHandler
163	RIT_IRQHandler
164	MotorControlPWM_IRQHandler
165	QE_IRQHandler
166	PLL1_IRQHandler
167	USB_ACT_IRQHandler
168	CAN_ACT_IRQHandler
169	UART4_IRQHandler
170	SSP2_IRQHandler
171	LCDC_IRQHandler

```
172    GPIO_IRQHandler
173    PWM0_IRQHandler
174    EEPROM_IRQHandler
175    Default_Handler
176            B Default_Handler
177
178    # ifndef SDRAM_DEBUG
179            SECTION .crp:CODE:ROOT(2)
180            DATA
181            DCD      0xFFFFFFFF
182    # endif
183
184            END
```

汇编语言中用";"开始的行为注释行,第 1 行为注释,提示文件名为 vectors. s。第 2 行 MODULE 指示一个名为"? cstartup"的程序模块,一般地,一个汇编语言文件就是一个程序模块,通常用 MODULE 开头,以 END 结尾(见第 184 行)。第 4 行用 SECTION 定义数据段 CSTACK,DATA 用于定义可读可写的数据段,NOROOT表示如果该段中没有初始化数据时将被连接器丢掉,即不分配该段;相反地,ROOT标志将通知连接器必须为该段分配空间。"(3)"表示 8 字节对齐方式存储。CSTACK 为堆栈空间,当工程 ex2_2 编译连接成功后,可以查看存储映射表文件"D:\xtucos3\ex2_2\Debug\List\ex2_2. map",将发现 CSTACK 占有 0x1000 0000~0x1000 0400 的 RAM 空间,栈顶地址为 0x1000 0400。

第 6 行定义只读代码段.intvec,CODE 用于定义只读的代码段,"(2)"表示 4 字节对齐存储,即该代码段首地址的末 2 位必须为 0。第 7~70 行均属于. intvec 段。第 7 行引用外部标号 RESET_Handler,第 8、9 行定义全局标号__vector_table和_vector_table_0x1c,可供其他模式引用。一般地,__vector_table 指向异常向量表的首地址,而_vector_table_0x1c 指向外部中断向量表的首地址。本书将在第 3 章中深入介绍 LPC1788 的异常向量表。

第 11 行的 DATA 表示在代码段中定义数据区,即在代码段中存储数据常量。第 12 行为_vector_table 标号,对应于异常向量表的首地址。第 13~19 行用 DCD为每个"异常"标号(实际上是异常跳转地址)在代码段中分配 4 个字节存储。第 20行为_vector_table_0x1c,对应于外部中断向量表的首地址。第 21~70 行用 DCD 为每个外部中断标号在代码中分配 4 个字节存储。例如,第 48 行,EINT0_IRQHandler 标号存储在相对于_vector_table 地址为 0x88 的地址处。第 72~121 行把表示异常(或中断)向量的标号定义为"弱作用"的标号,当外部模块定义了同名标号(函数名)时,该弱作用的标号被编译连接器忽略掉。

第 123 行定义了一个新的只读代码段.text,REORDER 表示定义新的段区。第124 行 THUMB 表示使用 Thumb 指令集。第 125~175 行的标号都指向同一地址,该地址内存放第 176 行代码,即跳转到自身的死循环。

第 178 行判断当没有定义 SDRAM_DEBUG 时,第 179 行定义只读代码段 .crp,第 180～181 行将在该代码段填充 32 位常数 0xFFFF FFFF。该段主要用于设置 LPC1788 的 Flash 地址 0x2FC～0x2FF,不启动读代码保护,关于读代码保护的说明请参考本书附录。

程序段 2 - 3   应用程序 app. s

```
1      ;Filename: app.s
2              MODULE      MY_APP
3              PUBLIC      RESET_Handler
4              EXTERN      __iar_program_start
5              SECTION     MYPROG:CODE(2)
6      SUMVAL  EQU         0x10001000
7      RESET_Handler
8              NOP
9      SUM_ADD
10             LDR         R0, = SUMVAL
11             MOV         R1, # 0
12             MOV         R2, # 0
13     CYC_ADD
14             ADD         R2, R2, # 1
15             ADD         R1, R1, R2
16             CMP         R2, # 100
17             BLT         CYC_ADD
18
19             STR         R1, [R0]
20
21             LDR         R0, = __iar_program_start
22             BX          R0
23
24             END
```

程序段 2 - 3 中,第 3 行定义全局标号 RESET_Handler。第 4 行引用外部标号__iar_program_start,该标号为 IAR EWARM 软件规定 C 程序主函数使用的入口地址,是固定用法。第 6 行定义常量 SUMVAL,其值为 0x1000 1000。

第 10 行将 R0 赋值为 0x1000 1000,第 12、13 行将 R1、R2 置 0。第 13～17 行完成 100 次循环累加,每一次循环,第 12 行将 R2 累加 1,第 15 行将 R2 的值加到 R1 中,第 16 行比较 R2 和 100,第 17 行判断 R2 小于 100 时跳转到第 13 行的标号 CYC_ADD 处循环执行,否则执行第 19 行,即将 R1 的值(此时是累加值)存入以 R0 的值为地址的地址空间里,即存入地址 0x1000 1000 处。第 21～22 行当跳转到__iar_program_start 标号处执行,即跳转到 C 语言主函数 main 里执行。

程序段 2 - 4   "空"的 C 语言程序 main. c

```
1      //Filename: main.c
2      void  main(void)
3      {
```

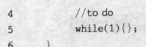

```
4        //to do
5        while(1){};
6     }
```

完整的工程 ex2_2 如图 2-29 所示,包括 3 个用户程序文件,即中断向量表文件 vectors.s、应用程序文件 app.s 和"空"的 C 语言程序文件 main.c。图中的 Output 是 IAR EWARM 软件自动生成的。

S4. 在图 2-29 中,单击菜单"Project | Options... Alt+F7",弹出如图 2-30 所示界面。在图 2-30 中选择芯片 Device 为 NXP LPC1788。然后,按图 2-31~图 2-36 完成选项配置。

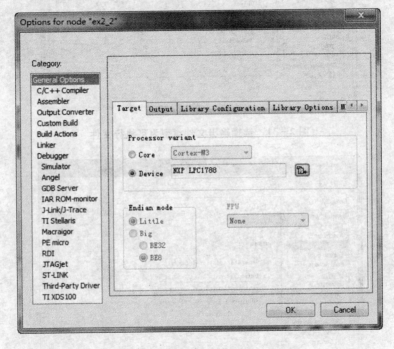

图 2-30 选择目标芯片为 NXP LPC1788

IAR EWARM 可以编译生成.lib 库文件(其中的函数供其他程序调用)或可执行文件。图 2-31 设置工程 ex2_2 编译连接生成可执行文件,其中,目标文件保存在工程文件所在目录的子目录"Debug\Exe"下,中间目标文件保存在其子目录"Debug\Obj"下,列表文件(包括.map 文件等)保存在其子目录"Debug\List"下。

图 2-32 设置生成 Intel Hex 格式的目标文件,缺省文件名为 ex2_2.hex。

图 2-33 设置连接配置文件,其中 $PROJ\_DIR$ 表示当前工程文件所在目录,文件 ex2_2.icf 可以通过点击图 2-33 中的"Edit..."按钮图形化生成,也可手工编写;对于 LPC1788 芯片,强烈建议自己编写。ex2_2.icf 的内容稍后介绍。

图 2-34 设置产生.map 表文件,该文件名与工程文件同名,即 ex2_2,扩展名为.map,该存储映射文件位于工程文件所在目录下的"Debug\List"子目录下,建议初

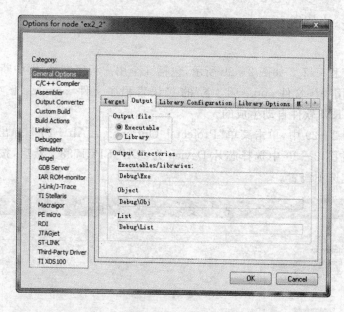

图 2-31　选择输出文件类型为可执行文件

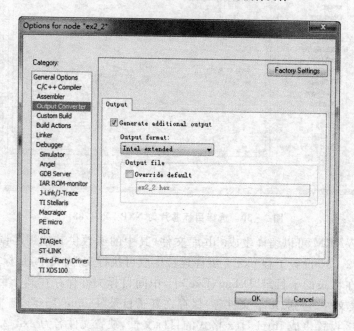

图 2-32　设置生成 .hex 文件

学者应经常查看该文件内容。

图 2-35 设置使用 RDI 驱动器,图 2-36 为 RDI 驱动器配置驱动文件 H-JTAG. dll,这是 IAR EWARM 使用 H-JTAG 仿真器的驱动文件。

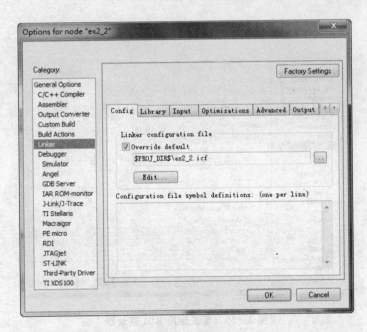

图 2‑33　设置连接配置文件 ex2_2. icf

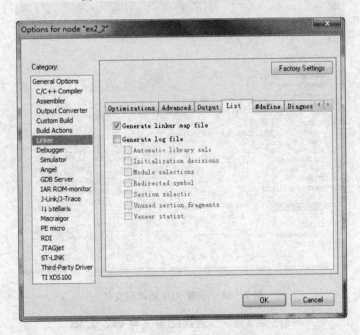

图 2‑34　设置产生. map 表文件

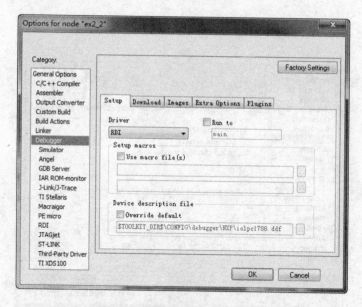

图 2-35　设置使用 RDI 驱动器

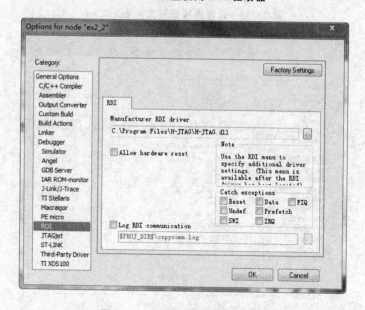

图 2-36　设置 RDI 驱动器文件

程序段 2-5　　连接配置文件 ex2_2. icf

```
1    define symbol __ICFEDIT_intvec_start_          = 0x00000000;
2
3    define symbol __ICFEDIT_region_ROM_start_      = 0x00000000;
4    define symbol __ICFEDIT_region_ROM_end_        = 0x0007FFFF;
5    define symbol __ICFEDIT_region_RAM_start_      = 0x10000000;
```

```
6       define symbol __ICFEDIT_region_RAM_end_              = 0x1000FFFF;
7
8       define symbol __ICFEDIT_size_cstack_      = 0x400;
9       define symbol __ICFEDIT_size_heap_        = 0x400;
10
11      define symbol __CRP_start_       = 0x000002FC;
12      define symbol __CRP_end_         = 0x000002FF;
13
14      define memory mem with size = 4G;
15      define region CRP_region      = mem:[from   __CRP_start_ to _CRP_end_];
16      define region ROM_region      = mem:[from _ICFEDIT_region_ROM_start_      to
        _ICFEDIT_region_ROM_end_] - mem:[from   __CRP_start_ to _CRP_end_];
17      define region RAM_region      = mem:[from _ICFEDIT_region_RAM_start_      to
        _ICFEDIT_region_RAM_end_];
18
19      define symbol _AHB_RAM_start_     = 0x20000000;
20      define symbol _AHB_RAM_end_       = 0x20007FFF;
21      define region AHB_RAM_region = mem:[from _AHB_RAM_start_ to _AHB_RAM_end_];
22
23      define block CSTACK      with alignment = 8, size = _ICFEDIT_size_cstack_     { };
24      define block HEAP        with alignment = 8, size = _ICFEDIT_size_heap_       { };
25
26      /*****************************************************************/
27      initialize by copy { readwrite };
28      do not initialize   { section .noinit };
29
30      place at address mem:__ICFEDIT_intvec_start_ { readonly section .intvec };
31      place in ROM_region    { readonly };
32      place in RAM_region    { readwrite, block CSTACK, block HEAP };
33      place in AHB_RAM_region { readwrite data section AHB_RAM_MEMORY };
34      place in CRP_region    { section .crp };
```

　　程序段 2 － 5 中，第 16 行和第 17 行的代码都较长，它们在程序中都是一行，在这里各自用两行表示。当对 LPC1788 存储器配置（见第 3 章）比较熟悉后，阅读 ex2_2.icf 文件并不困难。这里第 1～24 行都是使用关键字 define 定义一些常量符号（常量符号名可以自己取，这里借鉴了自动生成的.icf 文件的符号名），例如，__ICFEDIT_region_RAM_start_ 就是常量 0x1000 0000。所有这些常量符号都是见名知义的：第 1 行__ICFEDIT_intvec_start_表示异常向量表首地址；第 3、4 行__ICFEDIT_region_ROM_start_ 和 __ICFEDIT_region_ROM_end__ 分别表示 LPC1788 片上 512 KB 的 ROM 的首地址和尾地址；第 5、6 行__ICFEDIT_region_RAM_start_ 和 __ICFEDIT_region_RAM_end_分别表示 LPC1788 片上 64 KB 的 SRAM 的首地址和尾地址；第 8、9 行__ICFEDIT_size_cstack_ 和__ICFEDIT_size_heap_分别表示堆栈和堆的大小（都为 0x400）；第 11、12 行__CRP_start_ 和__CRP_end_表示 LPC1788 读保护 CRP 的首地址和尾地址（固定为 0x2FC 和 0x2FF）；第 14 行定义存储空间符号 mem(大小为 4 GB);第 15 行定义 LPC1788 芯片读保护区符号 CRP_region 为 0x2FC～0x2FF;第 16 行定义 LPC1788 芯片片上 ROM 区 ROM_region 符号为 0x0～0x7FFFF(除去 0x2FC～0x2FF 区域,因为这 4 个字节存放 LPC1788 的读保护 CRP 值);第 17 行定义 LPC1788 芯片片上第一块 64 KB RAM 区 RAM_region 符号为 0x1000 0000～0x1000 FFFF;第 19、20 行_AHB_RAM_start_ 和_AHB_RAM_end_ 分别表示 LPC1788 芯片 32 KB 的第二部分 RAM 的首地址和尾地址;第 21 行定义 LPC1788 芯片上第二部分 RAM 区(包含两块)AHB_RAM_region 符号为 0x2000 0000～0x2000 7FFF;第 23 行定义堆栈块 CSTACK 符号,其大小为 0x400,8 字节对齐存储,注意这个符号名不能更改;第 24 行定义堆块 HEAP 符号,其大小为 0x400, 8 字节对齐存储。

第 27～34 行用上述的符号(区域)配置程序中出现的段名。第 27 行指示用拷贝方式初始化可读可写区;第 28 行指示不初始化. noinit 的段区。第 30 行将. intvec 段放在_ICFEDIT_intvec_start_开始的地址处;第 31 行将只读代码放在 ROM_region 区;第 32 行将可读可写段、CSTACK 和 HEAP(即栈和堆)放在 RAM_region 区;第 33 行将可读可写数据段 AHB_RAM_MEMORY 放在 AHB_RAM_region 区;第 34 行将. crp 段放在 CRP_region 区。

S5. 在图 2-36 中,单击 OK 按钮回到如图 2-29 所示界面,在该界面下保存工程 ex2_2,编译连接该工程,单击菜单"Project | Download and Debug Ctrl+D"进入仿真调试模式,然后按 F11 键单步执行或设置断点运行,其结果如图 2-37 所示。1+2+3+…+100 的计算结果保存在地址 0x1000 1000 处(其值为 0x0000 13ba,即十进制数 5 050)。

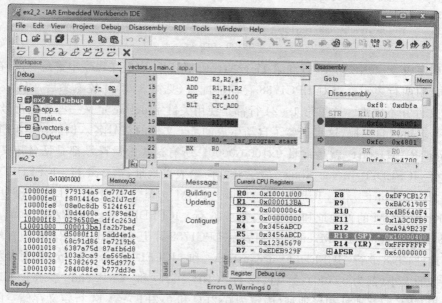

图 2-37 工程 ex2_2 仿真结果

最后,还需要指出的是,IAR EWARM 集成开发环境提供了大量快捷按钮和快捷按键,应用熟练后比使用菜单更方便。

2.5.3　汇编语言指令集

使用 Cortex - M3 架构的芯片,例如 LPC1788 芯片,进行基于嵌入式实时操作系统 μC/OS - III 的 C 语言应用程序设计,仍然不可避免地要对硬件资源和汇编指令作深入的研究,μC/OS - III 作者 J. J. Labrosse 先生也是这种观点。但是,由于篇幅限制,这里不再对汇编语言指令集作全面的解释,仅在表 2 - 17 中列出 Cortex - M3 芯片 LPC1788 支持的汇编语言指令(不含针对编译器的伪指令、针对 DSP 扩展的指令(大都出现在 Cortex - M4 上)和浮点数相关的指令),详细的用法请见参考文献[1,4,5]。Cortex - M3 支持 16 位和 32 位的 Thumb 指令,表 2 - 17 中的绝大部分指令能在编译时根据需要自动编译为 16 位或 32 位的 Thumb 指令,优先采用 16 位指令;如果强制编译为 32 位 Thumb 指令,则在汇编指令后加".W"。Cortex - M3 不支持 32 位的 ARM 指令(Cortex - M3 仅工作在 Thumb 状态)。

表 2 - 17　Cortex - M3 汇编语言指令集(LPC1788 支持)

序　号	指令类别		指令助记符
1	跳转指令		B、CBNZ、CBZ、BL、BLX、BX、TBB、TBH
2	数据处理指令	标准数据处理指令	ADC、ADD、ADR、AND、BIC、CMN、CMP、EOR、MOV、MVN、ORN、ORR、RSB、SBC、SUB、TEQ、TST
		移位指令	ASR、LSL、LSR、ROR、RRX
		乘法指令	MLA、MLS、MUL、SMLAL、SMULL、UMLAL、UMULL
		饱和指令	SSAT、USAT
		装箱和开箱指令	SXTB、SXTH、UXTB、UXTH
		除法指令	SDIV、UDIV
		其他数据处理指令	BFC、BFI、CLZ、MOVT、RBIT、REV、REV16、REVSH、SBFX、UBFX
3	状态寄存器访问指令		CPS、MRS、MSR
4	装入和存储指令		LDR、LDRH、LDRSH、LDRB、LDRSB、LDRD、LDRT、LDRHT、LDRSHT、LDRBT、LDRSBT、LDREX、LDREXH、LDREXB、STR、STRH、STRB、STRD、STRT、STRHT、STRBT、STREX、STREXH、STREXB
5	多装入和多存储指令		LDM、LDMIA、LDMFD、LDMDB、LDMEA、POP、PUSH、STM、STMIA、STMEA、STMDB、STMFD

序　号	指令类别	指令助记符
6	软件产生异常指令	SVC
7	协处理器指令	CDP、CDP2、MCR、MCR2、MCRR、MCRR2、MRC、MRC2、MRRC、MRRC2、LDC、LDC2、STC、STC2
8	其他指令	CLREX、DBG、DMB、DSB、ISB、IT、NOP、PLD、PLI、SEV、WFE、WFI、YIELD

2.6　本章小结

　　根据后续章节的需要,本章详细地介绍了 Cortex‑M3 内核架构、存储器配置、工作模式与异常、寄存器和指令集等,重点在于存储器配置、异常与寄存器。本章详细介绍了 Keil MDK 和 IAR EWARM 两个集成开发环境的使用方法,并以实例的方式简单地介绍了汇编语言程序设计方法。学习本章内容需要结合参考文献[1,3,4,5];另外,Keil MDK 和 IAR EWARM 都提供了大量相关的在线资料,例如,Keil MDK 集成开发环境界面上有一个选项 Books(见图 2‑12),当选定目标芯片后,可以在该选项卡下直接找到和目标芯片相关的网络最新文档资料。本章以及后续章节的实例都是基于 IAR KSK LPC1788 实验板或 LPC1788‑32 Developer's Kit 实验板,只有充分掌握本章内容后,才能很轻松地将本章乃至本书实例移植到其他 LPC1788 平台或 Cortex‑M3 内核平台上。

第3章

IAR KSK LPC1788 开发板
与 LPC1788 微控制器

IAR KSK LPC1788 开发板（或实验板）全称 IAR KICKSTART Kit for NXP LPC1788，后续称之为 IAR－LPC1788 实验板。该实验板的基本配置为：集成一片 LPC1788 芯片、3.5 英寸 320×240 分辨率 24 位彩色 TFT 屏带触摸屏、集成 64 MB SDRAM、支持 USB、IrDA、100 Mbit 网口、CAN、RS232、SD/MMC、JTAG 和 9 V 电源接口等。由 IAR－LPC1788 板、9 V 电源适配器、H－JTAG 仿真器（或 J－Link 仿真器）、串口线（或 USB 转串口线）、麦克风与耳机以及笔记本电脑等，如图 3－1 所示，组成本章及后续章节的实验平台。如果学生没有采用该平台，应通过本章的教学，比较所选用平台与本章 IAR－LPC1788 实验板的外设接口的异同点，方便后续程序在不同平台间的移植。

9V直流电源

耳机与麦克风

H-JTAG仿真器   IAR-LPC1788实验板   USB转串口线

图 3－1 IAR－LPC1788 实验板及工作平台

图 3－1 中标有 LPC－1788－SK 的设备就是 IAR－LPC1788 实验板。关于语音处理的内容，即用到图 3－1 中麦克风和耳机的电路部分，本章也给出了原理性分析，但并没有给出相关的程序。这是因为，一方面，这部分内容是留给学生进行设计性实

验的材料;另一方面,LPC1788 主要用于控制领域,而不是语音信号处理方面的应用。考虑到 LPC1788 在基带(语音)范围内进行一些编码(如 ADM 编码)、加密、滤波、谱分析和变调等的信号处理仍然可以胜任,学生可以基于 IAR-LPC1788 实验板在这些方面进行深入的研究,进一步加深对硬件原理和软件设计的理并提高和应用水平。下面将对 IAR-LPC1788 实验板和 LPC1788 芯片进行详细的介绍,为后续章节的基于 µC/OS-III 的应用程序设计和系统移植奠定硬件理论基础。

3.1　IAR KSK LPC1788 开发板

IAR-LPC1788 实验板是一块便携式开发板,体积只有 $(13.5 \times 10.1 \times 2.5) \text{cm}^3$,如

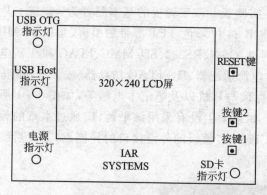

图 3-1 所示,正面为液晶 LCD 屏、4 个指示灯和 3 个按键,如图 3-2 所示;反面显示印制电路板 PCB,其中,使用了 JTAG 口、串口 0 和电源接口等,如图 3-3 所示。

图 3-2 中 IAR-LPC1788 实验板上电后,左下角的电源指示灯(红色)被点亮,右侧具有 3 个按键,从上到下依次为:RESET 键、按键 2 和按键 1。图 3-3 中,右下角为 9 V 直流电源接口,右上方为 JTAG 接口,左

图 3-2　IAR-LPC1788 实验板正面示意图

上方为 RS232 串口接口,左下方为麦克风和耳机接口。图 3-3 主要列举了本书要用到的芯片和接口,IAR-LPC1788 实验板还有其他的接口和芯片,如 USB、网口、CAN 和 SD/MMC 等。

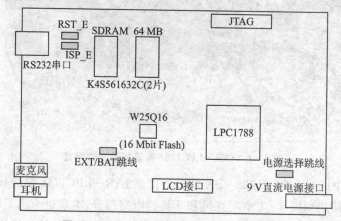

图 3-3　IAR-LPC1788 实验板反面示意图

　　IAR - LPC1788 实验板上有较多跳线,图 3 - 3 仅给出需要注意的 4 个,其中,电源选择跳线要使 1、2 脚相连,即使用外部 9 V 直流电源(如果使用 J - Link Lite 供电,则 3、4 脚相连);RST_E 和 ISP_E 这两个跳线要空着,关闭借助 RS232 串口的程序下载功能;EXT/BAT 跳线 1、2 脚相连,不使用 3 V 电池(而使用外部 3 V 电源)供电给 LPC1788 的 VBAT 脚。

　　设置好 IAR - LPC1788 实验板的上述跳线后(其他跳线保持出厂状态),将 9 V 电源适配器交流输入端接 220 V 交流插座,9 V 直流输出端接图 3 - 3 的"9 V 直流电源接口";将串口线 DB9 接头连接图 3 - 3 的"RS232 串口"接口,另一端经"USB 转串口线"接计算机的 USB 口;将 J - Link 的 20 针双排线端与图 3 - 3 的 JTAG 接口相连,另一端与计算机的 USB 口相连。图 3 - 1 所示笔记本电脑使用了 Windows 7 旗舰版(Service Pack 1)32 位系统,安装了 IAR EWARM V6.30 集成开发环境,并且安装了 USB 转串口线的驱动和 J - Link 驱动。然后,打开 9 V 电源适配器的电源,此时,图 3 - 2 左下角的电源指示灯点亮,整个实验平台就建设好了。

　　下面分别介绍 IAR - LPC1788 实验板的各个电路单元,那些和程序设计相关的电路,给出了准确的引脚位置和连接方式,其他电路单元主要以原理框图或示意图的形式介绍,具体电路原理图请参考 IAR - LPC1788 实验板光盘,或根据框图和相关芯片资料自己设计。

3.1.1　电源与复位电路

　　IAR - LPC1788 实验板需要 +5 V、+3.3 V、+20 V、+15 V 和 -10 V 等多种直流电压,其原理框图如图 3 - 4 所示。

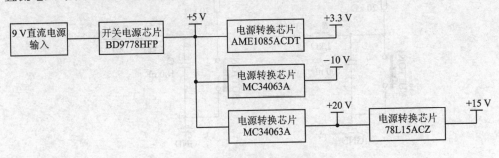

图 3 - 4　直流电源框图

　　如图 3 - 4 所示,外部 9 V 直流电源经开关电源芯片 BD9778 后产生 +5 V 电压,BD9778 要求输入电压在 7～35 V 之间,因此,外部直流电源可选用 9 V 或 12 V 等常用电源(由于 IAR - LPC1788 实验板上有一个耐压 16 V 的整流桥,所以外部直流电源电压不应超过 16 V)。+5 V 电压经过电源电压转换芯片 AME1085 产生 +3.3 V 电压,为 LPC1788 等芯片供电。此外,+5 V 电压经过两片电源电压转换芯片

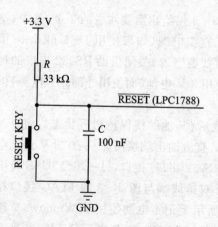

图 3-5 IAR-LPC1788 复位电路

MC34063A 分别产生－10 V 和＋20 V 直流电源,然后,＋20 V 电压经电源电压转换芯片 78L15 后产生＋15 V 电压。图 3-4 中的－10 V、＋20 V 和＋15 V 电源主要为 LCD 屏显示服务,相关的电源芯片应集中在一起;特别是－10 V 电源,应减少其对电路板其他单元的干扰。

IAR-LPC1788 复位电路如图 3-5 所示,具有带电手动复位(和上电自动复位)功能。

图 3-5 中,$\overline{\text{RESET}}$（LPC1788）指 LPC1788 芯片的复位引脚,该引脚内接施密特触发器,低有效。LPC1788 具有 6 个复位源,即使复位引脚不接图 3-5 所示复位电路,也可通过内部上电复位功能复位。

3.1.2 按键电路

IAR-LPC1788 实验板上有两个常开的用户按键,如图 3-6 所示,分别接到 LPC1788 芯片的 P2[19] 和 P2[21] 引脚。当按键按下时,输出低电平;当松开按键时,按键自动弹开,输出高电平。

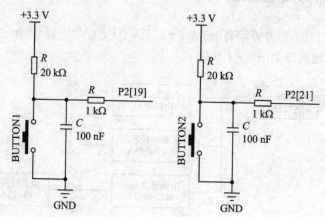

图 3-6 按键电路

3.1.3 ADC 输入电路

IAR-LPC1788 实验板具有一个电位器分压电路,如图 3-7 所示。通过改变 10 kΩ 电阻滑动节点的位置,可得到 0～3.3 V 连续变化的输出电压值,这个输出电压值经过 330 Ω 电阻输入到 LPC1788 芯片的 ADC0[7]引脚,作为 ADC 的输入值。

LPC1788 具有 8 个 ADC 输入引脚,图 3 - 7 中的 ADC0[7]为其中一个脚,8 路输入通过多路选择器后,被选中的一路经过 12 位 ADC 转换器后产生数字信号。这里 ADC 转换器的参考电压为 3.3 V。

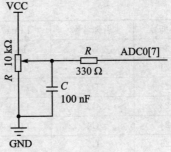

图 3 - 7　ADC 输入电路

3.1.4　LCD 显示模块控制电路

IAR - LPC1788 实验板使用的 LCD 显示模块型号为 GFT035EA320240Y,3.5 英寸 24 位 RGB 320×240 点阵显示,触摸屏有效面积为(70.08×53.26)mm²,借助 LPC1788 芯片上 LCD 控制器驱动,显示模块 GFT035EA320240Y 与 LPC1788 芯片的连接如表 3 - 1 所列。

表 3 - 1　GFT035EA320240Y 与 LPC1788 芯片的连接

引脚号	引脚名称	LPC1788 引脚	描　　述
1	VBL−		LED 背光源负极,接地
2	VBL−		LED 背光源负极,空
3	VBL+		LED 背光源正极,空
4	VBL+		LED 背光源正极,+20 V,受 LCD_LE 控制
5	NC		—
6	#RESET	#RSTOUT	硬件复位输入
7	NC/POL		—
8	Y1	ADC0_IN[0]	触摸屏顶分量
9	X1	ADC0_IN[1]	触摸屏右分量
10	Y2	P0[21]	触摸屏底分量
11	X2	P0[19]	触摸屏左分量
12	B0	LCD_VD[16]	蓝色字节分量第 0 位
13	B1	LCD_VD[17]	蓝色字节分量第 1 位
14	B2	LCD_VD[18]	蓝色字节分量第 2 位
15	B3	LCD_VD[19]	蓝色字节分量第 3 位
16	B4	LCD_VD[20]	蓝色字节分量第 4 位
17	B5	LCD_VD[21]	蓝色字节分量第 5 位
18	B6	LCD_VD[22]	蓝色字节分量第 6 位
19	B7	LCD_VD[23]	蓝色字节分量第 7 位

续表 3 – 1

引脚号	引脚名称	LPC1788 引脚	描述
20	G0	LCD_VD[8]	绿色字节分量第 0 位
21	G1	LCD_VD[9]	绿色字节分量第 1 位
22	G2	LCD_VD[10]	绿色字节分量第 2 位
23	G3	LCD_VD[11]	绿色字节分量第 3 位
24	G4	LCD_VD[12]	绿色字节分量第 4 位
25	G5	LCD_VD[13]	绿色字节分量第 5 位
26	G6	LCD_VD[14]	绿色字节分量第 6 位
27	G7	LCD_VD[15]	绿色字节分量第 7 位
28	R0	LCD_VD[0]	红色字节分量第 0 位
29	R1	LCD_VD[1]	红色字节分量第 1 位
30	R2	LCD_VD[2]	红色字节分量第 2 位
31	R3	LCD_VD[3]	红色字节分量第 3 位
32	R4	LCD_VD[4]	红色字节分量第 4 位
33	R5	LCD_VD[5]	红色字节分量第 5 位
34	R6	LCD_VD[6]	红色字节分量第 6 位
35	R7	LCD_VD[7]	红色字节分量第 7 位
36	HSYNC	LCD_LP	水平同步输入时钟
37	VSYNC	LCD_FP	垂直同步输入时钟
38	DOTCLK	LCD_DCLK	点数据时钟
39	VDDIO		数字电源，+5 V
40	VDDIO		数字电源，+5 V
41	VDDIO		数字电源，+3.3 V
42	VDDIO		数字电源，+3.3 V
43	NC		—
44	NC		—
45	NC/V_GL		−10 V
46	NC		—
47	NC/V_GH		+15 V
48	SHUT		内部拉低，空
49	SPCLK		串行数据时钟，空
50	SPDAT		串行数据，空
51	NC/VCOM		—
52	ENB	LCD_ENAB_M	数据使能控制
53	VSS		地
54	VSS		地

特别注意：IAR – LPC1788 实验板上，表 3 – 1 中第 39～40 脚接 5 V 电源，而第

41~42 脚接 3.3 V 电源,第 2~3 脚为空,第 45、47 脚分别接一10 V 和+15 V。这些引脚与 GFT035EA320240Y 文档的说明不完全一致。

3.1.5　JTAG 电路

IAR-LPC1788 实验板上有两个 JTAG 接口,分别为 10 针的小型 JTAG2 接口和 20 针的标准 JTAG1 接口,如图 3-8 所示。

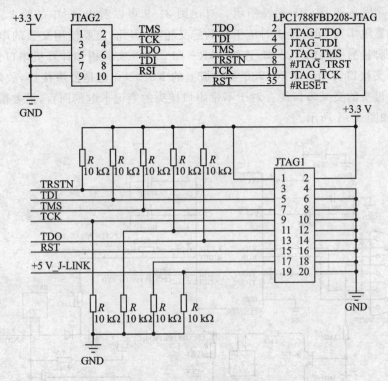

图 3-8　IAR-LPC1788 实验板 JTAG 接口电路

在图 3-8 中,JTAG1 的第 19 脚网络标号为+5 V_J-LINK,当使用 IAR-LPC1788 实验板的 J-Link Lite JTAG 仿真器时,该仿真器能在第 19 脚输出+5 V 电源,同时,IAR-LPC1788 实验板的电源选择跳线(如图 3-3 所示)的 3、4 脚相连,则使用 J-Link Lite 为实验板供电。这里使用了普通的 J-Link 仿真器,因此第 19 脚"悬空"(通过 10 kΩ 电阻拉低)。

3.1.6　串口通信电路

IAR-LPC1788 实验板串口通信电路如图 3-9 所示,使用了串口芯片 ST3232CDR。LPC1788 芯片向外发送串行数据的通路为:LPC1788 芯片的 U0_

TXD 引脚发送串行数据到 ST3232CDR 芯片的 T2IN 引脚,然后,通过 T2OUT 引脚向 RS232_0 接头的第 3 脚发送串口数据。LPC1788 芯片接收串行数据的通路为:外部串行数据经 RS232_0 接头的第 2 脚送到 ST3232CDR 的第 R2IN 引脚,然后,通过 R2OUT 引脚向 LPC1788 芯片的 U0_RXD 引脚传送串行数据。

目前计算机使用的标准 DB9 串口接头的 9 个引脚的定义依次为:1 脚(DCD)载波检测;2 脚(RXD)计算机接收数据;3 脚(TXD)计算机发送数据;4 脚(DTR)数据终端准备好;5 脚(GND)信号地;6 脚(DSR)数据准备好;7 脚(RTS)请求发送;8 脚(CTS)清除发送;9 脚(RI)振铃指示。对比图 3 - 9 可以看出,图中的第 2、3 脚定义与标准计算机串口 DB9 接头对应引脚的定义相反,因此,需要使用交叉的串口线(一端的 2、3 脚接另一端的 3、2 脚)连接 IAR - LPC1788 实验板和计算机串口。计算机串口为公头接口,IAR - LPC1788 实验板上的 RS232_0 也是公头接口,故需要使用二端均为母头的交叉串口线。对于不带串口接头的笔记本电脑而言,需要借 USB 转串口线,如图 3 - 1 所示。

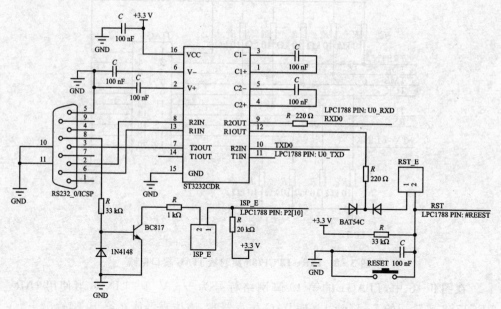

图 3 - 9　RS232 串口通信电路

实际串口通信中只使用第 2、3、5 脚,图 3 - 9 中还使用了第 6、8 脚,分别接到两个跳线 RST_E(经过 ST3232CDR)和 ISP_E 上,这两个跳线缺省状态下均为打开状态,第 6、8 脚的状态不影响 LPC1788 的 #RESET 和 P2[10]引脚。这两个跳线闭合时,用于 ISP(In - System Programming,在系统编程)操作,LPC1788 芯片复位后,在 P2[10]引脚上的低电平将请求 ISP 命令,借助计算机专门下载软件、LPC1788 片上用户程序和 UART0 串口实现 LPC1788 片上 Flash 的编程。ISP 方法可针对 LPC1788 片上 Flash 被读保护后的 Flash 编程(擦除),对于初学者,一般借助于 JTAG

方式(通过 J‑Link 或 H‑JTAG 仿真器等)进行在线仿真、调试和 Flash 下载。

3.1.7　音频电路

IAR‑LPC1788 实验板音频电路的核心是 VS1053B 芯片,该芯片集成了 Ogg Vorbis /MP3 /AAC /WMA/MIDI 音频译码器和 IMA ADPCM 压缩编码器。为了实现这些编译码工作,VS1053B 具有片上 DSP 核,带有 16 KB 指令 RAM 和约 0.5 KB 数据 RAM;此外,VS1053B 还集成了高质量立体声 ADC、立体声 DAC 以及耳机放大器,适合用做 MP3 播放器和复读机等便携式娱乐电子产品。

IAR‑LPC1788 实验板中 LPC1788 芯片通过 SPI 口与 VS1053B 芯片相连接,如图 3‑10 所示。图 3‑10 中仅画出了 VS1053B 与音频处理相关的电路部分,电源和地都省略掉了。VS1053B 芯片的 SPI 总线分为 SDI(Serial Data Interface)接口和 SCI(Serial Control Interfae)接口。当工作在 VS1002 本地模式时,SDI 接口使用引脚 XDCS、SCK 和 SI,SCI 接口使用引脚 XCS、SCK、SI 和 SO。SDI 接口是单向数据接口,用于向 VS1053B 传送压缩的音频数据。SCI 接口是双向数据接口,用于读/写 VS1053B 寄存器,以及从 VS1053B 接收译码数据。

数据请求引脚(DREQ)是 VS1053B 的输出引脚,用于标识 VS1053B 的 2 048 字节 FIFO 是否可以接收数据,当 DREQ 为高电平时,VS1053B 至少可以接收 32 字节的 SDI 数据或一个 SCI 命令;当启动 32 字节的 SDI 数据传输后,在传送过程中不需要检查 DREQ 的状态;当 DRER 为低电平时,说明 FIFO 已满,或处于 SCI 命令处理过程中。

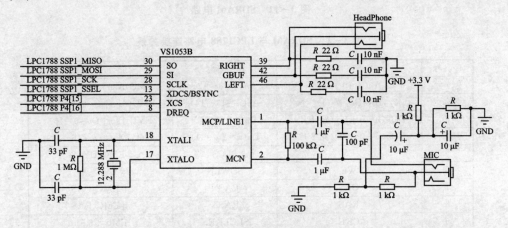

图 3‑10　VS1053B 音频电路

基于图 3‑10,学生可以开展 MP3 播放器设计、WMA 播放器设计、复读机设计、ADPCM 编码(音频压缩编码)设计和语音加密设计等设计性实验研究。

3.1.8　SDRAM 电路

IAR－LPC1788 实验板上具有两片 K4S561632C 芯片,每片 K4S561632C 芯片具有 4 个存储块(Bank),每个存储块大小为 4M×16 bit,故每片 K4S561632C 的存储大小为 4M×16 bit×4＝32 MB,因此,IAR－LPC1788 实验板上具有 64 MB 大小的 SDRAM,其电路连接如图 3－11 所示。图 3－11 中的网络标号与 LPC1788 芯片的连接如表 3－2 所列。

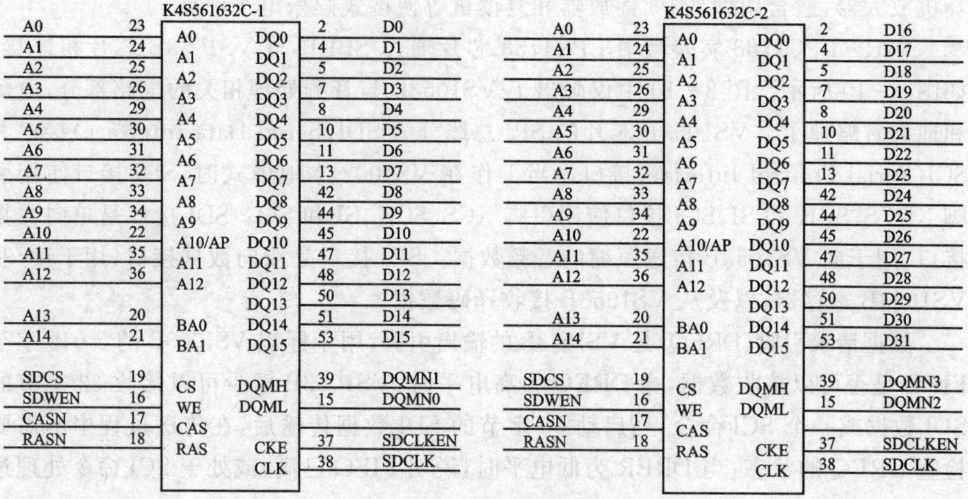

图 3－11　SDRAM 电路

表 3－2　SDRAM 与 LPC1788 电路连接关系

序　号	K4S561632 引脚	网络标号	LPC1788 引脚
1	An(n=0~12)	An(n=0~12)	EMC_A[n](n=0~12)
2	BAn(n=0~1)	An(n=13~14)	EMC_A[n](n=13~14)
3	DQn(n=0~15)(第 1 片)	Dn(n=0~15)	EMC_D[n](n=0~15)
4	DQn(n=0~15)(第 2 片)	Dn(n=16~31)	EMC_D[n](n=16~31)
5	CS	SDCS	#EMC_DYCS0
6	WE	SDWEN	#EMC_WE
7	CAS	CASN	#EMC_CAS
8	RAS	RASN	#EMC_RAS
9	CKE	SDCLKEN	EMC_CKE0
10	CLK	SDCLK	EMC_CLK[0]
11	DQML(第 1 片)	DQMN0	EMC_DQM0
12	DQMH(第 1 片)	DQMN1	EMC_DQM1
13	DQML(第 2 片)	DQMN2	EMC_DQM2
14	DQMH(第 2 片)	DQMN3	EMC_DQM3

K4S561632C 芯片各个引脚的含义如表 3-3 所列(图 3-11 中省略了其电源引脚),读/写 K4S561632C 的控制真值表如表 3-4 所列。

表 3-3 K4S561632C 各引脚含义

引脚标号	引脚名称	功　能
CLK	系统时钟	工作时钟,上升沿有效
$\overline{CS}$	片选信号	使能或关闭芯片操作,低电平有效
CKE	时钟使能	屏蔽或使能系统时钟
A0～A12	地址线	用做行地址:RA0～RA12,用做列地址:CA0～CA9
BA0～BA1	块选择地址线	用于选择 4 个存储块中的一个
$\overline{RAS}$	行地址选通	在时钟上升沿锁存行地址,低有效
$\overline{CAS}$	列地址选通	在时钟上升沿锁存列地址,低有效
$\overline{WE}$	写使能	使能写操作
DQ0～DQ15	数据输入/输出	16 位宽的数据输入或输出总线
DQML(H)	数据输入/输出屏蔽	屏蔽数据输入/输出,高有效

表 3-4 K4S561632C 读/写控制真值表

操　作	$\overline{CS}$	$\overline{RAS}$	$\overline{CAS}$	$\overline{WE}$	A0～A12	A0/AP	BA[1:0]
块活跃	L	H	L	H	用做 RA0～RA12		取值为 0bb、10b、01b 或 11b,依次选取 4 个存储块中的 A、B、C 或 D 区
读	L	H	L	H	A0～A8 用做 CA0～CA8	L	
读且自动预充电	L	H	L	H	A0～A8 用做 CA0～CA8	H	
写	L	H	L	L	A0～A8 用做 CA0～CA8	L	
写且自动预充电	L	H	L	L	A0～A8 用做 CA0～CA8	H	

表 3-4 中"L"表示低电平,"H"表示高电平,RA 为行地址,CA 为列地址。K4S561632C 芯片具有 4 个存储块,通过块地址线 BA1 和 BA0 取 00b、01b、10b 或 11b,选择其中的一个块。当 RAS 有效时,A12～A0 选中某个存储块的行地址(RA12～RA0);然后,当 CAS 有效且 WE 为高电平时,A8～A0 用做这个存储块的列地址(CA8～CA0),此时的操作为从相应的地址阵列中读取数据;如果 A10 为高电平,读操作伴随有自动预充电功能。同时,操作过程中,如果 WE 为低电平,则表示向地址阵列中写入数据,A10 为高电平时,写操作伴随有自动预充电功能。这样 13 根行地址线和 9 根列地址线组合成 22 根地址线,K4S561632C 每个存储块的寻址能力为 $2^{22}=4M$,4 个存储块的寻址能力为 16M,数据总线宽为 16 bit,因此,每片 K4S561632C 的容量为 $16M \times 16\ bit = 32\ MB$。显然,图 3-11 所示电路表明了

LPC1788 片外扩展了 64 MB SDRAM 空间。

3.2 LPC1788 微控制器

LPC1788 是基于 Cortex–M3 内核的微控制器,工作时钟最高可达 100 MHz,片上外设包括：512 KB Flash 存储器、3 KB EEPROM 存储器、SDRAM 或静态存储器访问控制器、LCD 控制器、网口 MAC 控制器、通用目的 DMA 控制器、一个 USB 设备/主机/OTG 接口、5 个 UART(通用异步收发器)、3 个 SSP(同步串行口)、3 个 I²C 接口、一个 I²S 串行语音接口、一个 2 通道的 CAN 接口、一个 SD 卡接口、一个 8 通道的 12 位 ADC、一个 10 位 DAC、一个电机控制 PWM、一个正交译码接口、4 个通用定时器、一个 6 输出通用 PWM、一个极低功耗 RTC(可接外部独立电源供电)、一个窗口看门狗定时器、一个 CRC 计算引擎、最多 165 个通用 IO 口等。

关于 LPC1788 微控制器的详细资料请参阅参考文献[6](长达 1 016 页)。下面仅针对本书使用的 LPC1788FBD208 芯片的部分资源和外设情况作较详细的介绍。

3.2.1 映射存储空间

LPC1788 芯片具有 512 KB 的片上 Flash 存储器,映射到地址 0x0000 0000～0x0007 FFFF,这部分空间可存放代码和数据；具有 64 KB 的片上通用 SRAM,映射到地址 0x1000 0000～0x1000 FFFF,这部分空间主要用于存放数据；具有 32 KB 的片上外设数据 SRAM,映射到地址 0x2000 0000～0x2000 7FFF。LPC1788 芯片扩展的外部存储控制器,可接外部静态存储器或动态 SDRAM 芯片,这部分映射地址为 0x8000 0000～0x9FFF FFFF(通过 4 个片选,映射为 4 个 64 MB 的静态存储区)和 0xA000 0000～0xDFFF FFFF(通过 4 个片选,映射为 4 个 256 MB 的动态存储区)。LPC1788 映射存储空间如图 3–12 所示。

3.2.2 外扩 SDRAM

LPC1788FBD208 使用外部存储器控制器(EMC)扩展 SDRAM 访问,所使用的引脚为 EMC_A[14:0]、EMC_D[31:0]、EMC_WE、EMC_DYCS[3:0]、EMC_CAS、EMC_RAS、EMC_CLK[1:0]、EMC_CKE[3:0]和 EMC_DQM[3:0],相关的寄存器有 EMCControl、EMCConfig、EMCDynamicControl、EMCDynamicRefresh、EMCDynamicReadConfig、EMCDynamicRP、EMCDynamicRAS、EMCDynamicSREX、EMCDynamicAPR、EMCDynamicDAL、EMCDynamicWR、EMCDynamicRC、EMCDynamicRFC、EMCDynamicXSR、EMCDynamicRRD、EMCDynamicMRD、EMCDy-

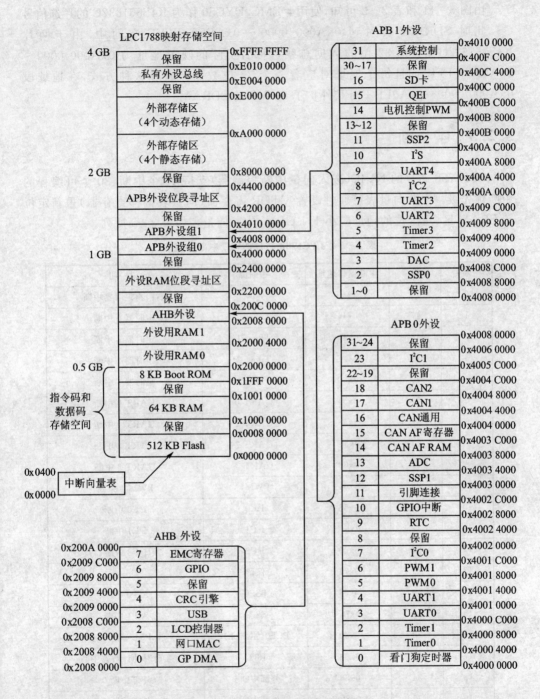

图 3 - 12　LPC1788 映射存储空间

namicConfig3/2/1/0 和 EMCDynamicRasCas3/2/1/0。

由图 3 - 11 和表 3 - 2 可知,使用♯EMC_DYCS0 作为 K4S561632C 的片选信号 CS,此时 SDRAM 映射到 0xA000 0000～0xAFFF FFFF 空间中,由于两片 K4S561632C 组合出 32 位的数据总线,因此,实际的映射地址为 0xA000 0000～0xA0FF FFFF,而且每个地址对应着一个 32 位数据。通过这种方式,在地址段 0xA000 0000～0xA0FF FFFF 外扩了 64 MB 的 SDRAM。

3.2.3 中　断

LCP1788 芯片的 NVIC(嵌入向量中断控制器)支持 40 个中断、30 个可编程的中断优先级。中断向量表可通过设置 VTOR 寄存器(向量表偏移寄存器)重新定位于 SRAM 区(重定位的地址应小于 1 GB)。中断向量表如表 3 - 5 所列。

表 3 - 5　LPC1788 芯片 NVIC 中断向量表

中断号	异常号	中断偏移地址	中断源	说　明
0	16	0x40	WDT	看门狗定时器中断
1	17	0x44	Timer 0	定时器 0 中断
2	18	0x48	Timer 1	定时器 1 中断
3	19	0x4C	Timer 2	定时器 2 中断
4	20	0x50	Timer 3	定时器 3 中断
5	21	0x54	UART 0	UART 0 中断
6	22	0x58	UART 1	UART 1 中断
7	23	0x5C	UART 2	UART 2 中断
8	24	0x60	UART 3	UART 3 中断
9	25	0x64	PWM1	PWM 1 中断
10	26	0x68	I²C0	I²C0 中断
11	27	0x6C	I²C1	I²C1 中断
12	28	0x70	I²C2	I²C2 中断
13	29	0x74	保留	—
14	30	0x78	SSP0	SSP0 中断
15	31	0x7C	SSP1	SSP1 中断
16	32	0x80	PLL0(主 PLL)	主 PLL 锁定中断
17	33	0x84	RTC	实时时钟计数器中断
18	34	0x88	外部中断 0	外部中断 0
19	35	0x8C	外部中断 1	外部中断 1
20	36	0x90	外部中断 2	外部中断 2

续表 3 - 5

中断号	异常号	中断偏移地址	中断源	说　明
21	37	0x94	外部中断3	外部中断3
22	38	0x98	ADC	模/数转换完成中断
23	39	0x9C	BOD	低电压检测中断
24	40	0xA0	USB	USB 中断
25	41	0xA4	CAN	CAN 中断
26	42	0xA8	DMA 控制器	DMA 中断
27	43	0xAC	I²S	I²S 中断
28	44	0xB0	网口	网口中断
29	45	0xB4	SD 卡接口	SD 卡中断
30	46	0xB8	电机控制 PWM	电机控制 PWM 中断
31	47	0xBC	正交译码器	正交译码器中断
32	48	0xC0	PLL 1	PLL1 锁定中断
33	49	0xC4	USB 活跃中断	USB 活跃中断
34	50	0xC8	CAN 活跃中断	CAN 活跃中断
35	51	0xCC	UART 4	UART 4 中断
36	52	0xD0	SSP2	SSP2 中断
37	53	0xD4	LCD 控制器	LCD 控制器中断
38	54	0xD8	GPIO 中断	GPIO 中断
39	55	0xDC	PWM0	PWM0 中断
40	56	0xE0	EEPROM	EEPROM 中断

表 3-5 中,中断号 13 对应的中断向量位置为保留状态,故表 3-5 中共 40 个中断,大多数中断源都具有多个中断事件,例如,定时器 0 中断源对应于匹配和捕获两种类型的中断,分别有各自的寄存器和中断标志位,详细情况请参阅参考文献[6]。表 3-5 中没有列出 Cortex-M3 的系统异常,这些异常占据异常号 0～15。尽管中断向量表整体可以重新定位于新的地址,但是表 3-5 中各个中断的相对位置是固定不变的,每个中断的入口地址等于中断(异常)向量表(包括系统异常)的基地址加上表 3-5 中的偏移地址。

LPC1788 芯片 NVIC 中断相关的寄存器如表 3-6 所列。

表 3 - 6　LPC1788 芯片 NVIC 中断相关寄存器

寄存器名	地　址	访问特性	复位值	描　述
ISER0～1	0xE000 E100～ 0xE000 E104	可读可写	0x0000 0000	中断配置使能寄存器
ICER0～1	0xE000 E180～ 0xE000 E184	可读可写	0x0000 0000	中断清除使能寄存器

续表 3‐6

寄存器名	地　址	访问特性	复位值	描　述
ISPR0~1	0xE000 E200~ 0xE000 E204	可读可写	0x0000 0000	中断配置请求寄存器
ICPR0~1	0xE000 E280~ 0xE000 E284	可读可写	0x0000 0000	中断清除请求寄存器
IARBR0~1	0xE000 E300~ 0xE000 E304	只读	0x0000 0000	中断活跃位寄存器
IPR0~10	0xE000 E400~ 0xE000 E428	可读可写	0x0000 0000	中断优先级寄存器
STIR	0xE000 EF00	只写	0x0000 0000	软件触发中断寄存器

表 3‐6 中 STIR 寄存器的第[8:0]位为 INTID 位域,第[31:9]位为保留位域,向 INTID 位域写入中断号(不是异常号)即可以产生相应中断号的中断,这称为软件方法产生中断。例如,写入 1,则产生 Timer0 中断。

表 3‐6 中 ISERn、ICERn、ISPRn 和 ICPR$n(n=0\sim1)$ 的每一位对应于一个中断(号),向相应的位写入 1 分别表示使能该中断、关闭该中断、请求该中断服务和关闭该中断服务,这些寄存器各位位置与中断号的对应关系如表 3‐7 和表 3‐8 所列。

表 3‐7　ISER0、ICER0、ISPR0 和 ICPR0 寄存器位与中断号的对应关系

中断号	位	ISER0	ICER0	ISPR0	ICPR0
0	0	ISE_WDT	ICE_WDT	ISP_WDT	ICP_WDT
1	1	ISE_TIMER0	ICE_TIMER0	ISP_TIMER0	ICP _TIMER0
2	2	ISE_TIMER1	ICE_TIMER1	ISP _TIMER1	ICP _TIMER1
3	3	ISE_TIMER2	ICE_TIMER2	ISP _TIMER2	ICP _TIMER2
4	4	ISE_TIMER3	ICE_TIMER3	ISP _TIMER3	ICP _TIMER3
5	5	ISE_UART0	ICE_UART0	ISP _UART0	ICP _UART0
6	6	ISE_UART1	ICE_UART1	ISP _UART1	ICP _UART1
7	7	ISE_UART2	ICE_UART2	ISP _UART2	ICP _UART2
8	8	ISE_UART3	ICE_UART3	ISP _UART3	ICP _UART3
9	9	ISE_PWM1	ICE_PWM1	ISP _PWM1	ICP _PWM1
10	10	ISE_I2C0	ICE_I2C0	ISP _I2C0	ICP _I2C0
11	11	ISE_I2C1	ICE_I2C1	ISP _I2C1	ICP _I2C1
12	12	ISE_I2C2	ICE_I2C2	ISP _I2C2	ICP _I2C2
13	13	—	—	—	—
14	14	ISE_SSP0	ICE_SSP0	ISP _SSP0	ICP _SSP0

续表 3 - 7

中断号	位	ISER0	ICER0	ISPR0	ICPR0
15	15	ISE_SSP1	ICE_SSP1	ISP _SSP1	ICP _SSP1
16	16	ISE_PLL0	ICE_PLL0	ISP _PLL0	ICP _PLL0
17	17	ISE_RTC	ICE_RTC	ISP _RTC	ICP _RTC
18	18	ISE_EINT0	ICE_EINT0	ISP _EINT0	ICP _EINT0
19	19	ISE_EINT1	ICE_EINT1	ISP _EINT1	ICP _EINT1
20	20	ISE_EINT2	ICE_EINT2	ISP _EINT2	ICP _EINT2
21	21	ISE_EINT3	ICE_EINT3	ISP _EINT3	ICP _EINT3
22	22	ISE_ADC	ICE_ADC	ISP _ADC	ICP _ADC
23	23	ISE_BOD	ICE_BOD	ISP _BOD	ICP _BOD
24	24	ISE_USB	ICE_USB	ISP _USB	ICP _USB
25	25	ISE_CAN	ICE_CAN	ISP _CAN	ICP _CAN
26	26	ISE_DMA	ICE_DMA	ISP _DMA	ICP _DMA
27	27	ISE_I2S	ICE_I2S	ISP _I2S	ICP _I2S
28	28	ISE_ENET	ICE_ENET	ISP _ENET	ICP _ENET
29	29	ISE_SD	ICE_SD	ISP _SD	ICP _SD
30	30	ISE_MCPWM	ICE_MCPWM	ISP _MCPWM	ICP _MCPWM
31	31	ISE_QEI	ICE_QEI	ISP _QEI	ICP _QEI

表 3 - 8　　ISER1、ICER1、ISPR1 和 ICPR1 寄存器位与中断号的对应关系

中断号	位	ISER1	ICER1	ISPR1	ICPR1
32+0	0	ISE_PLL1	ICE_PLL1	ISP _PLL1	ICP _PLL1
32+1	1	ISE_USBACT	ICE_USBACT	ISP _USBACT	ICP _USBACT
32+2	2	ISE_CANACT	ICE_CANACT	ISP _CANACT	ICP _CANACT
32+3	3	ISE_UART4	ICE_UART4	ISP _UART4	ICP _UART4
32+4	4	ISE_SSP2	ICE_SSP2	ISP _SSP2	ICP _SSP2
32+5	5	ISE_LCD	ICE_LCD	ISP _LCD	ICP _LCD
32+6	6	ISE_GPIO	ICE_GPIO	ISP _GPIO	ICP _GPIO
32+7	7	ISE_PWM0	ICE_PWM0	ISP _PWM0	ICP _PWM0
32+8	8	ISE_FLASH	ICE_EEPROM	ISP _EEPROM	ICP _EEPROM
—	31:9				

3.2.4　系统节拍定时器

系统节拍定时器 SysTick 是一个 24 位的减计数器,当减到 0 时产生异常,异常号为 15。当 LPC1788 工作在 100 MHz 时钟下,且 SysTick 使用 CPU 时钟作时钟源时,SysTick 默认产生 100 Hz 的时钟节拍异常,用做 μC/OS - III 操作系统时钟节拍。与 SysTick 相关的寄存器如表 3-9 所列。

表 3-9　与 SysTick 相关的寄存器

寄存器名	地　　址	访问属性	复位值	说　　明
STCTRL	0xE000 E010	可读可写	0x04	SysTick 控制与状态寄存器
STRELOAD	0xE000 E014	可读可写	0	SysTick 重装值寄存器
STCURR	0xE000 E018	可读可写	0	SysTick 当前计数值寄存器
STCALIB	0xE000 E01C	可读可写	0x000F 423F	SysTick 校正值寄存器

表 3-9 中各个寄存器的详细情况如表 3-10～表 3-13 所列。

表 3-10　SysTick 控制与状态寄存器

位	位名称	复位值	说　　明
0	ENABLE	0	SysTick 计数使能位。当为 1 时,计数使能;当为 0 时,计数关闭
1	TICKINT	0	SysTick 中断使能位。当为 1 时,SysTick 中断使能,SysTick 减计数到 0 时,产生中断;当为 0 时,SysTick 中断关闭
2	CLKSOURCE	1	SysTick 时钟源选择位。当为 1 时,使用 CPU 时钟;当为 0 时,从外部引脚 STCLK 取时钟
15:3	—	—	
16	COUNTFLAG	0	SysTick 计数标志位。当计数到 0 时,该位置位;读该寄存器时,清 0
31:17	—	—	

表 3-11　SysTick 重装值寄存器

位	位名称	复位值	说　　明
23:0	RELOAD	0	SysTick 减计数到 0 后,重装的值
31:24	—	—	

表 3-11 说明 SysTick 循环计数的每周期内的减计数值为 RELOAD+1。

表 3 – 12　SysTick 当前计数值寄存器

位	位名称	复位值	说　明
23:0	CURRENT	0	读时返回当前计数值;写任何值时都清 0 该寄存器和 STCTRL 寄存器的 COUNTFLAG 位
31:24	—	—	—

表 3 – 13　SysTick 校正值寄存器

位	位名称	复位值	说　明
23:0	TENMS	0x0F 423F	当 SysTick 时钟源为 100 MHz 时,能产生 100 Hz SysTick 异常的重装值
29:24	—	—	—
30	SKEW	0	标识 TENMS 的值能否产生准确的 100 Hz SysTick 异常。为 0 时表示准确;为 1 时表示不准确
31	NOREF	0	标识外部时钟源 STCLK 是否可用。为 0 时可用;为 1 时不可用

　　假设 SysTick 异常的频率为 Freq(Hz),SysTick 时钟源的频率为 CLK(Hz),则寄存器 STRELOAD 的 RELOAD 位域的设计值为 RELOAD = (CLK/Freq) - 1。如果采用 100 MHz 的 CPU 时钟源,SysTick 异常频率为 100 Hz,则 STCTRL = 7,RELOAD = 10 000 0000/100 - 1 = 999 999 = 0xF423F。如果使用外部 32.768 kHz 的 STCLK 时钟源,Freq = 100 Hz,则 STCTRL = 3,RELOAD = 32768/100 - 1 = 326.68 ≈ 327 = 0x0147,这种情况下,存在着舍入误差,将导致 SysTick 异常请求频率不准确。

3.2.5　时　钟

　　LPC1788 芯片需要外接两个时钟源,其一为 32.768 kHz 的时钟源,为 RTC(实时时钟)提供时钟输入,RTC 内部产生 1 Hz 的时钟信号用于产生时间和日期(年、月、日、星期、时、分、秒);其二为 12 MHz 的时钟源(经片上 PLL 后)产生为 CPU、外设、外部存储器控制器、USB 等服务的时钟,如图 3 – 13 所示。

　　根据图 3 – 13,LPC1788 上电复位后,寄存器 CLKSRCSEL[0] 为 0,首先由内部 RC 振荡器产生 12 MHz 时钟(irc_clk)为系统服务,该时钟源稳定性较差;然后,通过设置寄存器 CLKSRCSEL 的第[0] 位为 1,更新为由外部晶振提供稳定的 12 MHz 时钟频率(osc_clk);接着通过 PLL0 倍频和 CPU 时钟选择寄存器 CCLKSEL 产生接近 100 MHz 的 CPU 时钟(cclk)。外设时钟(pclk)和外部存储器控制器时钟(emc_clk)由各自的分频寄存器分频 pll_clk 或 sysclk 后得到。外部时钟(osc_clk)经过 PLL 倍

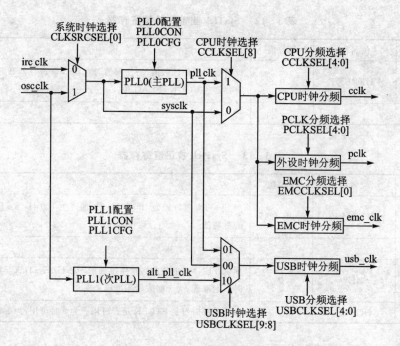

图 3-13 LPC1788 芯片时钟

频后得到 alt_pll_clk 时钟,然后 USB 时钟选择寄存器可以从 alt_pll_clk、sysclk 和 pll_clk 中选择一个作为 USB 的时钟。由于片上 RC 振荡器产生时钟不能满足 USB 的稳定性要求,因此当使用 USB 时,一般要外接 12 MHz 的时钟;当不使用 USB 时,外部时钟可以选择其他的数值。

由图 3-13,要由外部 12 MHz 时钟产生接近 100 MHz 的 CPU 时钟,需要用到的寄存器为 CLKSRCSEL、PLL0CON、PLL0CFG 和 CCLKSEL 等,这些寄存器如表 3-14 所列。

表 3-14 产生 CPU 时钟相关的寄存器

寄存器名	地　址	访问属性	复位值	描　述
CLKSRCSEL	0x400F C10C	可读可写	0	时钟源选择寄存器
PLL0CON	0x400F C080	可读可写	0	PLL0 控制寄存器
PLL0CFG	0x400F C084	可读可写	0	PLL0 配置寄存器
PLL0STAT	0x400F C088	只读	0	PLL0 状态寄存器
PLL0FEED	0x400F C08C	只写	—	PLL0 反馈寄存器
CCLKSEL	0x400F C104	可读可写	1	CPU 时钟选择寄存器

表 3-14 中各个寄存器的详细情况如表 3-15～表 3-20 所列。

表 3 – 15　时钟源选择寄存器 CLKSRCSEL

位	位名称	复位值	说　明
0	CLKSRC	0	为 PLL0 和 sysclk 选择时钟源,为 0 表示选择内部 RC 时钟源;为 1 表示选择外部时钟源
31:1	—	—	—

表 3 – 16　PLL0 控制寄存器 PLL0CON

位	位名称	复位值	说　明
0	PLLE	0	PLL0 使能位。为 1 时,经过一个有效的 PLL 反馈,使能 PLL0 并锁定工作频率
31:1	—	—	—

表 3 – 17　PLL0 配置寄存器 PLL0CFG

位	位名称	复位值	说　明
4:0	MSEL	0	PLL0 倍频值。记 $M = \text{MSEL} + 1$, M 取值为 $1,2,3,\cdots,32$
6:5	PSEL	0	PLL0 分频值。记 $P = 2^{\text{PSEL}}$, P 取值为 $1,2,4,8$
31:7	—	—	—

表 3 – 18　PLL0 状态寄存器 PLL0STAT

位	位名称	复位值	说　明
4:0	MSEL	0	读回 PLL0 的倍频值
6:5	PSEL	0	读回 PLL0 的分频值
7	—	—	—
8	PLLE_STAT	0	读回 PLL0 的使能位。为 0 表示当前 PLL0 活跃;为 1 表示 PLL0 关闭
9	—	—	—
10	PLOCK	0	读回 PLL0 的锁定状态位。为 0 表示 PLL0 没有锁定;为 1 表示 PLL0 已锁定需要的工作频率
31:11	—	—	—

表 3 – 19　PLL0 反馈寄存器 PLL0FEED

位	位名称	复位值	说　明
7:0	PLLFEED	0x00	依次写入 0xAA 和 0x55,使得 PLL0 配置和控制寄存器的控制字有效
31:8	—	—	—

表 3 - 20　CPU 时钟选择寄存器 CCLKSEL

位	位名称	复位值	说　明
4:0	CCLKDIV	0x01	CPU 时钟分频值,除了取 0 时关闭 CPU 时钟外,CPU 时钟＝输入 CPU 分频器的时钟/CCLKDIV(取 1～31)
7:5	—	—	
8	CCLKSEL	0	选择 CPU 时钟分频器的输入时钟源,为 0 时选择 sysclk;为 1 时选择主 PPL 输出时钟(pll_clk),见图 3 - 13
31:9	—	—	

根据图 3 - 13 和表 3 - 14～表 3 - 20,PLL0 配置步骤如下:

① 确保 PLL0 输出没有被使用,即 CCLKSEL 和 USBCLKSEL 都没有选择使用 PLL0 的输出时钟 pll_clk。

② 设置 CLKSRCSEL 为 1 向 PLL0 送入外部时钟 osc_clk。

③ 将配置值写入 PLL0CFG,并通过向 PLL0CON:PLLE 位写 1 使能 PLL0。

④ 向 PLLFEED 寄存器写入 0xAA,然后再写入 0x55,使 PLL0CFG 和 PLL0CON 的新值有效。

⑤ 设置 CCLKSEL、PCLKSEL、EMCCLKSEL 和 USBCLKSEL 寄存器的值(不包括 CCLKSEL[8]和 USBCLKSEL[9:8])。

⑥ 等待 PLL0STAT 寄存器的 PLOCK 位为 1(PLL0 锁定)。

⑦ 设置 CCLKSEL[8]和 USBCLKSEL[9:8]的值。

例如,外部时钟频率为 12 MHz,期望的 CPU 时钟频率为 100 MHz,此时,需要配置 PLL0CFG 的 MSEL 和 PSEL 位域(见表 3 - 17)。由于 PLL0 产生的时钟供应 CPU 和 USB,因此,pll_clk 应为 48 MHz 的偶数倍,即 96 MHz 的整数倍。PLL0 产生输出时钟的功能框图如图 3 - 14 所示。

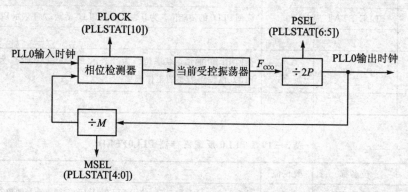

图 3 - 14　PLL0 倍频时钟的功能框图

在图 3 - 14 中,P 和 M 的定义参见表 3 - 17,PLL0 输入时钟为 12 MHz,要求:

M 取值为 1~32,P 取值为 1、2、4 或 8,PLL0 输入时钟(pll_in_clk)在 10~25 MHz 之间,F_{cco} 频率在 156~320 MHz 之间,PLL0 输入时钟(pll_out_clk)在 9.75~160 MHz 之间。另外,pll_out_clk 应该为 96 MHz 的整数倍,且接近 100 MHz,所以,取 pll_out_clk=96 MHz。因此,pll_in_clk=pll_out_clk/M,即 M=pll_out_clk / pll_in_clk=96 MHz/12 MHz=8;pll_out_clk=F_{cco}/(2×P),即 F_{cco}=pll_out_clk×2×P=196 MHz×P,由于 P 取值为 1、2、4 或 8,而 F_{cco} 位于 156~320 MHz 之间,所以,P 只能取 1,即表 3-17 中的 PLL0CFG 寄存器的 MSEL=$M-1$=7,而 PSEL=lb P=0。后续 CPU 分频值设为 1,则 CPU 工作时钟为 96 MHz。

3.2.6　串口 0

　　RS232 串口的操作重点在于波特率和数据字格式的设置。IAR-LPC1788 实验上使用了 UART0,其相关的寄存器为:外设使能控制寄存器 PCONP(地址:0x400F C0C4)、UART0 接收缓冲区寄存器 U0RBR(地址:0x4000 C000,只读,DLAB=0)、UART0 发送保持寄存器 U0THR(地址:0x4000 C000,只写,DLAB=0)、UART0 分频值低字节寄存器 U0DLL(地址:0x4000 C000,DLAB=1)、UART0 分频值高字节寄存器 U0DLM(地址:0x4000 C004,DLAB=1)、UART0 中断使能寄存器 U0IER(地址:0x4000 C004,DLAB=0)、UART0 线控寄存器 U0LCR(地址:0x4000 C00C,其第 7 位为 DLAB 位)等。它们的配置如下:

　　① PCONP 寄存器的 PCUART0 置为 1(上电复位后为 1),使能 UART0。

　　② 如图 3-13 所示,设置 PCLKSEL 寄存器的分频值,该寄存器的第[4:0]位为 PCLKDIV 位域(第[31:5]位保留),取 0 时关闭 pclk;除此之外,pclk=pll_clk 或 sysclk / (PCLKDIV 的值)。如果选择 pll_clk=96 MHz,PCLKDIV 的值取为 8,则 pclk=12 MHz。后面使用这个 12 MHz 的 pclk 计算波特率。

　　③ 计算 UART0 的波特率,需要借助于寄存器 U0LCR、U0DLM、U0DLL、U0FDR,将 U0LCR 寄存器的第 7 位(DLAB 位)置为 1,则可以访问 U0DLM 和 U0DLL 寄存器,这两个寄存器的第[31:8]位保留,U0DLM 的低 8 位 DLMSB 位域和 U0DLL 的低 8 位 DLLSB 位域组合成一个 16 位的半字,作为 PCLK 的分频值;U0FDR 寄存器的第[3:0]位 DIVADDVAL 和第[7:4]位 MULVAL 组成一个分数值 DIVADDVA / MULVAL(要求小于 1),该寄存器的第[31:8]位保留。计算 UART0 波特率的公式为

$$UART0_{Baudrate}=\frac{pclk}{16\times(256\times DLMSB+DLLSB)\times\left(1+\dfrac{DIVADDVAL}{MULVAL}\right)}$$

基于上述公式,假设 pclk=12 MHz,UART0 波特率为 115 200 bps,则可设置 DLMSB=0,DLLSB=4,DIVADDVAL =5,MULVAL=8,可得波特率为 115 384 bps,

与标准值 115 200 bps 的相对误差为 0.16 ％（相对误差在 1.1 ％以下均可）。

④ 配置 UART0 使用的引脚。配置寄存器 IOCON_P0_02 和 IOCON_P0_03 的第[2:0]位域均为 001b，使得 P0[2]和 P0[3]口为 U0_TXD 和 U0_RXD 功能脚。

⑤ 将 U0LCR 寄存器的 DLAB 位清 0 后，配置 U0IER 寄存器使能串口接收或发送中断（还要用到 NVIC）。U0IER 寄存器的第 0 位为 1 使能接收数据中断，为 0 关闭接收数据中断；U0IER 寄存器的第 1 位为 1 使能发送数据中断，为 0 关闭发送数据中断。

⑥ 寄存器 U0RBR 和 U0THR 为串口 0 的接收缓冲区寄存器和发送保持寄存器，读 U0RBR 和写 U0THR 实现串口 0 的读/写访问。

线控寄存器 U0LCR 用于设置串口 0 的数据格式，其各位的含义如表 3 - 21 所列。

表 3 - 21　线控寄存器 U0LCR

位	位名称	复位值	说　明
1:0	字长选择位	0	00b 表示 5 位字长；01b 表示 6 位字长；10b 表示 7 位字长；11b 表示 8 位字长
2	停止位选择	0	0b 表示 1 位停止位；1b 表示 2 位停止位（对于 5 位字长情况为 1.5 位停止位）
3	奇偶校验使能位	0	0 表示关闭奇偶校验；1 表示使能奇偶校验和检查
5:4	奇偶校验选择	0	00b 表示奇校验，发送的字符和检验位中 1 的个数为奇数；01b 表示偶校验，发送的字符和检验位中 1 的个数为偶数；10b 表示校验位强制为 1；11b 表示校验位强制为 0
6	中止控制	0	0 表示关闭中止传输；1 表示使能中止传输，U0_TXD 强制为 0
7	分频锁定访问位（DLAB）	0	0 表示关闭对分频锁定寄存器的访问；1 表示使能访问分频锁定寄存器
31:8	—	—	—

如表 3 - 21 所列，如果设置 U0LCR 的值为 0x03，则表示 8 位数据字长、1 位停止位、无奇偶校验。

3.2.7　模/数转换器

LPC1788 具有 8 通道的 12 位模/数转换器 ADC，上电复位后，ADC 是关闭的，通过设置 PCONP 寄存器的第 12 位（PCADC 位）为 1，然后，设置 AD0CR 寄存器（地址：0x4003 4000）的第 21 位（PDN 位）为 1 使能 ADC。关闭 ADC 时，先清 0PDN

位,再清 0PCADC 位。ADC 的转换时钟来自于外设时钟 pclk(见图 3-13),通过设置寄存器 AD0CR 的第[15:8]位域 CLKDIV 对 pclk 进行分频,得到的时钟作为 ADC 的时钟,这个时钟频率应小于 12.4 MHz,ADC 的转换更新速率最大为 400 kHz。与 ADC 相关的引脚需要设置成 ADC 功能引脚,即将寄存器 IOCON_P0_23~IOCON_P0_26 的第[2:0]位设置为 001,使得 P0[23:26]为功能引脚 ADC0_IN[0:3];将寄存器 IOCON_P0_12、IOCON_P0_13 的第[2:0]位设置为 011b,使得 P0[12]、P0[13]为功能引脚 ADC0_IN[6]和 ADC0_IN[7];将寄存器 IOCON_P1_30、IOCON_P1_31 的第[2:0]位设置为 011b,使得 P1[30]、P1[31]为功能引脚 ADC0_IN[4]和 ADC0_IN[5]。通过寄存器 AD0INTE(地址:0x4003 400C)设置 ADC 中断(还需要用到 NVIC),例如,AD0INTE 寄存器的第 0 位置为 1 时,ADC 通道 0 的模/数转换结束将触发 ADC 中断。ADC 的转换结果保存在 AD0GDR 的第[15:4]位域 RESULT 中,并同时保存在 AD0DRn($n=0\sim7$,对应于通道号)的第[15:4]位域 RESULT 中,这 9 个寄存器的第 31 位均为 DONE 位,当模/数转换完成后,该位自动置 1,读相应寄存器时该位清 0。

ADC 的工作原理框图如图 3-15 所示。图 3-15 中,Vrefp 表示 ADC 的参考电压,Vdda 为 ADC 的电源电压,二者均应为 3.3 V,Vssa 为地。外部的 8 个输入端 AD0[0~7]设为 ADC 功能引脚后,经过模拟多路选择器选择其中的一路送到 ADC,转换结果保存在 RESULT 位域(寄存器 AD0GDR 或 AD0DRn($n=0\sim7$)的第[15:4]位)中。

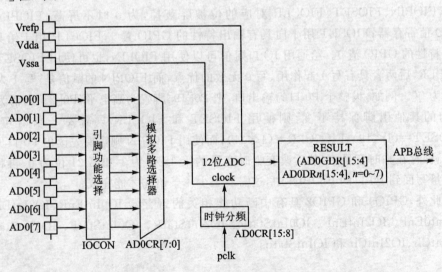

图 3-15　ADC 功能框图

3.2.8 LPC1788 引脚配置

LPC1788FBD208 芯片具有 208 个引脚,其中,P0~P4 口各 32 个引脚,P5 口 5 个引脚,这 165 个 IO 口可通过各自的 IOCON 寄存器设置为通用 IO 口或其他功能引脚,其余的 43 个引脚用做 JTAG 口(5 个引脚)、复位(2 个引脚)、RTC(4 个引脚)、USB 端口 2 数据线(1 个引脚)、电源和地(29 个引脚)以及时钟输入(2 个引脚)。每个引脚对应的引脚位置(引脚号)请参阅参考文献[7]。

LPC1788 为每个 IO 口引脚提供了一个相应的配置寄存器,$Pn(n=0\sim4)$ 的配置寄存器为 IOCON_Pn_m($n=0\sim4$,$m=00\sim31$),P5 口的配置寄存器为 IOCON_P5_m($m=00\sim04$),这些配置寄存器使 IO 口工作在需要的功能模式下,各个 IOCON 寄存器的第[2:0]位为 FUNC 位域,用于设定引脚的功能;第[4:3]位为 MODE 位域,用于设定上拉或下拉等工作模式。IOCON 寄存器的详细情况请参阅参考文献[6]第 8 章。

当 LPC1788 芯片的 IO 口被配置为 GPIO(通用 IO 口)时(要求 PCONP 寄存器的 PCGPIO 为 1),具有 GPIO 专用寄存器,并且这些寄存器支持位带操作模式,这些寄存器为 FIOnDIR、FIOnMASK、FIOnPIN、FIOnSET 和 FIOnCLR,$n=0\sim5$。寄存器 FIODIR 用于设置通用 IO 口的输入/输出特性,各位为 0 对应的引脚为输入,各位为 1 对应的引脚为输出;FIOMASK 用于蔽屏 GPIO 的某些位,FIOMASK 某些位为 1 时,FIOPIN、FIOSET、FIOCLR 对应的位被屏蔽掉,为 0 时不屏蔽;FIOPIN 为 GPIO 值寄存器;FIOSET 用于向具有输出特性的 GPIO 置 1;FIOCLR 用于给具有输出特性的 GPIO 清 0。给通用 IO 口赋值可以使用 FIOPIN,也可使用 FIOSET 和 FIOCLR,后两者具有写 1 起作用、写 0 无效的优点,而 FIOPIN 的赋值是"写 1 为 1、写 0 为 0"。例如,设整个 P0 口为输出口,把 P0[19]脚置为高电平,P0[21]脚清为 0,P0 口的其他引脚保持不变,则使用 FIOSET 和 FIOCLR 只需要 2 条语句,即 FIO0SET=(1≪19),FIO0CLR=(1≪21);而使用 FIOPIN 则需要先读出 P0 口原来的值,保存在临时变量中,然后改变临时变量的第 19 位为 1 和第 21 位为 0,再将临时变量写回到 P0 口的 FIOPIN 中,这需要至少 4 条语句才能完成。

此外,GPIO0 和 GPIO2 具有中断功能相关的寄存器 IO0IntEnR、IO2IntEnR、IO0Int0EnF、IO2IntEnF、IO0IntStatR、IO2IntStatR、IO0IntStatF、IO2IntStatF、IO0IntClr、IO2IntClr 和 IOIntStatus。

3.3 本章小结

本章详细介绍了 IAR-LPC1788 实验板的部分电路连接原理和 LPC1788 微控

制器的片上资源,阅读本章内容需要结合参考文献[7-9],除了第 3.1.7 小节关于音频电路的内容外,其他内容均将被后续章节的程序设计使用到。关于 LPC1788 芯片 LCD 控制器的详细介绍将出现在"第 7 章 LCD 显示原理"中,配合 LCD 显示的程序设计一起阐述。学习芯片的硬件知识需要注意的几个要点为:了解芯片的引脚、熟悉时钟工作原理、掌握映射存储空间、活用中断资源、关注寄存器。通过深入研究 LPC1788 芯片,应能掌握基本 Cortex – M3 核心系列芯片的硬件知识,收到举一反三的学习效果。

第**4**章

IAR EWARM 软件和
应用程序框架

自本章起将使用第 3 章图 3-1 所示的硬件平台进行软件开发和 μC/OS-III 应用程序设计的阐述,软件开发环境为 IAR EWARM V6.30。本章将介绍基于 EWARM 集成开发环境的两个程序框架,即 C 语言应用程序框架(芯片级的应用程序框架)和 μC/OS-III 应用程序框架,后续章节阐述的工程在程序框架的基础上添加新的程序文件,从而实现相应的功能。

本章将介绍串口通信相关的三个实例。本书所有的实例均是独立可运行的完整实例,为了节省篇幅和不重复介绍相同的代码,本书后续章节的实例均在本章的三个实例(或已介绍的实例)基础上扩充而成。本章中关于 EWARM 使用方法的内容可进一步参阅参考文献[10]。

4.1 EWARM 软件与 C 语言应用程序框架

IAR EWARM 软件是开发 ARM(或单片机)应用程序的首选集成开发环境,全称为 IAR Embedded Workbench for ARM,至 2012 年 7 月最新版本号为 V6.40,本书采用的版本号是 V6.30。EWARM 工作界面友好,可靠性高,版本间继承性好。其主要特点为:开发环境集成了项目(工程)管理器和代码编辑器,针对 ARM 芯片的高度优化 C/C++代码编译器,具有 μC/OS-II 等实时操作系统插件、先进的目标代码连接器和库以及扩展的 ARM 芯片支持等,目前 EWARM 可支持的 ARM 核心处理器有 Cortex-A15、Cortex-A9、Cortex-A8、Cortex-A7、Cortex-A5、Cortex-R7、Cortex-R5、Cortex-R4(F)、Cortex-M4(F)、Cortex-M3、Cortex-M1、Cortex-M0(+)、ARM11、ARM9(E)、ARM7(E)、SecurCore 和 XSCale 等。

所谓的应用程序框架,是指结构清晰、模块化好、具有大型应用程序基本要素且实现简单功能的应用程序,主要目的在于为学生展示应用程序设计的基本方法和基本思路,可以在应用程序框架的基础上添加新的函数或代码实现特定的复杂功能。这里所说的"C 语言应用程序框架"不是普通意义的 C 语言应用程序,而是指相对于

第 4.2 节所说的"μC/OS‐Ⅲ 应用程序框架"而言的 ARM 芯片级应用程序框架。这里介绍两个实例,即通过无限循环实现串口通信和通过中断实现串口通信的应用程序,以达到解释基于 C 语言进行 Cortex‐M3(LPC1788)芯片级应用程序设计的目的。在阅读了第 4.2 节"μC/OS‐Ⅲ 应用程序框架"后,可以体会一下芯片级应用程序编程与基于嵌入式操作系统 μC/OS‐Ⅲ 进行应用程序设计的异同点。

4.1.1　C 语言数据类型

EWARM 环境下 C 语言基本整型数据类型如表 4‐1 所列。

表 4‐1　EWARM 环境下 C 语言基本整型数据类型

数据类型	类型符号	长度/bit	长度/B	取值范围	对齐字节/B
布尔型	bool	8	1	0 或 1	1
字符型	char	8	1	0～255	1
有符号字符型	signed char	8	1	−128～127	1
无符号字符型	unsigned char	8	1	0～255	1
有符号短整型	signed short	16	2	−32 768～32 767	2
无符号短整型	unsigned short	16	2	0～65 535	2
有符号整型	signed int	32	4	$-2^{31}\sim2^{31}-1$	4
无符号整型	unsigned int	32	4	$0\sim2^{32}-1$	4
有符号长整型	signed long	32	4	$-2^{31}\sim2^{31}-1$	4
无符号长整型	unsigned long	32	4	$0\sim2^{32}-1$	4
有符号长长整型	signed long long	64	8	$-2^{63}\sim2^{63}-1$	8
无符号长长整型	unsigned long long	64	8	$0\sim2^{64}-1$	8

在表 4‐1 中,需要注意的是 char 类型,在 EWARM 中可设置其编译为无符号字符型或有符号字符型,为了避免歧义,建议在程序中不使用这种类型,而具体地使用无符号字符型或有符号字符型。

EWARM 中,浮点数采用 IEEE 754 标准格式,如表 4‐2 所列。

表 4‐2　EWARM 环境下浮点数类型

类型名	类型符号	长度/bit	范　围	小数位	指数位/bit	尾数位/bit
单精度浮点型	float	32	±1.8E−38～±3.40E+38	7	8	23
双精度浮点型	double	64	±2.23E−308～±1.79E+308	15	11	52
长双精度浮点型	long double	64	±2.23E−308～±1.79E+308	15	11	52

表 4‐2 中,单精度浮点型按 4 字节对齐存储,双精度和长双精度浮点型是相同

的,按 8 字节对齐存储。表 4‑2 中,指数位数加上尾数位数再加上一位符号位,为该 IEEE 754 浮点数类型的长度。以 32 位的 float 类型为例,简单说明一下 IEEE 754 格式,如图 4‑1 所示。图 4‑1 中,S 和 s 分别表示二进制和十进制数形式的符号位,E 和 e 分别表示二进制和十进制形式的指数位,M 和 m 分别表示二进制和十进制形式的尾数位。

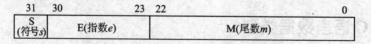

图 4‑1　IEEE 754 格式表示的 float 类型

图 4‑1 中实际表示的 float 型数的十进制数值 N 为

$$N = (-1)^s \times m \times 2^e$$

式中,s 表示符号 S 的值,正数时 $s=0$,负数时 $s=-1$。e 和 m 的计算方法有以下三种类型:

① 规格化:当 E 不全为 0,也不全为 1 时,$e=$E 对应的十进制整数 $-2^{k-1}+1$,k 为 E 的长度,对于 float 类型而言,$k=8$;$m=$二进制小数"1. M"对应的整数值。

② 非规格化:当 E 为全 0 时,$e=2-2^{k-1}=-126$,$m=0$. M 对应的整数值。

③ 特殊值:当 E 为全 1 时,M 为全 0,表示无穷大,此时 $s=1$ 表示负无穷大,$s=0$ 表示正无穷大;当 M 不全为 0 时,表示 NaN(不是一个合法浮点数)。

对于一个 64 位的双精度浮点数,上述中只需要把 k 设为 11,即得到 double 型 IEEE 754 格式的数值表示方法。

EWARM 中指针类型有两种,即数据指针和函数指针。EWARM 只支持 32 位长的数据指针和函数指针,指针范围均为 0~0xFFFF FFFF。

EWARM 中,C 语言结构体和联合体的存储方式必须保证其中的每个元素都满足各自的对齐存储方式,例如下述结构体:

```
struct  stu
{
    char  ch;
    short  num;
}pup;
```

在存储空间中的存储格式如图 4‑2 所示。

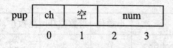

图 4‑2　pup 结构体的存储格式

由于 num 是 short 型,按 2 字节对齐方式存储,故图 4‑2 中,存储了 1 字节的 ch 后,需要空 1 字节,从第 2 字节开始存储 num。因此,pup 所占的空间大小为 4 字节,而不是根据 pup 结构体定义表面上看上去的 3 字节。

在 EWARM 中,编译器不能优化掉的变量,即那些在程序运行中多任务需要访问的共享变量、表示寄存器地址固定的变量或是与编译器无关的需要程序运行时动态访问其值的变量,均需要使用 volatile 关键字声明。

4.1.2　EWARM 开发环境和实例一

实例一需要借助串口调试助手和 IAR EWARM 软件,实现的功能为: 在计算机(上位机)中打开串口调试助手,通过串口调试助手周期地向 IAR-LPC1788 实验板发送字符(周期设为 2 s),IAR-LPC1788 实验板接收到该字符后,再回送给计算机,并在串口调试助手中显示出来。下面按步骤介绍实例一的实现过程:

① 启动 EWARM,其工作界面如第 2 章图 2-24 所示。然后单击菜单"Project|Create New Project...",如图 2-25 所示,选择"Empty project";之后,在图 2-26 所示界面下选择工作目录为"D:\xtucos3\ex4_1",工程文件名为 ex4_1(扩展名为 .ewp),在图 2-26 中单击"保存"按钮,进入图 4-3 所示界面。如图 2-28 所示,将图 4-3 所示工作区保存为 ex4_1.eww。

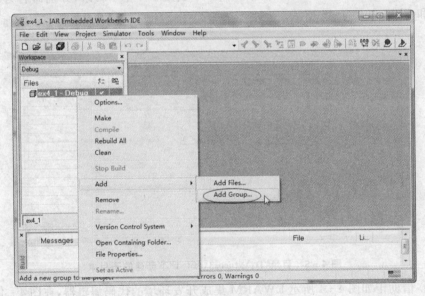

图 4-3　空的工程 ex4_1

② 在图 4-3 中,右击 ex4_1-Debug,弹出如图所示快捷菜单,然后,鼠标指向并单击图中"Add|Add Group..."子菜单,向工作区中添加"组",并命名为 APP。之后,按同样方式再添加 BSP 组和 CPU 组,如图 4-4 所示。

需要指出的是,这里的组与硬盘上的目录没有任何关系,组名用于提示程序员该组内的文件的性质或意义。但是,一些程序员喜欢在硬盘中建立与组名完全相同的目录,并使得组中的程序文件与目录中的程序文件对应。这只是一种良好的编程习

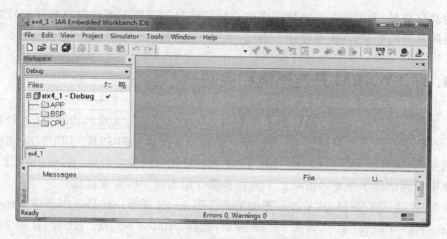

图 4‐4　添加了三个组后的工作区

惯。本书中的所有例子,都尽可能地实践了这种习惯。

这里,在硬盘目录"D:\xtucos3\ex4_1"下创建了 3 个子目录,分别命名为 APP、BSP 和 CPU,如图 4‐5 所示。

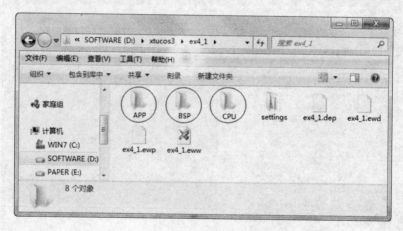

图 4‐5　目录"D:\xtucos3\ex4_1"下新建的子目录

③ 借助于如图 4‐4 所示 EWARM 集成开发环境的代码编辑器,在图 4‐4 中单击菜单"File | New | File　Ctrl＋N"进入代码编辑器,编写 8 个文件,分别命名为 vectors. s(汇编语言中断向量表文件)、main. c(主程序文件)、includes. h(主头文件)、initLPC1788. c(LPC1788 芯片初始化文件)、initLPC1788. h(初始化头文件)、bsp_serial. c(串口 0 操作文件)、bsp_serial. h(串口 0 头文件)和 LPC1788. icf(连接配置文件)。这些文件的源代码清单列于第 4.1.3 小节,并在那里详细解释各个文件的工作原理。这些文件的保存目录为 vectors. s、initLPC1788. c 和 initLPC1788. h,保存在 CPU 子目录下;main. c 和 includes. h 保存在 APP 子目录下;bsp_serial. c 和 bsp_serial. h 保存在 BSP 子目录下;LPC1788. icf 保存在"D:\xtucos3\ex4_1"目录下,即

保存在工程所在目录下。

　　这里,将 main. c 添加到 APP 组中,将 bsp_serial. c 添加到 BSP 组中,将 vectors. s 和 initLPC1788. c 添加到 CPU 组中,头文件将在编译时自动添加(而无需手工添加)。向组中添加文件的方法为:在该组的快捷菜单中,选择"Add │ Add File…",然后,在弹出的对话框中选择要添加的文件即可。添加了文件后的完整工程如图 4－6 所示。

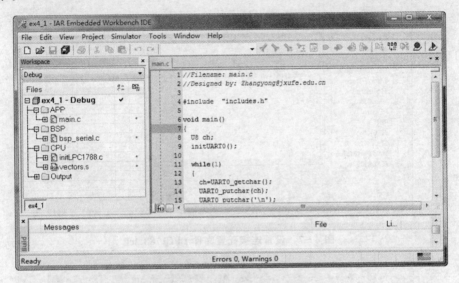

图 4－6　完整的 ex4_1 工程

　　在图 4－6 中,EWARM 自动生成 Output 组,向程序员展示编译连接后的目标文件和存储映射表文件(. map 文件),. icf 文件也会出现在 Output 组。

　　④ 如第 2.5.2 小节步骤 S4 所示,对工程 ex4_1 进行选项配置。在图 4－6 中,单击菜单"Project │ Options… Alt＋F7",弹出如图 2－30 所示界面,这里采用图 2－30～图 2－32 所示相同的配置方法,其中,图 2－31 中设置输出目标文件的目录为:可执行文件或库为"Debug\Exe";中间目标文件为"Debug\Obj";列表文件为"Debug\List"。这些配置将在目录"D:\xtucos3\ex4_1"下创建对应名称的子目录。图 2－32 中选中"Generate additional output"后,输出文件将自动为 ex4_1. hex(而不再是 ex2_2. hex)。

　　图 2－33 中设置连接配置文件,这里采用 LPC1788. icf 文件,如图 4－7 所示。然后,采用与图 2－34 所示相同的配置,即生成连接存储映射表(. map)文件。如果使用 H－JTAG 仿真器,则采用图 2－35 和图 2－36 所示相同的配置选项。当采用 J－Link 仿真器时,不需启动 H－JTAG 服务器软件和 H－Flasher 下载软件,而是作如图 4－8 所示配置,此时计算机中要安装 J－Link 驱动程序,最新的驱动程序为 JLinkARM_V450j。

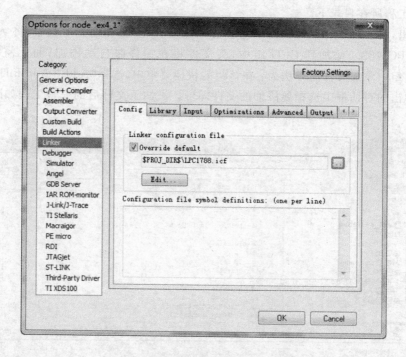

图 4‑7 设置连接配置文件 LPC1788.icf

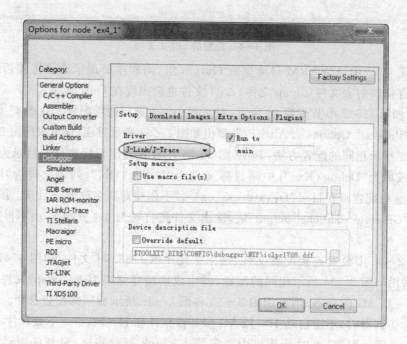

图 4‑8 设置使用 J‑Link 驱动器

图 4-8 中,如果勾选了"Run to",则仿真时,程序自动运行到 main 函数处,否则程序将定位在汇编指令程序入口标号_iar_program_start 处。图 4-8 设置好后,可以点击左侧导航栏中的"J-Link/J-Trace"项,查看其中的配置(注意:这些配置项无须改动)。

最后,还要设置 C 语言头文件包括路径,这在第 2.5.2 小节没有提到,如图 4-9 所示。

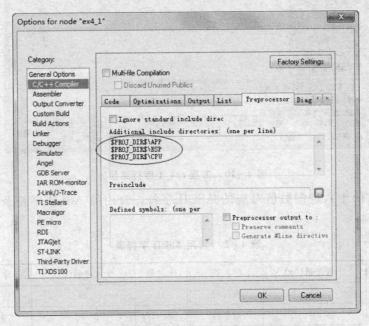

图 4-9　设置 C 语言头文件包括路径

图 4-9 中,"$PROJ_DIR$"是工程文件所在的路径,在图 4-9 中添加了新定义的三个子目录,即 APP、BSP 和 CPU,这些目录下均有头文件。

现在编译连接工程 ex4_1,在图 4-6 中单击菜单"Project|Make F7"或"Project|Rebuid All",如果有警告和错误信息,则修改相应的出错语句语法,直到无警告、无错误。然后,单击菜单"Project|Download and Debug　Ctrl+D",在线仿真工程 ex4_1。

工程 ex4_1 的运行结果如图 4-10 所示。

在图 4-10 中,设置串口调试助手的波特率为 115 200 bps,数据位为 8 位,无校验位,1 位停止位;然后,每 3 s 自动发送十六进制数 0x41(即字符 A),IAR-LPC1788 实验板收到后,回复字符 A 和一个换行字符"'\n'",因此,串口调试助手接收到的字符个数刚好为发送字符个数的 2 倍,如图 4-10 状态栏中的"RX:22　TX:11"所示。在图 4-10 中,不勾选"自动发送",输入任意 ASCII 码的十六进制数值(尽可能输入可见 ASCII 字符的十六进制数值),然后单击"手动发送",即可在接收区中

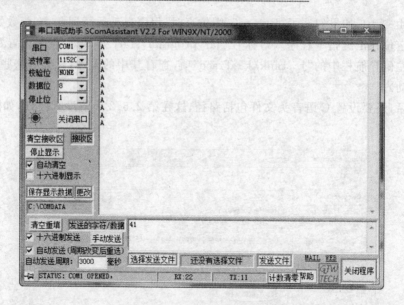

图 4 - 10　工程 ex4_1 运行结果

查看到输入的十六进制数值对应的 ASCII 字符。常用的 ASCII 字符及其数值如表 4 - 3 所列。

表 4 - 3　常用 ASCII 字符表

十进制	十六进制(0x)	字　　符	十进制	十六进制(0x)	字　　符
10	0A	换行符	41	29	)
13	0D	回车符	48~57	30~39	0~9
32	20	空格	65~90	41~5A	A~Z
36	24	$	95	5F	_(下画线)
37	25	%	97~122	61~7A	a~z
38	26	&	181	B5	μ
40	28	(			

4.1.3　实例一工程源码

工程 ex4_1 中包含 C 语言程序文件 main. c、bsp_serial. c、initLPC1788. c 和 C 语言头文件 includes. h、bsp_serial. h、initLPC1788. h,以及汇编语言中断向量表文件 vectors. s 和连接配置文件 LPC1788. icf。其中,vectors. s 与第 2 章程序段 2 - 2 相比,唯一的区别在于:把程序段 2 - 2 中的第 7 行由原来的" EXTERN　RESET_Handler"改为" EXTERN _iar_program_start"。这里的连接配置文件 LPC1788. icf

与第 2 章程序段 2－5 完全相同。下面将详细介绍其余的 6 个文件。

工程 ex4_1 的工作流程如图 4－11 所示。在图 4－11 中,标号_iar_program_start 和_low_level_init 在 EWARM 系统库中定义,并规定了标号_iar_program_start 为程序入口点,标号_low_level_init 为自动调用的初始化入口,程序员可在该标号对应的 C 语言函数中编写初始化代码。因此,工程 ex4_1 启动后,首先定位于标号_iar_program_start 处,然后,自动执行到标号_low_level_init 处;由于编写了_low_level_init 函数,因此,自动跳转到该函数去执行,即到 initLPC1788. c 文件中执行,调用 initClock 函数初始化 CPU 时钟为 96 MHz,外设时钟 PCLK 设为12 MHz。然后,跳转到 main 函数执行。在 main 函数中调用 initUART0 函数执行串口 0 初始化,打开串口 0,并将其波特率设置为 115 200 bps,8 位数据位,无校验位和 1 位停止位。接着,进入 while(1)无限循环体:等待串口 0 接收到的字符,如果没有字符到来,则一直等待;如果有字符到来,则将其赋给字符变量 ch。然后,将 ch 和换行符通过串口 0 发送回上位机。如此无限循环下去。

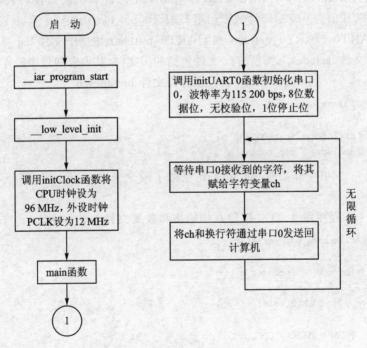

图 4－11　工程 ex4_1 工作流程

程序段 4－1　主程序文件 main. c

```
1    //Filename: main.c
2    //Designed by: Zhangyong@jxufe.edu.cn
3
4    # include  "includes.h"
5
```

```
6    void main()
7    {
8        U8 ch;
9        initUART0();
10
11       while(1)
12       {
13           ch = UART0_getchar();
14           UART0_putchar(ch);
15           UART0_putchar('\n');   //UART0_putchar(0x0A);
16       }
17   }
```

程序段 4 - 1 中,第 9 行调用 initUART0 函数初始化串口 0。第 13 行的函数 UART0_getchar 内部具有等待功能,如果串口 0 没有接收到字符,则一直等待;如果接收到字符,则赋给字符变量 ch。第 14 行调用 UART0_putchar 函数将 ch 通过串口 0 回送给计算机;第 15 行调用 UART0_putchar 向计算机发送换行符,这里字符 "'\n'" 的 ASCII 值为 0x0A,即等效于调用 UART0_putchar(0x0A)。第 9、13~15 行的函数 initUART0、UART0_getchar 和 UART0_putchar 均位于文件 bsp_serial. c 中。第 4 行的头文件 includes. h 为所有. c 文件包括的头文件,其内容如程序段 4 - 2 所示。

程序段 4 - 2   总的头文件 includes. h

```
1    //Filename: includes.h
2
3    # include   "initLPC1788.h"
4    # include   "bsp_serial.h"
```

程序段 4 - 2 中,头文件 includes. h 包括了两个头文件 initLPC1788. h 和 bsp_ serial. h。

程序段 4 - 3   串口 0 初始化和收发文件 bsp_serial. c

```
1    //Filename: bsp_serial.c
2
3    # include    "includes. h"
4
5    void initUART0(void)
6    {
7        PCONP = PCONP | (1UL<<3);
8
9        U0LCR = U0LCR | ((3UL<<0) | (0<<2) | (0<<3) | (1UL<<7));
10       U0DLM = 0UL;
11       U0DLL = 4UL;
12       U0FDR = (5UL<<0) | (8UL<<4);
13
14       IOCON_P0_02 = (0<<3) | (1UL<<0);
15       IOCON_P0_03 = (0<<3) | (1UL<<0);
16   }
```

```
17
18    void UART0_putchar(U8 ch)
19    {
20      while((U0LSR & (1<<6)) == 0);
21      U0LCR = U0LCR & (~(1<<7));
22      U0THR = ch;
23    }
24
25    U8 UART0_getchar(void)
26    {
27      U8 ch;
28      while((U0LSR & (1<<0)) == 0);
29      U0LCR = U0LCR & (~(1<<7));
30      ch = U0RBR;
31      return ch;
32    }
```

程序段 4－3 中，第 5 行的函数 initUART0 用于初始化串口 0，被 main.c 文件中的 main 函数调用。initUART0 初始化串口 0 的方法见第 3.2.6 小节，依次是：在功率控制外设寄存器 PCONP 中使能串口 0（第 7 行）、设置波特率为 115 200 bps、8 位数据位、无校验位和 1 位停止位（第 9～12 行），将 P0.2 和 P0.3 引脚设为 U0_TXD 和 U0_RXD 功能引脚（第 14、15 行）。这里的 UL 是指无符号常整型常量的后缀，例如 4UL 表示这是一个无符号 32 位长的整数 4。

第 18 行的函数 UART0_putchar 用于向串口发送字符 ch。第 20 行判断串口 0 线状态寄存器 U0LSR 的第 6 位是否为 0，如果为 0，表示发送缓冲区中有未发送完的数据，则等待；如果为 1，表示发送缓冲区为空，则第 21 行将串口 0 线控寄存器 U0LCR 的第 7 位（DLAB 位）设为 0，第 22 行启动发送字符 ch（即向串口 0 发送保持寄存器 U0THR 写字符 ch）。

第 25 行的函数 UART0_getchar 用于从串口 0 接收字符。第 28 行判断 U0LSR 寄存器的第 0 位是否为 0，如果为 0，则表示接收缓冲区为空，继续等待；如果为 1，则表示串口 0 收到数据，第 29 行将 U0LCR 的 DLAB 位设为 0，然后，第 30 行接收串口数据。

程序段 4－4　串口 0 头文件 bsp_serial. h

```
1     //Filename: bsp_serial.h
2
3     # ifndef  BSP_SERIAL
4     # define  BSP_SERIAL
5
6     void initUART0(void);
7     void UART0_putchar(U8 ch);
8     U8 UART0_getchar(void);
9
10    # endif
```

程序段 4 - 4 为串口头文件 bsp_serial. h,声明了 bsp_serial. c 文件中出现的函数原型,如第 6～8 行所示。这里的条件编译指示符 BSP_SERIAL 是为避免在工程中重复编译第 6～8 行代码而设置的。

程序段 4 - 5　LPC1788 初始化文件 initLPC1788. c

```
1       //Filename: initLPC1788.c
2
3       #include  "includes.h"
4
5       int  _low_level_init(void)
6       {
7         FLASHCFG = (5UL<<12) | 0x03AUL;
8         initClock();
9         return 1;
10      }
11
12      //PLL0 = 96MHz, CPU = 96MHz, PCLK = 12MHz
13      void initClock(void)
14      {
15          CCLKSEL = (1UL<<0) | (0UL<<8);
16          CLKSRCSEL = 0UL;
17          USBCLKSEL = (0UL<<0) | (0UL<<8);
18
19          SCS = SCS & (~((1UL<<4) | (1UL<<5)));
20          SCS |= (1UL<<5);
21          while((SCS & (1UL<<6)) == 0UL);
22
23          CLKSRCSEL = 1UL;
24          PLL0CON = 0UL;
25          PLL0FEED = 0xAA;
26          PLL0FEED = 0x55;
27          PLL0CFG = (7UL<<0) | (0UL<<5);
28          PLL0FEED = 0xAA;
29          PLL0FEED = 0x55;
30          PLL0CON = 1UL;
31          PLL0FEED = 0xAA;
32          PLL0FEED = 0x55;
33          while((PLL0STAT & (1UL<<10)) == 0UL);
34
35          PCLKSEL = (8UL<<0);  //PCLK = 12 MHz
36          CCLKSEL = (1UL<<0) | (1UL<<8);   //CPU = 96 MHz
37          USBCLKSEL = (2UL<<0) | (1UL<<8);//USB = 48 MHz
38          EMCCLKSEL = (0UL<<0);  //EMC = 96 MHz
39      }
```

程序段 4 - 5 中，_low_level_init 函数是在调用 main 函数前自动被调用的，第 7 行的 FLASHCFG 为 Flash 加速配置寄存器，该寄存器的第[11:0]位必须为 0x03A，第[15:12]位为 FLASHTIM 位域表示 Flash 访问时间，要求：对于小于 20 MHz 的 CPU 时钟，应设置 FLASHTIM 为 0；20～40 MHz 时置为 1；40～60 MHz 时置为 2；60～80 MHz 时置为 3；80～100 MHz 时置为 4；置为 5 时总能安全访问 Flash。这里第 7 行将其置为 5，即需要 6 个 CPU 时钟周期访问一次 Flash。FLASHCFG 寄存器的第[31:16]位保留。第 8 行调用 initClock 初始化系统时钟。

第 13 行的 initClock 函数用于初始化系统时钟，具体方法参考第 3.2.5 小节。需要说明的是第 19～21 行的 SCS 系统控制和状态寄存器。该寄存器的第 4 位为外部晶振频率大小选择位，当外部晶振频率为 1～20 MHz 时，该位为 0；当为 15～25 MHz 时，该位为 1。这里 IAR - LPC1788 实验板上采用了 12 MHz 的外部晶振，故 SCS 寄存器的第 4 位应为 0。SCS 寄存器的第 5 位为外部晶振使能位，当为 0 时不使用外部晶振；当为 1 时使用外部晶振，这里第 20 行将其设为 1。SCS 寄存器的第 6 位是只读位，如果外部晶振频率不稳定，则该位为 0；如果外部晶振频率稳定了，该位自动置 1。第 21 行用于判断 SCS 寄存器的第 6 位是否为 1，如果不为 1，则一直等待。

第 35 行将外设时钟 PCLK 设为 12 MHz，第 36 行选择 96 MHz 作为 CPU 时钟。

程序段 4 - 6　LPC1788 初始化头文件 initLPC1788. h

```
1     //Filename: initLPC1788.h
2
3     # ifndef   INIT_LPC1788
4     # define   INIT_LPC1788
5
6     typedef  unsigned char  U8;
7     typedef  unsigned int   U32;
8
9     void initClock(void);
10
11    # endif
12
13    # define  FLASHCFG           ( * (volatile U32 * )0x400FC000)
14
15    # define  PLL0CON            ( * (volatile U32 * )0x400FC080)
16    # define  PLL0CFG            ( * (volatile U32 * )0x400FC084)
17    # define  PLL0STAT           ( * (volatile U32 * )0x400FC088)
18    # define  PLL0FEED           ( * (volatile U32 * )0x400FC08C)
19
20    # define  EMCCLKSEL          ( * (volatile U32 * )0x400FC100)
21    # define  CCLKSEL            ( * (volatile U32 * )0x400FC104)
22    # define  USBCLKSEL          ( * (volatile U32 * )0x400FC108)
23    # define  CLKSRCSEL          ( * (volatile U32 * )0x400FC10C)
24
25    # define  SCS                ( * (volatile U32 * )0x400FC1A0)
```

```
26
27        #define  PCLKSEL            (*(volatile U32 *)0x400FC1A8)
28
29        #define  PCONP              (*(volatile U32 *)0x400FC0C4)
30
31        //Uart0 Related Registers
32        #define  U0RBR              (*(volatile U32 *)0x4000C000)
33        #define  U0THR              (*(volatile U32 *)0x4000C000)
34        #define  U0DLL              (*(volatile U32 *)0x4000C000)
35        #define  U0DLM              (*(volatile U32 *)0x4000C004)
36        #define  U0IER              (*(volatile U32 *)0x4000C004)
37        #define  U0IIR              (*(volatile U32 *)0x4000C008)
38        #define  U0FCR              (*(volatile U32 *)0x4000C008)
39        #define  U0LCR              (*(volatile U32 *)0x4000C00C)
40        #define  U0LSR              (*(volatile U32 *)0x4000C014)
41        #define  U0SCR              (*(volatile U32 *)0x4000C01C)
42        #define  U0ACR              (*(volatile U32 *)0x4000C020)
43        #define  U0FDR              (*(volatile U32 *)0x4000C028)
44        #define  U0TER              (*(volatile U32 *)0x4000C030)
45
46        #define  IOCON_P0_02        (*(volatile U32 *)0x4002C008)
47        #define  IOCON_P0_03        (*(volatile U32 *)0x4002C00C)
```

程序段 4 - 6 中,第 6、7 行定义了自定义类型 U8 和 U32,分别表示无符号 8 位字符型和无符号 32 位整型。第 9 行声明了 initClock 函数原型。第 13~47 行为 LPC1788 某些寄存器的地址宏定义,例如,第 31~44 行为与串口 0 相关的寄存器, LPC1788 具有大量的寄存器,建议把这些寄存器都用宏定义声明在一个文件中,方便使用。

4.1.4 串口 0 接收中断与实例二

使能 LPC1788 芯片串口 0 接收中断的方法为:

① 设置串口 0 线控寄存器 U0LCR 的第 7 位(DLAB 位)为 0,然后,设置串口 0 中断使能寄存器 U0IER(地址:0x4000 C004)的第 0 位(RBR 接收中断使能位)为 1;

② 在第 3 章表 3 - 5 中查得串口 0 的中断号为 5,控制其使能的寄存器为 ISER0 (地址:0xE000 E100)的第 5 位,向该位写 1 使能串口 0 中断。这里的 ISER0 寄存器就是第 2.3.4 小节中提到的 NVIC_ISER0 中断配置和使能寄存器。

LPC1788 串口 0 的中断服务方法为:

① 将异常向量表搬移到 RAM 区中,例如重新定位到 0x1000 0000~0x1000 00E7 范围内;

② 由第 3 章表 3 - 5 可知,异常向量表重定位后的串口 0 中断入口地址为 0x1000 0000+0x54;

③ 向新的串口 0 中断入口地址处写入串口 0 中断服务函数的地址。

通过仔细分析实例一(即工程 ex4_1)可以发现,主函数中的无限循环内完成串口 0 的收发处理,几乎不能再做别的处理工作。更合理的串口处理是靠串口接收中断来实现的,即当串口接收到数据时,串口接收中断将请求 CPU 去执行其中断服务程序,执行完后,释放 CPU 使用权给其他进程。下面在工程 ex4_1 的基础上,稍作修改,用串口接收中断实现相同的功能。

在 EWARM 集成开发环境下,新建工程 ex4_2,其目录与文件结构如图 4-12 所示。

图 4-12 中加粗的两个文件 ex4_2.eww 和 ex4_2.ewp 分别为工作区文件和工程文件,由 EWARM 生成,其他文件需要用 EWARM 代码编辑器编写。其中,连接配置文件 LPC1788.icf 与工程 ex4_1 中 LPC1788.icf(即第 2 章程序段 2-5)相比,只是将第 32 行由原来的"place in RAM_region { readwrite, block CSTACK, block HEAP };"改为"place in RAM_region { readwrite, section IN-TREV, block CSTACK, block HEAP};",

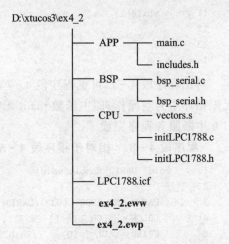

图 4-12　工程 ex4_2 目录与主要文件结构

即在 RAM 区里面添加了一个段 INTREV,该段定义在 vectors.s 文件中。图 4-12 中的 vectors.s 与工程 ex4_1 中的 vectors.s 相比,在其第 4 行" SECTION CSTACK:DATA:NOROOT(3)"后添加一个新的数据段(即 3 行代码),如下所示:

```
1          SECTION INTREV:DATA(3)
2          DCD    sfe(CSTACK)
3          DS32   56
```

这个数据段 INTREV 为重定位的异常向量表预留空间,由于 LPC1788 中具有 56 个异常,异常向量表的首地址为堆栈栈顶地址,故将 CSTACK 的末地址赋给 INTREV 区域的第 0 个地址,然后用 DS32 为 56 个异常预留空间。INTREV 段通过 LPC1788.icf 文件被分配到 0x1000 0000~0x1000 00E4 的 RAM 区中(可查看 ex4_2.map 文件)。

相对于工程 ex4_1 而言,includes.h 文件内容没有变化,如程序段 4-2 所示;main.c、bsp_serial.c、bsp_serial.h、initLPC1788.c 和 initLPC1788.h 都作了一些变动,将在下面详细介绍。

程序段 4-7　主程序文件 main.c

```
1     //Filename: main.c
2     //Designed by: Zhangyong@jxufe.edu.cn
```

```
3
4      # include    "includes.h"
5
6      void main()
7      {
8        initUART0();
9        UART0_Enable();   //open UART0 Interrupt
10
11       while(1)
12       {
13       }
14     }
```

对比程序段 4-1,可见程序段 4-7 添加了第 9 行,即使能串口 0 接收中断,但是无限循环中为空操作,即主函数 main 无实质性的操作,因为串口 0 的收发工作由串口 0 中断服务程序完成了。

程序段 4-8   相对于程序段 4-3 而言,bsp_serial.c 新添加的两个函数

```
1      void   UART0_Enable(void)
2      {
3        UART0_INT_ADDR = (U32)(UART0_ISR);
4        U0LCR = U0LCR & (~(1<<7));
5        U0IER = (1UL<<0);   //Enable Receive Data interrupt
6        ISER0 = (1UL<<5);
7      }
8
9      void   UART0_ISR(void)
10     {
11       U8 ch;
12       ch = U0RBR;
13       UART0_putchar(ch);
14       UART0_putchar('\n');
15     }
```

程序段 4-8 中,第 1~7 行的 UART0_Enable 用于使能串口 0 中断,其中,第 3 行为将串口 0 的中断服务函数(如第 9 行所示)的地址赋给串口 0 的中断入口地址,该入口地址是重定位后的入口址,即 0x1000 0000+0x54,在文件 initLPC1788.h 中声明了。第 4~6 行的原理在第 4.1.4 小节开头介绍了。

第 9~15 行为串口 0 中断服务函数,当串口 0 接收到新字符时,自动跳转到第 9 行来执行,第 12 行将串口接收到的字符赋给字符变量 ch,然后,第 13 行将该字符回送给计算机,第 14 行使串口 0 向计算机发送换行符。

相对于程序段 4-4,这里的串口 0 头文件 bsp_serial.h 添加了对程序段 4-8 中两个函数的原型声明,如下所示:

```
1      void   UART0_Enable(void);
2      void   UART0_ISR(void);
```

程序段 4 - 9　LPC1788 初始化文件 LPC1788.c

```
1       //Filename: initLPC1788.c
2
3       # include   "includes.h"
4
5       # pragma   section = "INTREV"
6
7       int   _low_level_init(void)
8       {
9         FLASHCFG = (5UL<<12) | 0x03AUL;
10        initClock();
11        initVTOR();
12        return 1;
13      }
14
15      //PLL0 = 96 MHz, CPU = 96 MHz, PCLK = 12 MHz
16      void initClock(void)
17      {
18          CCLKSEL = (1UL<<0) | (0UL<<8);
19          CLKSRCSEL = 0UL;
20          USBCLKSEL = (0UL<<0) | (0UL<<8);
```
（此处省略的部分与程序段 4 - 5 中对应的部分相同）
```
38          PCLKSEL = (8UL<<0);                      //PCLK = 12 MHz
39          CCLKSEL = (1UL<<0) | (1UL<<8);           //CPU = 96 MHz
40          USBCLKSEL = (2UL<<0) | (1UL<<8);         //USB = 48 MHz
41          EMCCLKSEL = (0UL<<0);                    //EMC = 96 MHz
42      }
43
44      void initVTOR(void)
45      {
46        VTOR = (unsigned int)_segment_begin("INTREV");
47      }
```

　　程序段 4 - 9 中,第 5 行定义了段 INTREV,可供函数 _ segment_begin(或
_sfb)、_section_end(或 _sfe)和 _section_size(或 _sfs)调用,依次返回段的首地址、
末地址和字节大小,调用方法如第 46 行所示。这时,VTOR 为 INTREV 段的首地
址,这里是 0x1000 0000。VTOR 为重定位后的异常向量表首地址。第 7～13 行的
_low_level_init 函数中,第 11 行调用 initVTOR 函数设置 VTOR 寄存器的值。

程序段 4 - 10　LPC1788 初始化头文件 initLPC1788.h

```
1       //Filename: initLPC1788.h
2
3       # ifndef   INIT_LPC1788
4       # define   INIT_LPC1788
5
6       typedef   unsigned char   U8;
7       typedef   unsigned int    U32;
```

```
8
9        void initClock(void);
10       void initVTOR(void);
11
12       # endif
13
```

（此处省略的部分与程序段 4‑6 中对应的部分相同）

```
45       # define   U0TER              ( * (volatile U32 * )0x4000C030)
46
47       # define   ISER0              ( * (volatile U32 * )0xE000E100)
48
49       # define   IOCON_P0_02        ( * (volatile U32 * )0x4002C008)
50       # define   IOCON_P0_03        ( * (volatile U32 * )0x4002C00C)
51
52       # define   VTOR               ( * (volatile U32 * )0xE000ED08)
53
54       # define   UART0_INT_ADDR     ( * (volatile U32 * )(0x00000054 + VTOR))
```

　　程序段 4‑10 中，第 10 行为 initVTOR 函数的原型声明；第 47 行定义中断配置使能寄存器 ISER0 的地址；第 52 行定义异常（中断）向量表偏移地址寄存器 VTOR 的地址；第 54 行定义 UART0 中断在重定位中断向量表后的中断入口地址。这里应特别注意，程序将首先获得 VTOR 寄存器的值，这里是 0x1000 0000，这个值再加上 0x54，因此 UART0_INT_ADDR 在工程 ex4_2 中的地址为 0x1000 0054。

　　工程 ex4_2 的运行结果与工程 ex4_1 相同，如图 4‑10 所示。工程 ex4_2 的执行流程如图 4‑13 所示。

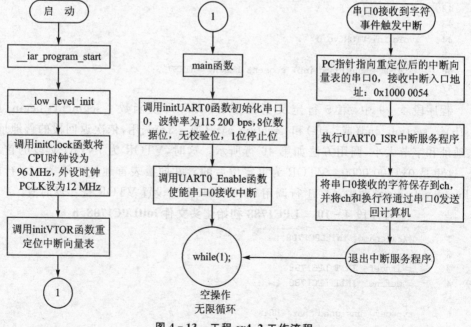

图 4‑13　工程 ex4_2 工作流程

4.2　μC/OS–III 应用程序框架

μC/OS–III 应程程序框架包括 11 类文件，即 8 类 Micrium 公司提供的文件：μC/OS–III 内核文件、μC/OS–III 系统移植(μC/Port)文件、μC/OS–III 配置(μC/CFG)文件、μC/CPU(CPU 移植)文件、μC/CSP(芯片支持包)文件、μC/BSP(板级支持包)文件、μC/LIB 库文件和 μC/Probe 文件，以及 3 类用户编写的文件：用户应用程序(APP)文件、用户板级移植包(App/BSP)文件和用户 CPU 移植(App/CPU)文件。其中，μC/Probe 文件是用于查看内存、用户变量和系统变量并进行数据分析、性能分析和图形显示的探测器软件文件，用于调试 μC/OS–III 应用程序，但需要在工程中添加与用户设计功能无关的 μC/Probe 文件，本书没有介绍。下面基于 μC/OS–III 系统创建一个应用工程，具体介绍各类文件的组成。

4.2.1　实例三

实例三实现的功能为每隔 2 s，IAR–LPC1788 实验板向串口调试助手发送一条信息"Running..."。新建工程 ex4_3，保存目录为"D:\xtucos3\ex4_3"，工程主界面如图 4–14 所示。

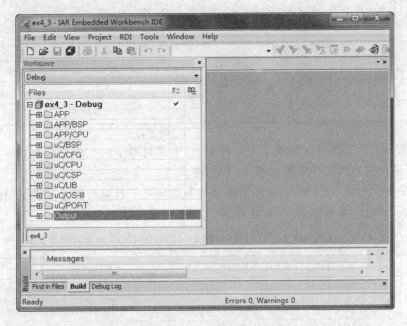

图 4–14　工程 ex4_3

如图 4-14 所示,工程 ex4_3 包括 11 个分组,其中,Output 组是 IAR EWARM 自动创建的,其余 10 个分组需要用户创建。用户创建的 10 个组中,APP、APP/BSP 和 APP/CPU 是用户需要编写程序文件的组;而其余的 7 个组都是 μC/OS - III (Micriμm 公司)提供的程序文件。各个分组的含义及其中的.c 文件(.h 文件自动关联)如表 4-4 所列。

表 4-4　工程 ex4_3 的各分组含义

组　名	包括.c 文件	含　义
APP	main.c、tasks.c	用户应用文件
APP/BSP	user_bsp_UART0.c	用户板级支持包文件
APP/CPU	LPC1788_nvic.c、vectors.s	用户 CPU 文件
uC/BSP	bsp.c、cpu_bsp.c	μC/OS - III 系统板级支持包
uC/CFG	os_app_hooks.c	μC/OS - III 配置文件
uC/CPU	cpu_a.asm、cpu_c.c、cpu_core.c	μC/OS - III 系统 CPU 移植文件
uC/CSP	csp.c、csp_dam.c、csp_gpio.c、csp_int.c、csp_pm.c、csp_tmr.c、os_csp.c	μC/OS - III 系统芯片支持包
uC/LIB	lib_ascii.c、lib_math.c、lib_mem.c、lib_mem_a.asm、lib_str.c	μC/OS - III 库文件
uC/OS - III	os_cfg_app.c、os_core.c、os_dbg.c、os_flag.c、os_int.c、os_mem.c、os_msg.c、os_mutex.c、os_pend_multi.c、os_prio.c、os_q.c、os_sem.c、os_stat.c、os_task.c、os_tick.c、os_time.c、os_tls.c、os_tmr.c、os_var.c	μC/OS - III 内核文件
uC/PORT	os_cpu_a.s、os_cpu_c.c	μC/OS - III 系统移植文件
Output	—	EWARM 创建,包括.map、.icf、.out 文件等

工程 ex4_3 工作目录如图 4-15 所示,各个子目录下的文件结构如图 4-16 所示,各个子目录下的文件来源如表 4-5 所列。

如图 4-15 所示,工程 ex4_3 工作目录下的各个子目录与图 4-14 的分组具有对应关系,其对应关系如表 4-5 所列。

表 4-5　工程 ex4_3 工作目录(见图 4-15)与图 4-14 分组的对应关系

序　号	ex4_3 工作子目录	工程 ex4_3 分组	对应关系
1	APP	APP	APP 目录下的.c 文件添加到 APP 分组中
2	APP_BSP	APP/BSP	APP_BSP 目录下的.c 文件添加到 APP/BSP 分组中
3	APP_CPU	APP/CPU	APP_CPU 目录下的.c、.s 文件添加到 APP/CPU 分组中

续表 4 - 5

序　号	ex4_3 工作子目录	工程 ex4_3 分组	对应关系
4	uCBSP	uC/BSP	uCBSP 目录下的 .c 文件添加到 uC/BSP 分组中
5	uCCFG	uC/CFG	uCCFG 目录下的 .c 文件添加到 uC/CFG 分组中
6	uCCPU	uC/CPU	uCCPU 目录下的 .c、.asm 文件添加到 uC/CPU 分组中
7	uCCSP	uC/CSP	uCCSP 目录下的 .c 文件添加到 uC/CSP 分组中
8	uCLIB	uC/LIB	uCLIB 目录下的 .c、.asm 文件添加到 uC/LIB 分组中
9	uCOS_III	uC/OS - III	uCOS_III 目录下的 .c 文件添加到 uC/OS-III 分组中
10	uCPORT	uC/PORT	uCPORT 目录下的 .c、.s 文件添加到 uC/PORT 分组中
11	uCProbe	—	空目录
12	Debug	Output	Debug/Exe 目录下为可执行目标文件 .hex 和 .out
13	settings	—	工程 ex4_3 配置信息目录（EWARM 创建）
14	工作目录	—	ex4_3. eww、ex4_3. ewp、ex4_3. ewd、ex4_3. dep 和 LPC1788. icf 依次为工作区文件、工程文件、工程配置信息文件、调试配置文件和连接配置文件（除 LPC1788. icf 外，其余文件为 EWARM 创建）

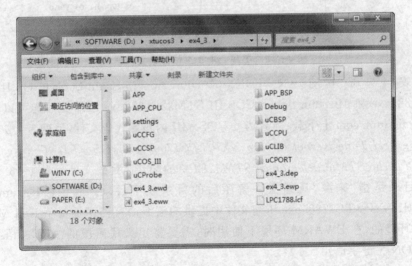

图 4 - 15　工程 ex4_3 工作目录

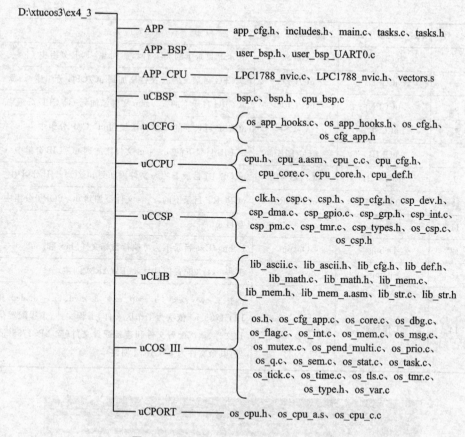

图 4 – 16　工程 ex4_3 工作目录文件结构

表 4 – 6 中的 KRN-K3XX-000000. zip、Micrium-Book-uCOS-III-NXP-LPC1788. exe 和 Micrium-Book-uCOS-III-STM32F107. exe 压缩文件均可以从网站 www. micrium. com 上下载，前者为 μC/OS – III 内核源代码文件，后两者为 μC/OS – III: The Real-Time Kernel for the NXP LPC1700 和 μC/OS – III: The Real-Time Kernel for the STMicroelecronics STM32F107 的配套源代码文件。表 4 – 6"详细情况"的目录是指"来源"压缩文件解压后的目录或子目录。其中，Micrium-Book-uCOS-III-NXP-LPC1788. exe 压缩文件中提供的汇编语言程序是基于 Keil MDK 集成开发环境的，在 EWARM 环境下使用时，需要将定义代码段的 AREA 语句改用 SECTION 关键字语句。

表 4 – 6 中来自两个压缩包中的文件需要改动的地方如下所示：

① app_cfg. h 文件，原文行号：90，原文内容为

```
#define   LIB_MEM_CFG_HEAP_BASE_ADDR        0x20082000u
```

修改后：

```
#define   LIB_MEM_CFG_HEAP_BASE_ADDR        0x20004000u
```

表 4 - 6 工程 ex4_3 各子目录文件来源

子目录名 或文件名	来　源	详细情况
APP	用户编写	—
APP_BSP	用户编写	—
APP_CPU	用户编写	—
uCBSP	Micrium-Book-uCOS-III-NXP-LPC1788.exe 压缩文件	Micrium\Software\EvalBoards\NXP\MCB1700\ KeilM-DK\BSP 下的 bsp. c,bsp. h 和 cpu_bsp. c
uCCFG	KRN-K3XX-000000. zip 压缩文件	Micrium\ Software\ uCOS-III\ Cfg\ Template 下的全部文件
uCCPU	Micrium-Book-uCOS-III-NXP-LPC1788.exe 压缩文件	Micrium\Software\ uC-CPU 及其下子目录 Cfg\ Template 和 ARM-Cortex – M3\RealView 下的全部文件
uCCSP	Micrium-Book-uCOS-III-NXP-LPC1788.exe 压缩文件	Micrium\Software\uCOS-III\Ports\ ARM-Cortex – M3\ CSP 及其子目录 Generic 下的全部文件;Micrium\Software\uC-CSP\MCU 及其子目录 NXP\LPC17xx、LPC1768 下的全部文件;Micrium\Software\uC-CLK\ Source 下的全部文件
uCLIB	Micrium-Book-uCOS-III-STM32F107. exe 压缩文件	Micrium\ Software\ uC-LIB 及其子目录 Cfg\ Template 和 Ports\ARM-Cortex – M3\IAR 下的全部文件
uCOS-III	KRN-K3XX-000000. zip 压缩文件	Micrium\Software\ uCOS-III\ Source 下的全部文件和 Micrium\Software\uCOS-III\TLS\IAR 下的全部文件
uCPORT	Micrium-Book-uCOS-III-NXP-LPC1788. exe 压缩文件	Micrium\Software\uCOS-III\Ports\ ARM-Cortex – M3\ Generic\RealView 下的全部文件
ex4_3. eww、 ex4_3. ewp、 ex4_3. ewd、 ex4_3. dep	IAR EWARM 自动生成	—
LPC1788. icf	用户编写	—

　　修改后将堆的首地址设为 0x20004000,该地址为 LPC1788 片上第二块 RAM 的起始地址。

　　② os_app_hooks. c 文件,原文行号: 188,原文处为 void App_OS_InitHook 函数,将该函数注释掉。同样地,在 os_app_hooks. h 文件第 67 行注释掉,即将 App_OS_InitHook 函数的原型注释掉。

　　③ cpu. h 文件,原文行号: 494,原文内容为

```
#define  CPU_REG_NVIC_VTOR_TBLBASE       0x20000000
```

修改后：

```
#define  CPU_REG_NVIC_VTOR_TBLBASE        0x10000000
```

修改后将 VTOR 寄存器的值宏定义为 0x1000 0000，即异常（中断）向量表的重定位地址为 0x1000 0000。

④ csp_dev.h 文件，原文行号：87、88，修改为

```
#define  CSP_DEV_LPC1788
#define  CSP_DEV_NAME              "LPC1788"
```

即将原文中的 LPC1768 修改为 LPC1788。

同时将原文第 109 行的内容改为

```
#define  CSP_DEV_SRAM_SIZE         (96u * 1024u)
```

原文为(64u * 1024u)，由于 LPC1788 片上 RAM 为 96KB，所以将其改为(96u * 1024u)。

⑤ csp_grp.h 文件，原文中关于中断源与中断号（原文行号：196～232）以及使能外设时钟位（原文行号：265～301）方面的宏定义作如下修改。

程序段 4-11　　csp_grp.h 文件中需要修改的代码

```
1    #define  CSP_INT_SRC_NBR_WDT_00              (CSP_DEV_NBR)(0u)
2    #define  CSP_INT_SRC_NBR_TMR_00              (CSP_DEV_NBR)(1u)
3    #define  CSP_INT_SRC_NBR_TMR_01              (CSP_DEV_NBR)(2u)
4    #define  CSP_INT_SRC_NBR_TMR_02              (CSP_DEV_NBR)(3u)
5    #define  CSP_INT_SRC_NBR_TMR_03              (CSP_DEV_NBR)(4u)
6    #define  CSP_INT_SRC_NBR_UART_00             (CSP_DEV_NBR)(5u)
7    #define  CSP_INT_SRC_NBR_UART_01             (CSP_DEV_NBR)(6u)
8    #define  CSP_INT_SRC_NBR_UART_02             (CSP_DEV_NBR)(7u)
9    #define  CSP_INT_SRC_NBR_UART_03             (CSP_DEV_NBR)(8u)
10   #define  CSP_INT_SRC_NBR_PWM_01              (CSP_DEV_NBR)(9u)
11   #define  CSP_INT_SRC_NBR_I2C_00              (CSP_DEV_NBR)(10u)
12   #define  CSP_INT_SRC_NBR_I2C_01              (CSP_DEV_NBR)(11u)
13   #define  CSP_INT_SRC_NBR_I2C_02              (CSP_DEV_NBR)(12u)
14   #define  CSP_INT_SRC_NBR_UNUSED13            (SCP_DEV_NBR)(13u)
15   #define  CSP_INT_SRC_NBR_SSP_00              (CSP_DEV_NBR)(14u)
16   #define  CSP_INT_SRC_NBR_SSP_01              (CSP_DEV_NBR)(15u)
17   #define  CSP_INT_SRC_NBR_PLL_00              (CSP_DEV_NBR)(16u)
18   #define  CSP_INT_SRC_NBR_RTC_00              (CSP_DEV_NBR)(17u)
19   #define  CSP_INT_SRC_NBR_EINT_00             (CSP_DEV_NBR)(18u)
20   #define  CSP_INT_SRC_NBR_EINT_01             (CSP_DEV_NBR)(19u)
21   #define  CSP_INT_SRC_NBR_EINT_02             (CSP_DEV_NBR)(20u)
22   #define  CSP_INT_SRC_NBR_EINT_03             (CSP_DEV_NBR)(21u)
23   #define  CSP_INT_SRC_NBR_ADC_00              (CSP_DEV_NBR)(22u)
24   #define  CSP_INT_SRC_NBR_BROWN_OUT_00        (CSP_DEV_NBR)(23u)
25   #define  CSP_INT_SRC_NBR_USB_00              (CSP_DEV_NBR)(24u)
26   #define  CSP_INT_SRC_NBR_CAN_00              (CSP_DEV_NBR)(25u)
27   #define  CSP_INT_SRC_NBR_DMA_00              (CSP_DEV_NBR)(26u)
```

```
28    # define   CSP_INT_SRC_NBR_I2S_00              (CSP_DEV_NBR)(27u)
29    # define   CSP_INT_SRC_NBR_ETHER_00            (CSP_DEV_NBR)(28u)
30    # define   CSP_INT_SRC_NBR_SD_CARD_00          (CSP_DEV_NBR)(29u)
31    # define   CSP_INT_SRC_NBR_MOTOR_PWM_00        (CSP_DEV_NBR)(30u)
32    # define   CSP_INT_SRC_NBR_QUAD_ENC_00         (CSP_DEV_NBR)(31u)
33    # define   CSP_INT_SRC_NBR_PLL_01              (CSP_DEV_NBR)(32u)
34    # define   CSP_INT_SRC_NBR_USB_ACT_00          (CSP_DEV_NBR)(33u)
35    # define   CSP_INT_SRC_NBR_CAN_ACT_00          (CSP_DEV_NBR)(34u)
36    # define   CSP_INT_SRC_NBR_UART_04             (CSP_DEV_NBR)(35u)
37    # define   CSP_INT_SRC_NBR_SSP_02              (CSP_DEV_NBR)(36u)
38    # define   CSP_INT_SRC_NBR_LCD_00              (CSP_DEV_NBR)(37u)
39    # define   CSP_INT_SRC_NBR_GPIO_00             (CSP_DEV_NBR)(38u)
40    # define   CSP_INT_SRC_NBR_PWM_00              (CSP_DEV_NBR)(39u)
41    # define   CSP_INT_SRC_NBR_EEPROM_00           (CSP_DEV_NBR)(40u)
42
43    # define   CSP_INT_SRC_NBR_MAX                 (CSP_DEV_NBR)(41u)
44
45
46    # define   CSP_PM_PER_CLK_NBR_LCD_00           (CSP_DEV_NBR)(0u)
47    # define   CSP_PM_PER_CLK_NBR_TMR_00           (CSP_DEV_NBR)(1u)
48    # define   CSP_PM_PER_CLK_NBR_TMR_01           (CSP_DEV_NBR)(2u)
49    # define   CSP_PM_PER_CLK_NBR_UART_00          (CSP_DEV_NBR)(3u)
50    # define   CSP_PM_PER_CLK_NBR_UART_01          (CSP_DEV_NBR)(4u)
51    # define   CSP_PM_PER_CLK_NBR_PWM_00           (CSP_DEV_NBR)(5u)
52    # define   CSP_PM_PER_CLK_NBR_PWM_01           (CSP_DEV_NBR)(6u)
53    # define   CSP_PM_PER_CLK_NBR_I2C_00           (CSP_DEV_NBR)(7u)
54    # define   CSP_PM_PER_CLK_NBR_UART_04          (CSP_DEV_NBR)(8u)
55    # define   CSP_PM_PER_CLK_NBR_RTC_00           (CSP_DEV_NBR)(9u)
56    # define   CSP_PM_PER_CLK_NBR_SSP_01           (CSP_DEV_NBR)(10u)
57    # define   CSP_PM_PER_CLK_NBR_AD_00            (CSP_DEV_NBR)(12u)
58    # define   CSP_PM_PER_CLK_NBR_CAN_01           (CSP_DEV_NBR)(13u)
59    # define   CSP_PM_PER_CLK_NBR_CAN_02           (CSP_DEV_NBR)(14u)
60    # define   CSP_PM_PER_CLK_NBR_GPIO_00          (CSP_DEV_NBR)(15u)
61    # define   CSP_PM_PER_CLK_NBR_P_MOTOR_PWM_00   (CSP_DEV_NBR)(17u)
62    # define   CSP_PM_PER_CLK_NBR_P_QUAD_ENC_00    (CSP_DEV_NBR)(18u)
63    # define   CSP_PM_PER_CLK_NBR_I2C_01           (CSP_DEV_NBR)(19u)
64    # define   CSP_PM_PER_CLK_NBR_SSP_02           (CSP_DEV_NBR)(20u)
65    # define   CSP_PM_PER_CLK_NBR_SSP_00           (CSP_DEV_NBR)(21u)
66    # define   CSP_PM_PER_CLK_NBR_TMR_02           (CSP_DEV_NBR)(22u)
67    # define   CSP_PM_PER_CLK_NBR_TMR_03           (CSP_DEV_NBR)(23u)
68    # define   CSP_PM_PER_CLK_NBR_UART_02          (CSP_DEV_NBR)(24u)
69    # define   CSP_PM_PER_CLK_NBR_UART_03          (CSP_DEV_NBR)(25u)
70    # define   CSP_PM_PER_CLK_NBR_I2C_02           (CSP_DEV_NBR)(26u)
71    # define   CSP_PM_PER_CLK_NBR_I2S_00           (CSP_DEV_NBR)(27u)
72    # define   CSP_PM_PER_CLK_NBR_SDC_00           (CSP_DEV_NBR)(28u)
73    # define   CSP_PM_PER_CLK_NBR_DMA_00           (CSP_DEV_NBR)(29u)
74    # define   CSP_PM_PER_CLK_NBR_ETHER_00         (CSP_DEV_NBR)(30u)
```

```
75    #define  CSP_PM_PER_CLK_NBR_USB_00              (CSP_DEV_NBR)(31u)
76
77    #define  CSP_PM_PER_CLK_NBR_MAX                 (CSP_DEV_NBR)(32u)
```

程序段 4-11 中,第 1～43 行替换掉 csp_grp.h 文件原文中的第 196～232 行,第 46～77 行替换掉 csp_grp.h 文件原文中的第 265～301 行。这里第 1～43 行用于宏定义 LPC1788 芯片的 NVIC 中断向量表,与表 3-5 对应;第 46～77 行宏定义外设功率控制寄存器 PCONP(地址:0x400F C0C4)的各位含义,与 PCONP 寄存器的各位对应。

⑥ csp_pm.c 文件作如下改动:

◇ 原文第 54～64 行注释掉,改为以下的一句宏定义:

```
#define  CSP_PM_PER_CLK_NBR_PCONP_RSVD16                16u
```

表示 PCONP 寄存器的第 16 位为保留位。

◇ 原文第 88～92 行改为如下形式:

```
#define  CSP_PM_MSK_PLLSTAT0_MSEL          0x1F
#define  CSP_PM_MSK_PLLSTAT0_PSEL          (3u<<5)
#define  CSP_PM_MSK_PLLSTAT0_PLLE          (1u<<8)
#define  CSP_PM_MSK_PLLSTAT0_PLOCK         (1u<<10)
```

上述为 PLL0STAT 寄存器各位的宏定义。

◇ 原文第 240～249 行修改为如下形式:

```
if (DEF_BIT_IS_SET(CSP_PM_REG_PLLSTAT0, (CSP_PM_MSK_PLLSTAT0_PLLE |
                                         CSP_PM_MSK_PLLSTAT0_PLOCK )))
{
    cpu_freq = (cpu_freq * pll_mul);
}
cpu_div = CSP_PM_REG_CCLKCFG & (0x01F<<0);
cpu_freq /= cpu_div;
```

上述代码位于 CSP_PM_CPU_ClkFreqGet 函数内,用于获取 CPU 时钟频率,同时将该函数中(原文第 214、238 行)的"CPU_INT08U cpu_div"和"pll_div = (((((CSP_PM_REG_PLLSTAT0 & CSP_PM_MSK_PLLSTAT0_PSEL)) >> 16u)+1u);"注释掉。

◇ 原文第 390～400 行和第 433～443 行均改为以下形式:

```
switch (clk_nbr) {
case CSP_PM_PER_CLK_NBR_PCONP_RSVD16:
    return;
default:
    break;
}
```

4.2.2　实例三运行结果

实例三的运行结果如图 4 - 17 所示,其工作过程如图 4 - 18 所示,详细的工作原理将在第 6 章阐述。

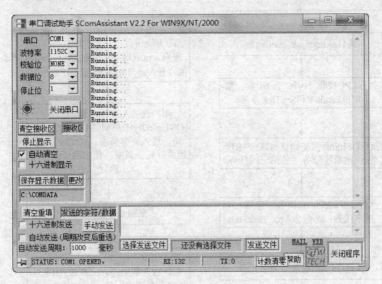

图 4 - 17　实例三运行结果

如图 4 - 17 所示,每隔 2 s 在串口调试助手中显示一行"Running..."提示信息。

图 4 - 18 显示当执行了 OSStart 函数后,μC/OS - III 系统将管理用户程序,从就绪的所有任务中(包括用户任务和系统任务)选出优先级最高的任务,使该任务获得 CPU 使用权。一般地,第一个用户任务命名为 App_TaskStart,μC/OS - III 要求至少需要创建一个用户任务,用户任务创建后立即进入就绪态。在调用 OSInit 后,μC/OS - III 将创建系统任务,这里可认为只创建了空闲任务和系统节拍任务,并且只需考虑空闲任务。空闲任务固定是 μC/OS - III 所有任务中优先级最低的任务,并且是唯一一个始终处于就绪态的任务。由于 App_TaskStart 用户任务比空闲任务优先级高,故一旦就绪,就被 μC/OS - III 系统调度为当前执行任务。每个用户任务都是一个无限循环,App_TaskStart 用户任务的无限循环中只有两个语句,即

```
OSTimeDlyHMSM(0,0,2,0,OS_OPT_TIME_HMSM_STRICT,&err);
UART0_putstring("Running...\n");
```

调用 OSTimeDlyHMSM 函数将使 App_TaskStart 任务开始延时 2 s,即使该任务进入等待态,μC/OS - III 系统将使用空闲任务得到 CPU 使用权,空闲任务执行 2 s 后,App_TaskStart 任务再次就绪而被调度为当前执行任务,从而执行 UART0_putstring 函数输出提示信息,然后再次执行 OSTimeDlyHMSM 函数并进入等待态,

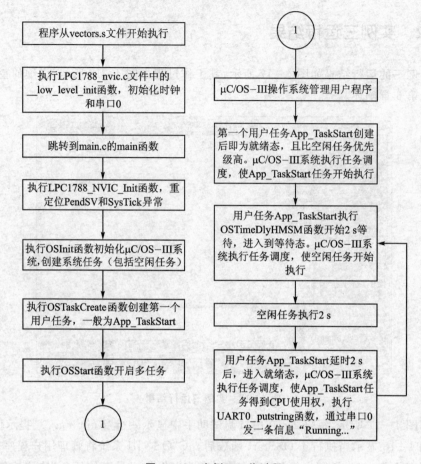

图 4－18　实例三工作过程

如此循环下去。这样,每隔 2 s,串口调试助手上就显示一条信息"Running..."。关于用户任务的工作原理将在第 5 章深入阐述。

4.3　关于 Bootloader

　　LPC1788 微控制器片上带有 512 KB 的 Flash 存储器,不但可以保存用户程序代码,还可以运行用户程序代码,这是因为 LPC1788 片上带有 Flash 加速器,提供了读 Flash 内容的缓存和加速功能。FLASHCFG 寄存器配置读取 Flash 内容的时钟频率最高可达 20 MHz。

　　借助于 IAR EWARM 集成开发环境在线仿真应用程序时,必须通过菜单"Project｜Download and Debug　Ctrl＋D"将应用程序目标文件下载到 LPC1788 片上 Flash 中运行并调试,IAR EWARM 支持在 Flash 代码中设置断点,如果用 J－Link

仿真器,则下载的目标文件为. out 文件;如果用 H - JTAG 仿真器,则下载的目标文件为. hex 文件。仿真通过的应用程序,当关闭电源拔下仿真器后,再上电,应用程序自动启动运行。因此,当程序代码小于 512 KB 时无需 Bootloader 程序。

当程序代码的大小比 LPC1788 片上 Flash 存储器的容量还要大时,需要借助于 Bootloader 代码。首先将 LPC1788 芯片外接大容量 Flash,LPC1788 芯片的 0x8000 0000～0x9FFF FFFF(512 MB)存储空间可扩展 Nor Flash 芯片,超过 512 KB 的程序代码放在外部 Flash 芯片上,需要执行时,将这部分代码读到 LPC1788 片上 RAM 区。由于片上 RAM 区只有 96 KB,所以需要分块读取和执行。Bootloader 代码为驻留在 LPC1788 片上 Flash 中将外部 Flash 中的可执行代码复制到片上 RAM 区并开始执行的代码。一般地,LPC1788 芯片用于控制功能,无论进行芯片级程序设计,还是集成了 μC/OS - III 嵌入式实时操作系统,片上 512 KB 的 Flash 都足够用,所以,一般情况下不用考虑 Bootloader。

LPC1788 片上具有 96 KB 的 RAM 存储器,访问这些 RAM 存储器的速度比访问片上 Flash 快(可快 5 倍),如果用户想要在 LPC1788 芯片上电后,将程序代码从片上 Flash 搬移到片上 RAM 空间中运行(当然代码长度应小于 96 KB,最好小于 64 KB),就需要编写一段 Bootloader 代码,用于实现电路板上电复位后从片上 Flash 读程序、拷贝到片上 RAM、重定位 PC 等工作。

4.4　本章小结

本章详细地介绍了 IAR EWARM 软件的使用方法,深入讨论了 C 语言应用程序设计框架(芯片级应用程序设计)和基于 μC/OS - III 嵌入式实时操作系统的应用程序设计框架。针对后者详细说明了工程中各个文件的来源,那些需要用户设计代码的文件,即 APP、APP/BSP 和 APP/CPU 分组中的文件,将在第 5 章中介绍。本章简单地分析了实例三的运行原理,使读者初步认识 μC/OS - III 系统应用程序的工作流程。本章的三个实例均需要反复上机练习,充分熟悉它们的工作流程和运行结果后,再进入下一章学习。

第 **5** 章

μC /OS‑III 移植

  μC/OS‑III 移植包括两个部分,即 μC/OS‑III 系统移植文件和 μC/CPU 移植文件。本章除了要介绍 μC/OS‑III 移植文件外,还将介绍 μC/OS‑III 配置文件、μC/LIB 文件、CSP 文件、BSP 文件和 CPU 文件等,即第 1.4 节图 1‑1 中除用户应用程序文件和 μC/OS‑III 内核文件外的所有文件。本章介绍的内容可理解为广义的μC/OS‑III 移植文件。

5.1 μC /OS‑III 系统移植文件

  μC/OS‑III 系统移植文件包括三个文件,即 OS_CPU. H、OS_CPU_C. C 和OS_CPU_A. S 文件,其中 OS_CPU_A. S 为汇编语言文件,这三个文件用户不能修改。μC/OS‑III 系统移植文件主要的工作是实现任务切换和时钟节拍的异常服务程序。

5.1.1 OS_CPU. H 文件

  OS_CPU. H 的内容如程序段 5‑1 所示。

程序段 5‑1 OS_CPU. H 文件

```
1      //Filename: OS_CPU. H
2
3      # ifndef   OS_CPU_H
4      # define   OS_CPU_H
5
6      # ifdef    OS_CPU_GLOBALS
7      # define   OS_CPU_EXT
8      # else
9      # define   OS_CPU_EXT   extern
10     # endif
11
12     # ifndef   NVIC_INT_CTRL
13     # define   NVIC_INT_CTRL           * ((CPU_REG32 * )0xE000ED04)
14     # endif
```

```
15
16      # ifndef   NVIC_PENDSVSET
17      # define   NVIC_PENDSVSET          0x10000000
18      # endif
19
20      # define   OS_TASK_SW()            NVIC_INT_CTRL = NVIC_PENDSVSET
21      # define   OSIntCtxSw()            NVIC_INT_CTRL = NVIC_PENDSVSET
22
23      # if       OS_CFG_TS_EN = = 1u
24      # define   OS_TS_GET()             (CPU_TS)CPU_TS_TmrRd()
25      # else
26      # define   OS_TS_GET()             (CPU_TS)0u
27      # endif
28
29      # if (CPU_CFG_TS_32_EN     = = DEF_ENABLED) && \
30         (CPU_CFG_TS_TMR_SIZE   < CPU_WORD_SIZE_32)
31
32      # error    "cpu_cfg. h, CPU_CFG_TS_TMR_SIZE MUST be > = CPU_WORD_SIZE_32"
33      # endif
34
35      # define   OS_CPU_CFG_SYSTICK_PRIO         0u
36
37      OS_CPU_EXT  CPU_STK   * OS_CPU_ExceptStkBase;
38
39      void   OSStartHighRdy       (void);
40
41      void   OS_CPU_PendSVHandler (void);
42
43      void   OS_CPU_SysTickHandler(void);
44      void   OS_CPU_SysTickInit   (CPU_INT32U  cnts);
45
46      # endif
```

第 12～14 行定义 NVIC_INT_CTRL 寄存器,即 LPC1788 微控制器的中断控制
与状态寄存器 ICSR,其地址为 0xE000 ED04。该寄存器的第 28 位为 PENDSVSET
位,向 PENDSVSET 位写 0 无效,写 1 则请求 PendSV 异常。第 16～18 行定义
NVIC_PENDSVSET,实际上是定义 ICSR 的第 28 位为 1, 即 0x1000 0000 为
(1UL<<28)。这样,第 20、21 行的宏函数 OS_TASK_SW 和 OSIntCtxSw,都是置
ICSR 寄存器的第 28 位(PENDSVSET 位)为 1,即发出请求 PendSV 异常,在该异常
服务程序中完成任务切换工作。

第 23 行当系统时间邮票使能时,第 24 行获得时间邮票值的函数 OS_TS_GET
调用 CPU_TS_TmrRd 函数实现;如果系统时间邮票不使能,则第 26 行 OS_TS_
GET 函数返回 0 值。第 29～33 行要求当 CPU 时间邮票使能时,必须满足 CPU_
CFG_TS_TMR_SIZE 的值不小 4(CPU_WORD_SIZE_32),否则第 32 行编译时

报错。

第 35 行定义 SysTick 系统时钟节拍任务的优先级为 0（最高优先级）。

第 37 行定义异常堆栈的基地址 OS_CPU_ExceptStkBase。

第 39～44 行声明函数原型，其中，OSStartHighRdy 和 OS_CPU_PendSVHandler 用汇编语言编写，函数体位于 os_cpu_a.asm 中，分别表示开始执行就绪任务中的最高优先级任务和 PendSV 异常服务程序；OS_CPU_SysTickInit 和 OS_CPU_SysTickHandler 用 C 语言编写，函数体位于 os_cpu_c.c 中，分别表示 SysTick 时钟初始化和中断服务程序。

第 44 行的自定义类型 CPU_INT32U 为"typedef unsigned int CPU_INT32U;"，即无符号 32 位整型；第 13 行的自定义类型 CPU_REG32 为"typedef volatile CPU_INT32U CPU_REG32;"，也是无符号 32 位整型，加了 volatile 修饰符，专用来定义寄存器地址。第 24、26 行的自定义类型 CPU_TS 为"typedef CPU_INT32U CPU_TS32;typedef CPU_TS32 CPU_TS;"，即为无符号 32 位整型，专用于定义时间邮票。

5.1.2　OS_CPU_A.S 文件

OS_CPU_A.S 文件实现了两个函数，即 OSStartHighRdy() 和 OS_CPU_PendSVHandler()，其中，OSStartHighRdy() 将就绪的最高优先级任务作为当前任务；OS_CPU_PendSVHandler() 被 OSStartHighRdy()、OS_TASK_SW() 和 OSIntCtxSw() 函数调用，实现任务间状态切换。OSStartHighRdy() 函数在开始多任务时被 OSStart() 函数调用执行一次，之后，不会再被调用；而 OS_CPU_PendSVHandler() 函数在开始多任务时被 OSStartHighRdy() 函数调用第一次，之后，每当 µC/OS－III 操作系统调用 OS_TASK_SW() 和 OSIntCtxSw() 函数时，都将调用 OS_CPU_PendSVHandler() 函数执行任务间切换。

OS_CPU_A.S 文件的内容如程序段 5－2 所示。

程序段 5－2　OS_CPU_A.S 文件

```
1        ;Filename: OS_CPU_A.S
2
3        IMPORT  OSRunning
4        IMPORT  OSPrioCur
5        IMPORT  OSPrioHighRdy
6        IMPORT  OSTCBCurPtr
7        IMPORT  OSTCBHighRdyPtr
8        IMPORT  OSIntExit
9        IMPORT  OSTaskSwHook
10       IMPORT  OS_CPU_ExceptStkBase
11
```

```
12        EXPORT   OSStartHighRdy
13        EXPORT   OS_CPU_PendSVHandler
14
15   NVIC_INT_CTRL      EQU      0xE000ED04
16   NVIC_SYSPRI14      EQU      0xE000ED22
17   NVIC_PENDSV_PRI    EQU      0xFF
18   NVIC_PENDSVSET     EQU      0x10000000
19
20        PRESERVE8
21
22        SECTION CODE:CODE(3)
23        THUMB
24
25   OSStartHighRdy
26        LDR      R0, = NVIC_SYSPRI14
27        LDR      R1, = NVIC_PENDSV_PRI
28        STRB     R1, [R0]
29
30        MOVS     R0, #0
31        MSR      PSP, R0
32
33        LDR      R0, = OS_CPU_ExceptStkBase
34        LDR      R1, [R0]
35        MSR      MSP, R1
36
37        LDR      R0, = NVIC_INT_CTRL
38        LDR      R1, = NVIC_PENDSVSET
39        STR      R1, [R0]
40
41        CPSIE    I
42
43   OSStartHang
44        B        OSStartHang
45
46   OS_CPU_PendSVHandler
47        CPSID    I
48        MRS      R0, PSP
49        CBZ      R0, OS_CPU_PendSVHandler_nosave
50
51        SUBS     R0, R0, #0x20
52        STM      R0, {R4 – R11}
53
54        LDR      R1, = OSTCBCurPtr
55        LDR      R1, [R1]
56        STR      R0, [R1]
57
58   OS_CPU_PendSVHandler_nosave
```

```
59          PUSH      {R14}
60          LDR       R0, = OSTaskSwHook
61          BLX       R0
62          POP       {R14}
63
64          LDR       R0, = OSPrioCur
65          LDR       R1, = OSPrioHighRdy
66          LDRB      R2, [R1]
67          STRB      R2, [R0]
68
69          LDR       R0, = OSTCBCurPtr
70          LDR       R1, = OSTCBHighRdyPtr
71          LDR       R2, [R1]
72          STR       R2, [R0]
73
74          LDR       R0, [R2]
75          LDM       R0, {R4 - R11}
76          ADDS      R0, R0, ♯0x20
77          MSR       PSP, R0
78          ORR       LR, LR, ♯0x04
79          CPSIE     I
80          BX        LR
81
82          END
```

第 2~10 行为引用外部标号,其中,第 2 行的 OSRunning 表示多任务是否启动,如果为 OS_STATE_OS_RUNNING 常量,则表示多任务启动;为 OS_STATE_OS_STOPPED 常量,则表示多任务没有启动。OSRunning 在 OS_CPU_A. ASM 中没有使用。第 4 行的 OSPrioCur 和第 6 行的 OSTCBCurPtr 分别表示当前任务的优先级和任务控制块指针。第 5 行的 OSPrioHighRdy 和第 7 行的 OSTCBHighRdyPtr 分别表示就绪的最高优先级任务的优先级号和任务控制块指针。第 8 行 OSIntExit 表示退出中断的函数引用标号,在 OS_CPU_A. ASM 中没有使用。第 9 行 OSTaskSwHook 为任务切换钩子函数标号。第 10 行 OS_CPU_ExceptStkBase 为异常堆栈基地址。

第 12、13 行为 OS_CPU_A. ASM 中提供的函数,可供外部 C 语言程序调用,这里,OSStartHighRdy 和 OS_CPU_PendSVHandler 分别表示执行就绪的最高优先级任务和 PendSV 异常服务函数处理任务切换。

第 15 行定义中断控制和状态寄存器 ICSR 地址;第 16 行定义系统手柄优先级寄存器 SHPR3 的第 3 个字节(第[23:16]位域),该位域用于设定 PendSV 的优先级,其地址为 0xE000 ED22;第 17 行定义 PendSV 异常的优先级为 0xFF,即 NVIC_PENDSV_PRI 常量为 0xFF;第 18 行定义 NVIC_PENDSVSET 为(1UL<<28),将该值赋给 NVIC_INT_CTRL(ICSR)寄存器可触发 PendSV 异常。

第 25~44 行为 OSStartHighRdy 函数。第 26~28 行将 PendSV 异常优先级置

为 0xFF。第 30、31 行将 PSP 置为 0，即进程堆栈（栈顶）指针设为 0。第 33～35 行将 MSP（主堆栈（栈顶）指针）指向 OS_CPU_ExceptStkBase，这里，"OS_CPU_Except-StkBase＝(CPU_STK ＊)(OSCfg_ISRStkBasePtr＋OSCfg_ISRStkSize-1u);"，即 OS_CPU_ExceptStkBase 指向数组 OSCfg_ISRStk（长度为 OSCfg_ISRStkSize，即常量 OS_CFG_ISR_STK_SIZE）的末地址（最后一个元素地址）。这样 MSR 为 OSCfg_ISRStk 数组的最后一个元素地址，由于堆栈是由高地址向低地址增长的，所以 MSR 指向堆栈的顶地址。

第 37～39 行将(1UL＜＜28)写入 NVIC_INT_CTRL（即 ICSR 寄存器）的第 28 位，请求 PendSV 异常。第 41 行将 PRIMASK 寄存器（参考第 2.4.1 小节）清 0，使能所有可屏蔽中断。

第 43～44 行为无限循环等待。

第 46～80 行为 OS_CPU_PendSVHandler 函数。第 47 行置 PRIMASK 寄存器为 1，屏蔽优先级号为大于或等于 0 的所有中断，此时只有 NMI 不可屏蔽异常和硬件出错异常才能被响应。第 48、49 行判断 PSP 值等于 0 时跳转到 OS_CPU_PendS-VHandler_nosave 标号执行，这种情况发生在第一次调用 OS_CPU_PendSVHandler 函数时；否则执行第 51 行。当不是第一次调用 OS_CPU_PendSVHandler 函数时，PSP 指向一个有效的进程堆栈空间（当前栈顶），此时的 R0（第 48 行）为进程堆栈栈顶，第 51、52 行将 R4～R11 压栈（Cortex－M3 自动将 xPSR、PC、LR、R12 和 R0～R3 压栈）。第 54～56 行将新的 PSP 保存到 OSTCBCurPtr-＞OSTCBStkPtr（即当前任务的堆栈指针）处。

当第一次调用 OS_CPU_PendSVHandler 函数时，并没有所谓的"当前任务"（因为刚开始多任务），所以不需要保存"当前任务"的执行环境，因此，程序从第 49 行跳转到第 58 行执行。第 59 行压栈 LR 寄存器（R14），第 60、61 行跳转到 OSTask-SwHook（任务切换钩子函数）执行，第 62 行将 LP 寄存器出栈。当在子程序（或函数）中再次发生跳转时，需要保护 LR 寄存器的值，这里的 59、62 行为第 80 行的跳转保护 LR 的值。

第 64～67 行，将就绪的最高优先级任务的优先级号作为当前任务的优先级号；第 69～72 行将就绪的最高优先级任务的任务控制块作为当前任务的任务控制块。第 74 行 R0 装入当前任务控制块的堆栈指针，即 OSTCBHighRdyPtr-＞StkPtr（即此时的 OSTcbCurPtr-＞StkPtr），然后，第 75、76 行相当于 R4～R11 出栈操作；第 77 行将现在的 R0 写入 PSP（进程堆栈指针）；第 78 行设置使用 PSP 堆栈；第 79 行将 PRIMASK 寄存器清 0，使能所有可屏蔽中断；第 80 行从子程序返回。

5.1.3　OS_CPU_C.C 文件

OS_CPU_C.C 文件实现了 11 个函数，除 OSTaskStkInit、OS_CPU_SysTick-

Handler 和 OS_CPU_SysTickInit 函数外，其余 8 个为钩子函数，即 OSIdleTask-Hook、OSInitHook、OSStatTaskHook、OSTaskCreateHook、OSTaskDelHook、OS-TaskReturnHook、OSTaskSwHook 和 OSTimeTickHook，这些系统钩子函数（除 OSInitHook 外），又分别调用各自的用户钩子函数，即 App_OS_IdleTaskHook（OS-InitHook 为系统专用钩子函数）、App_OS_StatTaskHook、App_OS_TaskCreate-Hook、App_OS_TaskDelHook、App_OS_TaskReturnHook、App_OS_TaskSwHook 和 App_OS_TimeTickHook，这些钩子函数分别"挂接"在空闲任务、OSInit 函数开头、统计任务、任务创建后、任务删除后、任务意外返回时、任务切换时和系统时钟节拍中，方便应用程序员扩展这些系统函数的功能。

　　OS_CPU_C.C 文件的内容如程序段 5‐3 所示，对程序的工作原理阐述嵌入在程序段中。

程序段 5‐3　　OS_CPU_C.C 文件

```
1      //Filename：OS_CPU_C.C
2
3      #define    OS_CPU_GLOBALS
4
5      #ifdef VSC_INCLUDE_SOURCE_FILE_NAMES
6      const  CPU_CHAR  * os_cpu_c_c = "$ Id: $";
7      #endif
8
9      #include   <os.h>
10
11     void   OSIdleTaskHook (void)
12     {
13     #if OS_CFG_APP_HOOKS_EN > 0u
14         if (OS_AppIdleTaskHookPtr != (OS_APP_HOOK_VOID)0) {
15             (* OS_AppIdleTaskHookPtr)();
16         }
17     #endif
18     }
19
```

　　OS_CPU_C.C 文件中，系统钩子函数 OSIdleTaskHook、OSStatTaskHook、OS-TaskCreateHook、OSTaskDelHook、OSTaskReturnHook 和 OSTimeTickHook 的工作原理是相似的，这里以 OSIdleTaskHook 为例介绍其工作原理。当系统配置文件 os_cfg.h 中 OS_CFG_APP_HOOKS_EN 宏定义为 1u 时，即第 13 行为真时，第 14～16 行被有效编译；否则 OSIdleTaskHook 为空函数。第 14 行的 OS_AppIdleTask-HookPtr 为函数指针，其类型为 OS_APP_HOOK_VOID（定义为"typedef void (* OS_APP_HOOK_VOID)(void);"），如果用户想在空间任务中添加用户钩子函数，则在 os_app_hooks.c 文件中使函数指针 OS_AppIdleTaskHookPtr 指向用户钩子函数 OS_AppIdleTaskHook；否则赋函数指针 OS_AppIdleTaskHookPtr 为空指

针(即(OS_APP_HOOK_VOID)0)。当第 14 行判断函数指针 OS_AppIdleTask-HookPtr 不为空指针时,执行第 15 行,即调用 OS_AppIdleTaskHookPtr 指向的函数(即 OS_AppIdleTaskHook)。

```
20      void  OSInitHook (void)
21      {
22          CPU_STK_SIZE    i;
23          CPU_STK       * p_stk;
24
25          p_stk = OSCfg_ISRStkBasePtr;
26          for (i = 0u; i < OSCfg_ISRStkSize; i ++ ) {
27              * p_stk ++ = (CPU_STK)0u;
28          }
29          OS_CPU_ExceptStkBase = (CPU_STK * )(OSCfg_ISRStkBasePtr + OSCfg_ISRStkSize - 1u);
30      }
31
```

在调用 OSInit 函数初始化 μC/OS – III 操作系统时调用系统钩子函数 OSInit-Hook 函数。第 22、23 行的 CPU_STK_SIZE 和 CPU_STK 都是无符号 32 位整型(即 unsigned int),分别用于定义 CPU 堆栈大小和 CPU 堆栈,这里变量 i 表示遍历堆栈的循环变量,p_stk 表示指向堆栈元素的指针。第 25 行 p_stk 指向 OSCfg_ISRStkBasePtr(即数组元素 OSCfg_ISRStk[0],该数组大小为 OSCfg_ISRStkSize),第 26~28 行遍历数组 OSCfg_ISRStk,把每个数组元素赋值 0u。第 29 行 CPU 异常堆栈基地址指针 OS_CPU_ExceptStkBase 指向数组元素 OSCfg_ISRStk[OSCfg_ISRStkSize-1],由于堆栈由高地址向低地址增长,故指针 OS_CPU_ExceptStkBase 指向堆栈 OSCfg_ISRStk 的栈顶。

```
32      void  OSStatTaskHook (void)
33      {
34      # if OS_CFG_APP_HOOKS_EN > 0u
35          if (OS_AppStatTaskHookPtr != (OS_APP_HOOK_VOID)0) {
36              ( * OS_AppStatTaskHookPtr)();
37          }
38      # endif
39      }
40
41      void  OSTaskCreateHook (OS_TCB    * p_tcb)
42      {
43      # if OS_CFG_APP_HOOKS_EN > 0u
44          if (OS_AppTaskCreateHookPtr != (OS_APP_HOOK_TCB)0) {
45              ( * OS_AppTaskCreateHookPtr)(p_tcb);
46          }
47      # else
48          (void)p_tcb;
49      # endif
50      }
```

51

第 48 行"(void)p_tcb;"无实际含义,只是为了避免编译时出现 p_tcb 没有使用的警告。

```
52      void   OSTaskDelHook (OS_TCB   * p_tcb)
53      {
54      # if OS_CFG_APP_HOOKS_EN > 0u
55          if (OS_AppTaskDelHookPtr != (OS_APP_HOOK_TCB)0) {
56              (* OS_AppTaskDelHookPtr)(p_tcb);
57          }
58      # else
59          (void)p_tcb;
60      # endif
61      }
62
63      void   OSTaskReturnHook (OS_TCB   * p_tcb)
64      {
65      # if OS_CFG_APP_HOOKS_EN > 0u
66          if (OS_AppTaskReturnHookPtr != (OS_APP_HOOK_TCB)0) {
67              (* OS_AppTaskReturnHookPtr)(p_tcb);
68          }
69      # else
70          (void)p_tcb;
71      # endif
72      }
73
74      CPU_STK   * OSTaskStkInit (OS_TASK_PTR      p_task,
75                                 void             * p_arg,
76                                 CPU_STK          * p_stk_base,
77                                 CPU_STK          * p_stk_limit,
78                                 CPU_STK_SIZE     stk_size,
79                                 OS_OPT           opt)
80      {
81          CPU_STK   * p_stk;
82
83          (void)opt;                              / * Prevent compiler warning
                                                                                  * /
84
85          p_stk = &p_stk_base[stk_size];          / * Load stack pointer    * /
86                  / * Registers stacked as if auto - saved on exception     * /
87          * - - p_stk = (CPU_STK)0x01000000u;     / * xPSR                  * /
88          * - - p_stk = (CPU_STK)p_task;          / * Entry Point           * /
89          * - - p_stk = (CPU_STK)OS_TaskReturn;   / * R14 (LR)              * /
90          * - - p_stk = (CPU_STK)0x12121212u;     / * R12                   * /
91          * - - p_stk = (CPU_STK)0x03030303u;     / * R3                    * /
92          * - - p_stk = (CPU_STK)0x02020202u;     / * R2                    * /
93          * - - p_stk = (CPU_STK)p_stk_limit;     / * R1                    * /
```

```
94          * - - p_stk = (CPU_STK)p_arg;              /* R0 : argument       */
95                      /* Remaining registers saved on process sta           */
96          * - - p_stk = (CPU_STK)0x11111111u;        /* R11                 */
97          * - - p_stk = (CPU_STK)0x10101010u;        /* R10                 */
98          * - - p_stk = (CPU_STK)0x09090909u;        /* R9                  */
99          * - - p_stk = (CPU_STK)0x08080808u;        /* R8                  */
100         * - - p_stk = (CPU_STK)0x07070707u;        /* R7                  */
101         * - - p_stk = (CPU_STK)0x06060606u;        /* R6                  */
102         * - - p_stk = (CPU_STK)0x05050505u;        /* R5                  */
103         * - - p_stk = (CPU_STK)0x04040404u;        /* R4                  */
104
105         return (p_stk);
106     }
107
```

第 74～106 行的 OSTaskStkInit 函数被 OSTaskCreate 函数调用,当任务被创建时,用 OSTaskStkInit 函数初始化任务堆栈。此时,模拟任务被中断时的入栈操作,当任务被执行时,将进行相应的出栈操作。

第 74～79 行 OSTaskStkInit 函数的 6 个参数 p_task、p_arg、p_stk_base、p_stk_limit、stk_size 和 opt 的含义分别为任务函数名(任务入口地址)、任务参数、任务堆栈基地址(即表示任务堆栈的数组的第 0 个元素,并非堆栈栈顶)、任务堆栈限制地址(当任务堆栈被使用到该地址时发出堆栈可能会溢出警告)、任务堆栈大小和堆栈信息选项(这里没有使用)。第 74 行的 OS_TASK_PTR 的类型定义为"typedef void (* OS_TASK_PTR)(void * p_arg)",即指向含有一个 void * 类型参数的函数指针。OS_OPT 为无符号 16 位整型。

Cortex-M3 中任务堆栈从高地址向低地址生长,因此,第 85 行将堆栈指针指向栈顶(栈顶的前一个元素)。第 87 行先将 p_stk 减 1 后得到栈顶地址,再将 0x0100 0000 入栈。Cortex-M3 自动入栈的寄存器排列顺序为 xPSR、返回地址、LR(R14)、R12、R3、R2、R1 和 R0,与第 87～94 行依次对应。这里 xPSR 寄存器的第 24 位必须为 1,表示工作在 Thumb 指令集下,因此,第 87 行入栈(1UL≪24),即 0x0100 0000。第 88 行入栈任务入口地址,对应于 R15(PC)。第 89 行入栈任务返回地址(对应 LR),由于任务都是无限循环体,不会返回,所以 μC/OS-Ⅲ 为任务的非法返回专门提供了一个 OS_TaskReturn 函数处理。

第 90～92 行为模拟 R12、R3 和 R2 入栈,为它们随意指定了 32 位的无符号整数值;第 93 行将 p_stk_limit 入栈(对应于 R1);第 94 行将任务参数 p_arg 入栈(对应 R0)。

第 96～103 行模拟 R11～R4 的入栈,为它们随意指定了 32 位的无符号整数值。第 105 行返回此时的堆栈栈顶指针。

```
108     void  OSTaskSwHook (void)
109     {
110     ` # if OS_CFG_TASK_PROFILE_EN > 0u
111         CPU_TS  ts;
```

```
112    #endif
113    #ifdef  CPU_CFG_INT_DIS_MEAS_EN
114       CPU_TS   int_dis_time;
115    #endif
116
117    #if OS_CFG_APP_HOOKS_EN > 0u
118       if (OS_AppTaskSwHookPtr != (OS_APP_HOOK_VOID)0) {
119          (*OS_AppTaskSwHookPtr)();
120       }
121    #endif
122
123    #if OS_CFG_TASK_PROFILE_EN > 0u
124       ts = OS_TS_GET();
125       if (OSTCBCurPtr != OSTCBHighRdyPtr) {
126          OSTCBCurPtr->CyclesDelta   = ts - OSTCBCurPtr->CyclesStart;
127          OSTCBCurPtr->CyclesTotal += (OS_CYCLES)OSTCBCurPtr->CyclesDelta;
128       }
129
130       OSTCBHighRdyPtr->CyclesStart = ts;
131    #endif
132
133    #ifdef  CPU_CFG_INT_DIS_MEAS_EN
134       int_dis_time = CPU_IntDisMeasMaxCurReset();
135       if (OSTCBCurPtr->IntDisTimeMax < int_dis_time) {
136          OSTCBCurPtr->IntDisTimeMax = int_dis_time;
137       }
138    #endif
139
140    #if OS_CFG_SCHED_LOCK_TIME_MEAS_EN > 0u
141
142       if (OSTCBCurPtr->SchedLockTimeMax < OSSchedLockTimeMaxCur) {
143          OSTCBCurPtr->SchedLockTimeMax = OSSchedLockTimeMaxCur;
144       }
145       OSSchedLockTimeMaxCur = (CPU_TS)0;
146    #endif
147    }
148
```

第110行如果 os_cfg.h 文件中的 OS_CFG_TASK_PROFILE_EN 宏定义为 1u（默认值），则第111行定义时间邮票变量 ts，然后，第124～130行的代码被有效编译。任务控制块结构体 os_tcb 中的 CyclesStart、CyclesDelta 和 CyclesTotal 与时间邮票有关，分别表示切换到当前任务时的时间邮票值、当前任务从切换到执行态至被切换到等待状态（即当前任务执行）的时间邮票值、当前任务总的执行时间邮票值。第124行获得当前的时间邮票值，第130行将当前时间邮票值赋给切换到的任务的 CyclesStart 成员，表示该任务开始执行时的时间邮票值。第125行判断是否发生了任务切换，如果条件成立，则第126行计算当前任务（将被切换到等待态）从切换到执行态到此为止所用的时间邮票值,第 127 行计算当前任务总的执行时间的时间邮票值。这些值将被统计任务用来计算任务的相对 CPU 利用率。

如果宏定义了 CPU_CFG_INT_DIS_MEAS_EN(默认值为没有定义),则第 114 行定义变量 int_dis_time,第 134~137 行被编译,计算当前任务(将要被切换到等待态的任务)的最大中断关闭时间。如果 os_cfg.h 文件中的 OS_CFG_SCHED_LOCK_TIME_MEAS_EN 宏定义为 1u(默认值为 1u),则第 142~145 行计算任务为保护临界段代码而锁定任务的最大时间。第 133~146 行用到 μC/OS - III 系统内部的很多测试函数,请参考 μC/OS - III 源代码或用户手册。

```
149    void  OSTimeTickHook (void)
150    {
151    # if OS_CFG_APP_HOOKS_EN > 0u
152        if (OS_AppTimeTickHookPtr != (OS_APP_HOOK_VOID)0) {
153            ( * OS_AppTimeTickHookPtr)();
154        }
155    # endif
156    }
157
158    void  OS_CPU_SysTickHandler (void)
159    {
160        CPU_SR_ALLOC();
161
162        CPU_CRITICAL_ENTER();
163        OSIntNestingCtr + + ;
164        CPU_CRITICAL_EXIT();
165
166        OSTimeTick();
167
168        OSIntExit();
169    }
170
```

第 158~170 行为系统时钟节拍 SysTick 的异常处理函数,其入口地址必须被配置到异常向量表中异常号 15 对应的位置。第 160 行定义变量 cpu_sr 为第 162、164 行服务,用于保存 PRIMASK 寄存器(见第 2.4.1 小节)的值。第 162 行 CPU_CRITICAL_ENTER 用于关闭中断,第 163 行 CPU_CRITICAL_EXIT 用于恢复原来(调用 CPU_CRITICAL_ENTER 前)的中断状态。第 163 行中断嵌套计数变量 OSIntNestingCtr 的值累加 1。每个时钟节拍中断都将调用 OS-TimeTick 函数更新任务的时间延时或超时值。第 168 行调用 OSIntExit 退出 SysTick 异常处理函数。

```
171    void  OS_CPU_SysTickInit (CPU_INT32U  cnts)
172    {
173        CPU_INT32U  prio;
```

```
174
175          CPU_REG_NVIC_ST_RELOAD = cnts - 1u;
176
177          prio   = CPU_REG_NVIC_SHPRI3;
178          prio &= DEF_BIT_FIELD(24, 0);
179          prio |= DEF_BIT_MASK(OS_CPU_CFG_SYSTICK_PRIO, 24);
180
181          CPU_REG_NVIC_SHPRI3 = prio;
182
183          CPU_REG_NVIC_ST_CTRL | = CPU_REG_NVIC_ST_CTRL_CLKSOURCE |
184                                   CPU_REG_NVIC_ST_CTRL_ENABLE;
185
186          CPU_REG_NVIC_ST_CTRL | = CPU_REG_NVIC_ST_CTRL_TICKINT;
187     }
```

第 171～187 行的 OS_CPU_SysTickInit 函数应被应用程序的第一个用户任务调用，用于初始化系统时钟节拍，cnts 为系统时钟节拍 SysTick 的计数周期，因此，第 175 行将 cnts－1 的值赋给 STRELOAD 寄存器（见第 3.2.4 小节），即 CPU_REG_NVIC_ST_RELOAD。

第 177～181 行设置 SysTick 的优先级为 0。第 177 行读出 SHPR3 寄存器的值，其中第[31:24]位域为 SysTick 异常优先级号（第[23:16]位域为 PendSV 异常优先级号，其余位保留）；第 178 行的 DEF_BIT_FIELD(24,0)返回 0x00FF FFFF，所以，该行将 SHPR3 寄存器的第[31:24]位域清 0，其余位保持不变；第 179 行为 OS_CPU_CFG_SYSTICK_PRIO<<24，默认情况下，os_cpu.h 将 OS_CPU_CFG_SYSTICK_PRIO 宏定义为 0，因此，第 179 行将 prio 的第[31:24]位域设置为 0；第 181 行将 prio 赋给 SHPR3 寄存器，设置 SysTick 异常优先级为 0。

第 183～186 行设置 SysTick 控制与状态寄存器 SysTick CTRL 的第 2 位为 1、第 0 位为 1、第 1 位为 1，依次表示 SysTick 时钟使用处理器的 CPU 时钟源、使能 SysTick 时钟节拍和使能 SysTick 中断。

如果系统 CPU 时钟 cclk 为 96 MHz，要求系统时钟节拍为 1 000 Hz，即 1 ms 产生一次 SysTick 异常（中断），此时，SysTick 的计数值 cnts 应为 96 M/1 000＝96 000＝0x17700，STRELOAD 寄存器的值应为 cnts－1。

5.2　μC／CPU 移植文件

μC/CPU 移植文件包括 7 个文件，即 CPU_DEF.H、CPU_CORE.H、CPU_CORE.C、CPU_CFG.H、CPU.H、CPU_C.C 和 CPU_A.ASM 文件。

5.2.1　CPU_DEF.H 文件

CPU_DEF.H 文件的内容如程序段 5 - 4 所示,宏定义了一些常量。

程序段 5 - 4　CPU_DEF.H 文件

```
1    //Filename:CPU_DEF.H
2
3    # ifndef  CPU_DEF_MODULE_PRESENT
4    # define  CPU_DEF_MODULE_PRESENT
5
6    # define  CPU_WORD_SIZE_08                    1u
7    # define  CPU_WORD_SIZE_16                    2u
8    # define  CPU_WORD_SIZE_32                    4u
9    # define  CPU_WORD_SIZE_64                    8u
10
11   # define  CPU_ENDIAN_TYPE_NONE                0u
12   # define  CPU_ENDIAN_TYPE_BIG                 1u
13   # define  CPU_ENDIAN_TYPE_LITTLE              2u
14
15   # define  CPU_STK_GROWTH_NONE                 0u
16   # define  CPU_STK_GROWTH_LO_TO_HI             1u
17   # define  CPU_STK_GROWTH_HI_TO_LO             2u
18
19   # define  CPU_CRITICAL_METHOD_NONE            0u
20   # define  CPU_CRITICAL_METHOD_INT_DIS_EN      1u
21   # define  CPU_CRITICAL_METHOD_STATUS_STK      2u
22   # define  CPU_CRITICAL_METHOD_STATUS_LOCAL    3u
23
24   # endif
```

第 6～9 行宏定义了字长,LPC1788 微控制器使用 CPU_WORD_SIZE_32,即 4 字节字长;第 11～13 行宏定义了存储端模式,这里使用 CPU_ENDIAN_TYPE_ LITTLE,即小端存储模式;第 15～17 行宏定义堆栈生长模式,这里使用 CPU_STK_ GROWTH_HI_TO_LO,即从高地址向低地址生长模式;第 19～22 行宏定义了临界 段中断状态保存方式,这里采用 CPU_CRITICAL_METHOD_STATUS_LOCAL 方式,即使用局部变量保存中断状态。

5.2.2　CPU_CFG.H 文件

CPU_CFG.H 文件为 μC/CPU 的配置文件,被包括在用户应用程序文件中,其 内容如程序段 5 - 5 所示。

程序段 5－5　　CPU_CFG.H 文件

```
1      //Filenam:CPU_CFG.H
2
3      # ifndef  CPU_CFG_MODULE_PRESENT
4      # define  CPU_CFG_MODULE_PRESENT
5
6      # define  CPU_CFG_NAME_EN                    DEF_DISABLED
7
8      # define  CPU_CFG_NAME_SIZE                  16
9
10     # define  CPU_CFG_TS_32_EN                   DEF_ENABLED
11     # define  CPU_CFG_TS_64_EN                   DEF_DISABLED
12
13     # define  CPU_CFG_TS_TMR_SIZE               CPU_WORD_SIZE_32
14
15     # if 0
16     # define  CPU_CFG_INT_DIS_MEAS_EN
17     # endif
18
19     # define  CPU_CFG_INT_DIS_MEAS_OVRHD_NBR     1u
20
21     # if 0
22     # define  CPU_CFG_LEAD_ZEROS_ASM_PRESENT
23     # endif
24
25     # endif
```

第 6 行宏定义 CPU_CFG_NAME_EN 为 DEF_DISABLED（即 0u），不包括 CPU 主机名设置和获取相关的函数。第 8 行宏定义 CPU_CFG_NAME_SIZE 为 16，如果包括 CPU 主机名配置和获取相关的函数，则主机名字符数组长度为 16。第 10、11 行宏定义 CPU_CFG_TS_32_EN 为 DEF_ENABLED（即 1）、CPU_CFG_TS_ 64_EN 为 DEF_DISABLED（即 0），表示使能 32 位的 CPU 时间邮票；此时，第 13 行宏定义 CPU 时间邮票定时器字长 CPU_CFG_TS_TMR_SIZE 为 CPU_WORD_ SIZE_32（即 4 字节）。第 15～17 行没有宏定义 CPU_CFG_INT_DIS_MEAS_EN，即没有开启中断关闭时间统计功能；如果第 15 行为"if 1"，则开启中断关闭时间统计功能，第 19 行宏定义开始中断关闭时间统计函数和停止中断关闭时间函数所占用平均时间的计算次数。第 21～23 行没有宏定义常量 CPU_CFG_LEAD_ZEROS_ ASM_PRESENT，则使用 C 语言计算 32 位整型变量从左边算起连续为 0 的 0 个数，被称为"前导零"的个数；如果定义了常量 CPU_CFG_LEAD_ZEROS_ASM_PRES-ENT，则使用汇编指令计算前导零的个数。由于 Cortex－M3 具有 CLZ 指令可计算前导零的个数，故第 21 行应配置为"if 1"。即使此处为"if 0"，也在 cpu.h 文件中再次宏定义了常量 CPU_CFG_LEAD_ZEROS_ASM_PRESENT，表示使用 cpu_ a.asm 文件中的汇编函数"CPU_CntLeadZeros"计算前导零的个数。

5.2.3　CPU_CORE. H 和 CPU_CORE. C 文件

CPU_CORE. H 和 CPU_CORE. C 文件实现 CPU 主机名、时间邮票和中断关闭时间统计等的处理函数。表 5 - 1 列出了这两个文件中实现的函数。

表 5 - 1　CPU_CORE. H 和 CPU_CORE. C 文件中的函数

序　号	函 数 名	含　义
1	CPU_Init	初始化 CPU 时间邮票、中断关闭时间统计和 CPU 主机名
2	CPU_SW_Exception	报告不可恢复软件异常
3	CPU_NameClr	清空 CPU 主机名
4	CPU_NameGet	获得 CPU 主机名
5	CPU_NameSet	设置 CPU 主机名
6	CPU_TS_Get32	获得当前 32 位的时间邮票值
7	CPU_TS_Update	更新当前 32 位的时间邮票值
8	CPU_TS_TmrFreqGet	获得当前 CPU 时间邮票定时器频率
9	CPU_TS_TmrFreqSet	设置当前 CPU 时间邮票定时器频率
10	CPU_IntDisMeasMaxCurReset	返回并复位当前最大中断关闭时间
11	CPU_IntDisMeasMaxCurGet	获得当前最大中断关闭时间
12	CPU_IntDisMeasMaxGet	获得总的最大中断关闭时间
13	CPU_IntDisMeasStart	开启中断关闭时间统计
14	CPU_IntDisMeasStop	停止中断关闭时间统计
15	CPU_TS_TmrInit	初始化并启动 CPU 时间邮票定时器(位于 cpu_bsp. c 文件中)
16	CPU_TS_TmrRd	获得当前 CPU 时间邮票定时器定时值(位于 cpu_bsp. c 文件中)

5.2.4　CPU. H 文件

CPU. H 文件中自定义了新的数据类型,宏定义了临界段处理函数,宏定义了异常号、寄存器地址和寄存器位,并声明了一些函数原型。CPU. H 文件的部分内容如程序段 5 - 6 所示。

程序段 5 - 6　CPU. H 文件的部分内容

```
1    //Filename:CPU.H
2    #ifndef  CPU_MODULE_PRESENT
3    #define  CPU_MODULE_PRESENT
```

```
4
5      # include   <cpu_def. h>
6      # include   <cpu_cfg. h>
7
8      typedef              void       CPU_VOID;
9      typedef              char       CPU_CHAR;
10     typedef  unsigned    char       CPU_BOOLEAN;
11     typedef  unsigned    char       CPU_INT08U;
12     typedef    signed    char       CPU_INT08S;
13     typedef  unsigned    short      CPU_INT16U;
14     typedef    signed    short      CPU_INT16S;
15     typedef  unsigned    int        CPU_INT32U;
16     typedef    signed    int        CPU_INT32S;
17     typedef  unsigned    long long  CPU_INT64U;
18     typedef    signed    long long  CPU_INT64S;
19
20     typedef              float      CPU_FP32;
21     typedef              double     CPU_FP64;
22
```

第 1～21 行为自定义变量类型。

```
23     typedef  volatile  CPU_INT08U  CPU_REG08;
24     typedef  volatile  CPU_INT16U  CPU_REG16;
25     typedef  volatile  CPU_INT32U  CPU_REG32;
26     typedef  volatile  CPU_INT64U  CPU_REG64;
27
```

第 23～26 行专用于定义寄存器地址的自定义类型。

```
28     typedef            void    ( * CPU_FNCT_VOID)(void);
29     typedef            void    ( * CPU_FNCT_PTR )(void * p_obj);
30
```

第 28、29 行为自定义函数类型,分别表示无参数或具有一个 void * 参数的函数指针。

```
31     # define  CPU_CFG_ADDR_SIZE            CPU_WORD_SIZE_32
32     # define  CPU_CFG_DATA_SIZE            CPU_WORD_SIZE_32
33
34     # define  CPU_CFG_ENDIAN_TYPE       CPU_ENDIAN_TYPE_LITTLE
35
36     # if    (CPU_CFG_ADDR_SIZE = = CPU_WORD_SIZE_32)
37     typedef  CPU_INT32U  CPU_ADDR;
38     # elif   (CPU_CFG_ADDR_SIZE = = CPU_WORD_SIZE_16)
39     typedef  CPU_INT16U  CPU_ADDR;
40     # else
41     typedef  CPU_INT08U  CPU_ADDR;
42     # endif
43
```

```
44    # if      (CPU_CFG_DATA_SIZE == CPU_WORD_SIZE_32)
45    typedef   CPU_INT32U   CPU_DATA;
46    # elif    (CPU_CFG_DATA_SIZE == CPU_WORD_SIZE_16)
47    typedef   CPU_INT16U   CPU_DATA;
48    # else
49    typedef   CPU_INT08U   CPU_DATA;
50    # endif
51
52    typedef   CPU_DATA      CPU_ALIGN;
53    typedef   CPU_ADDR      CPU_SIZE_T;
54
55    # define  CPU_CFG_STK_GROWTH         CPU_STK_GROWTH_HI_TO_LO
56
```

第 34 行定义小端存储模式;第 31、32 行决定了第 37、45 行被编译;第 55 行定义了堆栈生长方式为由高地址向低地址。

```
57    typedef   CPU_INT32U                CPU_STK;
58    typedef   CPU_ADDR                  CPU_STK_SIZE;
59
60    # define  CPU_CFG_CRITICAL_METHOD   CPU_CRITICAL_METHOD_STATUS_LOCAL
61
62    typedef   CPU_INT32U                CPU_SR;
63
64    # if (CPU_CFG_CRITICAL_METHOD == CPU_CRITICAL_METHOD_STATUS_LOCAL)
65    # define  CPU_SR_ALLOC()            CPU_SR   cpu_sr = (CPU_SR)0
66    # else
67    # define  CPU_SR_ALLOC()
68    # endif
69
70    # define  CPU_INT_DIS()             do { cpu_sr = CPU_SR_Save();} while (0)
71    # define  CPU_INT_EN()              do { CPU_SR_Restore(cpu_sr);} while (0)
72
73    # ifdef   CPU_CFG_INT_DIS_MEAS_EN
74    # define  CPU_CRITICAL_ENTER()      do { CPU_INT_DIS();              \
75                                             CPU_IntDisMeasStart();}  while (0)
76    # define  CPU_CRITICAL_EXIT()       do { CPU_IntDisMeasStop();  \
77                                             CPU_INT_EN();           }  while (0)
78    # else
79    # define  CPU_CRITICAL_ENTER()      do { CPU_INT_DIS();} while (0)
80    # define  CPU_CRITICAL_EXIT()       do { CPU_INT_EN();  } while (0)
81    # endif
82
```

第 60 行决定了第 65 行被编译,即使用局部变量 cpu_sr 为第 70、71 行和第 74、76(或 79、80)行的宏函数服务,这些函数用于保护临界段代码。

此外省略了函数原型声明。

```
109   # define  CPU_INT_STK_PTR                              0u
```

```
110    # define   CPU_INT_RESET                                              1u
111    # define   CPU_INT_NMI                                                2u
112    # define   CPU_INT_HFAULT                                             3u
113    # define   CPU_INT_MEM                                                4u
114    # define   CPU_INT_BUSFAULT                                           5u
115    # define   CPU_INT_USAGEFAULT                                         6u
116    # define   CPU_INT_RSVD_07                                            7u
117    # define   CPU_INT_RSVD_08                                            8u
118    # define   CPU_INT_RSVD_09                                            9u
119    # define   CPU_INT_RSVD_10                                            10u
120    # define   CPU_INT_SVCALL                                             11u
121    # define   CPU_INT_DBGMON                                             12u
122    # define   CPU_INT_RSVD_13                                            13u
123    # define   CPU_INT_PENDSV                                             14u
124    # define   CPU_INT_SYSTICK                                            15u
125    # define   CPU_INT_EXT0                                               16u
126
```

第 109～125 行宏定义了异常号 0～16。

```
127    # define   CPU_REG_NVIC_NVIC          ( * ((CPU_REG32 * )(0xE000E004)))
128    # define   CPU_REG_NVIC_ST_CTRL       ( * ((CPU_REG32 * )(0xE000E010)))
129    # define   CPU_REG_NVIC_ST_RELOAD     ( * ((CPU_REG32 * )(0xE000E014)))
130    # define   CPU_REG_NVIC_ST_CURRENT    ( * ((CPU_REG32 * )(0xE000E018)))
131    # define   CPU_REG_NVIC_ST_CAL        ( * ((CPU_REG32 * )(0xE000E01C)))
132
133    # define   CPU_REG_NVIC_SETEN(n)      ( * ((CPU_REG32 * )(0xE000E100 + (n) * 4u)))
134    # define   CPU_REG_NVIC_CLREN(n)      ( * ((CPU_REG32 * )(0xE000E180 + (n) * 4u)))
135    # define   CPU_REG_NVIC_SETPEND(n)    ( * ((CPU_REG32 * )(0xE000E200 + (n) * 4u)))
136    # define   CPU_REG_NVIC_CLRPEND(n)    ( * ((CPU_REG32 * )(0xE000E280 + (n) * 4u)))
137    # define   CPU_REG_NVIC_ACTIVE(n)     ( * ((CPU_REG32 * )(0xE000E300 + (n) * 4u)))
138    # define   CPU_REG_NVIC_PRIO(n)       ( * ((CPU_REG32 * )(0xE000E400 + (n) * 4u)))
139
140    # define   CPU_REG_NVIC_CPUID         ( * ((CPU_REG32 * )(0xE000ED00)))
141    # define   CPU_REG_NVIC_ICSR          ( * ((CPU_REG32 * )(0xE000ED04)))
142    # define   CPU_REG_NVIC_VTOR          ( * ((CPU_REG32 * )(0xE000ED08)))
```

第 127～142 行展示了宏定义寄存器地址的方法,下面省略了其他 CPU 寄存器地址的宏定义。

```
183    # define   CPU_REG_NVIC_ST_CTRL_COUNTFLAG              0x00010000
184    # define   CPU_REG_NVIC_ST_CTRL_CLKSOURCE              0x00000004
185    # define   CPU_REG_NVIC_ST_CTRL_TICKINT                0x00000002
186    # define   CPU_REG_NVIC_ST_CTRL_ENABLE                 0x00000001
187
188    # define   CPU_REG_NVIC_ST_CAL_NOREF                   0x80000000
189    # define   CPU_REG_NVIC_ST_CAL_SKEW                    0x40000000
190
191    # define   CPU_REG_NVIC_ICSR_NMIPENDSET                0x80000000
```

```
192    # define   CPU_REG_NVIC_ICSR_PENDSVSET          0x10000000
193    # define   CPU_REG_NVIC_ICSR_PENDSVCLR          0x08000000
194    # define   CPU_REG_NVIC_ICSR_PENDSTSET          0x04000000
195    # define   CPU_REG_NVIC_ICSR_PENDSTCLR          0x02000000
196    # define   CPU_REG_NVIC_ICSR_ISRPREEMPT         0x00800000
197    # define   CPU_REG_NVIC_ICSR_ISRPENDING         0x00400000
198    # define   CPU_REG_NVIC_ICSR_RETTOBASE          0x00000800
199
200    # define   CPU_REG_NVIC_VTOR_TBLBASE      0x10000000 //VECT TBL OFFSET REG BITS
```

第 183～200 行展示了宏定义寄存器值的方法,其中第 200 行宏定义了中断向量表重定位地址为 0x1000 0000。

下面省略了其他寄存器值的宏定义。

```
261    # define   CPU_MSK_NVIC_ICSR_VECT_ACTIVE        0x000001FF
```

此外省略了编译错误提示信息宏定义。

```
332    # endif
```

用户应用程序中应尽可能使用 CPU.H 中声明的数据类型、宏定义的寄存器地址和寄存器值等。

5.2.5　CPU_C.C 和 CPU_A.ASM 文件

CPU_C.C 实现了表 5-2 所列的函数,这些函数都非常重要,供用户应用程序调用。

表 5-2　CPU_C.C 实现的函数

序 号	函数原型	含 义
1	void　CPU_BitBandClr(CPU_ADDR　addr, 　　　　　　CPU_INT08U　bit_nbr)	将位带区中字节地址为 addr 的存储单元(8 位)中的第 bit_nbr 位清 0
2	void　CPU_BitBandSet(CPU_ADDR　addr, 　　　　　　CPU_INT08U　bit_nbr)	将位带区中字节地址为 addr 的存储单元(8 位)中的第 bit_nbr 位置 1
3	void　CPU_IntSrcDis(CPU_INT08U pos)	关闭异常号为 pos 的异常(或中断)
4	void　CPU_IntSrcEn(CPU_INT08U pos)	使能异常号为 pos 的异常(或中断)
5	void　CPU_IntSrcPendClr(CPU_INT08U pos)	清除一个异常号为 pos 的中断请求标志
6	void　CPU_IntSrcPrioSet (CPU_INT08U　pos, 　　　　　　CPU_INT08U　prio)	设置中断源的优先级
7	CPU_INT16S　CPU_IntSrcPrioGet 　　　　　(CPU_INT08U　pos)	获取中断源的优先级

Cortex-M3 中,SRAM 位带区为 0x2000 0000～0x200F FFFF,其别名区基地址为 0x2200 0000;外设位带区为 0x4000 0000～0x400F FFFF,其别名区基地址为

0x4200 0000。表 5-2 中 CPU_BitBandClr 和 CPU_BitBandSet 函数中输入的字节地址为位带区中的字节地址，这两个函数使用与位带别名区赋值的方法清 0 或置 1 相应的位址，计算方法如第 2.2 节所示。

表 5-2 中序号为 3～7 的函数都具有一个无符号 8 位整数的参数 pos，表示异常号，其取值可见表 2-3 和表 3-5；对于 LPC1788 而言，pos 参数的有效取值范围为 0～56。

CPU_A.ASM 文件用汇编语言实现了 8 个函数，即 void CPU_IntDis(void)、void CPU_IntEn(void)、CPU_SR CPU_SR_Save(void)、void CPU_SR_Restore (CPU_SR cpu_sr)、CPU_DATA CPU_CntLeadZeros(CPU_DATA val)、CPU_DATA CPU_RevBits (CPU_DATA val)、void CPU_WaitForInt (void) 和 void CPU_WaitForExcept (void)，依次为关闭所有异常号小于或等于 0 的中断、开启所有异常号大于或等于 0 的中断、保存 PRIMASK 寄存器到局部变量 cpu_sr、恢复局部变量 cpu_sr 的值到 PRIMASK、计算 val 的前导零个数、将 val 的每位取反、进入中断能唤醒的睡眠态和进入异常能唤醒的睡眠态。

5.3   μC/LIB 文件

μC/LIB 文件包括 11 个文件，即 lib_cfg.h、lib_mem_a.asm、lib_ascii.c、lib_ascii.h、lib_def.h、lib_math.c、lib_math.h、lib_mem.c、lib_mem.h、lib_str.c 和 lib_str.h。其中，lib_cfg.h 用于配置 μC/LIB 是否支持存储分配、汇编语言优化和浮点数处理，由于这些配置项被包括在 app_cfg.h 文件中，因此，lib_cfg.h 文件没有出现在应用程序工程中。需要注意的是，默认情况下，在 app_cfg.h 文件中有宏定义 "#define LIB_MEM_CFG_HEAP_BASE_ADDR 0x20082000u"，即存储池的首地址为 0x2008 2000，这个地址在 LPC1788 中不是 RAM 区，建议使用地址 0x2000 4000。文件 lib_def.h 中宏定义了如 DEF_TRUE 等的通用常量和 DEF_MAX(a, b) 等的通用数学函数，所有这些常量和函数均以"DEF_"开头，这些常量和函数供应用程序使用。文件 lib_mem_a.asm 只包含用汇编语言实现的 Mem_Copy 函数。文件 lib_ascii.h 和 lib_ascii.c 定义和实现了如表 5-3 所列的函数，此外，lib_ascii.h 文件宏定义了标准 ASCII 字符集（即 ASCII 值为 0x0～0x7F 的字符）；文件 lib_math.h 和 lib_math.c 定义和实现了如表 5-4 所列的函数；文件 lib_mem.h 和 lib_mem.c 定义和实现了如表 5-5 所列的函数；文件 lib_str.h 和 lib_str.c 定义和实现了如表 5-6 所列的函数。

表 5 - 3　字符函数表

序　号	函数原型	含　义
1	CPU_BOOLEAN ASCII_IsAlpha　(CPU_CHAR c);	判断字符 c 是否为字母,如果是,返回 DEF_YES;否则返回 DEF_NO
2	CPU_BOOLEAN ASCII_IsAlphaNum　(CPU_CHAR c);	判断字符 c 是否为字母或数字
3	CPU_BOOLEAN ASCII_IsLower　(CPU_CHAR　c);	判断字符 c 是否为小写字母
4	CPU_BOOLEAN ASCII_IsUpper　(CPU_CHAR　c);	判断字符 c 是否为大写字母
5	CPU_BOOLEAN ASCII_IsDig　(CPU_CHAR　c);	判断字符 c 是否为数字
6	CPU_BOOLEAN ASCII_IsDigOct　(CPU_CHAR　c);	判断字符 c 是否为数字 0～7
7	CPU_BOOLEAN ASCII_IsDigHex　(CPU_CHAR　c);	判断字符 c 是否为数字 0～9 或字符 A～F
8	CPU_BOOLEAN ASCII_IsBlank　(CPU_CHAR　c);	判断字符 c 是否为空格或制表符 '\t'
9	CPU_BOOLEAN ASCII_IsSpace　(CPU_CHAR　c);	判断字符 c 是否为空格、制表符 '\t'、'\v'、回车换行符 '\n'、'\r' 或 '\f'
10	CPU_BOOLEAN ASCII_IsPrint　(CPU_CHAR　c);	判断字符 c 是否为可打印字符(0x20～0x7E)
11	CPU_BOOLEAN ASCII_IsGraph　(CPU_CHAR　c);	判断字符 c 是否为图形字符(0x21～0x7E),不包括"空格"的打印字符
12	CPU_BOOLEAN ASCII_IsPunct　(CPU_CHAR　c);	判断字符 c 是否为标点符号(打印字符集中去除"空格"和字母、数字后剩下的字符)
13	CPU_BOOLEAN ASCII_IsCtrl　(CPU_CHAR　c);	判断字符 c 是否为控制符号(0x0～0x1F、0x7F)
14	CPU_CHAR ASCII_ToLower　(CPU_CHAR　c);	将大写字母转化为小写字母
15	CPU_CHAR ASCII_ToUpper　(CPU_CHAR　c);	将小写字母转化为大写字母
16	CPU_BOOLEAN　ASCII_Cmp (CPU_CHAR　c1,CPU_CHAR　c2);	判断字符 c1 和 c2 是否相同(忽略大小写)

表 5 - 4　随机数函数表

序　号	函数原型	含　义
1	void　Math_Init(void);	初始化随机数种子值(种子值为 1u)
2	void Math_RandSetSeed (RAND_NBR　seed);	初始化随机数种子值
3	RAND_NBR　Math_Rand(void);	获取一个随机数(0～2^{31})
4	RAND_NBR Math_RandSeed (RAND_NBR　seed);	获取一个排在 seed 后的下一个随机数

表 5 - 5　存储相关的函数表

序　号	函数原型	含　义
1	void　Mem_Clr (void　* pmem, 　　CPU_SIZE_T　size)	清除 pmem 指向的大小为 size 的存储区(填充 0)
2	void　Mem_Set (void　* pmem, 　　CPU_INT08U　data_val, 　　CPU_SIZE_T　size)	用字符 data_val 填充 pmem 指向的大小为 size 的存储区
3	void　Mem_Copy (void　* pdest, 　　const　void　* psrc, 　　CPU_SIZE_T　size)	将 psrc 指向的大小为 size 的存储区复制到 pdest 处
4	CPU_BOOLEAN Mem_Cmp 　　(const void　* p1_mem, 　　const　void　* p2_mem, 　　CPU_SIZE_T　size)	比较 p1_mem 和 p2_mem 指向的大小为 size 的存储内容是否相同,若相同,则返回 DEF_YES;否则返回 DEF_NO
5	void　Mem_Init (void)	初始化存储管理
6	void　* Mem_HeapAlloc 　　(CPU_SIZE_T　size, 　　CPU_SIZE_T　align, 　　CPU_SIZE_T　* poctets_reqd, 　　LIB_ERR　* perr)	从堆中获得一个内存块,大小为 size,对齐方式为 align
7	void　Mem_PoolClr 　　(MEM_POOL　* pmem_pool, 　　LIB_ERR　* perr)	清空一个内存池

序 号	函数原型	含 义

8	void Mem_PoolCreate
	  (MEM_POOL * pmem_pool,
	  void * pmem_base_addr,
	  CPU_SIZE_T mem_size,
	  CPU_SIZE_T blk_nbr,
	  CPU_SIZE_T blk_size,
	  CPU_SIZE_T blk_align,
	  CPU_SIZE_T * poctets_reqd,
	  LIB_ERR * perr)
		创建并初始化一个内存池

9	void * Mem_PoolBlkGet
	  (MEM_POOL * pmem_pool,
	  CPU_SIZE_T size,
	  LIB_ERR * perr)
		从内存池中获得一个存储块

10	void Mem_PoolBlkFree
	  (MEM_POOL * pmem_pool,
	  void * pmem_blk,
	  LIB_ERR * perr)
		释放内存池中的内存块

表 5-6 字符串函数表

序 号	函数原型	含 义
1	CPU_SIZE_T Str_Len (const CPU_CHAR * pstr);	返回字符串 pstr 的字符长度(不含字符串结尾符)

2	CPU_SIZE_T Str_Len_N
	  (const CPU_CHAR * pstr,
	  CPU_SIZE_T len_max);
		返回字符串 pstr 的字符长度(不含字符串结尾符),当字符长度大于或等于 len_max 时,返回 len_max

3	CPU_CHAR * Str_Copy
	  (CPU_CHAR * pstr_dest,
	  const CPU_CHAR * pstr_src);
		拷贝字符串 pstr_src 至 pstr_dest

4	CPU_CHAR * Str_Copy_N
	  (CPU_CHAR * pstr_dest,
	  const CPU_CHAR * pstr_src,
	  CPU_SIZE_T len_max);
		拷贝字符串 pstr_src 至 pstr_dest,当字符串 pstr_src 的长度大于或等于 len_max 时,仅拷贝 len_max 个字符

序　号	函数原型	含　义
5	CPU_CHAR　* Str_Cat 　　(CPU_CHAR　* pstr_dest, 　　const　CPU_CHAR　* pstr_cat);	字符串 pstr_cat 连接到字符串 pstr_dest 尾部
6	CPU_CHAR　* Str_Cat_N 　　(CPU_CHAR　* pstr_dest, 　　const　CPU_CHAR　* pstr_cat, 　　CPU_SIZE_T　len_max);	字符串 pstr_cat 连接到字符串 pstr_dest 尾部,当 字符串 pstr_cat 的长度大于或等于 len_max 时, 仅 len_max 个字符连接到字符串 pstr_dest 尾部
7	CPU_INT16S　Str_Cmp 　　(const CPU_CHAR　* p1_str, 　　const　CPU_CHAR　* p2_str);	比较字符串 p1_str 和 p2_str,相同时返回 0; p1_str 大时返回正整数;p2_str 大时返回负 整数
8	CPU_INT16S　Str_Cmp_N 　　(const CPU_CHAR　* p1_str, 　　const　CPU_CHAR　* p2_str, 　　CPU_SIZE_T　len_max);	比较字符串 p1_str 和 p2_str,相同时返回 0; p1_str 大时返回正整数;p2_str 大时返回负整 数。最多可比较的有效字符串长度为 len_max
9	CPU_INT16S　Str_CmpIgnoreCase 　　(const　CPU_CHAR　* p1_str, 　　const　CPU_CHAR　* p2_str);	忽略大小写,比较字符串 p1_str 和 p2_str,相同时 返回 0;p1_str 大时返回正整数;p2_str 大时返回 负整数
10	CPU_INT16S　Str_CmpIgnoreCase_N 　　(const　CPU_CHAR　* p1_str, 　　const　CPU_CHAR　* p2_str, 　　CPU_SIZE_T　len_max);	忽略大小写,比较字符串 p1_str 和 p2_str,相同时返 回 0;p1_str 大时返回正整数;p2_str 大时返回负整 数。最多可比较的有效字符串长度为 len_max
11	CPU_CHAR　* Str_Char 　　(const　CPU_CHAR　* pstr, 　　CPU_CHAR　srch_char);	找到字符 srch_char 在字符串 pstr 中第一次出 现的位置(0～字符总个数－1)
12	CPU_CHAR　* Str_Char_N 　　(const　CPU_CHAR　* pstr, 　　CPU_SIZE_T　len_max, 　　CPU_CHAR　srch_char);	找到字符 srch_char 在字符串 pstr 中第一次出 现的位置(0～len_max－1),最多能搜索 len_ max 长度的字符串 srch_char
13	CPU_CHAR　* Str_Char_Last 　　(const　CPU_CHAR　* pstr, 　　CPU_CHAR　srch_char);	找到字符 srch_char 在字符串 pstr 中最后一次 出现的位置(字符总个数－1～0),即反向搜索

序　号	函数原型	含　义
14	CPU_CHAR　＊Str_Char_Last_N 　　(const　CPU_CHAR　＊pstr, 　　CPU_SIZE_T　len_max, 　　CPU_CHARsrch_char);	找到字符 srch_char 在字符串 pstr 中最后一次出现的位置(字符总个数－1～0),即反向搜索的最大字符串长度为 len_max
15	CPU_CHAR　＊Str_Str 　　(const　CPU_CHAR　＊pstr, 　　const　CPU_CHAR　＊pstr_srch);	找到字符串 pstr_srch 在字符串 pstr 中第一次出现的位置
16	CPU_CHAR　＊Str_Str_N 　　(const　CPU_CHAR　＊pstr, 　　const　CPU_CHAR　＊pstr_srch, 　　CPU_SIZE_T　len_max);	找到字符串 pstr_srch 在字符串 pstr 中第一次出现的位置,最大搜索字符串长度为 len_max
17	CPU_CHAR　＊Str_FmtNbr_Int32U 　　(CPU_INT32U　nbr, 　　CPU_INT08U　nbr_dig, 　　CPU_INT08U　nbr_base, 　　CPU_CHAR　lead_char, 　　CPU_BOOLEAN　lower_case, 　　CPU_BOOLEAN　nul, 　　CPU_CHAR　＊pstr);	将 32 位无符号整数 nbr 转换为字符串 pstr。其中,nbr_dig 指定 nbr 要转换的数字个数,当小于 nbr 的数字个数时,转换结果无效;当大于 nbr_dig 的数字个数时,lead_char 指定添加在数字前面的字符;nbr_base 表示转换的数制格式,其选项为: DEF_NBR_BASE_BIN、DEF_NBR_BASE_OCT、DEF_NBR_BASE_DEC 和 DEF_NBR_BASE_HEX,分别表示二进制、八进制、十进制和十六制。lower_case 为 DEF_YES 时,将转换后的字符串中的字母小写;为 DEF_NO 时大写。nul 为 DEF_YES 时,字符串尾部添加 NULL 结束字符;为 DEF_NO 时不添加。下面序号 18～21 栏中的参量定义与上述的同名参数含义相同
18	CPU_CHAR　＊Str_FmtNbr_Int32S 　　(CPU_INT32S　nbr, 　　CPU_INT08U　nbr_dig, 　　CPU_INT08U　nbr_base, 　　CPU_CHAR　lead_char, 　　CPU_BOOLEAN　lower_case, 　　CPU_BOOLEAN　nul, 　　CPU_CHAR　＊pstr);	将 32 位有符号整数 nbr 转换为字符串 pstr

序　号	函数原型	含　义
19	CPU_CHAR　＊Str_FmtNbr_32 　　（CPU_FP32　　nbr, 　　CPU_INT08U　nbr_dig, 　　CPU_INT08U　nbr_dp, 　　CPU_CHAR　　lead_char, 　　CPU_BOOLEAN　nul, 　　CPU_CHAR　　＊pstr）;	将 32 位浮点数 nbr 转换为字符串 pstr。其中，nbr_dig、nbr_dp 分别表示整数部分和小数部分的数字个数
20	CPU_INT32U　　Str_ParseNbr_Int32U 　　（const　CPU_CHAR　　＊pstr, 　　CPU_CHAR　　＊＊pstr_next, 　　CPU_INT08U　nbr_base）;	从字符串 pstr 中解析出无符号 32 位整数作为函数返回值，并将剩下的字符串复制到 pstr_next 中
21	CPU_INT32S　Str_ParseNbr_Int32S 　　（const　CPU_CHAR　　＊pstr, 　　CPU_CHAR　　＊＊pstr_next, 　　CPU_INT08U　nbr_base）;	从字符串 pstr 中解析出有符号 32 位整数作为函数返回值，并将剩下的字符串复制到 pstr_next 中

　　表 5－6 中序号 17 的示例："pstr_fmt＝Str_FmtNbr_Int32U(789, 6, 10, ' ', DEF_YES, DEF_YES, pstr);"返回字符串为"789"(尾部有"'\0'"结束符);"pstr_fmt＝Str_FmtNbr_Int32U(987, 6, 16, ' ', DEF_NO, DEF_YES, pstr);"返回字符串为"3DB"(尾部有"'\0'"结束符)。

　　用户应用程序中应尽可能使用 μC/LIB 中定义的函数，而不使用标准 C 库函数，这样可增强 μC/OS－Ⅲ 应用程序的可移植性。

5.4　μC/OS－Ⅲ 配置文件

　　μC/OS－Ⅲ 配置文件包括 4 个文件，即 OS_CFG. H、OS_APP_HOOKS. H、OS_APP_HOOKS. C 和 OS_CFG_APP. H 文件，用户需要根据应用程序的情况配置这 4 个文件。需要指出的是，OS_CFG_APP. C 文件被归类为 μC/OS－Ⅲ 内核文件。

5.4.1　OS_CFG. H 文件

　　OS_CFG. H 文件的内容如程序段 5－7 所示。

程序段 5－7　OS_CFG.H 文件内容

```
1     //Filename:OS_CFG.H
2
3     # ifndef OS_CFG_H
4     # define OS_CFG_H
5
6     # define OS_CFG_APP_HOOKS_EN              1u
7     # define OS_CFG_ARG_CHK_EN               1u
8     # define OS_CFG_CALLED_FROM_ISR_CHK_EN   1u
9     # define OS_CFG_DBG_EN                   1u
10    # define OS_CFG_ISR_POST_DEFERRED_EN     0u
11    # define OS_CFG_OBJ_TYPE_CHK_EN          1u
12    # define OS_CFG_TS_EN                    1u
13
14    # define OS_CFG_PEND_MULTI_EN            1u
15
```

第 6 行宏定义 OS_CFG_APP_HOOKS_EN 为 1，表示使能用户应用程序钩子函数；第 7 行宏定义 OS_CFG_ARG_CHK_EN 为 1，表示进行函数参数合法性检查；第 8 行宏定义 OS_CFG_CALLED_FROM_ISR_CHK_EN 为 1，表示进行中断服务程序 ISR 中调用函数合法性检查；第 9 行宏定义 OS_CFG_DBG_EN 为 1，表示使能调试代码和调试变量；第 10 行宏定义 OS_CFG_ISR_POST_DEFERRED_EN 为 0，关闭递推 ISR 请求方式（Deferred ISR post），使用直接 ISR 请求方式；第 11 行宏定义 OS_CFG_OBJ_TYPE_CHK_EN 为 1，表示进行变量（或对象）类型合法性检查；第 12 行宏定义 OS_CFG_TS_EN 为 1，表示使能时间邮票。第 14 行宏定义 OS_CFG_PEND_MULTI_EN 为 1，表示使能多任务请求特性。

```
16    # define OS_CFG_PRIO_MAX                 32u
17
```

第 16 行宏定义任务的最大优先级号 OS_CFG_PRIO_MAX 为 32。

```
18    # define OS_CFG_SCHED_LOCK_TIME_MEAS_EN  1u
19    # define OS_CFG_SCHED_ROUND_ROBIN_EN     1u
20    # define OS_CFG_STK_SIZE_MIN             64u
21
```

第 18 行宏定义 OS_CFG_SCHED_LOCK_TIME_MEAS_EN 为 1，表示支持任务调度锁定时间统计；第 19 行宏定义 OS_CFG_SCHED_ROUND_ROBIN_EN 为 1，表示支持相同优先级号的任务间的时间片轮换调试方式；第 20 行宏定义 OS_CFG_STK_SIZE_MIN 为 64，表示任务堆栈长度的最小值为 64。

```
22    # define OS_CFG_FLAG_EN                  1u
23    # define OS_CFG_FLAG_DEL_EN              0u
24    # define OS_CFG_FLAG_MODE_CLR_EN         0u
25    # define OS_CFG_FLAG_PEND_ABORT_EN       0u
26
```

第 22~25 行为事件标志组相关的宏定义。第 22 行宏定义 OS_CFG_FLAG_
EN 为 1,表示支持事件标志组操作;第 23~25 行将 OS_CFG_FLAG_DEL_EN、OS_
CFG_FLAG_MODE_CLR_EN 和 OS_CFG_FLAG_PEND_ABORT_EN 都宏定义
为 0,表示事件标志组的删除事件标志组函数 OSFlagDel、等待清除事件标志组标志
函数和中止请求事件标志组函数 OSFlagPendAbort 均不可用。

```
27      #define OS_CFG_MEM_EN                    1u
28
```

第 27 行为存谁管理方面的宏定义,这里宏定义 OS_CFG_MEM_EN 为 1,表示
支持存储管理操作。

```
29      #define OS_CFG_MUTEX_EN                  1u
30      #define OS_CFG_MUTEX_DEL_EN             0u
31      #define OS_CFG_MUTEX_PEND_ABORT_EN     0u
32
```

第 29~32 行为互斥信号量相关的宏定义。这里,OS_CFG_MUTEX_EN 宏定
义为 1,表示支持互斥信号量操作;而宏定义 OS_CFG_MUTEX_DEL_EN 和 OS_
CFG_MUTEX_PEND_ABORT_EN 为 0,表示互斥信号量操作中的删除互斥信号量
函数 OSMutexDel 和中止请求互斥信号量函数 OSMutexPendAbort 不可用。

```
33      #define OS_CFG_Q_EN                     1u
34      #define OS_CFG_Q_DEL_EN                 0u
35      #define OS_CFG_Q_FLUSH_EN              0u
36      #define OS_CFG_Q_PEND_ABORT_EN         1u
37
```

第 33~36 行为消息队列相关的宏定义。第 33 行宏定义 OS_CFG_Q_EN 为 1,
表示支持消息队列操作。第 34、35 行宏定义 OS_CFG_Q_DEL_EN 和 OS_CFG_Q_
FLUSH_EN 为 0,表示消息队列删除函数 OSQDel 和清空消息队列函数 OSQFlush
不可用,第 36 行宏定义 OS_CFG_Q_PEND_ABORT_EN 为 1,表示中止请求消息队
列函数 OSQPendAbort 可使用。

```
38      #define OS_CFG_SEM_EN                   1u
39      #define OS_CFG_SEM_DEL_EN              0u
40      #define OS_CFG_SEM_PEND_ABORT_EN      1u
41      #define OS_CFG_SEM_SET_EN             1u
42
```

第 38~41 行为信号量相关的宏定义。第 38 行宏定义 OS_CFG_SEM_EN 为 1,
表示支持信号量操作;第 39 行宏定义 OS_CFG_SEM_DEL_EN 为 0,表示信号量删
除函数 OSSemDel 不可用;第 40、41 行宏定义 OS_CFG_SEM_PEND_ABORT_EN
和 OS_CFG_SEM_SET_EN 为 1,表示中止信号量请求函数 OSSemPendAbort 和设
置信号量计数值函数 OSSemSet 可使用。

```
43    # define OS_CFG_STAT_TASK_EN                    1u
44    # define OS_CFG_STAT_TASK_STK_CHK_EN            1u
45
46    # define OS_CFG_TASK_CHANGE_PRIO_EN            1u
47    # define OS_CFG_TASK_DEL_EN                     0u
48    # define OS_CFG_TASK_Q_EN                       1u
49    # define OS_CFG_TASK_Q_PEND_ABORT_EN           0u
50    # define OS_CFG_TASK_PROFILE_EN                 1u
51    # define OS_CFG_TASK_REG_TBL_SIZE              1u
52    # define OS_CFG_TASK_SEM_PEND_ABORT_EN         1u
53    # define OS_CFG_TASK_SUSPEND_EN                 1u
54
```

第 43~53 行为任务管理相关的宏定义。第 43、44 行宏定义 OS_CFG_STAT_
TASK_EN 和 OS_CFG_STAT_TASK_STK_CHK_EN 为 1,表示支持统计任务操
作和任务堆栈检查操作。第 46 行宏定义 OS_CFG_TASK_CHANGE_PRIO_EN 为
1,表示改变任务优先级号函数 OSTaskChangePrio 可用;第 47 行宏定义 OS_CFG_
TASK_DEL_EN 为 0,表示任务删除函数 OSTaskDel 不可用;第 48、49 行宏定义
OS_CFG_TASK_Q_EN 和 OS_CFG_TASK_Q_PEND_ABORT_EN 分别为 1 和 0,
表示支持任务消息队列操作,但是中止任务消息队列请求函数 OSTaskQPendAbort
不可用;第 50 行 OS_CFG_TASK_PROFILE_EN 宏定义为 1,表示 OS_TCB 任务控
制块中包含性能分析用的变量;第 52 行宏定义 OS_CFG_TASK_SEM_PEND_
ABORT_EN 为 1,表示中止任务信号量请求函数 OSTaskSemPendAbort 可用;第
53 行宏定义 OS_CFG_TASK_SUSPEND_EN 为 1,表示任务挂起函数 OSTaskSus-
pend 和恢复函数 OSTaskResume 可用。

```
55    # define OS_CFG_TIME_DLY_HMSM_EN               1u
56    # define OS_CFG_TIME_DLY_RESUME_EN             0u
57
```

第 55、56 行为时间管理相关的宏定义。其中,OS_CFG_TIME_DLY_HMSM_
EN 宏定义为 1,OS_CFG_TIME_DLY_RESUME_EN 宏定义为 0,分别表示小时、
分、秒和毫秒为参数的延时函数 OSTimeDlyHMSM 可用,而取消延时等待函数 OS-
TimeDlyResume 不可用。

```
58    # define OS_CFG_TLS_TBL_SIZE                   0u
59
```

第 58 行宏定义 OS_CFG_TLS_TBL_SIZE 为 0,表示不支持任务局部存储寄
存器。

```
60    # define OS_CFG_TMR_EN                         1u
61    # define OS_CFG_TMR_DEL_EN                     0u
62
63    # endif
```

第 60、61 行为系统定时器管理相关的宏定义。这里,宏定义 OS_CFG_TMR_EN 为 1,表示支持系统定时器;宏定义 OS_CFG_TMR_DEL_EN 为 0,表示系统定时器删除函数 OSTmrDel 不可用。

上述中,"不可用"是指相关的函数被预编译器忽略掉,即它们的代码没有被编译到目标文件中,从而实现了对 μC/OS‑III 系统的裁剪。而"可用"表示相关的函数代码被编译到目标文件中,从而可被应用程序调用而实现其功能。此外,第 60、61 行所谓的定时器是指 μC/OS‑III 系统的软件定时器,理论上可以有无限多个,不是指硬件定时器。

此外,需要特别注意的是第 16 行定义任务的最大优先级号为 32,由于任务优先级号自定义变量类型为 OS_PRIO,出现在 os_type.h 文件中,为"typedef CPU_INT08U OS_PRIO;",即无符号 8 位整型,在这种定义下任务优先号不能超过 256。事实上,μC/OS‑III 对支持的任务优先级号没有限制,如果第 16 行给出大于 256 的整数值,则需要在 os_type.h 文件中修改 OS_PRIO 的变量类型,例如改为:"typedef CPU_INT16U OS_PRIO;"或"typedef CPU_INT32U OS_PRIO;"。一般地,几乎所有的用户应用程序都没有必要使用到 256 以上的优先级号。

5.4.2 OS_APP_HOOKS.H 和 OS_APP_HOOKS.C 文件

OS_APP_HOOKS.H 文件定义了 10 个函数原型,即 App_OS_SetAllHooks、App_OS_ClrAllHooks、App_OS_TaskCreateHook、App_OS_TaskDelHook、App_OS_TaskReturnHook、App_OS_IdleTaskHook、App_OS_InitHook、App_OS_StatTaskHook、App_OS_TaskSwHook 和 App_OS_TimeTickHook,其中前两个函数用于使用全部用户钩子函数和关闭全部用户钩子函数;App_OS_InitHook 用户钩子函数并不存在;其余 7 个用户钩子函数位于 OS_APP_HOOKS.C 文件中,且均为空函数,用户根据需要添加可实现特定功能的代码。

下面列出 OS_APP_HOOKS.C 文件中函数 App_OS_SetAllHooks 和 App_OS_ClrAllHooks 的代码。

程序段 5‑8　函数 App_OS_SetAllHooks 和 App_OS_ClrAllHooks

```
1      void  App_OS_SetAllHooks (void)
2      {
3      # if OS_CFG_APP_HOOKS_EN > 0u
4          CPU_SR_ALLOC();
5
6          CPU_CRITICAL_ENTER();
7          OS_AppTaskCreateHookPtr = App_OS_TaskCreateHook;
8          OS_AppTaskDelHookPtr    = App_OS_TaskDelHook;
9          OS_AppTaskReturnHookPtr = App_OS_TaskReturnHook;
10
```

```
11          OS_AppIdleTaskHookPtr    = App_OS_IdleTaskHook;
12          OS_AppStatTaskHookPtr    = App_OS_StatTaskHook;
13          OS_AppTaskSwHookPtr      = App_OS_TaskSwHook;
14          OS_AppTimeTickHookPtr    = App_OS_TimeTickHook;
15          CPU_CRITICAL_EXIT();
16      # endif
17      }
18
19      void  App_OS_ClrAllHooks (void)
20      {
21      # if OS_CFG_APP_HOOKS_EN > 0u
22          CPU_SR_ALLOC();
23
24          CPU_CRITICAL_ENTER();
25          OS_AppTaskCreateHookPtr = (OS_APP_HOOK_TCB)0;
26          OS_AppTaskDelHookPtr = (OS_APP_HOOK_TCB)0;
27          OS_AppTaskReturnHookPtr = (OS_APP_HOOK_TCB)0;
28
29          OS_AppIdleTaskHookPtr    = (OS_APP_HOOK_VOID)0;
30          OS_AppStatTaskHookPtr    = (OS_APP_HOOK_VOID)0;
31          OS_AppTaskSwHookPtr      = (OS_APP_HOOK_VOID)0;
32          OS_AppTimeTickHookPtr    = (OS_APP_HOOK_VOID)0;
33          CPU_CRITICAL_EXIT();
34      # endif
35      }
```

结合程序段 5-3(OS_CPU_C. C 文件)可知,使能用户钩子函数,只需要在其相应的系统钩子函数中使其对应的函数指针指向该用户钩子函数即可。例如,若要使能用户钩子函数 App_OS_TaskCreateHook,则第 7 行将其赋给函数指针 OS_AppTaskCreateHookPtr;如果不使用该用户钩子函数,则第 25 行中将函数指针 OS_AppTaskCreateHookPtr 赋为空指针(即(OS_APP_HOOK_TCB)0)。同样可理解其余 6 个用户钩子函数的工作原理。

5.4.3　OS_CFG_APP. H 文件

OS_CFG_APP. H 文件中宏定义系统任务相关的信息,如程序段 5-9 所示,这部分内容在 μC/OS-II 中是位于 os_cfg. h 文件中的。

程序段 5-9　OS_CFG_APP. H 文件

```
1      //Filemame: OS_CFG_APP. H
2
3      # ifndef OS_CFG_APP_H
4      # define OS_CFG_APP_H
5
6      # define   OS_CFG_MSG_POOL_SIZE              100u
```

```
7    # define   OS_CFG_ISR_STK_SIZE                     128u
8    # define   OS_CFG_TASK_STK_LIMIT_PCT_EMPTY         10u
9
```

第 6 行宏定义消息队列中能容纳的最大消息数为 100；第 7 行宏定义中断堆栈的长度为 128（单位为 CPU_STK）；第 8 行宏定义堆栈限制点是达到堆栈容量的 1－10 ％＝90 ％。

```
10    # define   OS_CFG_IDLE_TASK_STK_SIZE              64u
11
```

第 10 行宏定义空闲任务的堆栈大小为 64（单位为 CPU_STK）。

```
12    # define   OS_CFG_INT_Q_SIZE                       10u
13    # define   OS_CFG_INT_Q_TASK_STK_SIZE             128u
14
```

第 12 行宏定义中断服务手柄任务的队列长度为 10；第 13 行宏定义中断服务手柄任务的堆栈长度为 128（单位为 CPU_STK）。

```
15    # define   OS_CFG_STAT_TASK_PRIO                   11u
16    # define   OS_CFG_STAT_TASK_RATE_HZ                10u
17    # define   OS_CFG_STAT_TASK_STK_SIZE              128u
18
```

第 15 行宏定义统计任务的优先级为 11；第 16 行宏定义统计任务的执行频率为 10 Hz；第 17 行宏定义统计任务的堆栈长度为 128（单位为 CPU_STK）。

```
19    # define   OS_CFG_TICK_RATE_HZ                   1000u
20    # define   OS_CFG_TICK_TASK_PRIO                   10u
21    # define   OS_CFG_TICK_TASK_STK_SIZE             128u
22    # define   OS_CFG_TICK_WHEEL_SIZE                  17u
23
```

第 19 行宏定义系统时钟节拍的频率为 1 000 Hz；第 20 行宏定义系统时钟节拍任务的优先级为 10；第 21 行宏定义系统时钟节拍任务的堆栈大小为 128（单位为 CPU_STK）；第 22 行宏定义时钟节拍轮辐个数为 17（为尽可能保证各轮辐上的延时任务数服从均匀分布，轮辐个数应取为质数）。

```
24    # define   OS_CFG_TMR_TASK_PRIO                    11u
25    # define   OS_CFG_TMR_TASK_RATE_HZ                 10u
26    # define   OS_CFG_TMR_TASK_STK_SIZE              128u
27    # define   OS_CFG_TMR_WHEEL_SIZE                   17u
28
29    # endif
```

第 24 行宏定义系统定时器任务的优先级为 11；第 25 行宏定义系统定时器的频率为 10 Hz；第 26 行宏定义系统定时器的堆栈大小为 128（单位为 CPU_STK）；第 27 行宏定义系统定时器轮辐的个数为 17（尽可能为质数）。

从 os_cfg_app.h 可知，μC/OS - III 具有 5 个系统任务，即空闲任务、中断服务手柄任务、统计任务、时钟节拍任务和定时器任务,将在第 6 章中详细介绍这些系统任务。

5.5　μC/CSP 文件

μC/CSP 文件是指芯片支持包(Chip Support Package)文件,针对特定的芯片;而所谓的 BSP(Board Support Package,板级支持包)文件,不仅针对特定的芯片,而且针对集成了该芯片和为其服务的外围电路在内的特定硬件板卡,因此,BSP 文件可理解为整个硬件系统的底层驱动包,它包含了 CSP 文件。μC/OS - III 为了减轻用户开发 BSP(或 CSP)文件的负担,将特定的芯片外设函数,例如,定时器、时钟管理、中断和通用 IO 口等,集成在 μC/CSP 包中供用户使用,从而使得用户只需要根据工程要求编写专用的少量 BSP 文件即可。如果用户对所使用的芯片(例如 LPC1788)外设非常熟悉,则可以自己编写全部的 BSP 文件,工程文件中无需包括 CSP 文件。

μC/CSP 文件包括 11 个文件,即 csp. h、csp_types. h、csp. c、csp_dma. c、csp_gpio. c、csp_grp. h、csp_int. c、csp_pm. c、csp_tmr. c、csp_i2c. c 和 csp_dev. h,其中,μC/CSP 没有提供 csp_i2c. c 文件;其余 10 个文件的结构为:在 csp. h 文件中宏定义常量和声明函数原型,在文件 csp. c(μC/CSP 局部函数)、csp_gpio. c、csp_int. c、csp_pm. c 和 csp_tmr. c 中实现函数体,这些函数的用法如表 5 - 7~表 5 - 10 所列,建议用户使用这些表中的函数管理芯片资源。

表 5 - 7　csp_int. c 文件中的函数

序　号	函数原型	用　法
1	void　CSP_IntInit(void);	μC/CSP 使用全局结构体数组 CSP_MainVectTbl 作为中断向量表,数组元素索引号(0~40)表示中断号。CSP_IntInit 函数将清空数组 CSP_MainVectTbl
2	void　CSP_IntEn 　　(CSP_DEV_NBR　int_ctrl, 　　CSP_DEV_NBR　src_nbr);	参数 int_ctrl 应为 CSP_INT_CTRL_NBR_MAIN,src_nbr 为中断号(0~40),使用 src_nbr 中断号对应的中断。该函数调用 CPU_IntSrcEn,后者只有一个参数(异常号),用于使能异常号对应的异常(中断)
3	void　CSP_IntDis 　　(CSP_DEV_NBR　int_ctrl, 　　CSP_DEV_NBR　src_nbr);	参数 int_ctrl 应为 CSP_INT_CTRL_NBR_MAIN,src_nbr 为中断号(0~40),关闭 src_nbr 中断号对应的中断。该函数调用 CPU_IntSrcDis,后者只有一个参数(异常号),用于关闭异常号对应的异常(中断)

序 号	函数原型	用 法
4	void CSP_IntDisAll (CSP_DEV_NBR int_ctrl);	用于关闭所有 NVIC 中断,参数 int_ctrl 为 CSP_INT_CTRL_NBR_MAIN
5	void CSP_IntClr (CSP_DEV_NBR int_ctrl, CSP_DEV_NBR src_nbr);	参数 int_ctrl 应为 CSP_INT_CTRL_NBR_MAIN,src_nbr 为中断号(0~40),清 0 src_nbr 中断号对应的中断请求标志。该函数调用 CPU_IntSrcPendClr,后者只有一个参数(异常号),用于清 0 异常号对应的异常(中断)请求标志
6	CPU_BOOLEAN CSP_IntSrcCfg (CSP_DEV_NBR int_ctrl, CSP_DEV_NBR src_nbr, CSP_OPT src_prio, CSP_OPT src_pol);	配置中断号为 src_nbr(0~40)的中断优先级 src_prio 和触发条件 src_pol,参数 int_ctrl 应为 CSP_INT_CTRL_NBR_MAIN。src_pol 可取 CSP_INT_POL_LEVEL_HIGH、CSP_INT_POL_LEVEL_LOW、CSP_INT_POL_EDGE_RISING、CSP_INT_POL_EDGE_FALLING 或 CSP_INT_POL_EDGE_BOTH,分别表示高电平、低电平、上升沿、下降沿和双边沿触发
7	CPU_BOOLEAN CSP_IntVectReg (CSP_DEV_NBR int_ctrl, CSP_DEV_NBR src_nbr, CPU_FNCT_PTR isr_fnct, void * p_arg);	将中断服务函数 isr_fnct(其参数为 void * p_arg)赋给中断号 src_nbr 对应的中断向量表结构体数组元素 CSP_MainVectTbl[src_nbr] 的中断函数指针,即注册中断服务函数。参数 int_ctrl 应为 CSP_INT_CTRL_NBR_MAIN
8	CPU_BOOLEAN CSP_IntVectUnreg (CSP_DEV_NBR int_ctrl, CSP_DEV_NBR src_nbr);	将中断号为 src_nbr 对应的中断向量表结构体数组元素 CSP_MainVectTbl[src_nbr] 的中断函数指针赋空指针,参数 int_ctrl 应为 CSP_INT_CTRL_NBR_MAIN
9	void CSP_IntHandler (void);	中断句柄函数。该函数应放在重定位的异常(中断)向量表的各个中断入口地址处。例如,异常(中断)向量表重定位在 0x1000 0000 处,工程中需要使用串口 0 中断和定时器 0 中断,则这两个中断入口地址处(0x1000 0054 和 0x1000 0044)均应指向该函数。中断发生后,中断号 src_nbr 由 ICSR 寄存器的第[8:0]位自动获得,该函数将调用 CSP_MainVectTbl[src_nbr] 的中断服务函数
10	void CSP_IntHandlerSrc (CSP_DEV_NBR src_nbr);	带中断号 src_nbr 的中断句柄函数

以 LPC1788 芯片串口 0 中断为例,借助于 μC/CSP 文件管理中断的方法如图 5‐1 所示。

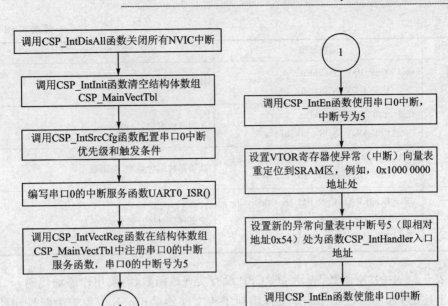

图 5-1 LPC1788 芯片 μC/CSP 文件的 UART0 中断管理方法

表 5-8 csp_pm.c 文件中的函数

序 号	函数原型	用 法
1	void CSP_PM_Init (void);	空函数
2	CPU_INT32U CSP_PM_CPU_ClkFreqGet(void);	获得 CPU 时钟频率（Hz）（注：该函数需要根据 LPC1788 的时钟寄存器作一些改动，在第 6 章讨论）
3	void CSP_PM_PerClkEn (CSP_DEV_NBR clk_nbr);	使能外设时钟。参数 clk_nbr 为 0～31，用于设置 PCONP 寄存器的相应位，例如，要使串口 0 时钟使能，则 clk_nbr 为 3（或 CSP_PM_PER_CLK_NBR_UART_00, csp_grp.h 文件中的宏定义）
4	void CSP_PM_PerClkDis (CSP_DEV_NBR clk_nbr);	关闭外设时钟。此处的参数 clk_nbr 与下面各函数的 clk_nbr 参数和 CSP_PM_PerClkEn 中的同名参数含义相同
5	CPU_INT32U CSP_PM_PerClkFreqGet (CSP_DEV_NBR clk_nbr);	获取外设的时钟频率（Hz）
6	CPU_BOOLEAN CSP_PM_PerClkDivCfg (CSP_DEV_NBR clk_nbr, CPU_INT32U clk_div);	配置外设的时钟频率（Hz）。例如，配置串口 0 的时钟频率，则 clk_nbr=5, clk_div 为分频值

序 号	函数原型	用 法
7	void CSP_PM_SysClkEn 　　(CSP_DEV_NBR　clk_nbr);	使能系统时钟,空函数
8	void CSP_PM_SysClkDis 　　(CSP_DEV_NBR　clk_nbr);	关闭系统时钟,空函数
9	CPU_INT32U CSP_PM_SysClkFreqGet 　　(CSP_DEV_NBR　clk_nbr);	获得系统时钟频率,空函数
10	CPU_BOOLEAN CSP_PM_SysClkDivCfg 　　(CSP_DEV_NBR　clk_nbr, 　　CPU_INT32U　clk_div);	配置外设时钟分频值,空函数

表 5-8 中的"空函数"表示 μC/CSP 没有实现该函数,需要用户添加代码。

上述的 csp_int. ccsp_pm. c 文件用到了头文件 csp_grp. h 中关于中断号和外设时钟使能位的宏定义,这部分代码需要根据 LPC1788 芯片的情况作如下修改,如程序段 5-10 所示。

程序段 5-10　　csp_grp. h 文件中关于中断号和外设时钟使能位的宏定义

```
1     # define  CSP_INT_SRC_NBR_WDT_00              (CSP_DEV_NBR)(0u)
2     # define  CSP_INT_SRC_NBR_TMR_00              (CSP_DEV_NBR)(1u)
3     # define  CSP_INT_SRC_NBR_TMR_01              (CSP_DEV_NBR)(2u)
4     # define  CSP_INT_SRC_NBR_TMR_02              (CSP_DEV_NBR)(3u)
5     # define  CSP_INT_SRC_NBR_TMR_03              (CSP_DEV_NBR)(4u)
6     # define  CSP_INT_SRC_NBR_UART_00             (CSP_DEV_NBR)(5u)
7     # define  CSP_INT_SRC_NBR_UART_01             (CSP_DEV_NBR)(6u)
8     # define  CSP_INT_SRC_NBR_UART_02             (CSP_DEV_NBR)(7u)
9     # define  CSP_INT_SRC_NBR_UART_03             (CSP_DEV_NBR)(8u)
10    # define  CSP_INT_SRC_NBR_PWM_01              (CSP_DEV_NBR)(9u)
11    # define  CSP_INT_SRC_NBR_I2C_00              (CSP_DEV_NBR)(10u)
12    # define  CSP_INT_SRC_NBR_I2C_01              (CSP_DEV_NBR)(11u)
13    # define  CSP_INT_SRC_NBR_I2C_02              (CSP_DEV_NBR)(12u)
14    # define  CSP_INT_SRC_NBR_UNUSED13            (SCP_DEV_NBR)(13u)
15    # define  CSP_INT_SRC_NBR_SSP_00              (CSP_DEV_NBR)(14u)
16    # define  CSP_INT_SRC_NBR_SSP_01              (CSP_DEV_NBR)(15u)
17    # define  CSP_INT_SRC_NBR_PLL_00              (CSP_DEV_NBR)(16u)
18    # define  CSP_INT_SRC_NBR_RTC_00              (CSP_DEV_NBR)(17u)
19    # define  CSP_INT_SRC_NBR_EINT_00             (CSP_DEV_NBR)(18u)
20    # define  CSP_INT_SRC_NBR_EINT_01             (CSP_DEV_NBR)(19u)
21    # define  CSP_INT_SRC_NBR_EINT_02             (CSP_DEV_NBR)(20u)
22    # define  CSP_INT_SRC_NBR_EINT_03             (CSP_DEV_NBR)(21u)
23    # define  CSP_INT_SRC_NBR_ADC_00              (CSP_DEV_NBR)(22u)
24    # define  CSP_INT_SRC_NBR_BROWN_OUT_00        (CSP_DEV_NBR)(23u)
25    # define  CSP_INT_SRC_NBR_USB_00              (CSP_DEV_NBR)(24u)
```

```
26    # define  CSP_INT_SRC_NBR_CAN_00              (CSP_DEV_NBR)(25u)
27    # define  CSP_INT_SRC_NBR_DMA_00              (CSP_DEV_NBR)(26u)
28    # define  CSP_INT_SRC_NBR_I2S_00              (CSP_DEV_NBR)(27u)
29    # define  CSP_INT_SRC_NBR_ETHER_00            (CSP_DEV_NBR)(28u)
30    # define  CSP_INT_SRC_NBR_SD_CARD_00          (CSP_DEV_NBR)(29u)
31    # define  CSP_INT_SRC_NBR_MOTOR_PWM_00        (CSP_DEV_NBR)(30u)
32    # define  CSP_INT_SRC_NBR_QUAD_ENC_00         (CSP_DEV_NBR)(31u)
33    # define  CSP_INT_SRC_NBR_PLL_01              (CSP_DEV_NBR)(32u)
34    # define  CSP_INT_SRC_NBR_USB_ACT_00          (CSP_DEV_NBR)(33u)
35    # define  CSP_INT_SRC_NBR_CAN_ACT_00          (CSP_DEV_NBR)(34u)
36    # define  CSP_INT_SRC_NBR_UART_04             (CSP_DEV_NBR)(35u)
37    # define  CSP_INT_SRC_NBR_SSP_02              (CSP_DEV_NBR)(36u)
38    # define  CSP_INT_SRC_NBR_LCD_00              (CSP_DEV_NBR)(37u)
39    # define  CSP_INT_SRC_NBR_GPIO_00             (CSP_DEV_NBR)(38u)
40    # define  CSP_INT_SRC_NBR_PWM_00              (CSP_DEV_NBR)(39u)
41    # define  CSP_INT_SRC_NBR_EEPROM_00           (CSP_DEV_NBR)(40u)
42
43    # define  CSP_INT_SRC_NBR_MAX                 (CSP_DEV_NBR)(41u)
44
45    # define  CSP_PM_PER_CLK_NBR_LCD_00           (CSP_DEV_NBR)(0u)
46    # define  CSP_PM_PER_CLK_NBR_TMR_00           (CSP_DEV_NBR)(1u)
47    # define  CSP_PM_PER_CLK_NBR_TMR_01           (CSP_DEV_NBR)(2u)
48    # define  CSP_PM_PER_CLK_NBR_UART_00          (CSP_DEV_NBR)(3u)
49    # define  CSP_PM_PER_CLK_NBR_UART_01          (CSP_DEV_NBR)(4u)
50    # define  CSP_PM_PER_CLK_NBR_PWM_00           (CSP_DEV_NBR)(5u)
51    # define  CSP_PM_PER_CLK_NBR_PWM_01           (CSP_DEV_NBR)(6u)
52    # define  CSP_PM_PER_CLK_NBR_I2C_00           (CSP_DEV_NBR)(7u)
53    # define  CSP_PM_PER_CLK_NBR_UART_04          (CSP_DEV_NBR)(8u)
54    # define  CSP_PM_PER_CLK_NBR_RTC_00           (CSP_DEV_NBR)(9u)
55    # define  CSP_PM_PER_CLK_NBR_SSP_01           (CSP_DEV_NBR)(10u)
56    # define  CSP_PM_PER_CLK_NBR_AD_00            (CSP_DEV_NBR)(12u)
57    # define  CSP_PM_PER_CLK_NBR_CAN_01           (CSP_DEV_NBR)(13u)
58    # define  CSP_PM_PER_CLK_NBR_CAN_02           (CSP_DEV_NBR)(14u)
59    # define  CSP_PM_PER_CLK_NBR_GPIO_00          (CSP_DEV_NBR)(15u)
60    # define  CSP_PM_PER_CLK_NBR_P_MOTOR_PWM_00   (CSP_DEV_NBR)(17u)
61    # define  CSP_PM_PER_CLK_NBR_P_QUAD_ENC_00    (CSP_DEV_NBR)(18u)
62    # define  CSP_PM_PER_CLK_NBR_I2C_01           (CSP_DEV_NBR)(19u)
63    # define  CSP_PM_PER_CLK_NBR_SSP_02           (CSP_DEV_NBR)(20u)
64    # define  CSP_PM_PER_CLK_NBR_SSP_00           (CSP_DEV_NBR)(21u)
65    # define  CSP_PM_PER_CLK_NBR_TMR_02           (CSP_DEV_NBR)(22u)
66    # define  CSP_PM_PER_CLK_NBR_TMR_03           (CSP_DEV_NBR)(23u)
67    # define  CSP_PM_PER_CLK_NBR_UART_02          (CSP_DEV_NBR)(24u)
68    # define  CSP_PM_PER_CLK_NBR_UART_03          (CSP_DEV_NBR)(25u)
69    # define  CSP_PM_PER_CLK_NBR_I2C_02           (CSP_DEV_NBR)(26u)
70    # define  CSP_PM_PER_CLK_NBR_I2S_00           (CSP_DEV_NBR)(27u)
71    # define  CSP_PM_PER_CLK_NBR_SDC_00           (CSP_DEV_NBR)(28u)
72    # define  CSP_PM_PER_CLK_NBR_DMA_00           (CSP_DEV_NBR)(29u)
```

```
73    # define   CSP_PM_PER_CLK_NBR_ETHER_00         (CSP_DEV_NBR)(30u)
74    # define   CSP_PM_PER_CLK_NBR_USB_00           (CSP_DEV_NBR)(31u)
75
76    # define   CSP_PM_PER_CLK_NBR_MAX              (CSP_DEV_NBR)(32u)
```

第 1～41 行与第 3.2.3 小节中的表 3-5 对应;第 42 行宏定义中断总的个数为 41(LPC1788 共有 40 个中断,这里的"41"包含了没有使用的中断号 13)。第 45～ 74 行与外设功能管理寄存器 PCONP 的各位对应;第 76 行宏定义了时钟控制位的 总个数(即 PCONP 寄存器中有效的位的总数,即 32,包含了没有使用的第 16 位)。 上述程序段中的 CSP_DEV_NBR 为 16 位无符号整型。

表 5-9   csp_tmr.c 文件中与 LPC1788 硬件定时器相关的函数

序 号	函数原型	用 法
1	void CSP_TmrInit (void);	初始化并关闭 4 个硬件定时器
2	CPU_BOOLEAN CSP_TmrCfg (CSP_DEV_NBR tmr_nbr, CPU_INT32U freq);	配置定时器 tmr_nbr 为周期为 1/freq 的定时器,每 1/freq 秒产生一个定时中断;如果 freq 为 0,则定时器为自由计数的定时器。tmr_nbr 取 0、1、2 或 3
3	CPU_BOOLEAN CSP_TmrOutCmpCfg (CSP_DEV_NBR tmr_nbr, CSP_DEV_NBR pin, CSP_OPT pin_action, CPU_INT32U freq);	配置定时器 tmr_nbr 为比较模式的定时器,比较结果在 pin 引脚按 pin_action 要求输出,pin_action 为 0、1、2 或 3,分别表示无输出、输出低、输出高或高低跳变
4	void CSP_TmrIntClr (CSP_DEV_NBR tmr_nbr);	清除定时器 tmr_nbr 的周期定时中断请求
5	void CSP_TmrRst (CSP_DEV_NBR tmr_nbr);	复位定时器 tmr_nbr
6	CSP_TMR_VAL CSP_TmrRd (CSP_DEV_NBR tmr_nbr);	读定时器 tmr_nbr 的当前定时值
7	void CSP_TmrStart (CSP_DEV_NBR tmr_nbr);	启动定时器 tmr_nbr
8	void CSP_TmrStop (CSP_DEV_NBR tmr_nbr);	停止定时器 tmr_nbr
9	void CSP_TmrWr (CSP_DEV_NBR tmr_nbr, CSP_TMR_VAL tmr_val);	将 tmr_val 值写入定时器 tmr_nbr 中作为当前定时值

表 5 - 10   csp_gpio. c 文件中的函数

序　号	函数原型	用　法
1	void　CSP_GPIO_Init（void）;	初始化通用 IO 口,空函数
2	CPU_BOOLEAN　CSP_GPIO_Cfg 　（CSP_DEV_NBR　port_nbr, 　CSP_GPIO_MSK　pins, 　CSP_OPT　dir, 　CSP_OPT_FLAGS　drv_mode, 　CPU_BOOLEAN　int_en, 　CSP_OPT　int_pol, 　CSP_OPT　fnct）;	配置 IO 口引脚为特定的端口,LPC1788 具有 6 个 IO口,即 32 位的 P0~P4 和 5 位的 P5,而 csp_gpio. c 文件中只实现了 P0~P4 口。这里,port_nbr 为 IO 端口号;pins 为引脚号;dir 表示输入或输出模式;drv_mode表示有无上拉;int_en 表示中断是否使能;int_pol 表示中断触发极性;fnct 表示引脚功能
3	void　CSP_GPIO_BitClr 　（CSP_DEV_NBR　port_nbr, 　CSP_GPIO_MSK　pins）;	清 0 IO 端口 port_nbr 的 pins 引脚
4	void　CSP_GPIO_BitSet 　（CSP_DEV_NBR　port_nbr, 　CSP_GPIO_MSK　pins）;	置位 IO 端口 port_nbr 的 pins 引脚
5	void　CSP_GPIO_BitToggle 　（CSP_DEV_NBR　port_nbr, 　CSP_GPIO_MSK　pins）;	使 IO 端口 port_nbr 的 pins 引脚发生 0 到 1 的跳变
6	CSP_GPIO_MSK　CSP_GPIO_Rd 　（CSP_DEV_NBR　port_nbr）;	读取 IO 端口 port_nbr 的当前值
7	void　CSP_GPIO_Wr 　（CSP_DEV_NBR　port_nbr, 　CSP_GPIO_MSK　val）;	写 val 值到 IO 端口 port_nbr
8	CSP_GPIO_MSK　CSP_GPIO_IntClr 　（CSP_DEV_NBR　port_nbr）;	清除 IO 端口 port_nbr 的中断请求状态

表 5 - 8~表 5 - 10 中介绍的 μC/CSP 函数都直接与芯片的寄存器相关,在学习过程中,需要借助于参考文献[1,6]。

5.6　μC/BSP 文件

μC/BSP 文件是指 μC/OS - III（Micriμm 公司）提供的板级支持包文件,这些文件针对特定的硬件电路板卡。μC/BSP 文件包括 3 个文件,即 bsp. h、bsp. c 和 cpu_ bsp. c,其中,cpu_bsp. c 文件中定义和实现了两个与时间邮票相关的函数,即 CPU_TS_TmrInit(初始化并启动时间邮票定时器)和 CPU_TS_TmrRd(返回当时时间邮票定时器的值);bsp. c 中定义和实现了一个非常重要的函数,即 BSP_CPU_Init 函数,用于初始化 CPU 和外设的工作时钟。请结合参考文献[1,6]自学并总结上述 3 个函数的工作原理,用于课堂内讨论。不管用户是否在使用 μC/BSP 文件所对应的硬件板卡,至少上述函数和关于时钟与外设的寄存器地址的宏定义都可以使用,因此,在工程中尽可能包括 μC/BSP 文件,在熟悉所用的硬件平台后,就可以进一步修改 μC/BSP 文件。

5.7 本章小结

  μC/OS－III 移植需要用户具有较好的硬件基础,对芯片和硬件电路板卡的工作原理比较熟悉,一般地,μC/OS－III 移植只需花费一周以内的时间,建议尽可能使用已有的或 μC/OS－III(Micriμm 公司)提供的移植成功的代码,可大大节约移植时间。令人欣慰的是,几乎所有常用的微控制器或微处理器芯片,Micriμm 公司的官方网站上都可以下载到相关的移植代码,并给出了详细的移植说明文档。本章介绍了广义的 μC/OS－III 移植文件,其中与 μC/OS－III 操作系统调度密切相关的只有系统移植文件,即 OS_CPU. H、OS_CPU_C. C 和 OS_CPU_A. S 文件,深入理解这些文件的工作原理,需要借助于本书后续章节的内容;而其余的移植文件,大多是芯片寄存器的配置和访问,对深入学习 LPC1788 芯片和 Cortex－M3 内核有很大帮助。

第 **6** 章

μC/OS – Ⅲ 用户任务

本章将介绍第 4 章实例三中用户编写代码的分组，即 APP、APP/BSP 和 APP/CPU 分组（见图 4 - 14）；然后，介绍用户任务的创建方法和工作状态；最后，讲述一个多任务工作实例，并分析应用程序的执行原理。在 μC/OS - Ⅱ 中，用户任务具有3个要素，即任务体（用户任务函数体）、优先级号、任务堆栈，见参考文献[10,11]；而在 μC/OS - Ⅲ 中，用户任务具有 4 个要素，即任务控制块、优先级号、任务堆栈和任务体（用户任务函数体）。本章将围绕用户任务的 4 个要素介绍 μC/OS - Ⅲ 用户任务。

6.1 APP/CPU 文件

相对于 μC/CPU 文件而言，APP/CPU 文件是指用户编写的 CPU 文件，主要包含系统时钟、异常（中断）向量管理和系统初始化相关的文件。第 4 章实例三中，APP/CPU 文件包括 vectors. s、LPC1788_nvic. c 和 LPC1788_nvic. h。其中，vectors. s 文件在第 4 章实例一同名文件的基础上（在"SECTION　CSTACT:DATA:NOROOT(3)"的下一行），添加如下代码：

```
SECTION INTREV:DATA(3)
DCD     sfe(CSTACK)
DS32    56
```

上述代码为重定位的异常向量表预留 RAM 空间。LPC1788. icf 文件（见程序段 2 - 5）中，其第 33 行修改为"place in RAM_region　{ readwrite, section IN-TREV, block CSTACK, block HEAP };"，即将 INTREV 段放置在 RAM 区中。

LPC1788_nvic. c 文件如程序段 6 - 1 所示。

程序段 6 - 1　LPC1788_nvic. c 文件

```
1    //Filename: LPC1788_nvic. c
2    //Programmer: ZhangYong@jxufe. edu. cn
3
4    # include    "includes. h"
5
6    # pragma    section = "INTREV"
```

```
7
8      int    _low_level_init(void)
9      {
10
11         FLASHCFG = (5UL<<12) | 0x03AUL;
12         initClock();
13
14         CSP_IntDisAll(CSP_INT_CTRL_NBR_MAIN);
15
16         VectTblReloc();
17
18         initUART0();
19         return 1;
20     }
21
22     void  VectTblReloc(void)
23     {
24         CPU_REG_NVIC_VTOR = (CPU_INT32U)_segment_begin("INTREV");
25     }
26
27     void  VectTblIntFncAt(CSP_DEV_NBR intNbr)
28     {
29        ( * (CPU_REG32 * )(CPU_REG_NVIC_VTOR + 4 * (CPU_INT_EXT0 + intNbr))) = (CPU_
INT32U) CSP_IntHandler;
30     }
31
32     void  VectTblFncAt(CSP_DEV_NBR   excNbr, CPU_FNCT_VOID excFunc)
33     {
34        ( * (CPU_REG32 * )(CPU_REG_NVIC_VTOR + 4 * excNbr)) = (CPU_INT32U)excFunc;
35     }
36
37     //PLL0 = 96MHz, CPU = 96MHz, PCLK = 12MHz
38     void initClock(void)
39     {
40         CCLKSEL = (1UL<<0) | (0UL<<8);
41         CLKSRCSEL = 0UL;
42         USBCLKSEL = (0UL<<0) | (0UL<<8);
43
44         SCS = SCS & (~((1UL<<4) | (1UL<<5)));
45         SCS | = (1UL<<5);
46         while((SCS & (1UL<<6)) = = 0UL);
47
48         CLKSRCSEL = 1UL;
49         PLL0CON = 0UL;
50         PLL0FEED = 0xAA;
51         PLL0FEED = 0x55;
52         PLL0CFG = (7UL<<0) | (0UL<<5);
```

```
53        PLLOFEED = 0xAA;
54        PLLOFEED = 0x55;
55        PLLOCON = 1UL;
56        PLLOFEED = 0xAA;
57        PLLOFEED = 0x55;
58        while((PLLOSTAT & (1UL<<10)) == 0UL);
59
60        PCLKSEL = (8UL<<0);   //PCLK = 12MHz
61        CCLKSEL = (1UL<<0) | (1UL<<8);              //CPU = 96MHz
62        USBCLKSEL = (2UL<<0) | (1UL<<8);            //USB = 48MHz
63        EMCCLKSEL = (0UL<<0);                       //EMC = 96MHz
64    }
65
66    void  LPC1788_NVIC_Init(void)
67    {
68        VectTblIntFncAt((CSP_DEV_NBR)5u);                 //Uart 0 Interrupt
69        VectTblFncAt((CSP_DEV_NBR)15u,OS_CPU_SysTickHandler); //SysTick Exception
70        VectTblFncAt((CSP_DEV_NBR)14u,OS_CPU_PendSVHandler); //PendSV  EXception
71    }
```

第 8~20 行的 __low_level_init 函数中第 14 行调用 CSP_IniDisAll 函数(见表 5-7)关闭所有中断;第 16 行将异常(中断)向量表首地址重定位到 INTREV 处(可在 map 表中查得该地址为 0x1000 0000);第 18 行调用自定义函数 initUART0初始化串口 0。

第 27~30 行为 VectTblIntFncAt 函数,只有一个参数 intNbr,表示中断号(不是异常号,即表 3-5 中的第一列);第 29 行将中断号为 intNbr 的中断重定位到重定位后的异常(中断)向量表中,这里的 CPU_INT_EXT0 在 cpu.h 中被宏定义为 16u。CPU_INT_EXT0+intNbr 将中断号转化为异常号(表 3-5 中的第二列),由于每个异常号占 4 字节(一个字),故 4 * (CPU_INT_EXT0+intNbr)表示中断号 intNbr 对应的中断相对于异常(中断)向量表的首地址的偏移地址。由于所有中断处理函数均以 CSP_IntHandler 为入口函数,故将该函数赋给异常(中断)向量表中所有的中断入口,即异常号为 16~56 的中断入口,具体哪个中断被触发,由中断控制和状态寄存器 ICSR 的第[8:0]位域决定。

第 32~35 行的 VectTblFncAt 函数与 VectTblIntFncAt 功能相似,它具有两个参数:第一个参数为异常号(即表 3-5 中的第二列);第二个参数为异常函数,CPU_FNCT_VOID 用于定义返回值为空、参数为 void * 的函数。第 34 行将 excFunc 赋给重定位的异常向量表中异常号为 excNbr 的入口地址。

第 66~71 行的 LPC1788_NVIC_Init 函数用于向重定位后的异常(中断)向量表的 3 个中断(串口 0 中断、SysTick 异常和 PendSV 异常)赋函数入口。按上述的分析,第 68 行等价于"VectTblFncAt((CSP_DEV_NBR)21u, CSP_IntHandler)",即串口 0 中断的中断号为 5(异常号为 16+5=21);SysTick 和 PendSV 异常的异常号分别为 15 和 14,第 69、70 行将这两个异常的入口函数赋给异常向量表中各自对应的异常位置。

一旦异常向量表中对应异常或中断的入口处具有有效跳转地址,当该异常或中断触发后,将跳转到相应的地址(或函数)处执行。应用程序至少要考虑异常向量表中那些被使用的异常或中断,为这些异常或中断编写服务函数;如果程序的运行环境比较恶劣并且程序运行的出错将导致较大损失,则应考虑为全部异常(包括不使用的异常和中断)编写服务程序,将由于环境因素导致的非法代码运行"约束"到正常程序中来。

LPC1788_nvic. h 文件的内容如程序段 6－2 所示。

程序段 6－2　　LPC1788_nvic. h 文件内容

```
1      //Filename: LPC1788_nvic. h
2      //Programmer: ZhangYong
3
4      # ifndef      LPC1788_NVIC
5      # define      LPC1788_NVIC
6
7      void  VectTblReloc(void);
8      void  VectTblIntFncAt(CSP_DEV_NBR intNbr);
9      void  VectTblFncAt(CSP_DEV_NBR  excNbr, CPU_FNCT_VOID excFunc);
10     void  initClock(void);
11     void  LPC1788_NVIC_Init(void);
12
13     # endif
14
15     # define  FLASHCFG       ( * (CPU_REG32 * )0x400FC000)
16
17     # define  PLL0CON        ( * (CPU_REG32 * )0x400FC080)
18     # define  PLL0CFG        ( * (CPU_REG32 * )0x400FC084)
19     # define  PLL0STAT       ( * (CPU_REG32 * )0x400FC088)
20     # define  PLL0FEED       ( * (CPU_REG32 * )0x400FC08C)
21
22     # define  EMCCLKSEL      ( * (CPU_REG32 * )0x400FC100)
23     # define  CCLKSEL        ( * (CPU_REG32 * )0x400FC104)
24     # define  USBCLKSEL      ( * (CPU_REG32 * )0x400FC108)
25     # define  CLKSRCSEL      ( * (CPU_REG32 * )0x400FC10C)
26
27     # define  SCS            ( * (CPU_REG32 * )0x400FC1A0)
28
29     # define  PCLKSEL        ( * (CPU_REG32 * )0x400FC1A8)
```

LPC1788_nvic. h 文件定义 LPC1788_nvic. c 文件的函数声明(第 7~11 行),并定义它用到的一些寄存器地址常量(第 15~29 行),这些常量大多在 μC/CPU 头文件 cpu. h 中有定义,或者应该将这些寄存器地址常量定义添加到 cpu. h 头文件中,这里为了简化对程序文件的描述,将这些常量的宏定义放在 LPC1788_nvic. h 文件中。

6.2　APP／BSP 文件

相对于 μC/BSP 文件而言，APP/BSP 文件是指用户编写的板级支持包文件，用于直接访问芯片的外设等资源，第 4 章实例三中，APP/BSP 文件包括两个文件，即 user_bsp_UART0.c 和 user_bsp.h，用于实现串口 0 初始化和收发字符（串）等操作。

user_bsp_UART0.c 函数如程序段 6－3 所示。

程序段 6－3　　user_bsp_UART0.c 文件

```
1    //Filename：user_bsp_UART0.c
2
3    # include   "includes.h"
4
5    void initUART0(void)
6    {
7      PCONP = PCONP | (1UL<<3);
8
9      U0LCR = U0LCR | ((3UL<<0) | (0<<2) | (0<<3) | (1UL<<7));
10     U0DLM = 0UL;
11     U0DLL = 4UL;
12     U0FDR = (5UL<<0) | (8UL<<4);
13
14     IOCON_P0_02 = (0<<3) | (1UL<<0);
15     IOCON_P0_03 = (0<<3) | (1UL<<0);
16   }
17
18   void UART0_putchar(CPU_INT08U ch)
19   {
20     while((U0LSR & (1<<6)) = = 0);
21     U0LCR = U0LCR & (~(1<<7));
22     U0THR = ch;
23   }
24
25   void UART0_putstring(CPU_INT08U * str)
26   {
27     while(( * str)!= '\0')
28     {
29         UART0_putchar( * str ++ );
30     }
31   }
32
33   CPU_INT08U UART0_getchar(void)
34   {
35     CPU_INT08U ch;
```

```
36        while((U0LSR & (1<<0)) == 0);
37        U0LCR = U0LCR & (~(1<<7));
38        ch = U0RBR;
39        return ch;
40    }
41
42    void   UART0_Enable(void)
43    {
44        //Register UART0 Interrupt
45        CSP_IntVectReg(CSP_INT_CTRL_NBR_MAIN,5,(CPU_FNCT_PTR)UART0_ISR,(void *)0);
46
47        U0LCR = U0LCR & (~(1<<7));
48        U0IER = (1UL<<0);    //Enable Receive Data interrupt
49        ISER0 = (1UL<<5);
50    }
51
52    void   UART0_ISR(void)
53    {
54        CPU_INT08U ch;
55        U0LCR = U0LCR & (~(1<<7));
56        ch = U0RBR;
57        UART0_putchar(ch);
58        UART0_putchar('\n');
59    }
```

程序段 6-3 中，第 25～31 行为 UART0_putstring 函数，该函数调用 UART0_putchar 函数，向串口 0 发送一个字符串。第 27 行判断是否到达字符串末尾，如果没有到，则第 29 行向串口输出该字符串中的当前字符，然后，字符串定位于其中的下一个字符。在 C 语言中，没有字符串字型，所谓的字符串就是字符数组或字符指针，这里，UART0_putstring 用字符指针实现字符串，其形参 str 对应的实参可以为字符指针，也可以为字符数组。

第 42～59 行的两个函数 UART_Enable 和 UART0_ISR 在第 4 章实例三中没有使用，这两个函数分别表示串口 0 中断重定位和使能函数以及串口 0 中断服务函数。这两个函数将在本章的实例中使用。

user_bsp.h 文件内容如程序段 6-4 所示。

程序段 6-4   user_bsp.h 文件

```
1     //Filename: user_bsp.h
2
3     #ifndef   BSP_SERIAL
4     #define   BSP_SERIAL
5
6     void initUART0(void);
7     void UART0_putchar(CPU_INT08U ch);
8     void UART0_putstring(CPU_INT08U * str);
```

```
9      CPU_INT08U UART0_getchar(void);
10
11     void   UART0_Enable(void);
12     void   UART0_ISR(void);
13     #endif
14
15     #define   PCONP         ( * (CPU_REG32 * )0x400FC0C4)
16
17     //Uart0 Related Registers
18     #define   U0RBR         ( * (CPU_REG32 * )0x4000C000)
19     #define   U0THR         ( * (CPU_REG32 * )0x4000C000)
20     #define   U0DLL         ( * (CPU_REG32 * )0x4000C000)
21     #define   U0DLM         ( * (CPU_REG32 * )0x4000C004)
22     #define   U0IER         ( * (CPU_REG32 * )0x4000C004)
23     #define   U0IIR         ( * (CPU_REG32 * )0x4000C008)
24     #define   U0FCR         ( * (CPU_REG32 * )0x4000C008)
25     #define   U0LCR         ( * (CPU_REG32 * )0x4000C00C)
26     #define   U0LSR         ( * (CPU_REG32 * )0x4000C014)
27     #define   U0SCR         ( * (CPU_REG32 * )0x4000C01C)
28     #define   U0ACR         ( * (CPU_REG32 * )0x4000C020)
29     #define   U0FDR         ( * (CPU_REG32 * )0x4000C028)
30     #define   U0TER         ( * (CPU_REG32 * )0x4000C030)
31
32     #define   ISER0         ( * (CPU_REG32 * )0xE000E100)
33
34     #define   IOCON_P0_02   ( * (CPU_REG32 * )0x4002C008)
35     #define   IOCON_P0_03   ( * (CPU_REG32 * )0x4002C00C)
```

程序段 6-4 中,第 6～12 行定义 user_bsp_UART0.c 文件中出现的函数声明;
第 15～35 行宏定义 user_bsp_UART0.c 文件中用到的串口 0 相关的寄存器。这些
寄存器地址常量宏定义应尽量宏定义在 μC/CPU 的 cpu.h 文件中,这里为方便程序
的阅读,将这些常量宏定义放在 user_bsp.h 文件中。

6.3　用户任务

将要实现的功能划分为基本的功能模块集合,使得每个功能模块具有周期性重
复执行或按某个(或某些)条件重复执行的特性,这样的功能模块用任务实现。程序
中只需执行一次的功能,可以放在任务无限循体外实现,例如系统初始化功能。

在 μC/OS - III 中,用户任务具有 4 个要素,即任务控制块、任务堆栈、优先级和
任务体(任务功能函数)。创建用户任务的函数为 OSTaskCreate,具有 13 个参数,其
函数声明如下:

```
1     void   OSTaskCreate(OS_TCB              * p_tcb,
```

```
2              CPU_CHAR         * p_name,
3              OS_TASK_PTR      p_task,
4              void             * p_arg,
5              OS_PRIO          prio,
6              CPU_STK          * p_stk_base,
7              CPU_STK_SIZE     stk_limit,
8              CPU_STK_SIZE     stk_size,
9              OS_MSG_QTY       q_size,
10             OS_TICK          time_quanta,
11             void             * p_ext,
12             OS_OPT           opt,
13             OS_ERR           * p_err);
```

其中,第 1 个参数为指向任务控制块的指针;第 2 个参数为表示任务名称的字符串;第 3 个参数为任务函数指针;第 4 个参数为传递给任务函数的参数;第 5 个参数为任务优先级;第 6 个参数为任务堆栈基指针;第 7 个参数为任务堆栈限制指针;第 8 个参数为任务堆栈大小;第 9 个参数为任务消息队列中的消息个数;第 10 个参数为该任务的时间片大小(对于有多个同优先级任务的情况,单位为时钟节拍数);第 11 个参数用于扩展任务访问外部数据空间;第 12 个参数为创建任务选项;第 13 个参数返回出错情况。上述 13 个参数用了 11 种数据类型,其中 10 种为自定义数据类型,μC/OS – III 中使用了大量的自定义变量类型,这对于初学者读程序而言,并不方便,但随着学习的推进和对 μC/OS – III 的熟悉,这种自定义变量类型方式对于程序的结构性和变量类型识别有很大帮助。

例如,调用 OSTaskCreate 函数创建 App_TaskStart 任务的代码如下:

程序段 6 – 5　调用 OSTaskCreate 函数创建 App_TaskStart 任务

```
1      OSTaskCreate((OS_TCB * )&App_TaskStartTCBPtr,
2                   (CPU_CHAR * )"App Task Start",
3                   (OS_TASK_PTR)App_TaskStart,
4                   (void * )0,
5                   (OS_PRIO)APP_CFG_TASK_START_PRIO,
6                   (CPU_STK * )App_TaskStartStkPtr,
7                   (CPU_STK_SIZE)APP_CFG_TASK_START_STK_SIZE_LIMIT,
8                   (CPU_STK_SIZE)APP_CFG_TASK_START_STK_SIZE,
9                   (OS_MSG_QTY)0u,
10                  (OS_TICK)0u,
11                  (void * )0,
12                  (OS_OPT)(OS_OPT_TASK_STK_CHK | OS_OPT_TASK_STK_CLR),
13                  (OS_ERR * )&err);
```

上述代码中,第 1 个实参为任务控制块变量,定义为"OS_TCB　App_TaskStartTCBPtr;";第 2 个实参为任务名称,即字符串"App Task Start";第 3 个实参为任务函数名 App_TaskStart(本书中用任务函数名代表任务);第 4 个实参为(void *)0,表示任务函数没有参数;第 5 个参数 APP_CFG_TASK_START_PRIO 表示任务的

优先级,在 app_cfg.h 文件中被宏定义为 5u;第 6 个实参为数组名 App_TaskStart-StkPtr,或写为"(CPU_STK *)&App_TaskStartStkPtr[0]",为表示任务堆栈的数组的第一个元素;第 7 个实参 APP_CFG_TASK_START_STK_SIZE_LIMIT 表示堆栈限制长度点,即当堆栈使用的空间达到该长度点时,将报警,在 Cortex - M3 中堆栈从高地址向低地址增长,因此,该限制长度点设为靠近数组的首地址,在 app_cfg.h 文件中被宏定义为(堆栈长度 * 10u) / 100u;第 8 个实参 APP_CFG_TASK_START_STK_SIZE 为堆栈长度;第 9 个实参为 0,表示不使用任务消息队列;第 10 个实参为 0,表示工程中没有与该任务相同优先级的任务;第 11 个实参为(void *) 0,表示该任务不扩展访问外部数据;第 12 个实参(OS_OPT_TASK_STK_CHK | OS_OPT_TASK_STK_CLR),表示该任务创建时作堆栈检查并将堆栈空间清 0;第 13 个参数 err 将返回 OSTaskCreate 函数的调用情况,如果创建任务成功,则返回 OS_ERR_NONE。

6.3.1　任务堆栈与优先级

在程序段 6-5 中,创建任务的 OSTaskCreate 函数的第 6～8 个参数与任务堆栈有关。对于 μC/OS - II 而言,需要指定任务堆栈的栈顶地址;而在 μC/OS - III 中,只需要给出表示任务堆栈的数组的首地址,即第 6 个参数,对于学过 μC/OS - II 的读者,必须注意这一点不同。第 8 个参数为表示任务堆栈的数组长度,这个长度值需要根据工程的需要设定,一般地,借助统计任务查看任务堆栈的使用情况,应保证有30 %～50 % 的堆栈空间空闲(即不被占用)。第 7 个参数 APP_CFG_TASK_START_STK_SIZE_LIMIT 是设置任务堆栈的使用超限报警值,例如,堆栈从高地址向低地址增长,表示堆栈的数组 App_TaskStartStkPtr 长度为 128,设置超限报警值为 12,则当堆栈使用了 App_TaskStartStkPtr[127]～App_TaskStartStkPtr[12]之后,再使用 App_TaskStartStkPtr[11]时,则预示着堆栈空间可能不够用,此时μC/OS - III 将产生警告信息。

μC/OS - III 中,每个任务都有独立的堆栈,各个任务的堆栈大小可以不相同,常用一维数组表示任务堆栈。创建任务时必须为任务指定堆栈,任务创建成功后,这个堆栈空间将被任务始终占据着。一般地,任务的生命周期与工程的生命周期相同,所以,为每个任务分配的堆栈空间将始终占据着 RAM 空间,因此,基于 μC/OS - III 的工程需要具有一定的 RAM 空间。

μC/OS - III 中,任务的优先级为自然数,即 0～OS_CFG_PRIO_MAX-1,这里,OS_CFG_PRIO_MAX 为 os_cfg.h 中的宏定义常量(默认值为 32),其中,优先级号 0 预留给中断服务手柄系统任务,而 OS_CFG_PRIO_MAX-1 固定分配给空闲系统任务,因此,用户任务可用的优先级号为 1～OS_CFG_PRIO_MAX-2。由于 μC/OS - III 支持无限多个任务优先级,并且支持无限多个任务具有相同的优先级,所以,最大优先级号常量 OS_CFG_PRIO_MAX 的值不限制任务的个数。用户根据每个任务的重要性分配其优先级号,优先级号值越小,其优先级越高,即优先级号 0 对应的任务优先级最高,优先级号 OS_CFG_PRIO_MAX−1 对应的任务优先级最低。

6.3.2 任务控制块

任务控制块记录了任务的各种信息。在 µC/OS-II 中,任务控制块是由系统定义和分配的,用户无法干预;而在 µC/OS-III 中,需要用户定义任务控制块变量供任务创建函数 OSTaskCreate 使用,唯一的好处在于用户可以自由访问任务控制块结构体的所有成员,但似乎破坏了用户任务的"封装"特性。定义任务控制块的自定义变量类型为 OS_TCB,其定义为"typedef struct os_tcb OS_TCB;",结构体 os_tcb 定义如下:

程序段 6-6　　结构体 os_tcb

```
1     struct os_tcb {
2         CPU_STK           * StkPtr;
3
4         void              * ExtPtr;
5
6         CPU_STK           * StkLimitPtr;
7
8         OS_TCB            * NextPtr;
9         OS_TCB            * PrevPtr;
10
11        OS_TCB            * TickNextPtr;
12        OS_TCB            * TickPrevPtr;
13
14        OS_TICK_SPOKE     * TickSpokePtr;
15
16        CPU_CHAR          * NamePtr;
17
18        CPU_STK           * StkBasePtr;
19
20    # if defined(OS_CFG_TLS_TBL_SIZE) && (OS_CFG_TLS_TBL_SIZE > 0u)
21        OS_TLS            TLS_Tbl[OS_CFG_TLS_TBL_SIZE];
22    # endif
23
24        OS_TASK_PTR       TaskEntryAddr;
25        void              * TaskEntryArg;
26
27        OS_PEND_DATA      * PendDataTblPtr;
28        OS_STATE          PendOn;
29        OS_STATUS         PendStatus;
30
```

```
31          OS_STATE                TaskState;
32          OS_PRIO                 Prio;
33          CPU_STK_SIZE            StkSize;
34          OS_OPT                  Opt;
35
36          OS_OBJ_QTY              PendDataTblEntries;
37
38          CPU_TS                  TS;
39
40          OS_SEM_CTR              SemCtr;
41
42          OS_TICK                 TickCtrPrev;
43          OS_TICK                 TickCtrMatch;
44          OS_TICK                 TickRemain;
45
46          OS_TICK                 TimeQuanta;
47          OS_TICK                 TimeQuantaCtr;
48
49   # if OS_MSG_EN > 0u
50          void                    * MsgPtr;
51          OS_MSG_SIZE             MsgSize;
52   # endif
53
54   # if OS_CFG_TASK_Q_EN > 0u
55          OS_MSG_Q                MsgQ;
56   # if OS_CFG_TASK_PROFILE_EN > 0u
57          CPU_TS                  MsgQPendTime;
58          CPU_TS                  MsgQPendTimeMax;
59   # endif
60   # endif
61
62   # if OS_CFG_TASK_REG_TBL_SIZE > 0u
63          OS_REG                  RegTbl[OS_CFG_TASK_REG_TBL_SIZE];
64   # endif
65
66   # if OS_CFG_FLAG_EN > 0u
67          OS_FLAGS                FlagsPend;
68          OS_FLAGS                FlagsRdy;
69          OS_OPT                  FlagsOpt;
70   # endif
71
72   # if OS_CFG_TASK_SUSPEND_EN > 0u
73          OS_NESTING_CTR          SuspendCtr;
74   # endif
75
76   # if OS_CFG_TASK_PROFILE_EN > 0u
77          OS_CPU_USAGE            CPUUsage;
```

```
78          OS_CPU_USAGE              CPUUsageMax;
79          OS_CTX_SW_CTR             CtxSwCtr;
80          CPU_TS                    CyclesDelta;
81          CPU_TS                    CyclesStart;
82          OS_CYCLES                 CyclesTotal;
83          OS_CYCLES                 CyclesTotalPrev;
84
85          CPU_TS                    SemPendTime;
86          CPU_TS                    SemPendTimeMax;
87      # endif
88
89      # if OS_CFG_STAT_TASK_STK_CHK_EN > 0u
90          CPU_STK_SIZE              StkUsed;
91          CPU_STK_SIZE              StkFree;
92      # endif
93
94      # ifdef CPU_CFG_INT_DIS_MEAS_EN
95          CPU_TS                    IntDisTimeMax;
96      # endif
97      # if OS_CFG_SCHED_LOCK_TIME_MEAS_EN > 0u
98          CPU_TS                    SchedLockTimeMax;
99      # endif
100
101     # if OS_CFG_DBG_EN > 0u
102         OS_TCB                   * DbgPrevPtr;
103         OS_TCB                   * DbgNextPtr;
104         CPU_CHAR                 * DbgNamePtr;
105     # endif
106     };
```

第 2 行 StkPtr 为指向任务堆栈栈顶的指针;第 4 行 ExtPtr 用于指向任务控制块扩展的数据区;第 6 行 StkLimitPtr 为指向任务堆栈超限点处的指针,当堆栈使用到该点后,将预示着堆栈可能会溢出;第 8、9 行 NextPtr 和 PrevPtr 为连接多个任务控制块使用成为双向链表的前向和后向指针。

当任务处于延时等待态时,任务控制块将进入系统节拍任务的双向链表中,此时,第 11、12 行的 TickNextPtr 和 TickPrevPtr 为插入到系统节拍任务的双向链表中的前向和后向指针,第 14 行的 TickSpokePtr 指向插入的轮辐位置,详细情况将在第 7 章介绍。

第 16 行 NamePtr 指向表示任务名称的字符串。第 18 行 StkBasePtr 指向表示任务堆栈的数组首地址,即堆栈的基地址。如果任务使用了局部存储变量,则第 20~22 行定义 TLS_Tbl 数组变量,注意这里的 OS_TLS 是 void * 类型指针,可以指向任何数据类型。

第 24、25 行 TaskEntryAddr 和 TaskEntryArg 用于传递任务函数名(即任务函数入口地址)和任务函数参数。第 27 行 PendDataTblPtr 指向任务请求列表,任务可以请求多个信号量、事件标志组和消息队列,组成任务请求列表;第 28 行 PendOn 表示任务请求的事件类型;第 29 行 PendStatus 表示请求事件的请求状态;第 36 行为任务请求的事件数量。

第 31 行 TaskState 表示任务工作状态;第 32 行 Prio 表示任务优先级;第 33 行 StkSize 指任务堆栈大小;第 34 行为创建任务选项;第 38 行 TS 记录切换到该任务执行时的时间邮票值;第 40 行 SemCtr 为任务信号量的计数值。

第 42 行 TickCtrPrev 记录周期延时模式的任务的上一次等待匹配值;第 43 行 TickCtrMatch 记录任务等待的时钟节拍绝对值;第 44 行 TickRemain 记录任务就绪(或等待超时)还需要等待的时钟节拍值。

当多个任务具有相同的优先级时,第 46 行 TimeQuanta 记录该任务占用 CPU 时间片的大小;第 47 行 TimeQuantaCtr 记录当前任务还将占用 CPU 时间片的大小,切换到该任务执行时的初始值为 TimeQuanta。

第 50 行 MsgPtr 指向任务接收的消息;第 51 行 MsgSize 为接收到的消息长度。这两个参数当 OS_MSG_EN 为 1(μC/OS – III 消息队列使用)时才有效。

第 55 行 MsgQ 为任务消息队列,用于接收来自 ISR(中断服务程序)或其他任务直接发送给该任务的消息;第 57 行 MsgQPendTime 记录该任务请求到任务消息等待的时钟节拍数;第 58 行 MsgQPendTimeMax 记录该任务请求到任务消息等待的最大时钟节拍数。MsgQ 成员当任务消息队列使能(OS_CFG_TASK_Q_EN 为 1)时有效,其他两个成员要求任务消息队列使能且任务性能测试使能(OS_CFG_TASK_PROFILE_EN 为 1)时有效。

当 OS_CFG_TASK_REG_TBL_SIZE 为大于 0 的整数时,第 63 行定义任务专用寄存器数组 RegTbl。

当 μC/OS – III 开启事件标志组功能(OS_CFG_FLAG_EN 为 1)时,第 67～69 行的变量 FlagsPend、FlagsRdy 和 FlagsOpt 有效,FlagsPend 包含任务请求的事件标志组;FlagsRdy 包含使任务就绪的事件标志组;FlagsOpt 为请求事件标志组的方式,可取为 OS_OPT_PEND_FLAG_CLR_ALL、OS_OPT_PEND_FLAG_CLR_ANY、OS_OPT_PEND_FLAG_SET_ALL 或 OS_OPT_PEND_FLAG_SET_ANY 之一,依次表示事件标志组中指定的位全部为 0、任一位为 0、全部为 1 或任一位为 1。

当 μC/OS – III 开启任务挂起和恢复功能(OS_CFG_TASK_SUSPEND_EN 为 1)时,第 73 行 SuspendCtr 记录挂起的嵌套数。

当 μC/OS – III 开启性能测试功能(OS_CFG_TASK_PROFILE_EN 为 1)时,第 77～86 行的成员有效,其中,第 77 行 CPUUsage 表示该任务的 CPU 使用率;第 78 行 CPUUsageMax 表示该任务的 CPU 最大使用率;第 79 行 CtxSwCtr 表示该任务切换到执行态的切换次数。第 81 行 CyclesStart 记录任务发生切换时的时钟节拍值;第 80 行 CyclesDelta 记录该任务本次运行(从切换到运行态至切换到等待态)的时钟节拍值;第 82 行 CyclesTotal 记录该任务处于运行态的总的时钟节拍值;

第 83 行 CyclesTotalPrev 记录截至上一次运行态时的总的时钟节拍值。第 85 行 SemPendTime 记录该任务请求任务信号量的等待时钟节拍数;第 86 行 SemPend-TimeMax 记录该任务请求任务信号量的最大等待时钟节拍数。

如果堆栈检查使能(OS_CFG_STAT_TASK_STK_CHK_EN 为 1),则第 90 行 StkUsed 记录任务堆栈使用的大小(单位为 CPU_STK);第 91 行 StkFree 记录任务堆栈空间的大小(单位为 CPU_STK)。

如果宏定义了中断关闭时间测试使能常量(即 CPU_CFG_INT_DIS_MEAS_EN),则第 95 行 IntDisTimeMax 记录该任务执行过程中中断被关闭的最大时钟节拍数。如果使能了任务调度锁定时间测试功能(OS_CFG_SCHED_LOCK_TIME_MEAS_EN 为 1),则第 98 行 SchedLockTimeMax 记录任务执行过程中调度器被锁定的最大时钟节拍数。

当调试代码或变量使能(OS_CFG_DBG_EN 为 1)时,第 102、103 行的 DbgPrevPtr 和 DbgNextPtr 为指向调试对象的双向链表指针;第 104 行 DbgNamePtr 为调试对象的名称,调试对象为信号量、互斥信号量、事件标志组或消息队列等。

6.3.3　任务工作状态

在 μC/OS－III 中,任务具有就绪、运行、等待、中断和休眠 5 种工作状态,任一时刻,一个任务只能处于这 5 种状态之一,如图 6-1 所示。

由图 6-1 可知,任务创建后(调用 OSTaskCreate 函数)立即进入就绪态;调用 OSTaskDel 函数将任务删除后,任务将进入休眠态,进入休眠态的任务必须再次调用 OSTaskCreate 函数创建后才能进入就绪态。就绪态、运行态和等待态是 μC/OS－III 中任务的正常工作状态,正在运行的任务被中断信号(中断服务程序)中断后进入中断态,中断态支持中断嵌套运行,当中断返回(调用 OSIntExit)时,将根据被中断的任务和就绪态所有任务的优先级决定哪一个任务取得 CPU 使用权,如果被中断的任务的优先级最高,则被中断的任务将从中断态返回到运行态;如果被中断的任务的优先级比就绪态的最高优先级任务的优先级低,则被中断的任务进入就绪态,而就绪态的最高优先级任务取得 CPU 使用权。μC/OS－III 是可抢先型实时内核,当一个新的任务就绪后,将判断该任务是否比正在运行的任务的优先级高,如果其优先级高于正在运行的任务,则抢占当前运行的任务的 CPU 使用权,而进入运行态。当一个运行态的任务在请求一个事件的发生、任务被挂起或延时等待等情况下,将使其进入等待态;如果该任务请求的事件发生了(或称被释放了)、该任务放弃请求事件、任务被恢复或延时超时了,则该任务进入就绪态。

空闲任务是 μC/OS－III 的系统任务,该任务始终处于就绪态,当没有任何用户任务就绪时,空闲任务进入执行态;当新的用户任务就绪时,空闲任务让出 CPU 使用权,进入就绪态。

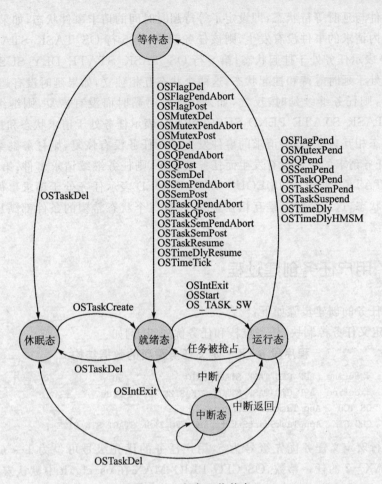

图 6-1 任务工作状态

用户任务在正常调度工作时,有 7 种不同的等待状态,加上任务的就绪态,则任务控制块中记录了 8 种任务的正常工作状态,在 os.h 文件中定义如下:

程序段 6-7   用户任务正常调度工作状态的宏定义

```
1    #define   OS_TASK_STATE_RDY                      (OS_STATE)(  0u)
2    #define   OS_TASK_STATE_DLY                      (OS_STATE)(  1u)
3    #define   OS_TASK_STATE_PEND                     (OS_STATE)(  2u)
4    #define   OS_TASK_STATE_PEND_TIMEOUT            (OS_STATE)(  3u)
5    #define   OS_TASK_STATE_SUSPENDED               (OS_STATE)(  4u)
6    #define   OS_TASK_STATE_DLY_SUSPENDED           (OS_STATE)(  5u)
7    #define   OS_TASK_STATE_PEND_SUSPENDED          (OS_STATE)(  6u)
8    #define   OS_TASK_STATE_PEND_TIMEOUT_SUSPENDED  (OS_STATE)(  7u)
```

第 1 行 OS_TASK_STATE_RDY 表示任务处于就绪态;第 2 行 OS_TASK_STATE_DLY 表示任务处于延时等待态;第 3 行 OS_TASK_STATE_PEND 表示任务处于请求事件状态;第 4 行 OS_TASK_STATE_PEND_TIMEOUT 表示任务处

于请求事件与延时等待状态,即设定了等待超时时间的请求事件状态,如果在设定的等待时间内请求的事件没有发生,则该任务就绪;第 5 行 OS_TASK_STATE_SUS-PENDED 表示任务处于挂起状态;第 6 行 OS_TASK_STATE_DLY_SUSPENDED 表示任务处于延时等待和挂起状态,这两个状态互相独立,如果延时没有超时而任务被恢复了,则任务继续延时,反之,如果任务延时超时而没有恢复,则继续挂起;第 7 行 OS_TASK_STATE_PEND_SUSPENDED 表示任务处于请求状态和挂起状态,这两个状态相互独立,如果请求的事件发生了而任务没有恢复,则任务继续挂起,反之,如果任务请求的事件没有发生而任务恢复了,则任务继续请求事件;第 8 行 OS_TASK_STATE_PEND_TIMEOUT_SUSPENDED 表示任务处于请求事件、延时等待和挂起状态,这三个状态是互相独立的,只有三个状态希望的条件都满足后,该任务才能就绪。

6.3.4 用户任务创建过程

用户任务的创建步骤如下:

S1. 定义任务控制块、任务堆栈和任务优先级,例如:

程序段 6-8 定义任务需要的数据结构

```
1    #define  APP_CFG_TASK_START_PRIO        5u
2    #define  APP_CFG_TASK_START_STK_SIZE    128u
3    OS_TCB   App_TaskStartTCBPtr;
4    CPU_STK  App_TaskStartStkPtr[APP_CFG_TASK_START_STK_SIZE];
```

第 1 行宏定义任务优先级号为 5,用户任务的优先级号可设为 1～OS_CFG_PRIO_MAX-2 的任一整数,OS_CFG_PRIO_MAX 在 os_cfg.h 中默认宏定义值为 32,则用户优先级号可为 1～30。第 2 行宏定义堆栈大小为 128;第 4 行定义用户任务堆栈为数组 App_TaskStartStkPtr[128]。第 3 行定义用户任务控制块变量 App_TaskStartTCBPtr。

S2. 创建任务函数体(或称任务体):

程序段 6-9 任务体示例

```
1    void App_TaskStart(void * p_arg)
2    {
3        OS_ERR   err;
4
5        (void)p_arg;
6
7        OS_CSP_TickInit();    //Initialize the Tick interrupt
8
9        while(DEF_TRUE)
10       {
11           OSTimeDlyHMSM(0,0,2,0,OS_OPT_TIME_HMSM_STRICT,&err);
```

```
12          UART0_putstring("Running...\n");
13        }
14      }
```

任务体与普通的 C 语言函数相比,具有 4 个特点:

① 返回值为 void,即无返回值。

② 只有一个 void * 参数,可以传递任意变量。

③ 包含无限循环体,即任务永不返回。

④ 无限循环体中至少包含一个延时等待函数或请求事件函数。在程序段 6-9 中,App_TaskStart 任务作为第一个用户任务,第 7 行调用 OS_CSP_TickInit 函数初始化时钟节拍;第 9~13 行为无限循环体;第 11 行为等待函数,延时 2 s;第 12 行调用自定义函数 UART0_putstring 向串口输出字符串"Running..."。

μC/OS-III 系统函数 OSTimeDlyHMSM 具有 6 个参数,依次为时、分、秒、毫秒、延时选项和出错码,当延时选项为 OS_OPT_TIME_HMSM_STRICT 时,表示时、分、秒、毫秒的取值范围依次为 0~99、0~59、0~59 和 0~999,即"严格"的时间格式;当延时选项为 OS_OPT_TIME_HMSM_NON_STRICT 时,表示时、分、秒、毫秒的取值范围依次为 0~999、0~9 999、0~65 535 和 0~4 294 967 295,即"不严格"的时间格式。函数 OSTimeDlyHMSM 调用成功后,出错码返回 OS_ERR_NONE。

S3. 创建任务并使其就绪:

在 μC/OS-II 中有两个创建任务的函数,即 OSTaskCreate 和 OSTaskCreate-Ext;在 μC/OS-III 中仅有一个创建任务的函数,即 OSTaskCreate,它有 13 个参数,示例如程序段 6-5 所示。任务创建以后立即进入就绪态。

6.3.5　APP 文件

第 4 章实例三 APP 文件包括 5 个文件,即 main.c、tasks.c、tasks.h、includes.h 和 app_cfg.h 文件,其中,main.c 文件内容固定为如下形式:

程序段 6-10　main.c 文件内容

```
1     //Filename: main.c
2
3     # include "includes.h"
4
5     void main(void)
6     {
7       OS_ERR  err;
8
9       LPC1788_NVIC_Init();
10
11      OSInit(&err);
12
```

```
13        OSTaskCreate((OS_TCB *)&App_TaskStartTCBPtr,
14                     (CPU_CHAR *)"App Task Start",
15                     (OS_TASK_PTR)App_TaskStart,
16                     (void *)0,
17                     (OS_PRIO)APP_CFG_TASK_START_PRIO,
18                     (CPU_STK *)App_TaskStartStkPtr, //(CPU_STK *)&App_TaskStartStkPtr[0],
19                     (CPU_STK_SIZE)APP_CFG_TASK_START_STK_SIZE_LIMIT,
20                     (CPU_STK_SIZE)APP_CFG_TASK_START_STK_SIZE,
21                     (OS_MSG_QTY)0u,
22                     (OS_TICK)0u,
23                     (void *)0,
24                     (OS_OPT)(OS_OPT_TASK_STK_CHK | OS_OPT_TASK_STK_CLR),
25                     (OS_ERR *)&err);
26
27        OSStart(&err);
28     }
```

本书中 main.c 文件内容固定不变,如上述程序段 6-10 所示,其内容为

① 包括"includes.h"头文件(第 3 行);

② 创建 main 函数(第 5 行);

③ 调用 LPC1788_NVIC_Init 函数初始化中断(第 9 行);

④ 调用 OSInit 函数初始化 μC/OS-III 系统(第 11 行);

⑤ 调用 OSTaskCreate 函数创建第一个用户任务(第 13~25 行);

⑥ 调用 OSStart 函数开启多任务(第 27 行),概括地讲就是系统初始化、创建第一个用户任务和启动多任务。

本书在第一个用户任务函数体中(无限循环外)创建事件,另一种常用的方法为在程序段 6-10 中第 12 行处创建事件,本书为了介绍程序方便,统一将创建事件放在 tasks.c 文件中的 App_TaskStart 函数中。

文件 tasks.c 包含各个任务的函数体,这里仅有第一个用户任务 App_TaskStart,故 tasks.c 文件的内容如下:

程序段 6-11　tasks.c 文件内容

```
1     //Filename: tasks.c
2
3     #define    TASKS_DATA
4     #include   "includes.h"
5
6     void App_TaskStart(void * p_arg)
7     {
8       OS_ERR    err;
9
10      (void)p_arg;
11
12      OS_CSP_TickInit();    //Initialize the Tick interrupt
```

```
13
14       while(DEF_TRUE)
15       {
16         OSTimeDlyHMSM(0,0,2,0,OS_OPT_TIME_HMSM_STRICT,&err);
17
18         UART0_putstring("Running...\n");
19       }
20    }
```

第 3 行宏定义 TASKS_DATA,用于 tasks.h 文件中声明外部变量;第 4 行包括头文件 includes.h,该头文件是总的包括文件;第 6～20 行为任务 App_TaskStart 函数体;第 10 行避免没有使用的参数 p_arg 被编译器报告警告信息;第 12 行调用 OS_CSP_TickInit 初始化时钟节拍;第 13 行为空行,该行处将在以后的工程中添加创建事件和创建其他任务的代码。

第 14～19 行为无限循环体,每 2 s(第 16 行)执行一次第 18 行,向串口发送字符串"Running..."。

tasks.h 文件包含任务相关的数据结构,例如任务控制块、任务堆栈、任务优先级、任务函数声明等,由于第一个用户任务 App_TaskStart 的优先级和堆栈大小在 app_cfg.h 文件中宏定义了,所以,tasks.h 文件仅需要定义第一个用户任务的任务控制块等信息,其内容如下:

程序段 6 - 12　tasks.h 文件内容

```
1     //Filename: tasks.h
2
3     # ifndef   TASKS_H
4     # define   TASKS_H
5
6     void    App_TaskStart(void * p_arg);
7
8     # endif
9
10    # ifdef   TASKS_DATA
11    # define   VAR_EXT
12    # else
13    # define   VAR_EXT   extern
14    # endif
15
16    VAR_EXT  OS_TCB    App_TaskStartTCBPtr;
17    VAR_EXT  CPU_STK  App_TaskStartStkPtr[APP_CFG_TASK_START_STK_SIZE];
```

第 6 行定义第一个用户任务函数声明。第 10～14 行说明如果宏定义了 TASKS_DATA(见程段 6 - 11 第 3 行),则第 11 行宏定义 VAR_EXT 为空格;否则,第 13 行宏定义 VAR_EXT 为 extern,表示引用外部定义变量。这样,在 tasks.h 文件中所有的变量前均需添加 VAR_EXT 修饰符,可避免变量重复编译。第 16、17 行定义任务控制块 App_TaskStartTCBPtr 和任务堆栈 App_TaskStartStkPtr，其中，APP_CFG_
TASK_START_STK_SIZE 在 app_cfg.h 中宏定义为 128（APP_CFG_前缀，表示该
常量在 app_cfg.h 中宏定义）。

includes.h 文件包括用户程序用到的所有头文件，其内容如下：

程序段 6-13　includes.h 文件内容

```
1      //Filename: includes.h
2
3      # include    <os.h>
4
5      # include    <csp_types.h>
6      # include    <os_csp.h>
7
8      # include    <csp.h>
9
10     # include    <app_cfg.h>
11
12     # include    "tasks.h"
13     # include    "LPC1788_nvic.h"
14     # include    "user_bsp.h"
```

上述代码中用"< >"括起来的头文件为 µC/OS‑III 系统头文件，其中，os.h 头
文件为 µC/OS‑III 内核头文件；第 5～8 行为芯片支持包头文件；第 10 行的 app_
cfg.h 文件需要用户配置修改，而其他系统头文件无需用户干预；第 12～14 行为用
户自定义头文件，这些文件的内容均已介绍过。

app_cfg.h 文件内容可根据需要修改。下面程序段 6-14 列出了部分该文件的
内容，其余内容保持默认代码。

程序段 6-14　app_cfg.h 文件部分内容

```
1      # define   APP_CFG_TASK_START_PRIO              5u
2
3      # define   APP_CFG_TASK_START_STK_SIZE          128u
4
5      # define   APP_CFG_TASK_START_STK_SIZE_PCT_FULL 90u
6
7      # define   APP_CFG_TASK_START_STK_SIZE_LIMIT  (APP_CFG_TASK_START_STK_SIZE *
(100u - APP_CFG_TASK_START_STK_SIZE_PCT_FULL))/ 100u
8
9      # define   LIB_MEM_CFG_ARG_CHK_EXT_EN          DEF_DISABLED
10     # define   LIB_MEM_CFG_OPTIMIZE_ASM_EN         DEF_ENABLED
11     # define   LIB_MEM_CFG_ALLOC_EN                DEF_ENABLED
12     # define   LIB_MEM_CFG_HEAP_SIZE               8u * 1024u
13     # define   LIB_MEM_CFG_HEAP_BASE_ADDR          0x20004000u
14     # define   LIB_STR_CFG_FP_EN                   DEF_DISABLED
```

第 1 行的宏定义常量 APP_CFG_TASK_START_PRIO 用做第一个任务 App_

TaskStart 的优先级号;第 3 行的宏定义常量 APP_CFG_TASK_START_STK_
SIZE 用做第一个任务 App_TaskStart 的堆栈大小;根据第 3～7 行可知宏定义常量
APP_CFG_TASK_START_STK_SIZE_LIMIT 为 12,作为堆栈预警门限;第 9～14
行为 μC/LIB 的宏定义常量,依次表示关闭库参数检查、使用汇编语言字符串拷贝函
数、使能内存动态分配功能、配置库堆大小为 8 KB、配置库堆起始地址为 0x2000
4000、关闭库浮点数运算。

　　至此,第 4 章实例三阐述完毕。下面介绍一个多用户任务的程序实例,并详细介
绍该实例的工作过程。与事件相关的多用户任务设计将在后续章节中介绍。

6.4　多任务工程实例

　　μC/OS‑III 是多任务实时操作系统,本节创建一个具有 4 个任务的应用程序,
其中,任务 1 的优先级在 4 个任务中最高,任务 2 和任务 3 具有相同的优先级,任务 4
的优先级在 4 个任务中最低;任务 3 和任务 4 共用相同的任务函数体;任务 1 每隔
1 s 输出提示信息;任务 2 每隔 2 s 输出提示信息;任务 3 每隔 3 s 输出提示信息;任
务 4 每隔 4 s 输出提示信息。

6.4.1　实例一

　　在第 4 章实例三(ex4_3)的基础上,新建工程 ex6_1,需要修改的文件有 includes.h、
tasks.c 和 tasks.h 文件,其中,includes.h 文件中添加一行对 stdio.h 文件的包括,即
"#include ＜stdio.h＞",这是因为在 tasks.c 文件中使用了 sprintf 函数。

　　tasks.h 文件添加了对新的用户任务的函数声明、堆栈和优先级定义等,其代码
如程序段 6‑15 所示。

程序段 6‑15　　tasks.h 文件内容

```
1     //Filename: Lasks.h
2
3     #ifndef   TASKS_H
4     #define   TASKS_H
5
6     #define   USER_TASK1_PRIO        6u
7     #define   USER_TASK2_PRIO        7u
8     #define   USER_TASK3_PRIO        7u
9     #define   USER_TASK4_PRIO        9u
10
11    #define   USER_TASK1_STK_SIZE    0x100
12    #define   USER_TASK2_STK_SIZE    0x100
13    #define   USER_TASK3_STK_SIZE    0x120
```

```
14      #define  USER_TASK4_STK_SIZE      0x120
15
16      void     App_TaskStart(void * p_arg);
17      void     User_TaskCreate(void);
18      void     User_Task1(void * p_arg);
19      void     User_Task2(void * p_arg);
20      void     User_Task3(void * p_arg);
21
22      #endif
23
24      #ifdef    TASKS_DATA
25      #define   VAR_EXT
26      #else
27      #define   VAR_EXT   extern
28      #endif
29
30      VAR_EXT   OS_TCB     App_TaskStartTCBPtr;
31      VAR_EXT   CPU_STK    App_TaskStartStkPtr[APP_CFG_TASK_START_STK_SIZE];
32
33      VAR_EXT   OS_TCB     USER_TASK1TCBPtr;
34      VAR_EXT   CPU_STK    USER_TASK1StkPtr[USER_TASK1_STK_SIZE];
35
36      VAR_EXT   OS_TCB     USER_TASK2TCBPtr;
37      VAR_EXT   CPU_STK    USER_TASK2StkPtr[USER_TASK2_STK_SIZE];
38
39      VAR_EXT   OS_TCB     USER_TASK3TCBPtr;
40      VAR_EXT   CPU_STK    USER_TASK3StkPtr[USER_TASK3_STK_SIZE];
41
42      VAR_EXT   OS_TCB     USER_TASK4TCBPtr;
43      VAR_EXT   CPU_STK    USER_TASK4StkPtr[USER_TASK4_STK_SIZE];
```

第 6～9 行宏定义任务 1～4 的优先级,任务 1 的优先级号为 1;任务 2、3 的优先级号相同,为 7;任务 4 的优先级号为 9。这说明任务的优先级号(在 1～ OS_CFG_PRIO_MAX-2 之间)任意选取,可设置多个任务具有相同的优先级。

第 11～14 行宏定义任务 1～4 的堆栈大小。在 µC/OS-III 中,不同的任务可以具有不同的堆栈大小,即任务的堆栈大小根据该任务的堆栈使用情况设定,要求具有 30 %～50 % 的空闲堆栈空间。

第 16、18～20 行定义任务的函数声明;第 17 行定义函数声明 User_TaskCreate,在函数中创建任务 1～4。

第 33～43 行定义任务 1～4 的任务控制块和任务堆栈。

文件 tasks.c 实现了任务 1～4 的函数体,其内容如下所示:

程序段 6-16　　tasks.c 文件内容

```
1       //Filename: tasks.c
2
```

```
3      # define    TASKS_DATA
4      # include   "includes.h"
5
6      void App_TaskStart(void * p_arg)
7      {
8        OS_ERR    err;
9
10       (void)p_arg;
11
12       OS_CSP_TickInit();    //Initialize the Tick interrupt
13
14       User_TaskCreate();    //Create User Tasks
15
16       while(DEF_TRUE)
17       {
18         OSTimeDlyHMSM(0,0,2,0,OS_OPT_TIME_HMSM_STRICT,&err);
19         UART0_putstring("Running...\n");
20       }
21     }
22
23     void   User_TaskCreate(void)
24     {
25       OS_ERR   err;
26       OSTaskCreate((OS_TCB * )&USER_TASK1TCBPtr,       //Task 1
27                    (CPU_CHAR * )"User Task1",
28                    (OS_TASK_PTR)User_Task1,
29                    (void * )0,
30                    (OS_PRIO)USER_TASK1_PRIO,
31                    (CPU_STK * )USER_TASK1StkPtr,
32                    (CPU_STK_SIZE)USER_TASK1_STK_SIZE/10,
33                    (CPU_STK_SIZE)USER_TASK1_STK_SIZE,
34                    (OS_MSG_QTY)0u,
35                    (OS_TICK)0u,
36                    (void * )0,
37                    (OS_OPT)(OS_OPT_TASK_STK_CHK | OS_OPT_TASK_STK_CLR),
38                    (OS_ERR * )&err);
39       OSTaskCreate((OS_TCB * )&USER_TASK2TCBPtr,   //Task 2
40                    (CPU_CHAR * )"User Task2",
41                    (OS_TASK_PTR)User_Task2,
42                    (void * )0,
43                    (OS_PRIO)USER_TASK2_PRIO,
44                    (CPU_STK * )USER_TASK2StkPtr,
45                    (CPU_STK_SIZE)USER_TASK2_STK_SIZE/10,
46                    (CPU_STK_SIZE)USER_TASK2_STK_SIZE,
47                    (OS_MSG_QTY)0u,
48                    (OS_TICK)10u,
49                    (void * )0,
50                    (OS_OPT)(OS_OPT_TASK_STK_CHK | OS_OPT_TASK_STK_CLR),
51                    (OS_ERR * )&err);
```

```
52      OSTaskCreate((OS_TCB * )&USER_TASK3TCBPtr,   //Task 3
53                  (CPU_CHAR * )"User Task3",
54                  (OS_TASK_PTR)User_Task3,
55                  (void * )1,
56                  (OS_PRIO)USER_TASK3_PRIO,
57                  (CPU_STK * )USER_TASK3StkPtr,
58                  (CPU_STK_SIZE)USER_TASK3_STK_SIZE/10,
59                  (CPU_STK_SIZE)USER_TASK3_STK_SIZE,
60                  (OS_MSG_QTY)0u,
61                  (OS_TICK)10u,
62                  (void * )0,
63                  (OS_OPT)(OS_OPT_TASK_STK_CHK | OS_OPT_TASK_STK_CLR),
64                  (OS_ERR * )&err);
65      OSTaskCreate((OS_TCB * )&USER_TASK4TCBPtr,   //Task 4
66                  (CPU_CHAR * )"User Task4",
67                  (OS_TASK_PTR)User_Task3,
68                  (void * )2,
69                  (OS_PRIO)USER_TASK4_PRIO,
70                  (CPU_STK * )USER_TASK4StkPtr,
71                  (CPU_STK_SIZE)USER_TASK4_STK_SIZE/10,
72                  (CPU_STK_SIZE)USER_TASK4_STK_SIZE,
73                  (OS_MSG_QTY)0u,
74                  (OS_TICK)0u,
75                  (void * )0,
76                  (OS_OPT)(OS_OPT_TASK_STK_CHK | OS_OPT_TASK_STK_CLR),
77                  (OS_ERR * )&err);
78  }
79
80  void  User_Task1(void * p_arg)
81  {
82    OS_ERR  err;
83    CPU_INT08U str[60];
84    static  CPU_INT32U  t_cnt;
85
86    (void)p_arg;
87    t_cnt = 0u;
88    while(DEF_TRUE)
89    {
90      OSTimeDlyHMSM(0,0,1,0,OS_OPT_TIME_HMSM_STRICT,&err);
91
92      t_cnt++;
93      sprintf((char * )str,"This is Task1. Every 1s.  Past % ld second(s)! \n",t_cnt);
94      UART0_putstring(str);
95    }
96  }
97
98  void  User_Task2(void * p_arg)
99  {
100   OS_ERR  err;
```

```
101
102    (void)p_arg;
103    while(DEF_TRUE)
104    {
105      OSTimeDlyHMSM(0,0,2,0,OS_OPT_TIME_HMSM_STRICT,&err);
106      UART0_putstring("This is Task2. Every 2s.\n");
107    }
108  }
109
110  void  User_Task3(void * p_arg)
111  {
112    OS_ERR   err;
113    CPU_INT32U  i;
114
115    i = (CPU_INT32U)p_arg;
116    while(DEF_TRUE)
117    {
118      switch(i)
119      {
120      case 1:  //Task 3
121        OSTimeDlyHMSM(0,0,3,0,OS_OPT_TIME_HMSM_STRICT,&err);
122        UART0_putstring("This is Task3. Every 3s.\n");
123        break;
124      case 2:  //Task 4
125        OSTimeDlyHMSM(0,0,4,0,OS_OPT_TIME_HMSM_STRICT,&err);
126        UART0_putstring("This is Task4. Every 4s.\n");
127        break;
128      default:
129        break;
130      }
131    }
132  }
```

第 23～78 行为 User_TaskCreate 函数,依次调用 4 次 OSTaskCreate 函数创建 4 个任务:第 26～38 行创建任务 1(Task 1);第 39～51 行创建任务 2(Task 2);第 52～64 行创建任务 3(Task 3);第 65～77 行创建任务 4(Task 4)。由于任务 2 和 3 具有相同的优先级,它们之间的调度采用时间片轮换调度,所以在第 48、61 行指定其 CPU 时间片的占用时间,这里都指定为 10 个时间节拍。此外,由于任务 3 和 4 共同 使用同一个任务函数体 User_Task3,所以在第 55、68 行为任务 3 和 4 指定了任务参 数,分别是(void *)1 和(void *)2,以区分不同的任务。OSTaskCreate 函数各个参 数的含义已经在第 6.3 节介绍了,此处不再赘述。

第 80～96 行为任务 1 的实现函数体。第 83 行定义字符串数组 str;第 84 行定 义静态变量 t_cnt,用于记录工程的执行时间;第 87 行将 t_cnt 初始化为 0。第 88～ 95 行为无限循环体,每隔 1 s(第 90 行)执行第 92～94 行一次:首先将 t_cnt 自增 1 (第 92 行);然后,第 93 行生成字符串 str;最后,第 94 行向串口输出 str 字符串,即

"This is Task1. Every 1s.　Past 't_cnt' second(s)."。

第 98～108 行为任务 2 的函数体 User_Task2,其中,第 103～107 行为无限循环体,每隔 2 s 执行一次第 106 行,输出提示信息"This is Task2. Every 2s."。

第 110～132 行为任务 3 和 4 的实现函数体 User_Task3。第 113 行定义变量 i,第 114 行将参数 p_arg 的值赋给 i。第 116～131 行为无限循环体:第 52～64 行的任务 3 创建函数将参数 1 传递给 User_Task3,即当 i 为 1 时,第 121～123 行执行,即任务 3 每隔 3 s 执行一次第 122 行,输出信息"This is Task3. Every 3s.";第 65～77 行的任务 4 创建函数将参数 2 传递给 User_Task4,即当 i 为 2 时,第 125～127 行执行,即任务 4 每隔 4 s 执行一次第 126 行,输出信息"This is Task4. Every 4s."。

通过上述代码的解释,可知通过设置 OSTaskCreate 函数的参数,能使得多个任务共享同一个优先级以及不同任务共用同一个函数体。

6.4.2　实例一工作原理

工程 ex6_1 的执行结果如图 6-2 所示。

图 6-2　工程 ex6_1 的执行结果

由图 6-1 可知,1 s 过后,任务 1 执行第一次,输出"This is Task1. Every 1s. Past 1 second(s)!"。然后,2 s 过后,App_TaskStart、任务 1 和任务 2 都就绪,由于 App_TaskStart 优先级高于任务 1 和任务 2,故先执行,输出"Running…"后进入等

待态；接着，任务 1（因其优先级高于任务 2）得到执行，输出"This is Task 1. Every 1s. Past 2 second(s)!"后进入等待态；之后，任务 2 执行，输出"This is Task 2. Every 2s."。再过 1 s，即延时 3 s 时，任务 1 和任务 3 同时就绪，任务 1 的优先级更高，则先执行，输出"This is Task 1. Every 1s. Past 3 second(s)!"后，进入等待态；任务 3 得到执行，输出"This is Task 3. Every 3s."。再过 1 s，即延时 4 s 时，任务 App_TaskStart、任务 1、任务 2 和任务 4 同时就绪，按它们的优先级顺序依次执行，即得到如下输出信息：

"Running...
This is Task1. Every 1s. Past 4 second(s).
This is Task2. Every 2s.
This is Task4. Every 4s."

再过 1 s，即延时 5 s 时，只有任务 1 就绪，则显示信息"This is Task 1. Every 1s. Past 5 second(s)!"。再过 1 s，即延时 6 s 时，任务 App_TaskStart、任务 1、任务 2 和任务 3 同时就绪，由于任务 2 和 3 具有相同的优先级，因此，它们同时就绪时的执行次序视它们在就绪任务列表中的先后顺序而定。下面为它们的输出信息：

"Running...
This is Task1. Every 1s. Past 6 second(s).
This is Task3. Every 3s.
This is Task2. Every 2s."

上述信息表明任务 3 在就绪任务列表中位于任务 2 的前面。图 6‑2 中第 6 s 以后输出的信息按上述方法可以推得。工程 ex6_1 的工作情况如图 6‑3 所示。

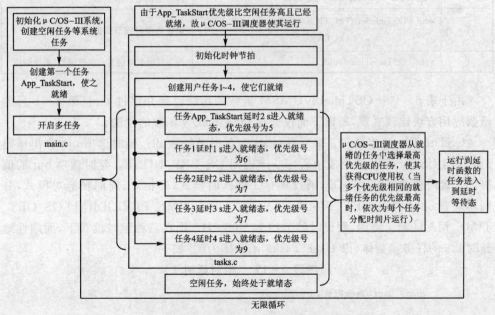

图 6‑3　工程 ex6_1 的工作情况

6.5 延时函数

μC/OS‐III 系统具有 2 个延时函数，即 OSTimeDly 和 OSTimeDlyHMSM，这 2 个函数位于 os_time. c 系统文件中，该文件中可供用户调用的函数如表 6‐1 所列。

表 6‐1 os_time. c 文件中供用户调用的函数

序 号	函数原型	功 能
1	void OSTimeDly (OS_TICK dly, OS_OPT opt, OS_ERR * p_err)	延时函数，以节拍为单位，具有 3 种延时模式：相对、周期和绝对模式
2	void OSTimeDlyHMSM (CPU_INT16U hours, CPU_INT16U minutes, CPU_INT16U seconds, CPU_INT32U milli, OS_OPT opt, OS_ERR * p_err)	延时函数，以时、分、秒、毫秒为单位，采用相对延时模式
3	void OSTimeDlyResume (OS_TCB * p_tcb, OS_ERR * p_err)	恢复一个正在延时中的任务，即取消该任务的延时
4	OS_TICK OSTimeGet (OS_ERR * p_err)	获得当前时钟节拍值
5	void OSTimeSet (OS_TICK ticks, OS_ERR * p_err)	设置当前时钟节拍值
6	void OSTimeTick (void)	每个时钟节拍触发一次该函数(系统调用)

由于表 6‐1 中 OSTimeDlyHMSM 函数的用法已经介绍过了，且第 3~5 行的函数应用方法比较直观，所以下面仅介绍 OSTimeDly 函数的用法。

OSTimeDly 函数具有 3 个形参，依次为延时节拍数 dly、延时选项 opt 和出错码 p_err，当 OSTimeDly 调用成功后，p_err 返回 OS_ERR_NONE。延时选项 opt 的值决定了延时模式，OSTimeDly 函数具有 3 种延时模式，即相对、周期和绝对模式，分别对应着 opt 取 OS_OPT_TIME_DLY、OS_OPT_TIME_PERIODIC 和 OS_OPT_TIME_MATCH。例如，假设时钟节拍为 1 000 Hz，则在三种延时模式下，周期性地延时 2 s 的任务函数体(以 User_Task2 函数体为例)如下：

程序段 6‐17 相对延时 2 s

```
1    void  User_Task2(void * p_arg)
2    {
3      OS_ERR  err;
4
```

```
5        (void)p_arg;
6        while(DEF_TRUE)
7        {
8          OSTimeDly(2000,OS_OPT_TIME_DLY, &err);
9          UART0_putstring("This is Task2. Every 2s.\n");
10       }
11   }
```

第8行调用 OSTimeDly 函数延时 2 000 个时钟节拍,从当前时钟节拍的下一个节拍算起(为第 1 个时钟节拍),到第 2 000 个时钟节拍延时结束。如果当前时钟节拍下没有比 User_Task2 更高的优先级,则当前时钟节拍到达后立即执行 User_Task2,从下一个时钟节拍开始算起,到第 2 000 个时钟节拍时,刚好经过 2 000 个时钟节拍,即准确地延时了 2 s 后再次执行。但是,如果当前时钟节拍中有比 User_Task2 任务优先级高的任务,或在从下一个时钟节拍算起的第 2 000 个时钟节拍也有比 User_Task2 任务优先级高的任务,则 User_Task2 任务的延时将不是准确的 2 000 个时钟节拍,并且延时值可能大于或小于 2 000 个时钟节拍的准确值,视当前时钟节拍和第 2 000 个时钟节拍内的比 User_Task2 任务优先级高的任务的数量和执行时间(一般情况下,偏差值会小于 1 个时钟节拍;但是如果那些更高优先级的任务执行时间超过 1 个时钟节拍,偏差值也可能相差 1 个以上的时钟节拍)而定。

程序段 6-18 周期延时 2 s

```
1        void  User_Task2(void * p_arg)
2        {
3          OS_ERR   err;
4
5          (void)p_arg;
6          while(DEF_TRUE)
7          {
8            OSTimeDly(2000,OS_OPT_TIME_PERIODIC, &err);
9            UART0_putstring("This is Task2. Every 2s.\n");
10         }
11       }
```

第8行调用 OSTimeDly 延时 2 000 个时钟节拍,采用 OPT_TIME_PERIODIC 方式,这种方式与相对方式(程序段 6-17)类似,即从下一个时钟节拍算起(作为第 1 个时钟节拍),延时到第 2 000 个时钟节拍时,执行第 9 行代码。由于当前时钟节拍和第 2 000 个时钟节拍都有可能具有比 User_Task2 更高优先级的任务就绪,因此,延时值可能不是准确的 2 000 个时钟节拍。与相对延时不同的是,周期性的延时方式下,延时偏差不会超过 1 个时钟节拍值,因此,这种方式是比较常用的延时方式。

程序段 6-19 绝对延时 2 s

```
1        void  User_Task2(void * p_arg)
2        {
3          OS_ERR   err;
```

```
4        OS_TICK  tick_cur;
5
6        (void)p_arg;
7
8        tick_cur = OSTimeGet(&err);
9        while(DEF_TRUE)
10       {
11         tick_cur = tick_cur + 2000;
12         OSTimeDly(tick_cur,OS_OPT_TIME_MATCH, &err);
13         UART0_putstring("This is Task2. Every 2s.\n");
14       }
15     }
```

绝对延时方式是指延时到某个时钟节拍计数值时,执行该任务的功能。第 4 行定义变量 tick_cur;第 8 行读取当前的时钟节拍值,赋给变量 tick_cur;进入循环体后,第 11 行设定等待的延时时钟节拍绝对值,即比当前时钟节拍大 2 000 个节拍,相当于延时 2 000 个时钟节拍;第 12 行调用 OSTimeDly 函数,以 OS_OPT_TIME_MATCH 方式延时 2 000 个时钟节拍。可见,绝对方式的延时需要获取当前时钟节拍值,并且要不断更新绝对时钟节拍值,这种方式下,能保证延时值是 2 000 个时钟节拍,延时偏差小于 1 个时钟节拍。

将程序段 6 – 17 至程序段 6 – 19 中的 User_Task2 函数替换工程 ex6_1 中的同名函数,运行结果保持不变。由于周期方式和绝对方式下的延时偏差小于 1 个时钟节拍,相对方式下的延时偏差可能大于 1 个时钟节拍(小于 2 个时钟节拍),因此,在延时要求严格的实际应用中,可尽量采用周期或绝对延时方式。如果对延时要求不严格,则可采用相对延时方式,此时,可使用更加直观的 OSTimeDlyHMSM 延时函数,设置延时值时不用考虑时钟节拍频率。

6.6 本章小结

任务的四要素为任务优先级、任务堆栈、任务控制块和任务函数体,每个任务必须具有独立的任务堆栈和任务控制块,而多个任务可以具有相同的优先级和任务函数体。在 μC/OS – III 中,至少需要创建一个用户任务,一般地,第一个用户任务为 App_TaskStart,在 app_cfg.h 文件中宏定义其优先级号和堆栈大小,在第一个用户任务的函数体中创建其他用户任务和定义事件。用户任务要实现的功能体现在其无限循环体中,因此,每个任务都具有周期性执行的特点,或者具有周期性请求某个(或某些)事件的特点,后者将在第 8 章以后介绍。通过本章的学习,读者应能熟练地编写具有延时函数的任务。

第 **7** 章

μC/OS-III 系统任务

基于 μC/OS-III 系统进行应用程序设计的一般步骤可归纳为：① 初始化硬件平台；② 调用 OSInit 函数初始化 μC/OS-III 系统；③ 创建第一个用户任务；④ 调用 OSStart 开启多任务；⑤ 在第一个用户任务中（无限循环体外）使能时钟节拍、创建事件和其他任务；⑥ 为每个用户任务编写函数体。其中，调用 OSInit 函数除了初始化 μC/OS-III 的系统变量外，还创建了 5 个系统任务，为用户任务服务，这部分代码如程序段 7-1 所示。

程序段 7-1 函数 OSInit 中创建系统任务的代码

```
1     # if OS_CFG_ISR_POST_DEFERRED_EN > 0u
2         OS_IntQTaskInit(p_err);
3         if ( * p_err != OS_ERR_NONE) {
4             return;
5         }
6     # endif
7
8         OS_IdleTaskInit(p_err);
9         if ( * p_err != OS_ERR_NONE) {
10            return;
11        }
12
13        OS_TickTaskInit(p_err);
14        if ( * p_err != OS_ERR_NONE) {
15            return;
16        }
17
18    # if OS_CFG_STAT_TASK_EN > 0u
19        OS_StatTaskInit(p_err);
20        if ( * p_err != OS_ERR_NONE) {
21            return;
22        }
23    # endif
24
25    # if OS_CFG_TMR_EN > 0u
26        OS_TmrInit(p_err);
27        if ( * p_err != OS_ERR_NONE) {
```

```
28              return;
29          }
30      # endif
```

当宏常量 OS_CFG_ISR_POST_DEFERRED_EN 为 1 时,第 1~6 行创建中断服务手柄任务;第 8~11 行创建空闲任务;第 13~16 行创建时钟节拍任务;当宏常量 OS_CFG_STAT_TASK_EN 为 1 时,第 18~23 行创建统计任务;当宏常量 OS_CFG_TMR_EN 为 1 时,第 25~30 行创建定时器任务。

从程序段 7-1 可知,空闲任务和时钟节拍任务是 μC/OS - III 系统无条件创建的两个系统任务,而其余的三个任务根据文件 os_cfg.h 中的相应常量配置值有条件地创建。这里所谓的"创建"是指第 2、8、13、19 和 26 行的初始化系统任务函数内部调用 OSTaskCreate 函数创建相应的系统任务。这些初始化函数调用后的返回值如果不是 OS_ERR_NONE,则表明其执行出错;第 3~5、9~11、14~16、20~22 和 26~29 行判断初始化函数调用后的返回值,如果执行出错,则退出应用程序。

本章将详细介绍 μC/OS - III 的 5 个系统任务,重点在于统计任务和定时器任务。

7.1 空闲任务

程序段 7-1 中第 8 行空闲任务初始化函数 OS_IdleTaskInit 的内容如下:

程序段 7-2   空闲任务初始化函数 OS_IdleTaskInit

```
1     void   OS_IdleTaskInit (OS_ERR   * p_err)
2     {
3         OSIdleTaskCtr = (OS_IDLE_CTR)0;
4
5         OSTaskCreate((OS_TCB     * )&OSIdleTaskTCB,
6                      (CPU_CHAR   * )((void * )"uC/OS - III Idle Task"),
7                      (OS_TASK_PTR)OS_IdleTask,
8                      (void       * )0,
9                      (OS_PRIO    )(OS_CFG_PRIO_MAX - 1u),
10                     (CPU_STK    * )OSCfg_IdleTaskStkBasePtr,
11                     (CPU_STK_SIZE)OSCfg_IdleTaskStkLimit,
12                     (CPU_STK_SIZE)OSCfg_IdleTaskStkSize,
13                     (OS_MSG_QTY )0u,
14                     (OS_TICK    )0u,
15                     (void       * )0,
16            (OS_OPT)(OS_OPT_TASK_STK_CHK | OS_OPT_TASK_STK_CLR | OS_OPT_TASK_NO_TLS),
17                     (OS_ERR     * )p_err);
18    }
```

第 3 行将空闲任务执行次数清 0;第 5~17 行调用 OSTaskCreate 函数创建空闲

任务,各行的含义依次为:空闲任务控制块为 OSIdleTaskTCB、空闲任务名称为 "uC/OS－III Idle Task"、空闲任务函数为 OS_IdleTask、空闲任务函数参数为空、空闲任务优先级为 OS_CFG_PRIO_MAX－1u、空闲任务堆栈数组基地址指针为 OS-Cfg_IdleTaskStkBasePtr(数组为 OSCfg_IdleTaskStk)、空闲任务堆栈预警值为 OS-Cfg_IdleTaskStkLimit(值为 6)、空闲任务堆栈大小为 OSCfg_IdleTaskStkSize(缺省值为 64)、空闲任务消息数量为 0、空闲任务时间片长度为 0、空闲任务没有外部扩展数据区、空闲任务创建时进行堆栈检查清 0 且无任务局部存储区、返回出错码 p_err。

从程序段 7－2 可知空闲任务的优先级为 OS_CFG_PRIO_MAX－1u,即具有最低的优先级,任意用户任务就绪后,都会抢占空闲任务的 CPU 使用权;当只有空闲任务就绪时,空闲任务才能获得 CPU 使用权而得到执行。

空闲任务函数体如程序段 7－3 所示。

程序段 7－3　空闲任务函数 OS_IdleTask

```
1     void  OS_IdleTask (void    * p_arg)
2     {
3         CPU_SR_ALLOC();
4
5         p_arg = p_arg;
6
7         while (DEF_ON) {
8             CPU_CRITICAL_ENTER();
9             OSIdleTaskCtr ++ ;
10    # if OS_CFG_STAT_TASK_EN > 0u
11            OSStatTaskCtr ++ ;
12    # endif
13            CPU_CRITICAL_EXIT();
14
15            OSIdleTaskHook();
16        }
17    }
```

第 3 行初始化用于保存寄存器值的局部变量 cpu_sr 为 0,供第 8、13 行的两个函数使用。第 5 行的"p_arg＝p_arg;"可消除未使用的参数编译警告;第 7 行的宏常量 DEF_ON 为 1,即第 7～16 行为无限循环体,其中,第 9～12 行为临界区代码,不会被中断;第 9 行表示空闲任务无限循环体每循环一次,即空闲任务每执行一次,变量 OSIdleTaskCtr 自增 1,因此,OSIdleTaskCtr 记录了空闲任务的执行次数。如果统计任务使能(OS_CFG_STAT_TASK_EN 为 1),则第 11 行变量 OSStatTaskCtr 自增 1,用于统计 CPU 使用率。第 15 行为用户钩子函数 OSIdleTaskHook。

由程序段 7－3 可知,空闲任务无限循环体中没有延时等待函数,因此,空闲任务始终就绪,只可能处于就绪态和执行态。

7.2 系统节拍任务

在第一个用户任务 App_TaskStart 函数中调用 OS_CSP_TickInit 函数初始化时钟节拍中断(参考程序段 6-11),如果时钟节拍中断频率为 1 000 Hz,则每 0.001 s产生一次时钟节拍中断,将调用时钟节拍中断服务程序 OS_CPU_SysTickHandler,该函数将调用 OSTimeTick 函数,在该函数中调用 OSTaskSemPost(或当 OS_CFG_ISR_POST_DEFERRED_EN 为 1 时调用 OS_IntQPost,见第 7.5 节)向系统节拍任务释放任务信号量。系统节拍任务函数如程序段 7-4 所示。

程序段 7-4   系统时钟节拍任务

```
1       void   OS_TickTask (void    * p_arg)
2       {
3           OS_ERR    err;
4           CPU_TS    ts;
5
6           p_arg = p_arg;
7
8           while (DEF_ON) {
9               (void)OSTaskSemPend((OS_TICK   )0,
10                                  (OS_OPT    )OS_OPT_PEND_BLOCKING,
11                                  (CPU_TS  * )&ts,
12                                  (OS_ERR  * )&err);
13              if (err = = OS_ERR_NONE) {
14                  if (OSRunning = = OS_STATE_OS_RUNNING) {
15                      OS_TickListUpdate();
16                  }
17              }
18          }
19      }
```

第 9～12 行请求任务信号量,请求不到任务信号量时永远等待,而当请求成功后(第 13 行为真),执行第 14～16 行,调用 OS_TickListUpdate 函数更新时钟节拍任务列表,在该函数中更新所有延时任务的等待时钟节拍值,把等待时钟节拍为 0 的任务从时钟节拍任务列表中移除(当该任务请求事件延时超时)或使其就绪(当该任务没有请求事件时)。

程序段 7-1 第 13 行的系统时钟节拍初始化函数 OS_TickTaskInit 调用 OSTaskCreate 函数创建系统时钟节拍,其代码如下:

程序段 7-5   系统时钟节拍初始化函数 OS_TickTaskInit

```
1       void   OS_TickTaskInit (OS_ERR   * p_err)
2       {
3           OSTickCtr              = (OS_TICK)0u;
4
```

```
5          OSTickTaskTimeMax = (CPU_TS)0u;
6
7          OS_TickListInit();
8
9          if (OSCfg_TickTaskStkBasePtr == (CPU_STK * )0) {
10             * p_err = OS_ERR_TICK_STK_INVALID;
11             return;
12         }
13
14         if (OSCfg_TickTaskStkSize < OSCfg_StkSizeMin) {
15             * p_err = OS_ERR_TICK_STK_SIZE_INVALID;
16             return;
17         }
18
19         if (OSCfg_TickTaskPrio > = (OS_CFG_PRIO_MAX - 1u)) {
20             * p_err = OS_ERR_TICK_PRIO_INVALID;
21             return;
22         }
23
24         OSTaskCreate((OS_TCB       * )&OSTickTaskTCB,
25                     (CPU_CHAR      * )((void * )"uC/OS - Ⅲ Tick Task"),
26                     (OS_TASK_PTR )OS_TickTask,
27                     (void          * )0,
28                     (OS_PRIO       )OSCfg_TickTaskPrio,
29                     (CPU_STK       * )OSCfg_TickTaskStkBasePtr,
30                     (CPU_STK_SIZE)OSCfg_TickTaskStkLimit,
31                     (CPU_STK_SIZE)OSCfg_TickTaskStkSize,
32                     (OS_MSG_QTY   )0u,
33                     (OS_TICK      )0u,
34                     (void          * )0,
35        (OS_OPT)(OS_OPT_TASK_STK_CHK | OS_OPT_TASK_STK_CLR | OS_OPT_TASK_NO_TLS),
36                     (OS_ERR        * )p_err);
37     }
```

第 3 行清 0 系统时钟节拍任务的运行次数变量 OSTickCtr。第 5 行清 0 系统时钟节拍任务的最长执行时间变量 OSTickTaskTimeMax。第 7 行调用 OS_TickListInit 函数清空时钟节拍任务等待列表。第 9～22 行依次检查时钟节拍任务堆栈基地址指针 OSCfg_TickTaskStkBasePtr、堆栈大小 OSCfg_TickTaskStkSize 和时钟节拍任务优先级 OSCfg_TickTaskPrio 的合法性。第 24～36 行调用 OSTaskCreate 函数创建时钟节拍任务。

由程序段 7 - 5 可知,系统时钟节拍的优先级号为 OSCfg_TickTaskPrio(默认数值为 10),因此,重要用户任务的优先级号可取 1～9,而其他用户任务的优先级号可取 11～OS_CFG_PRIO_MAX－2u。一般地,系统时钟节拍任务的优先级号可设为 1,这样,用户任务的优先级号取值范围为 2～OS_CFG_PRIO_MAX－2u。时钟节拍任务的堆栈大小为 OSCfg_TickTaskStkSize(默认值为 128)。

当一个用户任务调用 OSTimeDly 或 OSTimeDlyHMSM 函数进入延时等待态时，该任务控制块被链接到时钟节拍任务等待列表中（当一个任务处于延时等待态时被其他任务挂起或它本身还在请求事件，则该任务的任务控制块同时处于多个等待列表中）。时钟节拍任务列表采用轮辐结构，初始化（程序段 7-5 第 7 行）后，其结构如图 7-1 所示。

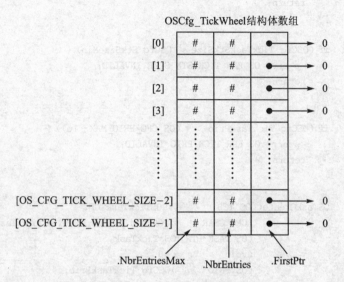

图 7-1 时钟节拍任务等待列表

图 7-1 中，OSCfg_TickWheel 的每个结构体数组元素包括 3 个成员，即指向延时等待的任务的任务控制块双向链表表头指针.FirstPtr、.NbrEntries 当前指向的双向链表中的任务数和.NbrEntriesMax 指向的双向链表中的最大任务数。这里的"双向链表"指针是指任务控制块中的.TickNextPtr 和.TickPrevPtr；而每个任务控制块中都具有.TickSpokePtr，该指针指向.FirstPtr；.FirstPtr 指向时钟节拍任务等待列表的第一个任务的.TickNextPtr。

如果 OS_CFG_TICK_WHEEL_SIZE 为 17，假设当前时钟节拍 OSTickCtr 为 2 345，此时任务 A 延时 10 个时钟节拍，则该任务要到第 $n = 2\ 345 + 10 = 2\ 355$ 个时钟节拍时才能就绪，$n\ \%\ \text{OS\_CFG\_TICK\_WHEEL\_SIZE} = 2\ 355\ \%\ 17 = 9$，因此，该任务 A 将被链接到 OSCfg_TickWheel[9] 的 FirstPtr 指向的双向链表中，同时将任务 A 的任务控制块的.TickCtrMatch 赋为 2 355，将其.TickRemain 赋为 10。如果 OSCfg_TickWheel[9] 的.FirstPtr 指向的双向链表中具有多个任务，则按.TickRemain 的值升序排列；如果仅有延时任务 A 在链表中，则任务 A 的任务控制块指针.TickSpokePtr 指向 OSCfg_TickWheel[9] 的.FirstPtr，.FirstPtr 指向任务 A 的任务控制块指针.TickNextPtr，.TickNextPtr 指向 0，任务 A 的任务控制块指针.TickPrevPtr 指向 0。

假设过了 7 个时钟节拍后，当前时钟节拍 OSTickCtr 为 2 352，此时任务 B 延时 20 个时钟节拍，则任务 B 要到第 $m=2\ 352+20$ 个时钟节拍才就绪，$m \% OS\_CFG\_$ TICK_WHEEL_SIZE $=2\ 372 \% 17=9$，该任务 B 被链接到 OSCfg_TickWheel[9] 的.FirstPtr 指向的双向链表中，同时将任务 B 的任务控制块的.TickCtrMatch 赋为 2 372，将其.TickRemain 赋为 20。此时，任务 A 的任务控制块的.TickCtrMatch 仍 然是 2 355，而其.TickRemain 更新为 $10-7=3$。仅含有任务 A 和任务 B 的时钟节 拍任务等待列表如图 7-2 所示。

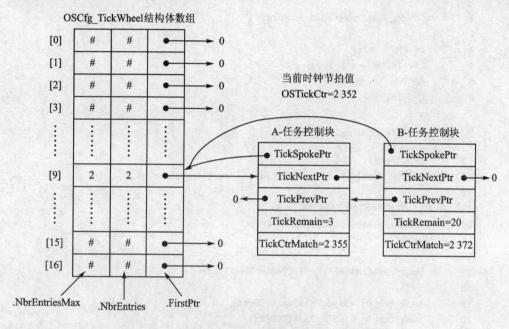

图 7-2　含有任务 A 和 B 的时钟节拍任务等待列表

在图 7-2 中，随着时钟节拍的推移，当前时钟节拍 OSTickCtr 的值与 TickCtr-Match 的值相等时，对应的任务控制块从等待列表中移除。对于周期等待的任务，还 用到其任务控制块结构体中的一个元素 TickCtrPrev，保存任务开始作周期延时等 待时的时钟节拍值。当有多个任务延时等待时，它们出入时钟节拍等待任务列表的 方法与上述的任务 A 和 B 类似，不再赘述。

7.3　统计任务

统计任务用于统计各个用户任务的堆栈使用情况和 CPU 利用率，帮助用户了 解各个任务的资源占用情况。下面先通过一个实例说明统计任务的应用方法，然后 介绍统计任务的工作原理。

7.3.1　统计任务工作实例

在工程 ex6_1 的基础上,新建工程 ex7_1,工程 ex7_1 与工程 ex6_1 完全相同,除了① tasks.c 文件中的 App_TaskStart 函数不同;② app_cfg.h 文件中关于 App_TaskStart 任务的堆栈大小宏定义值不同。App_TaskStart 函数的内容如下所示:

程序段 7-6　　App_TaskStart 函数

```
1     void App_TaskStart(void * p_arg)
2     {
3       OS_ERR    err;
4       CPU_INT08U  str[200];
5       OS_TCB    * task_tcb[5];
6       CPU_INT32U  i;
7
8       (void)p_arg;
9
10      CPU_Init();
11      OS_CSP_TickInit();    //Initialize the Tick interrupt
12
13    #if OS_CFG_STAT_TASK_EN > 0u
14        OSStatTaskCPUUsageInit(&err);
15    #endif
16
17      User_TaskCreate();    //Create User Tasks
18
19      task_tcb[0] = &App_TaskStartTCBPtr;
20      task_tcb[1] = &USER_TASK1TCBPtr;
21      task_tcb[2] = &USER_TASK2TCBPtr;
22      task_tcb[3] = &USER_TASK3TCBPtr;
23      task_tcb[4] = &USER_TASK4TCBPtr;
24
25      while(DEF_TRUE)
26      {
27        OSTimeDlyHMSM(0,0,2,0,OS_OPT_TIME_HMSM_STRICT,&err);
28        for(i = 0;i<5;i++)
29        {
30          sprintf((char *)str,
31          "Task name:% s,CPU Usage:% .2f% %,Stack Used:% ld,Stack Free:% ld,
Task_SW_Times:% ld.\n",
32                    task_tcb[i]->NamePtr,(float)task_tcb[i]->CPUUsage/100.0,
task_tcb[i]->StkUsed,
33                    task_tcb[i]->StkFree,task_tcb[i]->CtxSwCtr);
34          UART0_putstring(str);
35        }
36        sprintf((char *)str,
```

```
37                "Task name:%s,CPU Usage:%.2f%%,Stack Used:%ld,Stack Free:%ld,Task
_SW_Times:%ld.\n",
38                OSStatTaskTCB.NamePtr,(float)OSStatTaskTCB.CPUUsage/100.0,OSStat-
TaskTCB.StkUsed,
39                     OSStatTaskTCB.StkFree,OSStatTaskTCB.CtxSwCtr);
40            UART0_putstring(str);
41
42            sprintf((char *)str,
43               "Task name:%s,CPU Usage:%.2f%%,Stack Used:%ld,Stack Free:%ld,
Task_SW_Times:%ld.\n",
44                OSIdleTaskTCB.NamePtr,(float)OSIdleTaskTCB.CPUUsage/100.0,OSIdle-
TaskTCB.StkUsed,
45                     OSIdleTaskTCB.StkFree,OSIdleTaskTCB.CtxSwCtr);
46            UART0_putstring(str);
47
48            UART0_putchar('\n');
49        }
50    }
```

第 4 行定义字符数组 str,第 5 行定义任务控制块指针数组,第 6 行定义变量 i 作为循环控制变量。第 10 行调用 CPU_Init 函数初始化时间邮票定时器、初始中断关闭时间以及清空 CPU 名称字符串。在 os_cfg.h 中宏定义 OS_CFG_STAT_TASK_EN 为 1(默认值为 1),表示使能统计任务,因此,第 14 的 OSStatTaskCPUUsageInit 函数被有效编译,该函数用于计算"时钟节拍频率/统计任务执行频率＝1 000/10＝100"(默认情况)个时钟节拍内只有空闲任务运行时统计得到的 OSStatTaskCtrMax 值;之后,统计任务每次得到的 OSStatTaskCtr 值表示除了用户任务外,空闲任务运行的时钟节拍数,这样,(1－OSStatTaskCtr/OSStatTaskCtrMax)×100 ％表示所有用户任务的 CPU 使用率。

第 19～23 行将 5 个用户任务的任务控制块地址赋给数组 task_tcb,方便使用循环方法访问用户任务的任务控制块。第 28～35 行经过 5 次循环,输出 5 个用户任务的任务名、CPU 使用率、已使用堆栈空间、未使用堆栈空间和任务执行次数,分别对应着任务控制块结构体变量的 NamePtr、CPUUsage、StkUsed、StkFree 和 CtxSwCtr。需要说明的是,这里的 CPUUsage 为 0～10 000 的取值范围,除以 100 后所得的值为百分率;CtxSwCtr 是指切换到任务执行的该任务切换次数,可用于表示任务的运行次数。

第 36～40 行输出统计任务的任务名、CPU 使用率、已使用堆栈空间、未使用堆栈空间和统计任务执行次数。第 42～46 行输出空闲任务的任务名、CPU 使用率、已使用堆栈空间、未使用堆栈空间和空闲任务执行次数。

在 app_cfg.h 文件中,将以下的代码

```
#define   APP_CFG_TASK_START_STK_SIZE      128u
```

改为

```
#define  APP_CFG_TASK_START_STK_SIZE        0x200u
```

在程序段 7-6 中,第 4 行定义了长度为 200 的字符数组 str,它将占用 App_TaskStart 任务的堆栈,而且 App_TaskStart 还有其他的变量和运行环境需要使用堆栈,因此,需要将原来定义的堆栈(长度为 128)调整为更大的堆栈(长度为 512),堆栈长度单位为 CPU_STK(即 32 位无符号整数)。

工程 ex7_1 的运行结果如图 7-3 所示。由图 7-3 可知,5 个用户任务的 CPU 使用率接近 0%;而空闲任务的 CPU 使用率最大,为 98.64%;统计任务的 CPU 使用率为 0.15%。因此,所有这 7 个任务的 CPU 总利用率约为 98.79%,可推知,还有 1.21% 的 CPU 使用率属于时钟节拍任务和其他系统任务。同时,图 7-3 表明,统计任务不但可以统计用户任务的 CPU 利用率和堆栈使用情况,也可以统计系统任务的 CPU 利用率和堆栈使用情况。

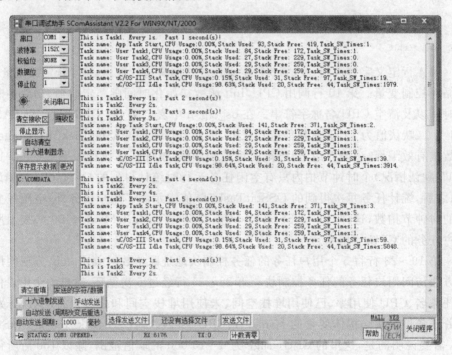

图 7-3　工程 ex7_1 的运行结果

在图 7-3 中,"Task_SW_Times"表示任务运行次数。由于用户任务 1(User Task1)每 1 s 执行一次并输出提示信息,可数一下用户任务 1 的输出结果次数,刚好等于统计任务统计的该任务执行次数。其他用户任务具有类似的结果。

7.3.2　统计任务工作原理

程序段 7-1 中第 19 行调用 OS_StatTaskInit 函数初始化统计任务,其代码如下所示：

程序段 7 - 7　OS_StatTaskInit 函数

```
1      void  OS_StatTaskInit (OS_ERR  * p_err)
2      {
3          OSStatTaskCtr    = (OS_TICK)0;
4          OSStatTaskCtrRun = (OS_TICK)0;
5          OSStatTaskCtrMax = (OS_TICK)0;
6          OSStatTaskRdy    = OS_STATE_NOT_RDY;
7          OSStatResetFlag  = DEF_FALSE;
8
9          if (OSCfg_StatTaskStkBasePtr = = (CPU_STK * )0) {
10             * p_err = OS_ERR_STAT_STK_INVALID;
11             return;
12         }
13
14         if (OSCfg_StatTaskStkSize < OSCfg_StkSizeMin) {
15             * p_err = OS_ERR_STAT_STK_SIZE_INVALID;
16             return;
17         }
18
19         if (OSCfg_StatTaskPrio > = (OS_CFG_PRIO_MAX - 1u)) {
20             * p_err = OS_ERR_STAT_PRIO_INVALID;
21             return;
22         }
23
24         OSTaskCreate((OS_TCB        * )&OSStatTaskTCB,
25                      (CPU_CHAR      * )((void * )"uC/OS - III Stat Task"),
26                      (OS_TASK_PTR )OS_StatTask,
27                      (void          * )0,
28                      (OS_PRIO      )OSCfg_StatTaskPrio,
29                      (CPU_STK      * )OSCfg_StatTaskStkBasePtr,
30                      (CPU_STK_SIZE)OSCfg_StatTaskStkLimit,
31                      (CPU_STK_SIZE)OSCfg_StatTaskStkSize,
32                      (OS_MSG_QTY  )0,
33                      (OS_TICK     )0,
34                      (void         * )0,
35                       (OS_OPT      )(OS_OPT_TASK_STK_CHK | OS_OPT_TASK_STK_CLR),
36                      (OS_ERR       * )p_err);
37     }
```

第 6 行定义 OSStatTaskRdy 为 0(统计任务创建后一直延时等待直到该变量为 1)。第 9～22 行检查统计任务堆栈基地址指针 OSCfg_StatTaskStkBasePtr、堆栈大小 OSCfg_StatTaskStkSize 和统计任务优先级 OSCfg_StatTaskPrio 的合法性。

第 24～36 行创建统计任务,各行的含义依次为:① 统计任务的任务控制块为 OSStatTaskTCB。② 统计任务名称为"uC/OS - III Stat Task"。③ 统计任务函数为 OS_StatTask。④ 统计任务函数参数为空。⑤ 统计任务优先级为 OSCfg_Stat-TaskPrio,即宏常量 OS_CFG_STAT_TASK_PRIO,默认值为 11,建议将其设置为 OS_CFG_PRIO_MAX－2,即将 os_cfg_app. h 文件中的"♯define OS_CFG_STAT_TASK_PRIO   11u"修改为"♯define OS_CFG_STAT_TASK_PRIO OS_CFG_PRIO_MAX－2u",这样,统计任务的优先级仅比空闲任务高,比其他所有任务都低。⑥ 统计任务的堆栈基地址指针为 OSCfg_StatTaskStkBasePtr。⑦ 统计任务的堆栈预警值为其堆栈大小/10。⑧ 统计任务的堆栈大小为 OSCfg_StatTaskStkSize,缺省值为 128。⑨ 任务消息数为 0。⑩ 时间片为 0,表示没有与统计任务优先级相同的任务。⑪ 统计任务没有外扩数据区。⑫ 统计任务创建时进行堆栈检查清 0。⑬ 创建统计任务成功后,p_err 返回 OS_ERR_NONE。

统计任务函数体 OS_StatTask 位于 os_stat. c 文件中,它首先执行以下代码:

程序段 7－8　　OS_StatTask 函数部分代码

```
1        while (OSStatTaskRdy != DEF_TRUE)
2        {
3            OSTimeDly(2u * OSCfg_StatTaskRate_Hz,
4                      OS_OPT_TIME_DLY,
5                      &err);
6        }
```

第 3 行的 OSCfg_StatTaskRate_Hz 为 10,因此,如果 OSStatTaskRdy 为 0,则统计任务始终延时等待(这里改为"OSTimeDly(200u, OS_OPT_TIME_DLY, &err)"更好一些)。

程序段 7－6 中第 14 行 OSStatTaskCPUUsageInit 函数用于计算 0.1 s 内只有空闲任务执行时的计数值 OSStatTaskCtrMax,该函数位于 os_stat. c 文件中,其代码如下所示:

程序段 7－9　　OSStatTaskCPUUsageInit 函数代码(代码被简化,功能相同)

```
1      void  OSStatTaskCPUUsageInit (OS_ERR   * p_err)
2      {
3          OS_ERR   err;
4          OS_TICK  dly;
5          CPU_SR_ALLOC();
6
7      # if (OS_CFG_TMR_EN > 0u)
8          OSTaskSuspend(&OSTmrTaskTCB, &err);
9      # endif
10
11         OSTimeDly((OS_TICK )2,(OS_OPT   )OS_OPT_TIME_DLY,(OS_ERR * )&err);
12
13         CPU_CRITICAL_ENTER();
14         OSStatTaskCtr = (OS_TICK)0;
15         CPU_CRITICAL_EXIT();
```

```
16
17          dly = (OS_TICK)(OSCfg_TickRate_Hz / OSCfg_StatTaskRate_Hz);
18
19          OSTimeDly(dly, OS_OPT_TIME_DLY, &err);
20
21      # if (OS_CFG_TMR_EN > 0u)
22          OSTaskResume(&OSTmrTaskTCB, &err);
23      # endif
24
25          CPU_CRITICAL_ENTER();
26          OSStatTaskTimeMax = (CPU_TS)0;
27
28          OSStatTaskCtrMax    = OSStatTaskCtr;
29          OSStatTaskRdy       = OS_STATE_RDY;
30          CPU_CRITICAL_EXIT();
31          * p_err              = OS_ERR_NONE;
32      }
```

任务 App_TaskStart 调用 OSStatTaskCPUUsageInit 函数时，就绪的任务有统计任务、时钟节拍任务、App_TaskStart 任务；如果定时器任务也就绪了，则在第 7～9 行将其挂起，等得到 OSStatTaskCtrMax 后，在第 21～23 行将其恢复。

第 11 行延时 2 个时钟节拍，空闲任务将运行 2 个时钟节拍；然后回到 App_TaskStart 任务，将 OSStatTaskCtr 赋为 0；第 17 行赋 dly 为 100；第 19 行延时 100 个时钟节拍，App_TaskStart 任务进入延时等待态，此时，统计任务处于等待态（见程序段 7‑8，OSStatTaskRdy 为 0），只有空闲任务运行，参考程序段 7‑3，OSStatTaskCtr 将从 0 累加 100 个时钟节拍的时间；接着，任务 App_TaskStart 进入就绪态，第 28 行将 100 个时钟节拍的 OSStatTaskCtr 累加值赋给 OSStatTaskCtrMax；然后，设置 OSStatTaskRdy 为 1，统计任务跳出程序段 7‑8 所示的循环体，进入程序段 7‑10。

程序段 7‑10　OS_StatTask 函数部分代码（代码被简化，功能相同）

```
1           dly = (OS_TICK)(OSCfg_TickRate_Hz / OSCfg_StatTaskRate_Hz);
2
3           while (DEF_ON)
4           {
5               ts_start        = OS_TS_GET();
6
7               CPU_CRITICAL_ENTER();
8               OSStatTaskCtrRun    = OSStatTaskCtr;
9               OSStatTaskCtr       = (OS_TICK)0;
10              CPU_CRITICAL_EXIT();
11
12              if (OSStatTaskCtrMax > OSStatTaskCtrRun) {
13                  if (OSStatTaskCtrMax < 400000u) {
14                      ctr_mult = 10000u;
```

```
15                    ctr_div    =    1u;
16                } else if (OSStatTaskCtrMax <   4000000u) {
17                    ctr_mult =  1000u;
18                    ctr_div  =    10u;
19                } else if (OSStatTaskCtrMax <   40000000u) {
20                    ctr_mult =   100u;
21                    ctr_div  =    100u;
22                } else if (OSStatTaskCtrMax < 400000000u) {
23                    ctr_mult =    10u;
24                    ctr_div  =   1000u;
25                } else {
26                    ctr_mult =     1u;
27                    ctr_div  =  10000u;
28                }
29                ctr_max                = OSStatTaskCtrMax / ctr_div;
30     OSStatTaskCPUUsage = (OS_CPU_USAGE)((OS_TICK)10000u - ctr_mult * OSStatTaskC-
trRun / ctr_max);
31                if (OSStatTaskCPUUsageMax < OSStatTaskCPUUsage) {
32                    OSStatTaskCPUUsageMax = OSStatTaskCPUUsage;
33                }
34            } else {
35                OSStatTaskCPUUsage = (OS_CPU_USAGE)10000u;
36            }
37
38            OSStatTaskHook();
39
40            CPU_CRITICAL_ENTER();
41            p_tcb = OSTaskDbgListPtr;
42            CPU_CRITICAL_EXIT();
43            while (p_tcb != (OS_TCB *)0)
44            {
45
46     #if OS_CFG_STAT_TASK_STK_CHK_EN > 0u
47                OSTaskStkChk( p_tcb,
48                             &p_tcb->StkFree,
49                             &p_tcb->StkUsed,
50                             &err);
51     #endif
52
53                CPU_CRITICAL_ENTER();
54                p_tcb = p_tcb->DbgNextPtr;
55                CPU_CRITICAL_EXIT();
56            }
57
58            ts_end = OS_TS_GET() - ts_start;
59            if (OSStatTaskTimeMax < ts_end)
60            {
```

```
61                 OSStatTaskTimeMax = ts_end;
62             }
63
64         OSTimeDly(dly,
65                   OS_OPT_TIME_DLY,
66                   &err);
67     }
```

第 1 行设置 dly 为 100。第 3～68 行为无限循环体，每 100 个时钟节拍（即 0.1 s，第 64～66 行）执行一次第 5～62 行。第一次执行 while 循环体计算的统计值不准确，这里从第二次进入循环体考虑，此时，第 5 行 ts_start 记录进入循环体的时间点，第 59 行记录出循环体的时间点，二者之差（第 58 行）为统计任务的执行时间，将最大执行时间保存在 OSStatTaskTimeMax 变量中。

由于是第二次时进入循环体，第 8 行将 0.1 s 内的计数值 OSStatTaskCtr 保存在 OSStatTaskCtrRun 中，然后第 9 行清 0 OSStatTaskCtr 变量，为下一个周期服务。下面第 12～36 行计算总的 CPU 使用率，即除去空闲任务外的其余全部任务的 CPU 利用率，该利用率应为 Ratio＝（1－OSStatTaskCtrRun/ OSStatTaskCtrMax）＊100 ％，这里返回值 OSStatTaskCPUUsage＝Ratio ＊ 10 000，即取值为 0～10 000 的整数，即 OSStatTaskCPUUsage＝1 0000－（10 000 ＊ OSStatTaskCtrRun/ OSStatTaskCtrMax），为了避免整数运算溢出，采用了分段处理，如第 13～28 行所示。第 38 行为统计任务的钩子函数。统计任务不但可以统计总的 CPU 利用率，而且可以统计每个任务的 CPU 利用率，请读者结合程序段 7‑6 第 10 行代码和 os_stat.c 文件中的 OS_StatTask 函数分析计算每个任务的 CPU 利用率方法。

第 41 行将 p_tcb 指针指向 OSTaskDbgListPtr（链接所有任务的任务控制块），第 43～56 行遍历所有的任务控制块，第 47～50 行调用 OSTaskStkChk 函数检查 p_tcb 任务控制块对应的任务的堆栈使用情况，得到任务堆栈空闲值 StkFree 和堆栈已使用值 StkUsed。

7.4　定时器任务

μC/OS‑Ⅲ 支持软件定时器，用户可以创建无限多个软件定时器（以下简称定时器）。与硬件定时器不同的是，软件定时器由定时器任务管理，而不是直接由硬件定时器管理。下面先介绍定时器任务的工作原理，然后介绍定时器的工作实例。

7.4.1　定时器任务工作原理

时钟节拍任务每个时钟节拍调用一次 OSTimeTick 函数，该函数代码如下所示：

程序段 7 - 11   OSTimeTick 函数部分代码

```
1    # if OS_CFG_TMR_EN > 0u
2        OSTmrUpdateCtr - - ;
3        if (OSTmrUpdateCtr = = (OS_CTR)0u) {
4            OSTmrUpdateCtr = OSTmrUpdateCnt;
5            OSTaskSemPost((OS_TCB * )&OSTmrTaskTCB,
6                         (OS_OPT   ) OS_OPT_POST_NONE,
7                         (OS_ERR * )&err);
8        }
9    # endif
```

如果定时器任务使能(OS_CFG_TMR_EN 为 1,默认使能),则第 2~8 行被编译。第 2 行的 OSTmrUpdateCtr 变量初值为 OSTmrUpdateCnt,即为 OSCfg_TickRate_Hz / OSCfg_TmrTaskRate_Hz=1 000/10=100(默认情况),即第 100 次循环后第 3 行为真。由于 OSTimeTick 函数每 0.001 s 执行一次,故第 4~7 行的代码每 0.001×100=0.1 s 执行一次。第 4 行将 OSTmrUpdateCnt 赋给 OSTmrUpdateCtr 变量,第 5~7 行向定时器任务释放任务信号量,使其就绪。可知,定时器任务每 0.1 s 执行一次。

程序段 7 - 1 第 26 行调用 OS_TmrInit 初始化定时器任务,其代码如下:

程序段 7 - 12   OS_TmrInit 函数

```
1    void  OS_TmrInit (OS_ERR   * p_err)
2    {
3        OS_TMR_SPOKE_IX   i;
4        OS_TMR_SPOKE      * p_spoke;
5
6    # if OS_CFG_DBG_EN > 0u
7        OSTmrDbgListPtr = (OS_TMR * )0;
8    # endif
9
10       if (OSCfg_TmrTaskRate_Hz > (OS_RATE_HZ)0) {
11           OSTmrUpdateCnt = OSCfg_TickRate_Hz / OSCfg_TmrTaskRate_Hz;
12       } else {
13           OSTmrUpdateCnt = OSCfg_TickRate_Hz / (OS_RATE_HZ)10;
14       }
15       OSTmrUpdateCtr    = OSTmrUpdateCnt;
16
17       OSTmrTickCtr      = (OS_TICK)0;
18
19       OSTmrTaskTimeMax = (CPU_TS)0;
20
21       for (i = 0u; i < OSCfg_TmrWheelSize; i + + ) {
22           p_spoke              = &OSCfg_TmrWheel[i];
23           p_spoke - >NbrEntries    = (OS_OBJ_QTY)0;
24           p_spoke - >NbrEntriesMax = (OS_OBJ_QTY)0;
```

```
25              p_spoke - >FirstPtr          = (OS_TMR    * )0;
26          }
27
28          if (OSCfg_TmrTaskStkBasePtr = = (CPU_STK * )0) {
29              * p_err = OS_ERR_TMR_STK_INVALID;
30              return;
31          }
32
33          if (OSCfg_TmrTaskStkSize < OSCfg_StkSizeMin) {
34              * p_err = OS_ERR_TMR_STK_SIZE_INVALID;
35              return;
36          }
37
38          if (OSCfg_TmrTaskPrio > = (OS_CFG_PRIO_MAX - 1u)) {
39              * p_err = OS_ERR_TMR_PRIO_INVALID;
40              return;
41          }
42
43          OSTaskCreate((OS_TCB       * )&OSTmrTaskTCB,
44                       (CPU_CHAR      * )((void * )"uC/OS - Ⅲ Timer Task"),
45                       (OS_TASK_PTR )OS_TmrTask,
46                       (void         * )0,
47                       (OS_PRIO      )OSCfg_TmrTaskPrio,
48                       (CPU_STK      * )OSCfg_TmrTaskStkBasePtr,
49                       (CPU_STK_SIZE)OSCfg_TmrTaskStkLimit,
50                       (CPU_STK_SIZE)OSCfg_TmrTaskStkSize,
51                       (OS_MSG_QTY   )0,
52                       (OS_TICK      )0,
53                       (void         * )0,
54          (OS_OPT)(OS_OPT_TASK_STK_CHK | OS_OPT_TASK_STK_CLR | OS_OPT_TASK_NO_TLS),
55                       (OS_ERR       * )p_err);
56      }
```

定时器任务可以管理多个定时器，多个定时器链采用轮辐结构接到定时器任务中，其具体实现方法与时钟节拍任务管理多个延时等待任务相似。程序段 7 - 12 中的第 3～4 行、21～26 行为初始化定时器任务的轮辐结构体变量 OSCfg_TmrWheel，其大小为 OSCfg_TmrWheelSize，默认值为 17。

第 10～14 行设置定时器任务更新计数初始值 OSTmrUpdateCnt（默认情况下为 1 000/10 = 100），第 15 行用 OSTmrUpdateCnt 初始化定时器任务更新计数值 OSTmrUpdateCtr，当该变量计数到 0 时，定时器任务就绪（见程序段 7 - 11）。第 17 行初始化定时器任务定时计数值 OSTmrTickCtr 为 0，根据该变量的值，定时器任务将定时器插入轮辐结构体定时器等待队列或从定时器等待队列中取出定时器使之就绪。第 19 行初始化定时器任务最大执行时间 OSTmrTaskTimeMax 为 0。第 28～41 行检查定时器任务堆栈基地址指针 OSCfg_TmrTaskStkBasePtr、堆栈大小 OS-

Cfg_TmrTaskStkSize 和定时器任务优先级 OSCfg_TmrTaskPrio 的合法性，如果不合法，则返回。第 42～55 行创建定时器任务，各行的含义依次为

① 定时器任务的任务控制块为 OSTmrTaskTCB；

② 定时器任务名称为"uC/OS‐III Timer Task"；

③ 定时器任务函数为 OS_TmrTask；

④ 定时器任务函数参数为空；

⑤ 定时器任务优先级号为 OSCfg_TmrTaskPrio，即宏常量 OS_CFG_TMR_TASK_PRIO，默认值为 11，建议将其设置为 20，即将 os_cfg_app.h 文件中的

"#define OS_CFG_TMR_TASK_PRIO   11u"

更改为

"#define OS_CFG_TMR_TASK_PRIO   20u"

⑥ 定时器任务的堆栈基地址为 OSCfg_TmrTaskStkBasePtr；

⑦ 定时器任务的堆栈预警值为堆栈大小/10；

⑧ 定时器任务堆栈大小为 OSCfg_TmrTaskStkSize，即 128；

⑨ 定时器任务消息数量为 0；

⑩ 定时器任务时间片大小为 0；

⑪ 定时器任务没有扩展数据区；

⑫ 定时器任务创建时进行堆栈检查清 0 且不使用局部存储技术；

⑬ 定时器任务创建成功后，p_err 返回 OS_ERR_NONE。

定时器任务函数位于 os_tmr.c 文件中，其代码如下所示：

程序段 7‐13　定时器任务函数 OS_TmrTask

```
1      void  OS_TmrTask (void    * p_arg)
2      {
3          CPU_BOOLEAN            done;
4          OS_ERR                err;
5          OS_TMR_CALLBACK_PTR   p_fnct;
6          OS_TMR_SPOKE          * p_spoke;
7          OS_TMR                * p_tmr;
8          OS_TMR                * p_tmr_next;
9          OS_TMR_SPOKE_IX       spoke;
10         CPU_TS                ts;
11         CPU_TS                ts_start;
12         CPU_TS                ts_end;
13
14         p_arg = p_arg;
15         while (DEF_ON) {
16             (void)OSTaskSemPend((OS_TICK )0,
17                                 (OS_OPT  )OS_OPT_PEND_BLOCKING,
18                                 (CPU_TS * )&ts,
19                                 (OS_ERR * )&err);
```

```
20
21              OSSchedLock(&err);
22              ts_start = OS_TS_GET();
23              OSTmrTickCtr ++ ;
24              spoke       = (OS_TMR_SPOKE_IX)(OSTmrTickCtr % OSCfg_TmrWheelSize);
25              p_spoke     = &OSCfg_TmrWheel[spoke];
26              p_tmr       = p_spoke - >FirstPtr;
27              done        = DEF_FALSE;
28              while (done == DEF_FALSE) {
29                  if (p_tmr != (OS_TMR * )0) {
30                      p_tmr_next = (OS_TMR * )p_tmr - >NextPtr;
31
32                      if (OSTmrTickCtr = = p_tmr - >Match) {
33                          OS_TmrUnlink(p_tmr);
34                          if (p_tmr - >Opt = = OS_OPT_TMR_PERIODIC) {
35                              OS_TmrLink(p_tmr,
36                                          OS_OPT_LINK_PERIODIC);
37                          } else {
38                              p_tmr - >State = OS_TMR_STATE_COMPLETED;
39                          }
40                          p_fnct = p_tmr - >CallbackPtr;
41                          if (p_fnct != (OS_TMR_CALLBACK_PTR)0) {
42                              ( * p_fnct)((void * )p_tmr,
43                                          p_tmr - >CallbackPtrArg);
44                          }
45                          p_tmr = p_tmr_next;
46                      } else {
47                          done    = DEF_TRUE;
48                      }
49                  } else {
50                      done = DEF_TRUE;
51                  }
52              }
53              ts_end = OS_TS_GET() - ts_start;
54              OSSchedUnlock(&err);
55              if (OSTmrTaskTimeMax < ts_end) {
56                  OSTmrTaskTimeMax = ts_end;
57              }
58          }
59      }
```

定时器任务(无限循环体内)首先请求任务信号量(第16~19行),如果请求不到任务信号量,则永远等待;如果能请求到,则执行第21~58行的代码。根据前面的分析,定时器任务每0.1 s可请求到一次任务信号量,即其工作周期为0.1 s。第21~54行代码锁定了系统调用器,第22行获得定时器任务开始执行时的时间点,第53行计算定时器任务的执行时间,第55~57行将最大执行时间保存在OSTmrTask-

TimeMax 变量中,供调试分析用。

第 23 行将定时器任务执行次数 OSTmrTickCtr 累加 1;第 24 行根据 OSTm-rTickCtr 的值得到需要访问的轮辐值 spoke;第 25 行取得该轮辐值对应的链表表头地址 p_spoke;第 26 行得到该链表的表头指针 p_tmr,为后续遍历定时器链表用。第 52 行的"}"与第 28 行"{"是一对;第 29 行的"if"与第 49 行的"else"是一对,表示如果遍历到链表尾部,即 p_tmr=(OS_TMR *)0,第 29 行返回假,则第 50 行将 done 赋为 DEF_TRUE,跳出第 28~52 行的循环体;否则,依次遍历 spoke 轮辐上的所有定时器,第 30 行 p_tmr_next 指向下一个定时器,循环到第 45 行时将其赋给当前定时器变量 p_tmr。由于定时器在链表中按定时匹配值升序排列,因此,如果链表中的第一个定时器的 p_tmr->Match 不等于当前定时器任务计数值 OSTmrTickCtr,则该链表中所有定时器均没有达到定时值;如果第一个定时器到达定时值,第二个才有必要去判断其是否达到定时值。因此,第 32 行判断当前定时器是否达到定时值,如果不成立,则第 47 行将 done 赋为 DEF_TRUE,跳出第 28~52 行的循环体。如果第 32 行为真,则把当前的定时器从链表中摘下(第 33 行),第 34~39 行根据当前定时器属于周期型定时器还是一次型定时器对定时器进行分支处理,当定时器为周期型时,第 35~36 行调用 OS_TmrLink 将该定时器重新链接到链表适当位置;如果为一次型,则第 38 行置定时器状态为 OS_TMR_STATE_COMPLETED,表示定时器定时结束。第 40~44 行调用定时器的回调函数,参数为 p_tmr->CallbackPtrArg。

7.4.2 定时器函数

在系统文件 os_tmr.c 中,关于定时器相关的函数如表 7 - 1 所列。

表 7 - 1 定时器函数

序 号	函 数	功 能
1	void OSTmrCreate (OS_TMR * p_tmr, CPU_CHAR * p_name, OS_TICK dly, OS_TICK period, OS_OPT opt, OS_TMR_CALLBACK_PTR p_callback, void * p_callback_arg, OS_ERR * p_err)	创建定时器。各个参数依次为:定时器控制块指针、定时器名称、初始延时值、周期定时值、工作模式选项(一次型 OS_OPT_TMR_ONE_SHOT、周期型 OS_OPT_TMR_PERI-ODIC)、回调函数、回调函数参数、出错码。需要特别注意:这里的 dly 和 period 的单位是定时器时间单位,如果定时器设定为 10 Hz,则定时单位为 0.1 s
2	CPU_BOOLEAN OSTmrDel (OS_TMR * p_tmr, OS_ERR * p_err)	删除定时器。两个参数依次为定时器控制块、出错码

序 号	函 数	功 能
3	OS_TICK　OSTmrRemainGet （OS_TMR * p_tmr, OS_ERR　* p_err)	获得定时器的剩余定时时间。两个参数依次 为定时器控制块、出错码
4	CPU_BOOLEAN　OSTmrStart （OS_TMR　* p_tmr, OS_ERR　* p_err)	启动定时器。两个参数依次为定时器控制 块、出错码
5	OS_STATE　OSTmrStateGet （OS_TMR　* p_tmr, OS_ERR　* p_err)	获得定时器的当前工作状态。两个参数依次 为定时器控制块、出错码。定时器具有 4 种 工作状态：没有创建状态 OS_TMR_STATE_ UNUSED、停止状态 OS_TMR_STATE_ STOPPED、一次型定时器定时完成态 OS_ TMR_STATE_COMPLETED 和运行态 OS_ TMR_STATE_RUNNING
6	CPU_BOOLEAN　OSTmrStop （OS_TMR　* p_tmr, OS_OPT　opt, void　* p_callback_arg, OS_ERR　* p_err)	停止定时器的定时。4 个参数依次为定时器 控制块、工作模式选项（停止定时器 OS_OPT_ TMR_NONE、停止定时器并且运行定时器 的回调函数 OS_OPT_TMR_CALLBACK、 停止定时器并且用 p_callback_arg 参数运行 定时器的回调函数 OS_OPT_TMR_CALL- BACK_ARG)、新的回调函数参数、出错码

创建定时器的步骤如下：

S1. 定义定时器（或定时器控制块）变量，例如："OS_TMR　User_Tmr1;"。

S2. 定义并实现定时器回调函数，例如：

程序段 7 - 14　定时器回调函数示例

```
1    void   User_Tmr_cbFnc1(void * p_arg)
2    {
3        UART0_putstring("Timer1 - - -/1s.\n");
4    }
```

定时器回调函数返回值为 void，且具有一个"void *"参数。需要注意，一般地，在定时器回调函数中不具体实现任务功能，而是向任务释放任务信号量或信号量，使任务就绪去完成特定的功能。

S3. 调用 OSTmrCreate 函数创建定时器，如下所示：

程序段 7 - 15　调用 OSTmrCreate 函数创建定时器

```
1    OSTmrCreate((OS_TMR              * )&User_Tmr1,
```

```
2              (CPU_CHAR              * )"User Timer #1",
3              (OS_TICK               )10,
4              (OS_TICK               )10,    //1 s
5              (OS_OPT                )OS_OPT_TMR_PERIODIC,
6              (OS_TMR_CALLBACK_PTR)User_Tmr_cbFnc1,
7              (void                  * )0,
8              (OS_ERR                * )&err);
```

程序段 7-15 中只有一个 OSTmrCreate 函数,各个参数的含义依次为:① 定时器控制器为 User_Tmr1;② 定时器名称为"User Timer #1";③ 定时延时值为 0;④ 定时周期为 10,由于定时器频率为 10,故定时周期为 1 s;⑤ 定时方式为周期型;⑥ 定时器回调函数为 User_Tmr_cbFnc1;⑦ 回调函数参数为空;⑧ 出错码为 err。

当调用 OSTmrCreate 创建定时器成功后,定时器处于停止状态,即 OS_TMR_STATE_STOPPED 状态,需要调用 OSTmrStart 启动定时器,定时器才开始定时。需要注意的是程序段 7-15 中第 3 个参数,为初始延时值,如果定时器为一次型定时器,则该值为定时器的定时值,当减计数到 0 时,执行回调函数,然后进入定时完成状态(OS_TMR_STATE_COMPLETED 态);如果为周期型定时器,则该值为第一次定时的初始值,一般地,对于周期型定时器,该值设为与周期值相同,可保证第一次定时也是周期的。因此,程序段第 3、4 行的值均设为 10,表示定时周期为 1 s。

S4. 调用 OSTmrStart 函数启动定时器,其代码如下:

程序段 7-16   调用 OSTmrStart 启动定时器

```
1    OS_STATE  tmr_stat;
2
3    tmr_stat = OSTmrStateGet((OS_TMR * )&User_Tmr1,(OS_ERR * )&err);
4    if(tmr_stat!= OS_TMR_STATE_RUNNING)
5    {
6      OSTmrStart((OS_TMR * )&User_Tmr1,(OS_ERR * )&err);
7    }
```

第 3 行调用 OSTmrStateGet 函数获得定时器 User_Tmr1 的状态,第 4 行判断该定时器不处于执行态,则第 6 行调用 OSTmrStart 创建定时器。

定时器启动后,将自动实现定时工作,每次定时时间到时,自动调用其回调函数完成特定功能。

7.4.3 系统定时器工作实例

在工程 ex7_1 的基础上,新建工程 ex7_2,工程 ex7_2 与工程 ex7_1 完全相同,除了 tasks.c 和 tasks.h 文件外。

程序段 7-17   tasks.h 文件

```
1    //Filename: tasks.h
2
```

```
3      # ifndef   TASKS_H
4      # define   TASKS_H
5
6      # define   USER_TASK1_PRIO           12u
7
8      # define   USER_TASK1_STK_SIZE       0x100
9
10     void     App_TaskStart(void * p_arg);
11     void     User_TaskCreate(void);
12     void     User_Task1(void * p_arg);
13
14     void     User_Tmr_cbFnc1(void * p_arg);
15     void     User_Tmr_cbFnc2(void * p_arg);
16     void     User_TmrCreate(void);
17
18     # endif
19
20     # ifdef    TASKS_DATA
21     # define   VAR_EXT
22     # else
23     # define   VAR_EXT   extern
24     # endif
25
26     VAR_EXT   OS_TCB    App_TaskStartTCBPtr;
27     VAR_EXT   CPU_STK   App_TaskStartStkPtr[APP_CFG_TASK_START_STK_SIZE];
28
29     VAR_EXT   OS_TCB    USER_TASK1TCBPtr;
30     VAR_EXT   CPU_STK   USER_TASK1StkPtr[USER_TASK1_STK_SIZE];
31
32     VAR_EXT   OS_TMR    User_Tmr1;
33     VAR_EXT   OS_TMR    User_Tmr2;
```

第 2 行定义任务 1 的优先级号为 12。第 14、15 行定义两个函数原型 User_Tmr_cbFnc1 和 User_Tmr_cbFnc2,用做定时器回调函数;第 16 行定义 User_TmrCreate 函数原型。

第 32、33 行定义两个定时器 User_Tmr1 和 User_Tmr2。

程序段 7 - 18　tasks. c 文件

```
1      //Filename: tasks.c
2
3      # define   TASKS_DATA
4      # include   "includes.h"
5
6      void App_TaskStart(void * p_arg)
7      {
8        OS_ERR    err;
9        OS_STATE  tmr_stat;
```

```
10
11      (void)p_arg;
12
13      CPU_Init();
14      OS_CSP_TickInit();    //Initialize the Tick interrupt
15
16    # if OS_CFG_STAT_TASK_EN > 0u
17        OSStatTaskCPUUsageInit(&err);
18    # endif
19
20      User_TaskCreate();    //Create User Tasks
21
22      User_TmrCreate();     //Create Timer
23
24      while(DEF_TRUE)
25      {
26        tmr_stat = OSTmrStateGet((OS_TMR * )&User_Tmr1,(OS_ERR * )&err);
27        if(tmr_stat! = OS_TMR_STATE_RUNNING)
28        {
29          OSTmrStart((OS_TMR * )&User_Tmr1,(OS_ERR * )&err);
30        }
31
32        tmr_stat = OSTmrStateGet((OS_TMR * )&User_Tmr2,(OS_ERR * )&err);
33        if(tmr_stat!= OS_TMR_STATE_RUNNING)
34        {
35          OSTmrStart((OS_TMR * )&User_Tmr2,(OS_ERR * )&err);
36        }
37
38        OSTimeDlyHMSM(0,0,2,0,OS_OPT_TIME_HMSM_STRICT,&err);
39        UART0_putstring("Running...\n");
40      }
41    }
42
43    void  User_TaskCreate(void)
44    {
45      OS_ERR   err;
46      OSTaskCreate((OS_TCB * )&USER_TASK1TCBPtr,     //Task 1
47                   (CPU_CHAR * )"User Task1",
48                   (OS_TASK_PTR)User_Task1,
49                   (void * )0,
50                   (OS_PRIO)USER_TASK1_PRIO,
51                   (CPU_STK * )USER_TASK1StkPtr,
52                   (CPU_STK_SIZE)USER_TASK1_STK_SIZE/10,
53                   (CPU_STK_SIZE)USER_TASK1_STK_SIZE,
54                   (OS_MSG_QTY)0u,
55                   (OS_TICK)0u,
56                   (void * )0,
```

```
57                      (OS_OPT)(OS_OPT_TASK_STK_CHK | OS_OPT_TASK_STK_CLR),
58                      (OS_ERR * )&err);
59     }
60
61     void  User_Task1(void * p_arg)
62     {
63       OS_ERR  err;
64       CPU_INT08U str[60];
65       static  CPU_INT32U  t_cnt;
66
67       (void)p_arg;
68       t_cnt = 0u;
69       while(DEF_TRUE)
70       {
71         OSTimeDlyHMSM(0,0,2,0,OS_OPT_TIME_HMSM_STRICT,&err);
72
73         t_cnt + = 2;
74         sprintf((char * )str,"This is Task1. Every 2s.  Past % ld second(s)! \n",t_cnt);
75         UART0_putstring(str);
76       }
77     }
78
79     void User_TmrCreate(void)
80     {
81       OS_ERR  err;
82       OSTmrCreate((OS_TMR               * )&User_Tmr1,
83                   (CPU_CHAR             * )"User Timer #1",
84                   (OS_TICK              )10,
85                   (OS_TICK              )10,    //1s
86                   (OS_OPT               )OS_OPT_TMR_PERIODIC,
87                   (OS_TMR_CALLBACK_PTR)User_Tmr_cbFnc1,
88                   (void                 * )0,
89                   (OS_ERR               * )&err);
90       OSTmrCreate((OS_TMR               * )&User_Tmr2,
91                   (CPU_CHAR             * )"User Timer #2",
92                   (OS_TICK              )20,
93                   (OS_TICK              )20,    //2s
94                   (OS_OPT               )OS_OPT_TMR_PERIODIC,
95                   (OS_TMR_CALLBACK_PTR)User_Tmr_cbFnc2,
96                   (void                 * )0,
97                   (OS_ERR               * )&err);
98     }
99
100    void   User_Tmr_cbFnc1(void * p_arg)
101    {
102      UART0_putstring("Timer1 - - - /1s. \n");
103    }
```

```
104
105    void    User_Tmr_cbFnc2(void * p_arg)
106    {
107      UART0_putstring("Timer2 - - -/2s.\n");
108    }
```

第 22 行调用 User_TmrCreate 函数,创建两个定时器 User_Tmr1 和 User_Tmr2,如第 79~98 行所示。这两个定时器均为周期型定时器,定时周期分别为 1 s 和 2 s,回调函数分别为 User_Tmr_cbFnc1 和 User_Tmr_cbFnc2。

第 26 行获得定时器 User_Tmr1 的状态,第 27 行判定该定时器是否处于执行态,如果不是,则第 29 行调用 OSTmrStart 启动定时器 User_Tmr1。第 32~36 行采用类似方法启动定时器 User_Tmr2。

第 43~59 行的 User_TaskCreate 函数调用 OSTaskCreate 创建任务 1;第 61~77 行为任务 1 的实现函数,任务 1 每 2 s 执行一次。

第 100~103 行为定时器 User_Tmr1 的回调函数,每次执行时输出信息"Timer1---/1s."。同样地,第 105~108 行为定时器 User_Tmr2 的回调函数,每次执行时输出信息"Timer2---/2s."。

工程 ex7_2 的执行过程如图 7-4 所示,其执行结果如图 7-5 所示。

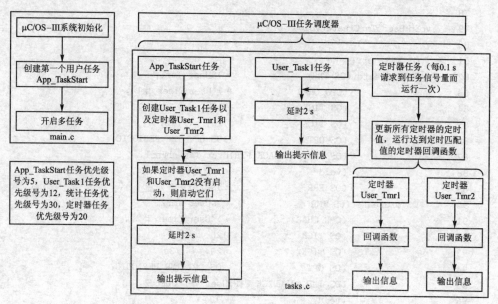

图 7-4   工程 ex7_2 的执行过程

图 7-5 显示定时器 User_Tmr1 每 1 s 输出提示信息"Timer1---/1s.",定时器 User_Tmr2 每 2 s 输出提示信息"Timer2---/2s."。两个定时器没有优先级可言,输入提示信息的次序由定时时间大小和启动定时器的先后顺序决定,由于定时器 User_Tmr1 先于定时器 User_Tmr2 启动(见程序段 7-18 第 26~36 行),故当延时了 2 s

图 7 - 5 工程 ex7_2 的执行结果

时,定时器 User_Tmr1 先输出提示信息,定时器 User_Tmr2 后输出提示信息。

7.5 中断服务手柄任务

在 μC/OS - III 中,中断的工作原理与无操作系统的中断工作原理有所不同。在普通的无操作系统中,硬件中断信号到来后,将调用其中断服务程序,执行特定的用户功能。在 μC/OS - III 中,外设硬件中断发生后,将释放任务信号量、信号量、消息队列、任务消息队列或事件标志组等,使用户任务就绪,在用户任务中执行特定的功能。

在 μC/OS - III 中,有两种中断释放事件的方式:其一,中断直接向任务释放事件,称为"Direct Post Method";其二,中断向中断服务手柄任务释放事件,中断服务手柄任务再把这些事件向用户任务释放,这是一种间接的中断释放事件方式,称为递推的中断释放事件方式,即"Deferred Post Method"。而在 μC/OS - II 中,只有一种方式,即直接中断释放事件方式。

当中断直接向任务释放事件时,将直接访问 μC/OS - III 系统的用户等待列表和就绪列表,这个过程中将临时关闭中断。程序中的中断关闭时间较长时,将严重影响系统的实时性。在递推的中断释放事件方式中,中断将事件释放到所谓的"中断事件队列"中,该队列的长度在默认情况下为 10(os_cfg_app. h 文件中"#define OS_CFG_

INT_Q_SIZE 10u"),这一释放事件过程中需要关闭中断,但是这一释放事件过程不需要访问 μC/OS‐III 系统的用户等待列表和就绪列表,所以中断临时关闭时间较短;当嵌套的所有中断执行完后,将切换到中断服务手柄任务(其优先级为 0,最高)执行,该任务再将中断事件队列中的事件释放给相应的任务,这一释放事件过程使用锁定任务(而不是临时关闭中断)的方式,故整个过程中中断是开放的。因此,递推的中断释放事件方式比直接中断释放事件方式的总的中断关闭时间要短很多,更适合于实时性要求严格的场合。建议将中断事件队列的长度由 10 增大到 128(或 256),在 os_cfg.h 文件中定义"#define OS_CFG_ISR_POST_DEFERRED_EN   1u"使能递推的中断释放事件方式(该宏常量默认为 0,表示直接中断释放事件方式)。需要注意:定时器任务请求任务信号量(OSTimeTick 向定时器任务释放任务信号量)不采用中断服务手柄任务的递推服务。

μC/OS‐III 中断工作的两种方式如图 7‐6 所示。

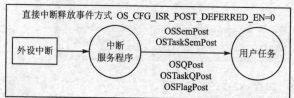

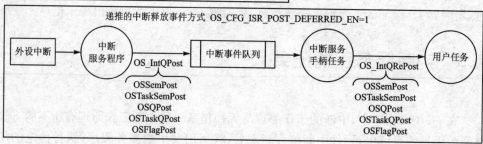

图 7‐6   μC/OS‐III 中断工作的两种方式

在 μC/OS‐III 中,默认情况下,宏常量 OS_CFG_ISR_POST_DEFERRED_EN 为 0。现将 os_cfg.h 文件中该宏常量设为 1,则程序段 7‐1 第 2~5 行被编译,其中第 2 行调用 OS_IntQTaskInit 函数创建中断服务手柄任务 OS_IntQTask。该函数的代码如下所示:

程序段 7‐19   OS_IntQTaskInit 函数

```
1      void  OS_IntQTaskInit (OS_ERR  * p_err)
2      {
3          OS_INT_Q         * p_int_q;
4          OS_INT_Q         * p_int_q_next;
5          OS_OBJ_QTY        i;
6
7          OSIntQOvfCtr = (OS_QTY)0u;
```

```
8
9          if (OSCfg_IntQBasePtr == (OS_INT_Q * )0) {
10              * p_err = OS_ERR_INT_Q;
11              return;
12         }
13
14         if (OSCfg_IntQSize < (OS_OBJ_QTY)2u) {
15              * p_err = OS_ERR_INT_Q_SIZE;
16              return;
17         }
18
19         OSIntQTaskTimeMax = (CPU_TS)0;
20
21         p_int_q              = OSCfg_IntQBasePtr;
22         p_int_q_next         = p_int_q;
23         p_int_q_next ++ ;
24         for (i = 0u; i < OSCfg_IntQSize; i ++ ) {
25              p_int_q - >Type    =   OS_OBJ_TYPE_NONE;
26              p_int_q - >ObjPtr  = (void       * )0;
27              p_int_q - >MsgPtr  = (void       * )0;
28              p_int_q - >MsgSize = (OS_MSG_SIZE)0u;
29              p_int_q - >Flags   = (OS_FLAGS    )0u;
30              p_int_q - >Opt     = (OS_OPT      )0u;
31              p_int_q - >NextPtr = p_int_q_next;
32              p_int_q ++ ;
33              p_int_q_next ++ ;
34         }
35         p_int_q -- ;
36         p_int_q_next         = OSCfg_IntQBasePtr;
37         p_int_q - >NextPtr    = p_int_q_next;
38         OSIntQInPtr          = p_int_q_next;
39         OSIntQOutPtr         = p_int_q_next;
40         OSIntQNbrEntries     = (OS_OBJ_QTY)0u;
41         OSIntQNbrEntriesMax = (OS_OBJ_QTY)0u;
42
43         if (OSCfg_IntQTaskStkBasePtr = = (CPU_STK * )0) {
44              * p_err = OS_ERR_INT_Q_STK_INVALID;
45              return;
46         }
47
48         if (OSCfg_IntQTaskStkSize < OSCfg_StkSizeMin) {
49              * p_err = OS_ERR_INT_Q_STK_SIZE_INVALID;
50              return;
51         }
52
53         OSTaskCreate((OS_TCB      * )&OSIntQTaskTCB,
54                      (CPU_CHAR    * )((void * )"uC/OS - III ISR Queue Task"),
```

```
55                  (OS_TASK_PTR )OS_IntQTask,
56                  (void        * )0,
57                  (OS_PRIO     )0u,
58                  (CPU_STK     * )OSCfg_IntQTaskStkBasePtr,
59                  (CPU_STK_SIZE)OSCfg_IntQTaskStkLimit,
60                  (CPU_STK_SIZE)OSCfg_IntQTaskStkSize,
61                  (OS_MSG_QTY  )0u,
62                  (OS_TICK     )0u,
63                  (void        * )0,
64                  (OS_OPT      )(OS_OPT_TASK_STK_CHK | OS_OPT_TASK_STK_CLR),
65                  (OS_ERR      * )p_err);
66      }
```

第 7 行清 0 中断事件队列溢出变量 OSIntQOvfCtr。第 9~17 行检查中断事件队列的基地址 OSCfg_IntQBasePtr 和队列长度 OSCfg_IntQSize 是否合法。第 18 行清 0 中断服务手柄任务的最大执行时间 OSIntQTaskTimeMax。第 21~37 行清空中断事件队列，并将其链接成一个环形链表（或称循环链表）。第 38、39 行设定中断事件队列的入队和出队指针；第 40、41 行清 0 中断事件队列中的事件数 OSIntQN‑brEntries 和最大事件数 OSIntQNbrEntriesMax。第 43~51 行检查中断服务手柄任务的堆栈基地址和堆栈大小的合法性。

第 53~65 行调用 OSTaskCreate 函数创建中断服务手柄任务，13 个参数的含义依次为：① 中断服务手柄任务的任务控制块为 OSIntQTaskTCB；② 中断服务手柄任务名称为"uC/OS‑Ⅲ ISR Queue Task"；③ 中断服务手柄任务函数为 OS_IntQTask；④ 中断服务手柄任务函数参数为空；⑤ 中断服务手柄任务的优先级号固定为 0；⑥ 中断服务手柄任务的堆栈基地址为 OSCfg_IntQTaskStkBasePtr；⑦ 中断服务手柄任务的堆栈报警值为堆栈大小/10；⑧ 堆栈大小为 OSCfg_IntQTaskStkSize（默认值为 128）；⑨ 任务消息数量为 0；⑩ 任务时间片设定为 0；⑪ 中断服务手柄任务不扩展外部数据区；⑫ 中断服务手柄任务创建时进行堆栈检查清 0；⑬ 出错码。

当 OS_CFG_ISR_POST_DEFERRED_EN 为 1 时，中断服务程序（ISR）调用 OS_IntQPost 函数，将事件保存到中断事件循环队列中；当（嵌套的）所有中断执行完成后，中断服务手柄任务开始执行，将调用 OS_IntQRePost 函数将中断事件队列中的事件依次释放。函数 OS_IntQPost 和 OS_IntQRePost 位于系统文件 os_int.c 中，供读者自学讨论。

7.6 用户钩子函数

在 μC/OS‑Ⅲ 中，默认情况下，宏常量 OS_CFG_APP_HOOKS_EN 为 1（位于 os_cfg.h 文件中），则 os_app_hooks.c 文件中的设置用户钩子函数 App_OS_SetAll‑

Hooks 将被编译,其代码如下所示:

程序段 7‑20　　函数 App_OS_SetAllHooks

```
1    void  App_OS_SetAllHooks (void)
2    {
3    # if OS_CFG_APP_HOOKS_EN > 0u
4        CPU_SR_ALLOC();
5
6        CPU_CRITICAL_ENTER();
7        OS_AppTaskCreateHookPtr = App_OS_TaskCreateHook;
8        OS_AppTaskDelHookPtr    = App_OS_TaskDelHook;
9        OS_AppTaskReturnHookPtr = App_OS_TaskReturnHook;
10
11       OS_AppIdleTaskHookPtr   = App_OS_IdleTaskHook;
12       OS_AppStatTaskHookPtr   = App_OS_StatTaskHook;
13       OS_AppTaskSwHookPtr     = App_OS_TaskSwHook;
14       OS_AppTimeTickHookPtr   = App_OS_TimeTickHook;
15       CPU_CRITICAL_EXIT();
16   # endif
17   }
```

程序段 7‑20 显示共有 7 个用户钩子函数,第 7~14 行的每一行都是将用户钩子函数赋给其对应的函数指针。可在用户钩子函数中添加代码扩展 µC/OS‑III 系统函数(或任务)的功能,而不影响 µC/OS‑III 系统的完整性和移植性。

下面以实例说明如何使用用户钩子函数。

在工程 ex7_2 的基础上,新建工程 ex7_3,工程 ex7_3 与工程 ex7_2 完全相同,除了:

① 将 os_app_hooks.c 文件的包括头文件由原来的

"# include ＜os.h＞
include ＜os_app_hooks.h＞"

改为

"# include　"includes.h""

② 在 includes.h 文件中添加一行"# include　＜os_app_hooks.h＞"。

③ 在 tasks.c 文件的"User_TaskCreate();"前添加一行代码"App_OS_SetAll-Hooks();",即初始化所有用户钩子函数。然后,将该文件中的"User_TmrCreate();"注释掉,即把创建定时器的函数注释掉,将在用户钩子函数中调用该函数。

④ 将 os_app_hooks.c 文件中的 App_OS_TaskCreateHook 函数修改为如下内容:

程序段 7‑21　　App_OS_TaskCreateHook 函数

```
1    void  App_OS_TaskCreateHook (OS_TCB   * p_tcb)
2    {
3        if(p_tcb == &USER_TASK1TCBPtr)
4        {
```

```
5                    User_TmrCreate();      //Create Timer
6              }
7         }
```

第 3 行判断正在创建的任务是否为用户任务 1,如果为真,则执行第 5 行,调用
User_TmrCreate 创建定时器。也就是说,在用户任务 1 创建时,借助其用户钩子函
数创建定时器。

工程 ex7_3 与工程 ex7_2 的执行结果完全相同。

7.7 本章小结

通过本章对 μC/OS - III 系统任务的学习,需要掌握统计任务统计堆栈使用情况
和 CPU 利用率的方法,以及创建定时器的方法;有兴趣的读者可深入研究各个系统
任务的工作原理。5 个系统任务的优先级号设定情况为:空闲任务优先级号为 OS_
CFG_PRIO_MAX－1u、统计任务优先级号为 OS_CFG_PRIO_MAX－2u、时钟节拍
任务优先级号为 10、中断服务手柄任务优先级号为 0、定时器任务优先级号为 20。
如果在 os_cfg.h 文件中宏常量 OS_CFG_PRIO_MAX 的值为 32,则空闲任务和统计
任务的优先级号分别为 31 和 30。尽管 μC/OS - III 允许不同的任务具有相同的优
先级号,但是仍然建议用户任务的优先级号不应和系统任务相同,因此,对于 OS_
CFG_PRIO_MAX 的值为 32 的情况,用户任务的优先级号不应取 0、10、20、30、31;
此外,因为时钟节拍任务的优先级号为 10,如果用户任务没有时钟节拍任务重要,则
用户任务的优先级号应取为大于 10 的数值。这样,普通用户任务的优先级号取值范
围为 11～19、21～29,共 18 个整数值。如果把 OS_CFG_PRIO_MAX 的值设为 64,
则按上述理论,普通用户任务的优先级号取值范围为 11～19、21～61,共 50 个整数
值。因此,建议将 OS_CFG_PRIO_MAX 的值设定为 64。对于同优先级号的不同任
务,用户需要设定其时间片的值,或设为 0 表示采用系统默认的时间片值。

第 **8** 章

信号量、任务信号量 和互斥信号量

μC/OS-III 是多任务实时操作系统,支持创建无限多个用户任务,任务间借助消息队列进行通信,借助信号量、事件标志组或消息队列进行同步,借助互斥信号量实现共享资源的独占访问。信号量、互斥信号量、消息队列和事件标志组用于标识系统中某个事件的发生,本书将它们统称为事件。本章将介绍信号量和互斥信号量及其作用,消息队列和事件标志组事件分别在第 9 章和第 10 章介绍。μC/OS-III 的信号量操作方式与 μC/OS-II 相似,此外,μC/OS-III 任务的任务控制块内置了信号量,被称为任务信号量,用户任务可借助于另一个任务的任务控制块直接向其发送任务信号量,实现两个任务间的同步。

8.1 信号量

信号量本质上是一个"全局计数器"变量,释放信号量的任务使得该全局计数器变量累加 1;如果全局计数器变量的值大于 0,则请求信号量的任务请求成功,同时将全局计数器变量的值减 1;如果全局计数器变量的值为 0,则请求信号量的任务被挂起等待。除了任务可以释放信号量外,定时器回调函数和中断服务函数均可以释放信号量,但是这两者都不能请求信号量。

8.1.1 信号量函数

信号量操作相关的函数位于系统文件 os_sem.c 中,如表 8-1 所列。

表 8-1　信号量操作相关的函数

序　号	函数原型	功　能
1	void　OSSemCreate(OS_SEM　　*p_sem, 　　CPU_CHAR　　* p_name, 　　OS_SEM_CTR　cnt, 　　OS_ERR　　* p_err);	创建信号量。p_sem 为信号量指针；p_name 为信号量名；cnt 为信号量的初始计数值；p_err 为出错码
2	OS_OBJ_QTY OSSemDel（OS_SEM * p_sem, 　　OS_OPT　opt, 　　OS_ERR　* p_err）；	删除信号量。参数 opt 可取： 　　① OS_OPT_DEL_NO_PEND,表示没有任务请求该信号量时删除它； 　　② OS_OPT_DEL_ALWAYS,表示无论有没有任务正在请求该信号量,都删除它,那些请求该信号量的任务就绪
3	OS_SEM_CTR OSSemPend（OS_SEM * p_sem, 　　OS_TICK　timeout, 　　OS_OPT　opt, 　　CPU_TS　* p_ts, 　　OS_ERR　* p_err）；	请求信号量。参数 timeout 指定延时时钟节拍值,当该参数为 0 时,表示永远等待；为大于 0 的值时,当请求等待 timeout 后,请求信号量的任务将超时就绪。参数 opt 可取： 　　① OS_OPT_PEND_BLOCKING,表示请求不到信号量或等待没有超时时,挂起任务； 　　② OS_OPT_PEND_NON_BLOCKING 表示请求信号量的任务不会因请求不到或没有超时而被挂起。参数 p_ts 记录请求的信号量释放的时刻点、任务放弃请求信号量的时刻点或信号量删除的时刻点,以时间邮票为单位；如果赋值（CPU_TS *）0,则表示不记录这些时刻点
4	OS_OBJ_QTY OSSemPendAbort (OS_SEM * p_sem, 　　OS_OPT　opt, 　　OS_ERR　* p_err)；	放弃请求信号量。参数 opt 可取： 　　① OS_OPT_PEND_ABORT_1 表示所有请求该信号量的优先级最高的等待任务放弃请求信号量； 　　② OS_OPT_PEND_ABORT_ALL 表示所有请求该信号量的任务都放弃请求,均就绪； 　　③ OS_OPT_POST_NO_SCHED,该参数不单独使用,与前两个参数之一搭配使用,表示不进行任务调度

续表 8 - 1

序　号	函数原型	功　能
5	OS_SEM_CTR　OSSemPost（OS_SEM * p_sem, 　　　OS_OPT　opt, 　　　OS_ERR　* p_err);	释放信号量。参数 opt 可取： 　①　OS_OPT_POST_1 表示使请求信号量的最高优先级等待任务就绪； 　②　OS_OPT_POST_ALL 使所有请求该信号量的等待任务均就绪； 　③　OS_OPT_POST_NO_SCHED,该参数与前两者之一搭配使用,表示不进行任务调度
6	void　OSSemSet(OS_SEM　* p_sem, 　　　OS_SEM_CTR　cnt, 　　　OS_ERR　* p_err);	设置信号量的计数值。参数 opt 必须为大于或等于 0 的整数（即自然数）,设为 0 相当于复位信号量

表 8 - 1 中罗列了 6 个与信号量操作相关的函数,这些函数的用法比较直观,其中关于信号量创建、信号量释放和信号量请求的函数将在下文作重点讨论。

8.1.2　信号量工作方式

信号量主要用于用户任务间同步以及用户任务同步定时器或中断服务,如图 8 - 1 所示。

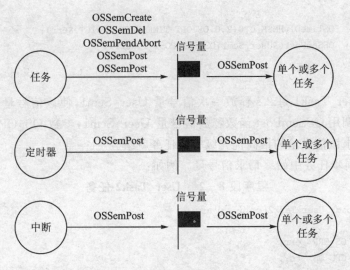

图 8 - 1　信号量工作方式

图 8 - 1 表明,任务可以使用表 8 - 1 中的全部函数,定时器和中断服务程序仅能使用信号量释放函数 OSSemPost。最常见的信号量工作方式有 3 种,即① 单任务释

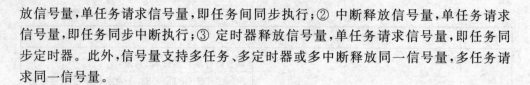
放信号量,单任务请求信号量,即任务间同步执行;② 中断释放信号量,单任务请求信号量,即任务同步中断执行;③ 定时器释放信号量,单任务请求信号量,即任务同步定时器。此外,信号量支持多任务、多定时器或多中断释放同一信号量,多任务请求同一信号量。

8.1.3 任务间信号量同步

借助于信号量实现任务间同步的具体步骤如下:

S1. 定义信号量。例如:"OS_SEM User_Sem1;"。

S2. 调用 OSSemCreate 函数创建信号量。例如:"OS_ERR err;OSSemCreate(&User_Sem1,"User Sem1",(OS_SEM_CTR)2,&err);",创建的信号量 User_Sem1 初始计数值为 2。

S3. 在被同步的任务中有规律地释放信号量。例如:

程序段 8 - 1   User_Task1 任务

```
1      void  User_Task1(void * p_arg)
2      {
3        OS_ERR  err;
4
5        (void)p_arg;
6
7        while(DEF_TRUE)
8        {
9          OSTimeDlyHMSM(0,0,2,0,OS_OPT_TIME_HMSM_STRICT,&err);
10         OSSemPost(&User_Sem1,OS_OPT_POST_1,&err);
11       }
12     }
```

任务 User_Task1 每 2 s 释放一次信号量 User_Sem1,使该信号量的计数值加1。第10行调用 OSSemPost 函数释放信号量 User_Sem1,参数 OS_OPT_POST_1表示使得请求该信号量的最高优先级等待任务就绪。

S4. 在同步任务中始终请求信号量。例如:

程序段 8 - 2   User_Task2 任务

```
1      void  User_Task2(void * p_arg)
2      {
3        OS_ERR  err;
4        CPU_TS  ts;
5
6        (void)p_arg;
7
8        while(DEF_TRUE)
9        {
```

```
10        OSSemPend(&User_Sem1,0,OS_OPT_PEND_BLOCKING,&ts,&err);
11        UART0_putstring("Task2 Pending Sem1 from Task1 - - - OK.\n");
12      }
13    }
```

User_Task2 始终请求信号量 User_Sem1,当请求不到时,参数 OS_OPT_PEND_BLOCKING 表示永远等待。如果不关心请求的等待时间,则第 10 行的 ts 可使用 (CPU_TS *)0;如果要计算请求的等待时间,则需要将程序段 8-2 中的无限循环修改为以下语句:

```
1     while(DEF_TRUE)
2     {
3       OSSemPend(&User_Sem1,0,OS_OPT_PEND_BLOCKING,&ts,&err);
4
5       ts = OS_TS_GET() - ts;
6
7       UART0_putstring("Task2 Pending Sem1 from Task1 - - - OK.\n");
8     }
```

即添加第 5 行代码,该行返回的 ts 值为当前的时间邮票值减去信号量 User_Sem1 释放时的时间邮票值;对于 LPC1788 而言,使用 32 位 DWT(数据检测和跟踪单元,96 MHz)自由定时器产生时间邮票,这个值一般为 2 000 左右,约相当于 20 μs。

下面举例介绍借助信号量实现任务间同步的方法。

在工程 ex7_2 的基础上新建工程 ex8_1,工程 ex8_1 与工程 ex7_2 相同,除了以下内容:

① includes. h 文件中添加"＃include ＜os_app_hooks. h＞"。

② tasks. c 文件内容有所不同。

程序段 8-3   文件 tasks. c 内容

```
1     //Filename: tasks.c
2
3     # define    TASKS_DATA
4     # include   "includes.h"
5
6     void App_TaskStart(void * p_arg)
7     {
8       OS_ERR    err;
9       static  CPU_INT32U  t_cnt;
10      CPU_INT08U   str[30];
11
12      (void)p_arg;
13      t_cnt = 0;
14
15      CPU_Init();
16      OS_CSP_TickInit();    //Initialize the Tick interrupt
17
```

```
18      # if OS_CFG_STAT_TASK_EN > 0u
19          OSStatTaskCPUUsageInit(&err);
20      # endif
21
22      App_OS_SetAllHooks();   //Set User Hooks
```

第 18～20 行当 OS_CFG_STAT_TASK_EN 为 1 时,调用 OSStatTaskCPUUsageInit 函数初始化统计任务使用的变量(0.1 s 内只有空闲任务运行时的最大计数值 OSStatTaskCtrMax)。第 22 行调用 App_OS_SetAllHooks 函数初始化用户钩子函数。第 18～22 行代码为了在用户任务中使用统计任务统计的 CPU 使用率和堆栈占用情况等信息,以及使用用户钩子函数。

```
23
24      User_EventCreate();      //Create Events
```

第 24 行调用 User_EventCreate 创建信号量,如第 203～208 行所示。

```
25
26      User_TaskCreate();        //Create User Tasks
27
28      while(DEF_TRUE)
29      {
30          OSTimeDlyHMSM(0,0,1,0,OS_OPT_TIME_HMSM_STRICT,&err);
31
32          t_cnt + = 1;
33          sprintf((char * )str,"\nPast % d seconds.\n",t_cnt);
34          UART0_putstring(str);
35      }
36  }
```

用户任务 App_TaskStart 每 1 s 执行一次第 32～34 行代码,输出提示信息。

```
37
38      void   User_TaskCreate(void)
39      {
40          OS_ERR   err;
41          OSTaskCreate((OS_TCB * )&USER_TASK1TCBPtr,      //Task 1
42                  (CPU_CHAR * )"User Task1",
43                  (OS_TASK_PTR)User_Task1,
44                  (void * )0,
45                  (OS_PRIO)USER_TASK1_PRIO,
46                  (CPU_STK * )USER_TASK1StkPtr,
47                  (CPU_STK_SIZE)USER_TASK1_STK_SIZE/10,
48                  (CPU_STK_SIZE)USER_TASK1_STK_SIZE,
49                  (OS_MSG_QTY)0u,
50                  (OS_TICK)0u,
51                  (void * )0,
52                  (OS_OPT)(OS_OPT_TASK_STK_CHK | OS_OPT_TASK_STK_CLR),
53                  (OS_ERR * )&err);
```

```
54          OSTaskCreate((OS_TCB *)&USER_TASK2TCBPtr,       //Task 2
55                      (CPU_CHAR *)"User Task2",
56                      (OS_TASK_PTR)User_Task2,
57                      (void *)0,
58                      (OS_PRIO)USER_TASK2_PRIO,
59                      (CPU_STK *)USER_TASK2StkPtr,
60                      (CPU_STK_SIZE)USER_TASK2_STK_SIZE/10,
61                      (CPU_STK_SIZE)USER_TASK2_STK_SIZE,
62                      (OS_MSG_QTY)0u,
63                      (OS_TICK)0u,
64                      (void *)0,
65                      (OS_OPT)(OS_OPT_TASK_STK_CHK | OS_OPT_TASK_STK_CLR),
66                      (OS_ERR *)&err);
67          OSTaskCreate((OS_TCB *)&USER_TASK3TCBPtr,       //Task 3
68                      (CPU_CHAR *)"User Task3",
69                      (OS_TASK_PTR)User_Task3,
70                      (void *)0,
71                      (OS_PRIO)USER_TASK3_PRIO,
72                      (CPU_STK *)USER_TASK3StkPtr,
73                      (CPU_STK_SIZE)USER_TASK3_STK_SIZE/10,
74                      (CPU_STK_SIZE)USER_TASK3_STK_SIZE,
75                      (OS_MSG_QTY)0u,
76                      (OS_TICK)0u,
77                      (void *)0,
78                      (OS_OPT)(OS_OPT_TASK_STK_CHK | OS_OPT_TASK_STK_CLR),
79                      (OS_ERR *)&err);
80          OSTaskCreate((OS_TCB *)&USER_TASK4TCBPtr,       //Task 4
81                      (CPU_CHAR *)"User Task4",
82                      (OS_TASK_PTR)User_Task4,
83                      (void *)0,
84                      (OS_PRIO)USER_TASK4_PRIO,
85                      (CPU_STK *)USER_TASK4StkPtr,
86                      (CPU_STK_SIZE)USER_TASK4_STK_SIZE/10,
87                      (CPU_STK_SIZE)USER_TASK4_STK_SIZE,
88                      (OS_MSG_QTY)0u,
89                      (OS_TICK)0u,
90                      (void *)0,
91                      (OS_OPT)(OS_OPT_TASK_STK_CHK | OS_OPT_TASK_STK_CLR),
92                      (OS_ERR *)&err);
93          OSTaskCreate((OS_TCB *)&USER_TASK5TCBPtr,       //Task 5
94                      (CPU_CHAR *)"User Task5",
95                      (OS_TASK_PTR)User_Task5,
96                      (void *)0,
97                      (OS_PRIO)USER_TASK5_PRIO,
98                      (CPU_STK *)USER_TASK5StkPtr,
99                      (CPU_STK_SIZE)USER_TASK5_STK_SIZE/10,
100                     (CPU_STK_SIZE)USER_TASK5_STK_SIZE,
```

```
101              (OS_MSG_QTY)0u,
102              (OS_TICK)0u,
103              (void *)0,
104              (OS_OPT)(OS_OPT_TASK_STK_CHK | OS_OPT_TASK_STK_CLR),
105              (OS_ERR *)&err;
106    }
```

第 38～106 行为 User_TaskCreate 函数,调用 OSTaskCreate 函数创建了 5 个用户任务,即 User_Task1、User_Task2、User_Task3、User_Task4 和 User_Task5,它们的优先级号依次为 11～15。

```
107
108    void  User_Task1(void * p_arg)
109    {
110      OS_ERR  err;
111
112      (void)p_arg;
113
114      while(DEF_TRUE)
115      {
116        OSTimeDlyHMSM(0,0,2,0,OS_OPT_TIME_HMSM_STRICT,&err);
117
118        OSSemPost(&User_Sem1,OS_OPT_POST_1,&err);
119      }
120    }
```

任务 User_Task1 每 2 s 执行一次第 118 行,释放信号量 User_Sem1。

```
121
122    void  User_Task2(void * p_arg)
123    {
124      OS_ERR  err;
125      CPU_TS  ts;
126
127      (void)p_arg;
128
129      while(DEF_TRUE)
130      {
131        OSSemPend(&User_Sem1,0,OS_OPT_PEND_BLOCKING,&ts,&err);
132
133        UART0_putstring("Task2 Pending Sem1 from Task1 - - - OK.\n");
134      }
135    }
```

任务 User_Task2 始终请求信号量 User_Sem1,如果请求不到,则永远等待;如果请求到了,则执行第 133 行输出提示信息。

```
136
137    void  User_Task3(void * p_arg)
138    {
```

```
139        OS_ERR   err;
140
141        (void)p_arg;
142
143        while(DEF_TRUE)
144        {
145          OSTimeDlyHMSM(0,0,3,0,OS_OPT_TIME_HMSM_STRICT,&err);
146
147          OSSemPost(&User_Sem1,
148                    OS_OPT_POST_1 + OS_OPT_POST_NO_SCHED,
149                    &err);
150          OSSemPost(&User_Sem2,
151                    OS_OPT_POST_ALL,
152                    &err);
153        }
154    }
```

任务 User_Task3 每 3 s 执行一次第 147～152 行。第 147～149 行释放信号量 User_Sem1,参数 OS_OPT_POST_NO_SCHED 表示释放信号量后,不进行任务调度,任务 User_Task3 仍然占用 CPU 使用权;这样,第 150～152 行得到执行,释放信号量 User_Sem2,参数 OS_OPT_POST_ALL 表示使所有请求信号量 User_Sem2 的挂起任务均就绪。

```
155
156    void   User_Task4(void * p_arg)
157    {
158      OS_ERR   err;
159      CPU_TS   ts;
160
161      (void)p_arg;
162
163      while(DEF_TRUE)
164      {
165        OSSemPend(&User_Sem2,
166                  0,
167                  OS_OPT_PEND_BLOCKING,
168                  &ts,
169                  &err);
170        UART0_putstring("Task4 Pending Sem2 from Task3 - - - OK.\n");
171      }
172    }
```

任务 User_Task4 始终请求信号量 User_Sem2,当请求不到时,永远等待;如果请求到了,则执行第 170 行,输出提示信息。

```
173
174    void   User_Task5(void * p_arg)
175    {
```

```
176      OS_ERR   err;
177      CPU_TS   ts;
178
179      (void)p_arg;
180
181      while(DEF_TRUE)
182      {
183          OSSemPend(&User_Sem2,
184                    2000,
185                    OS_OPT_PEND_BLOCKING,
186                    &ts,
187                    &err);
188          switch(err)
189          {
190          case OS_ERR_NONE:
191              UART0_putstring("Task5 Pending Sem2 from Task3 - - - OK.\n");
192              break;
193          case OS_ERR_TIMEOUT:
194              UART0_putstring("Task5 Pending Sem2 from Task3 - - - Timeout.\n");
195              break;
196          default:
197              UART0_putstring("Task5 Pending Sem2 from Task3 - - - Error.\n");
198              break;
199          }
200      }
201  }
```

任务 User_Task5 请求信号量 User_Sem2,等待超时时间为 2 s,如果 2 s 内请求到信号量 User_Sem2,则返回出错码 OS_ERR_NONE;如果 2 s 时间请求不到信号量,则超时就绪,返回出错码 OS_ERR_TIMEOUT。第 188~199 行根据返回的出错码输出提示信息。

```
202
203  void User_EventCreate(void)    //Create Events
204  {
205      OS_ERR   err;
206      OSSemCreate(&User_Sem1,"User Sem1",(OS_SEM_CTR)2,&err);
207      OSSemCreate(&User_Sem2,"User Sem2",(OS_SEM_CTR)0,&err);
208  }
```

第 206 行创建信号量 User_Sem1,并赋信号量的计数值初值为 2;第 207 行创建信号量 User_Sem2,赋初值为 0。

③ tasks.h 文件(宏)定义 tasks.c 文件中使用的常量、变量、函数原型等。

程序段 8－4   tasks.h 文件内容

```
1    //Filename: tasks.h
2
3    #ifndef  TASKS_H
```

```
4        # define   TASKS_H
5
6        # define   USER_TASK1_PRIO              11u
7        # define   USER_TASK2_PRIO              12u
8        # define   USER_TASK3_PRIO              13u
9        # define   USER_TASK4_PRIO              14u
10       # define   USER_TASK5_PRIO              15u
11
12       # define   USER_TASK1_STK_SIZE          0x100
13       # define   USER_TASK2_STK_SIZE          0x100
14       # define   USER_TASK3_STK_SIZE          0x100
15       # define   USER_TASK4_STK_SIZE          0x100
16       # define   USER_TASK5_STK_SIZE          0x100
17
18       void    App_TaskStart(void * p_arg);
19       void    User_TaskCreate(void);
20
21       void    User_Task1(void * p_arg);
22       void    User_Task2(void * p_arg);
23       void    User_Task3(void * p_arg);
24       void    User_Task4(void * p_arg);
25       void    User_Task5(void * p_arg);
26
27       void User_EventCreate(void);
28
29       # endif
30
31       # ifdef     TASKS_DATA
32       # define   VAR_EXT
33       # else
34       # define   VAR_EXT   extern
35       # endif
36
37       VAR_EXT   OS_TCB     App_TaskStartTCBPtr;
38       VAR_EXT   CPU_STK    App_TaskStartStkPtr[APP_CFG_TASK_START_STK_SIZE];
39
40       VAR_EXT   OS_TCB     USER_TASK1TCBPtr;
41       VAR_EXT   CPU_STK    USER_TASK1StkPtr[USER_TASK1_STK_SIZE];
42       VAR_EXT   OS_TCB     USER_TASK2TCBPtr;
43       VAR_EXT   CPU_STK    USER_TASK2StkPtr[USER_TASK2_STK_SIZE];
44       VAR_EXT   OS_TCB     USER_TASK3TCBPtr;
45       VAR_EXT   CPU_STK    USER_TASK3StkPtr[USER_TASK3_STK_SIZE];
46       VAR_EXT   OS_TCB     USER_TASK4TCBPtr;
47       VAR_EXT   CPU_STK    USER_TASK4StkPtr[USER_TASK4_STK_SIZE];
48       VAR_EXT   OS_TCB     USER_TASK5TCBPtr;
49       VAR_EXT   CPU_STK    USER_TASK5StkPtr[USER_TASK5_STK_SIZE];
50
```

```
51    VAR_EXT    OS_SEM    User_Sem1;
52    VAR_EXT    OS_SEM    User_Sem2;
```

第 6～10 行宏定义用户任务 User_Task1～User_Task5 的优先级号常量；第 12～16 行宏定义它们的堆栈大小常量；第 21～25 行为这些用户任务的函数原型声明。第 18 行为任务 App_TaskStart 的函数声明；第 19、27 行为函数 User_TaskCreate 和 User_EventCreate 的声明。第 37、38 行定义任务 App_TaskStart 的任务控制块和任务堆栈。第 40～49 行定义用户任务 User_Task1～User_Task5 的任务控制块和任务堆栈。第 51、52 行定义两个信号量 User_Sem1 和 User_Sem2。

工程 ex8_1 的执行过程如图 8‐2 所示，其执行结果如图 8‐3 所示。

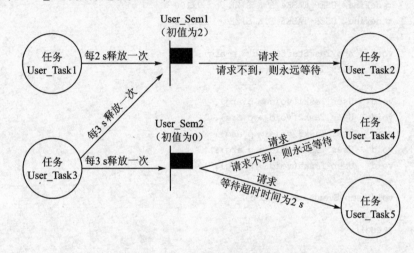

图 8‐2　工程 ex8_1 执行过程

由图 8‐2 可知，由于信号量 User_Sem1 的计数值初值为 2，则任务 User_Task2 先运行 2 次，然后，任务 User_Task2 按周期为 2 s 和周期为 3 s 的叠加周期请求到信号量 User_Sem1，因此，任务 User_Task2 的运行情况为：每间隔 $2n$ s 执行一次，每间隔 $3m$ s 执行一次，$(n=1,2,3,\cdots;m=1,2,3,\cdots)$，因此，当 $2n=3m$ 时，例如 6 s 时，任务 User_Task2 将执行 2 次。

任务 User_Task4 请求信号量 User_Sem2，每 3 s 执行一次。

任务 User_Task5 以等待超时方式请求信号量 User_Sem2，等待时间为 2 s，而任务 User_Task2 释放信号量 User_Sem2 的方式是每 3 s 释放一次（使用参数 OS_OPT_POST_ALL），因此，任务 User_Task5 的运行情况为：间隔 2 s 因超时执行一次，再等待 1 s 因请求到执行一次，以此循环下去。

根据上述分析，可得如图 8‐3 所示的运行结果。

图 8-3 工程 ex8_1 的运行结果

8.1.4 定时器释放信号量

系统定时器的回调函数执行时,任务调度器处于锁定状态,因此,定时器回调函数应尽可能包含较少的代码。常用的程序设计方法是在定时器回调函数中释放事件,使请求该事件的任务就绪,去实现特定的功能。下面以一个实例介绍定时器释放信号量的方法。

在工程 ex8_1 的基础上,新建工程 ex8_2,这两个工程相同,除了文件 tasks.c 和 tasks.h 外。

程序段 8-5　文件 tasks.c

```
1    //Filename: tasks.c
2
3    #define     TASKS_DATA
4    #include    "includes.h"
5
6    void App_TaskStart(void * p_arg)
7    {
```

```
8          OS_ERR      err;
9          OS_STATE   tmr_stat;
10         static  CPU_INT32U  t_cnt;
11         CPU_INT08U   str[30];
12
13         (void)p_arg;
14         t_cnt = 0;
15
16         CPU_Init();
17         OS_CSP_TickInit();     //Initialize the Tick interrupt
18
19     # if OS_CFG_STAT_TASK_EN > 0u
20         OSStatTaskCPUUsageInit(&err);
21     # endif
22
23         App_OS_SetAllHooks();   //Set User Hooks
24
25         User_EventCreate();      //Create Events
26         User_TaskCreate();       //Create User Tasks
27         User_TmrCreate();        //Create Timer
```

第 27 行调用 User_TmrCreate 函数创建一个系统定时器,该函数位于第 82～
93 行。

```
28
29         while(DEF_TRUE)
30         {
31           tmr_stat = OSTmrStateGet((OS_TMR * )&User_Tmr1,(OS_ERR * )&err);
32           if(tmr_stat!= OS_TMR_STATE_RUNNING)
33           {
34             OSTmrStart((OS_TMR * )&User_Tmr1,(OS_ERR * )&err);
35           }
36
37           OSTimeDlyHMSM(0,0,1,0,OS_OPT_TIME_HMSM_STRICT,&err);
38           t_cnt += 1;
39           sprintf((char * )str,"Past % d seconds.\n",t_cnt);
40           UART0_putstring(str);
41         }
42     }
```

第 31 行获得定时器 User_Tmr1 的状态,如果定时器不处于运行态,则第 34 行
启动该定时器。第 37～40 行表明每 1 s 输出提示信息。

```
43
44     void  User_TaskCreate(void)
45     {
46         OS_ERR  err;
47         OSTaskCreate((OS_TCB * )&USER_TASK1TCBPtr,     //Task 1
48             (CPU_CHAR * )"User Task1",
```

```
49                    (OS_TASK_PTR)User_Task1,
50                    (void *)0,
51                    (OS_PRIO)USER_TASK1_PRIO,
52                    (CPU_STK *)USER_TASK1StkPtr,
53                    (CPU_STK_SIZE)USER_TASK1_STK_SIZE/10,
54                    (CPU_STK_SIZE)USER_TASK1_STK_SIZE,
55                    (OS_MSG_QTY)0u,
56                    (OS_TICK)0u,
57                    (void *)0,
58                    (OS_OPT)(OS_OPT_TASK_STK_CHK | OS_OPT_TASK_STK_CLR),
59                    (OS_ERR *)&err);
60    }
61
62    void  User_Task1(void * p_arg)
63    {
64      OS_ERR  err;
65      CPU_TS  ts;
66
67      (void)p_arg;
68
69      while(DEF_TRUE)
70      {
71        OSSemPend(&User_Sem1,0,OS_OPT_PEND_BLOCKING,&ts,&err);
72        UART0_putstring("\nTask1 Pending Sem1 from Tmr1 - - - OK.\n");
73      }
74    }
```

任务 User_Task1 始终请求信号量 User_Sem1，请求成功后，输出提示信息。

```
75
76    void User_EventCreate(void)    //Create Events
77    {
78        OS_ERR  err;
79        OSSemCreate(&User_Sem1,"User Sem1",(OS_SEM_CTR)0,&err);
80    }
81
82    void User_TmrCreate(void)
83    {
84      OS_ERR  err;
85      OSTmrCreate((OS_TMR               * )&User_Tmr1,
86                  (CPU_CHAR             * )"User Timer #1",
87                  (OS_TICK              )20,
88                  (OS_TICK              )20,    //2s
89                  (OS_OPT               )OS_OPT_TMR_PERIODIC,
90                  (OS_TMR_CALLBACK_PTR)User_Tmr_cbFnc1,
91                  (void                 * )0,
92                  (OS_ERR               * )&err);
93    }
94
```

```
95      void    User_Tmr_cbFnc1(void * p_arg)
96      {
97        OS_ERR err;
98        OSSemPost(&User_Sem1,OS_OPT_POST_1,&err);
99      }
```

第 82～93 行创建定时器 User_Tmr1,第 95～99 行为该定时器的回调函数,在第 98 行释放信号量 User_Sem1。

程序段 8 - 6   文件 tasks. h

```
1       //Filename: tasks. h
2
3       # ifndef   TASKS_H
4       # define   TASKS_H
5
6       # define   USER_TASK1_PRIO          11u
7
8       # define   USER_TASK1_STK_SIZE      0x100
9
10      void    App_TaskStart(void * p_arg);
11      void    User_TaskCreate(void);
12
13      void    User_Task1(void * p_arg);
14
15      void User_EventCreate(void);
16
17      void    User_Tmr_cbFnc1(void * p_arg);
18      void    User_TmrCreate(void);
19
20      # endif
21
22      # ifdef    TASKS_DATA
23      # define   VAR_EXT
24      # else
25      # define   VAR_EXT   extern
26      # endif
27
28      VAR_EXT  OS_TCB    App_TaskStartTCBPtr;
29      VAR_EXT  CPU_STK   App_TaskStartStkPtr[APP_CFG_TASK_START_STK_SIZE];
30
31      VAR_EXT  OS_TCB    USER_TASK1TCBPtr;
32      VAR_EXT  CPU_STK   USER_TASK1StkPtr[USER_TASK1_STK_SIZE];
33
34      VAR_EXT  OS_SEM    User_Sem1;
35
36      VAR_EXT  OS_TMR    User_Tmr1;
```

工程 ex8_2 的执行过程如图 8-4 所示,执行结果如图 8-5 所示。

图 8-4　工程 ex8_2 执行过程

由图 8-4 可知,任务 User_Task1 每 2 s 请求到信号量 User_Sem1 一次,即间隔 2 s 执行一次,输出提示信息,其输出结果如图 8-5 所示。

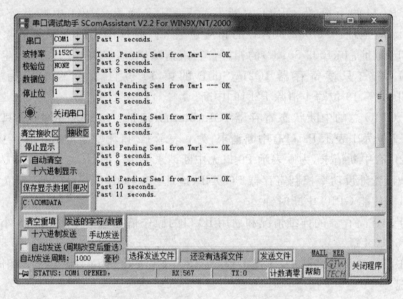

图 8-5　工程 ex8_2 的执行结果

8.1.5　中断释放信号量

在 μC/OS-III 中,中断服务程序的代码应尽可能地短小,在中断服务程序中释放事件给相应的任务,由那些任务完成特定的功能。下面举例说明中断释放信号量的具体实现方法,同时本节也讲述了 LPC1788 处理外部中断的方法。

根据第 3 章图 3-6 可知,IAR-LPC1788 实验板具有两个常开按键 "BUTTON1"和"BUTTON2",分别连接到 P2[19]和 P2[21]口。当按键按下时,输出低电平;当松开按键时,按键自动弹开,输出高电平。按下面的方法配置这两个 IO 口的下降沿触发中断:

S1. 配置 IO 控制寄存器 IOCON_P2_19（地址：0x4002 C14C）和 IOCON_P2_21（地址：0x4002 C154）均为（3u＜＜3），表示这两个 IO 口工作在通用 IO 口重复模式（repeater mode）下。该模式下输入高电平时弱上拉使能，输入低电平时弱下拉使能。

S2. 配置快速 GPIO 口方向控制寄存器 FIO2DIR（地址：0x2009 8040）为～（(1u≪19) | (1u≪21)），即 P2 口的第 19、21 脚配置为输入，默认为输入。

S3. 配置快速 GPIO 口屏蔽寄存器 FIO2MASK（地址：0x2009 8050）为～（(1u≪19)|(1u≪21)），即 P2 口的第 19、21 脚使能（默认 P2 口的全部引脚都使能）。

S4. P2 口的 GPIO 上升沿中断使能寄存器 IO2IntEnR（地址：0x4002 80B0）保持默认值 0；其下降沿中断使能寄存器 IO2IntEnF（地址：0x4002 80B4）设置为（1u≪19)|(1u≪21)，即 P2 口的第 19、21 脚使能下降沿 GPIO 中断。

S5. P2 口的下降沿 GPIO 中断发生后，其下降沿 GPIO 中断状态寄存器 IO2IntStatF（地址：0x4002 80A8）的相应位置 1。通过向 GPIO 中断清除寄存器 IO2IntClr（地址：0x4002 80AC）的相应位写 1 清除中断。例如，P2[19]产生了下降沿 GPIO 中断，只读寄存器 IO2IntStatF 的第 19 位自动置 1，向只写寄存器 IO2IntClr 的第 19 位写 1 清除 P2[19]中断。

S6. GPIO 总的中断状态寄存器 IOIntStatus（地址：0x4002 8080）为只读寄存器，其第 2 位为 1 表示 P2 口有中断请求；为 0 表示 P2 口无中断请求。其第 0 位为 1 表示 P0 口有中断请求，为 0 表示 P0 口无中断请求。

S7. 设置外设功率控制寄存器 PCONP（地址：0x400F C0C4）的第 15 位为 1（默认值为 1），使能 GPIO 中断时钟。

关于上述寄存器的详细情况和通用 IO 口的操作情况请参考第 3.2.8 小节和参考文献[6]第 9 章。

在工程 ex8_2 的基础上，新建工程 ex8_3。工程 ex8_3 与工程 ex8_2 相同，除了以下情况：

① 在 LPC1788_nvic.c 文件的_low_level_init 函数中添加以下两行代码：

```
"initP2_19_21();
P2_19_21_Int_En();"
```

用于初始化 P2[19]和 P2[21]脚为通用输入 IO 口。这两行代码添加到_low_level_init()函数中的"return 1;"语句前。

② 在 LPC1788_nvic.c 文件的 LPC1788_NVIC_Init 函数中添加以下一行代码：

```
"VectTblIntFncAt((CSP_DEV_NBR)38u);"
```

用于设置 GPIO 口中断入口函数位置。

③ 新建两个文件 user_bsp.c 和 user_bsp_key.c，这两个文件保存在目录"D:\xtucos3\ex8_3\APP_BSP"下，添加到工程 ex8_3 的组 APP/BSP 下。这两个文件的代码如下所示：

程序段 8 - 7　文件 user_bsp. c

```
1    //Filename: user_bsp.c
2
3    # include "includes.h"
4
5    void User_BSP_Init(void)
6    {
7        User_Reg_Int();  //Register P2[19][21] GPIO Int
8
9        CSP_IntEn(CSP_INT_CTRL_NBR_MAIN,CSP_INT_SRC_NBR_GPIO_00);
10   }
11
12   void  User_Reg_Int(void)
13   {
14       //Register P2[19],P2[21] Falling Interrupt
15       CSP_IntVectReg(CSP_INT_CTRL_NBR_MAIN,38u,(CPU_FNCT_PTR)P2_19_21_ISR,(void
* )0);
16   }
```

第 12～16 行的 User_Reg_Int 函数注册 P2[19] 和 P2[21] 口的下降沿中断,其中断服务函数均为 P2_19_21_ISR。第 5～10 行的 User_BSP_Init 函数调用 User_Reg_Int 函数,并使能 GPIO 中断(对应中断号为 38),这里的宏常量 CSP_INT_CTRL_NBR_MAIN 为 0u,CSP_INT_SRC_NBR_GPIO_00 为 38u。

程序段 8 - 8　文件 user_bsp_key. c

```
1    //Filename: user_bsp_key.c
2
3    # include "includes. h"
4
5    void  initP2_19_21() //Init P2[19], P2[21]
6    {
7        IOCON_P2_19 = (3u<<3);
8        IOCON_P2_21 = (3u<<3);
9        FIO2DIR = FIO2DIR & (~((1u<<19) | (1u<<21)));
10       FIO2MASK = FIO2MASK & (~~((1u<<19) | (1u<<21)));
11   }
12
13   void P2_19_21_Int_En(void)
14   {
15       IO2IntEnF = (1<<19) | (1<<21);
16       PCONP = PCONP | (1<<15);
17   }
18
19   void P2_19_21_ISR(void)
20   {
21       OS_ERR  err;
22       if((IOIntStatus & (1<<2)) == (1<<2))
```

```
23        {
24          if((IO2IntStatF & (1<<19)) == (1<<19))
25          {
26            OSSemPost(&User_Sem1,OS_OPT_POST_1,&err);
27          }
28          if((IO2IntStatF & (1<<21)) == (1<<21))
29          {
30            OSSemPost(&User_Sem2,OS_OPT_POST_1,&err);
31          }
32        }
33        IO2IntClr = (1<<19) | (1<<21);
34     }
```

第 5～11 行的 initP2_19_21 函数初始化 P2[19] 和 P2[21] 为重复模式的输入口。第 13～17 行的 P2_19_21_Int_En 函数使能 P2[19] 和 P2[21] 的下降沿 GPIO 口中断。

第 19～34 行为 P2[19] 和 P2[21] 的中断服务函数 P2_19_21_ISR。第 22 行判断是否 P2 口发生了 GPIO 口中断，如果是，则第 24 行和第 28 行进一步判断是否为 P2[19] 或 P2[21] 的下降沿中断。如果第 24 行为真，则 P2[19] 下降沿中断发生了，第 26 行释放信号量 User_Sem1；如果第 28 行为真，则 P2[21] 下降沿中断发生了，第 27 行释放信号量 User_Sem2。第 33 行清除 P2[19]、P2[21] 的中断标志。

④ 在 user_bsp.h 文件中添加 user_bsp.c 和 user_bsp_key.c 文件中的函数声明及变量定义，添加的部分为

```
1      void  User_BSP_Init(void);
2      void  User_Reg_Int(void);
3
4      void initP2_19_21(void);
5      void P2_19_21_Int_En(void);
6      void P2_19_21_ISR(void);
7
8      #define  IOCON_P2_19    ( *(CPU_REG32 *)0x4002C14C)
9      #define  IOCON_P2_21    ( *(CPU_REG32 *)0x4002C154)
10
11     #define  FIO2DIR        ( *(CPU_REG32 *)0x20098040)
12     #define  FIO2MASK       ( *(CPU_REG32 *)0x20098050)
13     #define  IO2IntEnF      ( *(CPU_REG32 *)0x400280B4)
14     #define  IO2IntStatF    ( *(CPU_REG32 *)0x400280A8)
15     #define  IO2IntClr      ( *(CPU_REG32 *)0x400280AC)
16     #define  IOIntStatus    ( *(CPU_REG32 *)0x40028080)
```

其中，第 1～6 行放在条件编译语句

```
"#ifndef  BSP_SERIAL
#define  BSP_SERIAL"
```

和

```
"#endif"
```

中，第 8～16 行放在文件末尾。

⑤ tasks. c 文件内容如下面程序段 8 - 9 所示。

程序 8 - 9　tasks. c 文件

```
1      //Filename: tasks.c
2
3      #define    TASKS_DATA
4      #include    "includes.h"
5
6      void App_TaskStart(void * p_arg)
7      {
8        OS_ERR    err;
9        static  CPU_INT32U  t_cnt;
10       CPU_INT08U   str[30];
11
12       (void)p_arg;
13       t_cnt = 0;
14
15       CPU_Init();
16       OS_CSP_TickInit();   //Initialize the Tick interrupt
17
18       User_BSP_Init();
19
20     #if OS_CFG_STAT_TASK_EN > 0u
21         OSStatTaskCPUUsageInit(&err);
22     #endif
23
24       App_OS_SetAllHooks();   //Set User Hooks
25
26       User_EventCreate();      //Create Events
27       User_TaskCreate();       //Create User Tasks
28
29       while(DEF_TRUE)
30       {
31         OSTimeDlyHMSM(0,0,3,0,OS_OPT_TIME_HMSM_STRICT,&err);
32         t_cnt += 3;
33         sprintf((char * )str,"Past % d seconds.\n",t_cnt);
34         UART0_putstring(str);
35       }
36     }
37
38     void  User_TaskCreate(void)
39     {
40       OS_ERR  err;
41       OSTaskCreate((OS_TCB * )&USER_TASK1TCBPtr,    //Task 1
42               (CPU_CHAR * )"User Task1",
43               (OS_TASK_PTR)User_Task1,
44               (void * )0,
```

```
45                    (OS_PRIO)USER_TASK1_PRIO,
46                    (CPU_STK * )USER_TASK1StkPtr,
47                    (CPU_STK_SIZE)USER_TASK1_STK_SIZE/10,
48                    (CPU_STK_SIZE)USER_TASK1_STK_SIZE,
49                    (OS_MSG_QTY)0u,
50                    (OS_TICK)0u,
51                    (void * )0,
52                    (OS_OPT)(OS_OPT_TASK_STK_CHK | OS_OPT_TASK_STK_CLR),
53                    (OS_ERR * )&err);
54        OSTaskCreate((OS_TCB * )&USER_TASK2TCBPtr,     //Task 2
55                    (CPU_CHAR * )"User Task2",
56                    (OS_TASK_PTR)User_Task2,
57                    (void * )0,
58                    (OS_PRIO)USER_TASK2_PRIO,
59                    (CPU_STK * )USER_TASK2StkPtr,
60                    (CPU_STK_SIZE)USER_TASK2_STK_SIZE/10,
61                    (CPU_STK_SIZE)USER_TASK2_STK_SIZE,
62                    (OS_MSG_QTY)0u,
63                    (OS_TICK)0u,
64                    (void * )0,
65                    (OS_OPT)(OS_OPT_TASK_STK_CHK | OS_OPT_TASK_STK_CLR),
66                    (OS_ERR * )&err);
67    }
68
69    void  User_Task1(void * p_arg)
70    {
71      OS_ERR  err;
72      CPU_TS  ts;
73
74      (void)p_arg;
75
76      while(DEF_TRUE)
77      {
78        OSSemPend(&User_Sem1,0,OS_OPT_PEND_BLOCKING,&ts,&err);
79        UART0_putstring("\nPressed Button 1.\n");
80      }
81    }
82
83    void  User_Task2(void * p_arg)
84    {
85      OS_ERR  err;
86      CPU_TS  ts;
87
88      (void)p_arg;
89
90      while(DEF_TRUE)
91      {
92        OSSemPend(&User_Sem2,0,OS_OPT_PEND_BLOCKING,&ts,&err);
93        UART0_putstring("\nPressed Button 2.\n");
```

```
94         }
95      }
96
97      void User_EventCreate(void)      //Create Events
98      {
99          OS_ERR   err;
100         OSSemCreate(&User_Sem1,"User Sem1",(OS_SEM_CTR)0,&err);
101         OSSemCreate(&User_Sem2,"User Sem2",(OS_SEM_CTR)0,&err);
102     }
```

第 18 行调用 User_BSP_Init 函数注册并开启 GPIO 中断。第 38～67 行创建两个用户任务 User_Task1 和 User_Task2。

第 69～81 行的用户任务 User_Task1 请求信号量 User_Sem1(第 78 行),当用户按下 BUTTON1 按键时,中断服务程序 P2_19_21_ISR 将释放该信号量(程序段 8-7 第 19～34 行)。因此,用户按下 BUTTON1 按键时,用户任务 User_Task1 将请求到信号量 User_Sem1,从而第 79 行输出提示信息"Pressed Button 1."。

同样道理,当用户按下 BUTTON2 按键时,用户任务 User_Task2 将请求到信号量 User_Sem2,从而第 93 行输出提示信息"Pressed Button 2."。

第 97～102 行的 User_EventCreate 函数创建两个信号量 User_Sem1 和 User_Sem2。

⑥ tasks.h 文件定义 tasks.c 文件中的函数声明和变量,其内容如程序段 8-10 所示,无需解释。

程序 8-10　　tasks.h 文件

```
1       //Filename: tasks.h
2
3       # ifndef   TASKS_H
4       # define   TASKS_H
5
6       # define   USER_TASK1_PRIO          11u
7       # define   USER_TASK2_PRIO          12u
8
9       # define   USER_TASK1_STK_SIZE      0x100
10      # define   USER_TASK2_STK_SIZE      0x100
11
12      void    App_TaskStart(void * p_arg);
13      void    User_TaskCreate(void);
14
15      void    User_Task1(void * p_arg);
16      void    User_Task2(void * p_arg);
17
18      void User_EventCreate(void);
19
20      # endif
21
22      # ifdef    TASKS_DATA
23      # define   VAR_EXT
```

```
24      #else
25      #define   VAR_EXT   extern
26      #endif
27
28      VAR_EXT   OS_TCB    App_TaskStartTCBPtr;
29      VAR_EXT   CPU_STK   App_TaskStartStkPtr[APP_CFG_TASK_START_STK_SIZE];
30
31      VAR_EXT   OS_TCB    USER_TASK1TCBPtr;
32      VAR_EXT   CPU_STK   USER_TASK1StkPtr[USER_TASK1_STK_SIZE];
33      VAR_EXT   OS_TCB    USER_TASK2TCBPtr;
34      VAR_EXT   CPU_STK   USER_TASK2StkPtr[USER_TASK2_STK_SIZE];
35
36      VAR_EXT   OS_SEM    User_Sem1;
37      VAR_EXT   OS_SEM    User_Sem2;
```

工程 ex8_3 的工作过程如图 8 - 6 所示,其运行结果如图 8 - 7 所示。

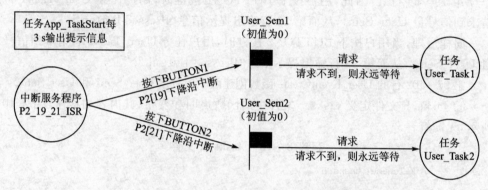

图 8 - 6 工程 ex8_3 的工作过程

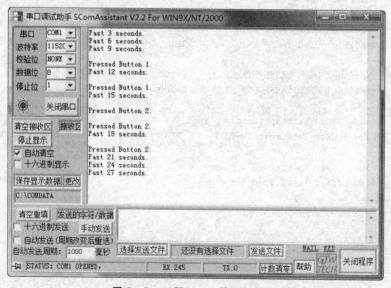

图 8 - 7 工程 ex8_3 的运行结果

如图 8-6 和图 8-7 所示，当按下 BUTTON1 时，任务 User_Task1 请求到信号量 User_Sem1，得到执行权，输出"Pressed Button 1."；当按下 BUTTON2 时，任务 User_Task2 请求到信号量 User_Sem2，得到执行权，输出"Pressed Button 2."。这两个按键的位置如第 3 章图 3-2 所示。

8.2　任务信号量

μC/OS-II 不支持任务信号量，任务信号量是 μC/OS-III 新增加的事件功能，它是任务中内置的信号量，比普通的信号量执行效率更高。与普通信号量相比，任务信号量无需创建，也不能删除，因此相对于表 8-1 而言，任务信号量只需要 4 个函数，即请求、释放、放弃请求和设置计数值函数，依次对应 OSTaskSemPend、OSTaskSemPost、OSTaskSemPendAbort 和 OSTaskSemSet 函数，比相关的信号量函数多了一个"Task"，表示这些函数为任务信号量函数。

8.2.1　任务信号量函数

任务信号量相关的函数有 4 个，位于系统文件 os_task.c 中，如表 8-2 所列。

表 8-2　任务信号量相关的函数

序　号	函数原型	功　能
1	OS_SEM_CTR　OSTaskSemPend （OS_TICK　timeout, OS_OPT　opt, CPU_TS　* p_ts, OS_ERR　* p_err）	请求该任务内置的任务信号量。参数 timeout 用于设置等待超时值，设为 0 表示永远等待。参数 opt 可取： 　　① OS_OPT_PEND_BLOCKING 表示若请求不到任务信号量且没有等待超时，则继续等待； 　　② OS_OPT_PEND_NON_BLOCKING 表示即使请求不到任务信号量时，也不会等待，此时将赋 p_err 为 OS_ERR_PEND_WOULD_BLOCK。参数 p_ts 记录任务信号量被释放时的时刻点或请求中止时的时刻点
2	CPU_BOOLEAN　OSTaskSemPendAbort （OS_TCB　* p_tcb, OS_OPT　opt, OS_ERR　* p_err）	放弃请求任务信号量。参数 p_tcb 为任务信号量所在的任务的任务控制块指针。参数 opt 可取： 　　① OS_OPT_POST_NONE 表示无特别含义； 　　② OS_OPT_POST_NO_SCHED 表示调用该函数后不进行任务调度

续表 8-2

序 号	函数原型	功 能

3	OS_SEM_CTR OSTaskSemPost
	    (OS_TCB * p_tcb,
	    OS_OPT opt,
	    OS_ERR * p_err)
		释放任务信号量。参数同上

4	OS_SEM_CTR OSTaskSemSet
	    (OS_TCB * p_tcb,
	    OS_SEM_CTR cnt,
	    OS_ERR * p_err)
		设置任务信号量的计数值。参数 cnt 表示任务信号量的计数值，取值为大于或等于 0 的整数

任务信号量函数与信号量函数在用法上相似，下文将重点讨论请求任务信号量和释放任务信号量函数的用法。

8.2.2 任务信号量工作方式

任务信号量可用于任务间同步以及任务同步定时器或中断服务程序的执行，如图 8-8 所示。

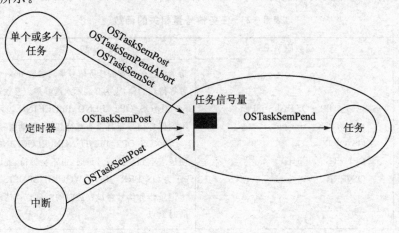

图 8-8 任务信号量工作方式

由图 8-8 可知，单个或多个任务、定时器或中断服务程序都可以调用 OSTaskSemPost 函数释放任务信号量，一般地，定时器和中断服务程序不使用 OSTaskSemPendAbort 和 OSTaskSemSet 函数。图 8-8 表示了一种"多对一"的关系，就是多个任务可以释放同一个任务信号量，但是由于任务信号量内置在任务内，因此，不存在"一对多"的关系（即多个任务请求同一个任务信号量）。

8.2.3　任务间任务信号量同步

任务间通过任务信号量同步,不需要创建信号量,被同步的任务按规律释放任务信号量,始终请求任务信号量的任务将以同步方式执行。借助任务信号量实现工程 ex8_1 相同的功能,只需要将图 8-2 用任务信号量表示为图 8-9 所示的形式。

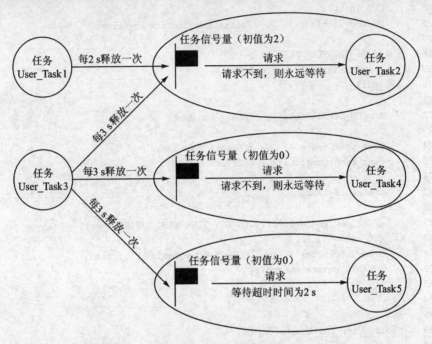

图 8-9　任务信号量同步方法实现工程 ex8_1 的功能

在工程 ex8_1 的基础上,新建工程 ex8_4,工程 ex8_4 与工程 ex8_1 相同,除了把定义信号量、创建信号量相同的语句删除,并把释放和请求信号量修改为释放和请求任务信号量外。具体情况如下:

① tasks.h 文件中删除以下定义信号量的两行语句:

"VAR_EXT　OS_SEM　　User_Sem1;
VAR_EXT　OS_SEM　　User_Sem2;"

② tasks.c 文件代码如下所示:

程序段 8-11　　tasks.c 文件

```
1    //Filename: tasks.c
2
3    #define    TASKS_DATA
4    #include   "includes.h"
5
6    void App_TaskStart(void * p_arg)
```

```
7      {
8          OS_ERR    err;
9          static  CPU_INT32U  t_cnt;
10         CPU_INT08U  str[30];
11
12         (void)p_arg;
13         t_cnt = 0;
14
15         CPU_Init();
16         OS_CSP_TickInit();    //Initialize the Tick interrupt
17
18     # if OS_CFG_STAT_TASK_EN > 0u
19         OSStatTaskCPUUsageInit(&err);
20     # endif
21
22         App_OS_SetAllHooks();   //Set User Hooks
23
24         User_TaskCreate();      //Create User Tasks
25         User_EventCreate();     //Create Events
26
27         while(DEF_TRUE)
28         {
29             OSTimeDlyHMSM(0,0,1,0,OS_OPT_TIME_HMSM_STRICT,&err);
30             t_cnt += 1;
31             sprintf((char *)str,"\nPast % d seconds.\n",t_cnt);
32             UART0_putstring(str);
33         }
34     }
35
36     void  User_TaskCreate(void)
37     {
38         OS_ERR  err;
39         OSTaskCreate((OS_TCB *)&USER_TASK1TCBPtr,      //Task 1
40                      (CPU_CHAR *)"User Task1",
41                      (OS_TASK_PTR)User_Task1,
42                      (void *)0,
43                      (OS_PRIO)USER_TASK1_PRIO,
44                      (CPU_STK *)USER_TASK1StkPtr,
45                      (CPU_STK_SIZE)USER_TASK1_STK_SIZE/10,
46                      (CPU_STK_SIZE)USER_TASK1_STK_SIZE,
47                      (OS_MSG_QTY)0u,
48                      (OS_TICK)0u,
49                      (void *)0,
50                      (OS_OPT)(OS_OPT_TASK_STK_CHK | OS_OPT_TASK_STK_CLR),
51                      (OS_ERR *)&err);
```

此处省略的代码与程序段 8‐3 中的同名函数内容相同，用于创建用户任务 2～5。

```
104    }
105
```

```
106    void  User_Task1(void * p_arg)
107    {
108      OS_ERR  err;
109
110      (void)p_arg;
111
112      while(DEF_TRUE)
113      {
114        OSTimeDlyHMSM(0,0,2,0,OS_OPT_TIME_HMSM_STRICT,&err);
115        OSTaskSemPost((OS_TCB * )&USER_TASK2TCBPtr,OS_OPT_POST_NONE,&err);
116      }
117    }
118
119    void  User_Task2(void * p_arg)
120    {
121      OS_ERR  err;
122      CPU_TS  ts;
123
124      (void)p_arg;
125
126      while(DEF_TRUE)
127      {
128        OSTaskSemPend((OS_TICK)0,OS_OPT_PEND_BLOCKING,&ts,&err);
129        UART0_putstring("Task2 Pending Task Sem from Task1 - - - OK.\n");
130      }
131    }
132
133    void  User_Task3(void * p_arg)
134    {
135      OS_ERR  err;
136
137      (void)p_arg;
138
139      while(DEF_TRUE)
140      {
141        OSTimeDlyHMSM(0,0,3,0,OS_OPT_TIME_HMSM_STRICT,&err);
142        OSTaskSemPost((OS_TCB * )&USER_TASK2TCBPtr,OS_OPT_POST_NO_SCHED,&err);
143        OSTaskSemPost((OS_TCB * )&USER_TASK4TCBPtr,OS_OPT_POST_NO_SCHED,&err);
144        OSTaskSemPost((OS_TCB * )&USER_TASK5TCBPtr,OS_OPT_POST_NONE,&err);
145      }
146    }
147
148    void  User_Task4(void * p_arg)
149    {
150      OS_ERR  err;
151      CPU_TS  ts;
152
153      (void)p_arg;
154
```

```
155        while(DEF_TRUE)
156        {
157            OSTaskSemPend((OS_TICK)0,OS_OPT_PEND_BLOCKING,&ts,&err);
158            UART0_putstring("Task4 Pending Task Sem from Task3 - - - OK.\n");
159        }
160    }
161
162    void  User_Task5(void * p_arg)
163    {
164        OS_ERR   err;
165        CPU_TS   ts;
166
167        (void)p_arg;
168
169        while(DEF_TRUE)
170        {
171            OSTaskSemPend((OS_TICK)2000,OS_OPT_PEND_BLOCKING,&ts,&err);
172            switch(err)
173            {
174            case OS_ERR_NONE:
175                UART0_putstring("Task5 Pending Task Sem from Task3 - - - OK.\n");
176                break;
177            case OS_ERR_TIMEOUT:
178                UART0_putstring("Task5 Pending Task Sem from Task3 - - - Timeout.\n");
179                break;
180            default:
181                UART0_putstring("Task5 Pending Task Sem from Task3 - - - Error.\n");
182                break;
183            }
184        }
185    }
186
187    void User_EventCreate(void)
188    {
189        OS_ERR   err;
190        OSTaskSemSet((OS_TCB * )&USER_TASK2TCBPtr,(OS_SEM_CTR)2,&err);
191    }
```

第 25 行调用 User_EventCreate 函数(第 187～191 行)为任务 User_Task5 的任务信号量赋初始计数值 2,因此,将该函数放在创建用户任务的函数 User_TaskCreate 后面。

第 106～117 行的用户任务 User_Task1 每 2 s 执行一次第 115 行,向用户任务 User_Task2 释放任务信号量;第 119～131 行的用户任务 User_Task2 始终请求任务信号量,请求到后执行第 129 行输出提示信息。

第 133～146 行的用户任务 User_Task3 每 3 s 执行一次第 142～144 行,依次向用户任务 User_Task2、User_Task4 和 User_Task5 释放任务信号量,第 142、143 行

释放任务信号量后不进行任务调度,第144行释放任务信号量后进行任务调度。

第148~160行的用户任务 User_Task4 始终请求任务信号量,请求成功后执行第158行代码输出提示信息。第162~185行的用户任务 User_Task5 采用等待超时2 s的方式请求任务信号量,如果2 s时间没有请求到任务信号量,则执行第178行,输出超时提示信息;如果2 s内请求成功,则执行第175行,输出提示信息。

工程 ex8_4 的执行结果如图8-10所示。对比图8-3和图8-10可知,除了输出信息内容作了修改外,其输出结果的工作方式完全相同。

图 8-10　工程 ex8_4 的执行结果

8.2.4　定时器释放任务信号量

定时器的回调函数直接向任务释放任务信号量,可以实现任务与定时器的同步。下面举例说明。

在工程 ex8_2 的基础上新建工程 ex8_5,工程 ex8_5 与工程 ex8_2 相同,除了以下情况外:

① 文件 tasks.h 中删除定义信号量的语句,即删除以下一行语句:

"VAR_EXT OS_SEM   User_Sem1;"

② 文件 tasks.c 中,修改任务1函数 User_Task1、定时器回调函数 User_Tmr_cbFnc1 和创建事件函数 User_EventCreate,如程序段8-12所示。

程序段 8 – 12   tasks.c 文件需要修改的地方

```
1     void  User_Task1(void * p_arg)
2     {
3       OS_ERR  err;
4       CPU_TS  ts;
5
6       (void)p_arg;
7
8       while(DEF_TRUE)
9       {
10        OSTaskSemPend((OS_TICK)0,OS_OPT_PEND_BLOCKING,&ts,&err);
11        UART0_putstring("\nTask1 Pending Task Sem from Tmr1 – – – OK.\n");
12      }
13    }
14
15    void User_EventCreate(void)    //Create Events
16    {
17
18    }
19
20    void  User_Tmr_cbFnc1(void * p_arg)
21    {
22      OS_ERR err;
23      OSTaskSemPost((OS_TCB * )&USER_TASK1TCBPtr,OS_OPT_POST_NONE,&err);
24    }
```

第 1～13 行的用户任务 1 函数 User_Task1 第 10 行请求任务信号量,请求不到时永久等待;请求到时,执行第 11 行输出提示信息。

第 15～18 行的创建事件函数 User_EventCreate 为空函数。

第 20～24 行的定时器回调函数向任务 1 释放任务信号量。

工程 ex8_5 的工作过程如图 8 – 11 所示,其执行结果如图 8 – 12 所示。

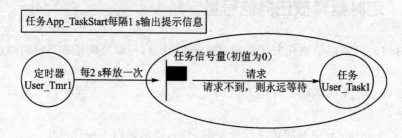

图 8 – 11   工程 ex8_5 的工作过程

图 8-12　工程 ex8_5 的执行结果

8.2.5　中断释放任务信号量

中断服务程序释放任务信号量使任务与其同步的方法与信号量的情况相似。要实现工程 ex8_3 相同的功能,用任务信号量的方法如图 8-13 所示。

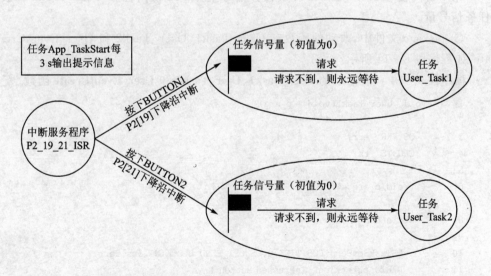

图 8-13　用任务信号量实现工程 ex8_3 的按键显示功能

在工程 ex8_3 的基础上稍作改动,即可实现如图 8-13 所示的中断释放任务信号量的方法。基于工程 ex8_3 新建工程 ex8_6,需要做的改动如下:

① tasks. h 文件中,删除定义信号量的语句,即删除如下两行语句:

```
"VAR_EXT   OS_SEM    User_Sem1;
VAR_EXT   OS_SEM    User_Sem2;"
```

② user_bsp_key.c 文件中的中断服务程序 P2_19_21_ISR 修改为如下形式:

程序段 8 - 13   改动后的 P2_19_21_ISR 函数

```
1     void P2_19_21_ISR(void)
2     {
3       OS_ERR   err;
4       if((IOIntStatus & (1<<2)) == (1<<2))
5       {
6         if((IO2IntStatF & (1<<19)) == (1<<19))
7         {
8             OSTaskSemPost((OS_TCB * )&USER_TASK1TCBPtr,OS_OPT_POST_NONE,&err);
9         }
10        if((IO2IntStatF & (1<<21)) == (1<<21))
11        {
12            OSTaskSemPost((OS_TCB * )&USER_TASK2TCBPtr,OS_OPT_POST_NONE,&err);
13        }
14      }
15      IO2IntClr = (1<<19) | (1<<21);
16    }
```

第 8 行向任务 User_Task1 释放任务信号量;第 12 行向任务 User_Task2 释放任务信号量。

③ tasks. c 文件中,改动的函数有 User_Task1、User_Task2 和 User_EventCreate,如程序段 8 - 14 所示。

程序段 8 - 14   改动后的 User_Task1、User_Task2 和 User_EventCreate 函数

```
1     void   User_Task1(void * p_arg)
2     {
3       OS_ERR   err;
4       CPU_TS   ts;
5
6       (void)p_arg;
7
8       while(DEF_TRUE)
9       {
10        OSTaskSemPend((OS_TICK)0,OS_OPT_PEND_BLOCKING,&ts,&err);
11        UART0_putstring("\nPressed Button 1.\n");
12      }
13    }
14
15    void   User_Task2(void * p_arg)
16    {
```

```
17        OS_ERR    err;
18        CPU_TS    ts;
19
20        (void)p_arg;
21
22        while(DEF_TRUE)
23        {
24            OSTaskSemPend((OS_TICK)0,OS_OPT_PEND_BLOCKING,&ts,&err);
25            UART0_putstring("\nPressed Button 2.\n");
26        }
27    }
28
29    void User_EventCreate(void)      //Create Events
30    {
31    }
```

第 10 行用户任务 User_Task1 请求任务信号量;第 24 行用户任务 User_Task2 请求任务信号量;第 29~31 行的创建事件函数 User_EventCreate 为空函数,保留该函数的原因在于用户可以在此添加创建事件的代码以扩展程序功能。

工程 ex8_6 的执行结果如图 8-14 所示,当按下按键 1 时,显示"Pressed Button 1.";当按下按键 2 时,显示"Pressed Button 2."。

图 8-14　工程 ex8_6 的执行结果

8.3　互斥信号量

　　系统的共享资源可供应用程序中的所有线程（或任务）使用,但在某一时刻仅能供一个线程使用,必须等待正在使用的线程释放后,其他线程才能使用该共享资源。对于多线程的应用程序,当优先级低的线程占据了共享资源,而被优先级高的线程抢占了 CPU 使用权处于等待态,优先级高的线程也要使用共享资源而处于请求共享资源的等待态时,使得这两个线程永远无法执行,这种情况称为"死锁"。互斥信号量主要用于保护共享资源的独占访问且避免死锁。

　　所谓的共享资源包括系统外设,例如 IO 口、存储器、串口等,也包括应用程序中定义的全局变量等。前面介绍的信号量可以保护共享资源（任务信号量不能用于保护共享资源）,第 9 章要介绍的消息队列也可以保护共享资源。用这两种方式保护共享资源的方法为：

　　① 用等待超时（或无等待）的方式请求信号量（或消息）；

　　② 如果请求到信号量（或消息）,则使用共享资源,使用完后释放信号量（或消息）；

　　③ 如果请求不到信号量（或消息）,则等待超时后（或无等待时）,必须调用延时函数（OSTimeDly 或 OSTimeDlyHMSM）进入等待态。

　　不按这两种方式使用信号量（或消息队列）保护共享资源,很可能造成死锁。

　　诚然,由于信号量（或消息队列）在保护共享资源方面具有先天的缺陷,因此,建议使用互斥信号量保护共享资源,其方法为：① 任务在使用共享资源前,请求互斥信号量；② 如果请求到则使用共享资源,如果没有请求到则等待；③ 使用完共享资源后,释放互斥信号量。当优先级低的任务正在使用共享资源时,优先级更高的任务就绪了且请求该共享资源,此时互斥信号量将使得优先级低的任务的优先级提升到与后者相同,称为"优先级提升"。提升了优先级后的任务继续执行,使用完共享资源后,释放共享资源和互斥信号量,其优先级再复原为原来的值,称为"优先级复原"。在 μC/OS－II 中,由于不允许同优先级的任务存在,互斥信号量提升占用共享资源的优先级低的任务的优先级高于所有要请求该共享资源的任务的优先级,称为"优先级反转",反转后的优先级称为优先级继承优先级。显然,在互斥信号量方面,μC/OS－III 比 μC/OS－II 更加优越。

8.3.1　互斥信号量函数

　　互斥信号量相关的函数有 5 个,位于系统文件 os_mutex.c 中,如表 8－3 所列。

表 8 - 3　互斥信号量相关的函数

序　号	函数原型	功　能
1	void　OSMutexCreate （OS_MUTEX　* p_mutex, CPU_CHAR　* p_name, OS_ERR　* p_err)	创建互斥信号量。参数 p_mutex 为指向互斥信号量的指针；参数 p_name 为互斥信号量名；出错码为 p_err
2	OS_OBJ_QTY　OSMutexDel （OS_MUTEX　* p_mutex, OS_OPT　opt, OS_ERR　* p_err)	删除互斥信号量。参数 opt 可取： 　① OS_OPT_DEL_NO_PEND 表示没有任务在请求互斥信号量则删除它； 　② OS_OPT_DEL_ALWAYS 表示强制删除互斥信号量,请求它的任务都将就绪
3	void　OSMutexPend （OS_MUTEX　* p_mutex, OS_TICK　timeout, OS_OPT　opt, CPU_TS　* p_ts, OS_ERR　* p_err)	请求互斥信号量。参数 timeout 表示等待超时值,如果为 0,则表示永久等待；如果为大于 0 的整数,则超时没有请求到时,将放弃请求。参数 opt 可取： 　① OS_OPT_PEND_BLOCKING 表示请求不到时挂起等待； 　② OS_OPT_PEND_NON_BLOCKING 表示请求不到时不挂起等待。参数 p_ts 记录互斥信号量的释放时间或放弃请求的时刻点,用于统计互斥信号量从释放(或放弃请求)到请求到的响应时间
4	OS_OBJ_QTY　OSMutexPendAbort （OS_MUTEX　* p_mutex, OS_OPT　opt, OS_ERR　* p_err)	放弃请求互斥信号量。参数 opt 可取： 　① OS_OPT_PEND_ABORT_1 表示请求该互斥信号量的最高优先级任务放弃请求； 　② OS_OPT_PEND_ABORT_ALL 表示所有请求该互斥信号量的任务均放弃请求； 　③ OS_OPT_POST_NO_SCHED 不单独使用,表示不调用任务调度器,当该函数被连续调用 N 次时,前 $N-1$ 次使用该参数,最后一次不使用该参数,可使得放弃请求的动作一次性不间断执行完
5	void　OSMutexPost （OS_MUTEX　* p_mutex, OS_OPT　opt, OS_ERR　* p_err)	释放互斥信号量。参数 opt 可取： 　① OS_OPT_POST_NONE 无特殊含义； 　② OS_OPT_POST_NO_SCHED 表示不调用任务调度器,当该函数被连续调用 N 次时,前 $N-1$ 次使用该参数,最后一次不使用该参数,可使得多次释放互斥信号量的动作一次性不间断执行完

　　表 8 - 3 中的函数用法都比较直观。下面重点介绍请求和释放互斥信号量的函数的用法。

8.3.2 互斥信号量工作方式

互斥信号量用于保护共享资源,其应用方法如图 8-15 所示。

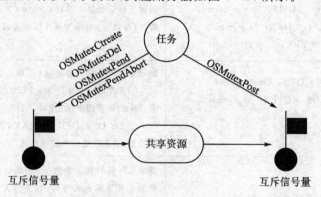

图 8-15 互斥信号量工作方式

图 8-15 表示互斥信号量只能用于任务,不能用于中断和定时器。互斥信号量的请求和释放处于同一个任务中,任务先请求互斥信号量,然后使用共享资源,使用完后再释放互斥信号量。一个任务可以使用任意多个共享资源,也可以使用任意多个互斥信号量,每个互斥信号量的工作方式都是相似的,即"请求-使用-释放"的方式。

学过 μC/OS-II 的读者,知道 μC/OS-II 中有"优先级继承优先级(PIP)"和"优先级反转"的概念,并且在 μC/OS-II 中,当使用互斥信号量时,需预留 PIP 优先级号,这些内容在 μC/OS-III 中被简化了。μC/OS-III 使得使用互斥信号量更加方便。下一小节将通过实例进一步介绍互斥信号量的使用方法。

8.3.3 互斥信号量实例

在工程 ex8_1 的基础上,新建工程 ex8_7,工程 ex8_7 与工程 ex8_1 相同,除了以下情况外:

① 在 includes. h 文件中添加以下包括头文件,即

"# include <stdlib. h>"

该头文件包括了 C 语言的随机数产生函数的声明。

② tasks. c 文件内容如程序段 8-15 所示。

程序段 8-15   tasks. c 文件内容

```
1    //Filename: tasks.c
2
3    # define   TASKS_DATA
```

```
4      # include   "includes.h"
5
6      void App_TaskStart(void * p_arg)
7      {
8        OS_ERR    err;
9        static  CPU_INT32U  t_cnt;
10       CPU_INT08U   str[30];
11
12       (void)p_arg;
13       t_cnt = 0;
14
15       CPU_Init();
16       OS_CSP_TickInit();    //Initialize the Tick interrupt
17
18     # if OS_CFG_STAT_TASK_EN > 0u
19         OSStatTaskCPUUsageInit(&err);
20     # endif
21
22       App_OS_SetAllHooks();  //Set User Hooks
23       User_EventCreate();     //Create Events
```

第 23 行调用 User_EventCreate 函数(第 120～126 行)创建互斥信号量,互斥信号量创建后处于可请求状态。

```
24       User_TaskCreate();     //Create User Tasks
25
26       srand(OS_TS_GET());
```

第 26 行调用 srand 函数为随机数函数 rand 设置种子,种子值来自 OS_TS_GET函数获得的时间邮票值。

```
27
28       while(DEF_TRUE)
29       {
30         OSTimeDlyHMSM(0,0,2,0,OS_OPT_TIME_HMSM_STRICT,&err);
31         t_cnt + = 2;
32         sprintf((char * )str,"Past % d seconds. \n",t_cnt);
33         UART0_putstring(str);
34       }
35     }
36
37     void  User_TaskCreate(void)
38     {
39         OS_ERR   err;
40         OSTaskCreate((OS_TCB * )&USER_TASK1TCBPtr,     //Task 1
41                   (CPU_CHAR * )"User Task1",
42                   (OS_TASK_PTR)User_Task1,
43                   (void * )0,
44                   (OS_PRIO)USER_TASK1_PRIO,
```

```
45                      (CPU_STK * )USER_TASK1StkPtr,
46                      (CPU_STK_SIZE)USER_TASK1_STK_SIZE/10,
47                      (CPU_STK_SIZE)USER_TASK1_STK_SIZE,
48                      (OS_MSG_QTY)0u,
49                      (OS_TICK)0u,
50                      (void * )0,
51                       (OS_OPT)(OS_OPT_TASK_STK_CHK | OS_OPT_TASK_STK_CLR),
52                      (OS_ERR * )&err;
53      OSTaskCreate((OS_TCB * )&USER_TASK2TCBPtr,     //Task 2
54                      (CPU_CHAR * )"User Task2",
55                      (OS_TASK_PTR)User_Task2,
56                      (void * )0,
57                      (OS_PRIO)USER_TASK2_PRIO,
58                      (CPU_STK * )USER_TASK2StkPtr,
59                      (CPU_STK_SIZE)USER_TASK2_STK_SIZE/10,
60                      (CPU_STK_SIZE)USER_TASK2_STK_SIZE,
61                      (OS_MSG_QTY)0u,
62                      (OS_TICK)0u,
63                      (void * )0,
64                       (OS_OPT)(OS_OPT_TASK_STK_CHK | OS_OPT_TASK_STK_CLR),
65                      (OS_ERR * )&err;
66      }
67
68      void  User_Task1(void * p_arg)
69      {
70        OS_ERR  err;
71        CPU_TS  ts;
72        CPU_INT08U  str[60];
73        CPU_INT32U  r_num;
74
75        (void)p_arg;
76
77        while(DEF_TRUE)
78        {
79         OSTimeDlyHMSM(0,0,2,0,OS_OPT_TIME_HMSM_STRICT,&err);
80         OSMutexPend((OS_MUTEX   * )&User_Mutex1,
81                      (OS_TICK     )0,
82                      (OS_OPT      )OS_OPT_PEND_BLOCKING,
83                      (CPU_TS    * )&ts,
84                      (OS_ERR    * )&err);
85         r_num = (rand() % 100) + 1;
86         OSMutexPost((OS_MUTEX   * )&User_Mutex1,
87                      (OS_OPT      )OS_OPT_POST_NONE,
88                      (OS_ERR    * )&err);
89         sprintf((char * )str,"Task1 Random number(1 - 100): % ld.\n",r_num);
90         UART0_putstring(str);
91        }
```

```
92    }
```

第 68~92 行为用户任务 User_Task1 的函数体,每隔 2 s 运行一次第 80~90 行。第 80~84 行请求互斥信号量 User_Mutex1,如果请求成功,则执行第 85~90 行,第 85 行调用 C 语言 rand 函数获得随机数,并转化为 1~100 间的随机数赋给变量 r_num;如果请求失败,则永久等待。第 86~88 行释放互斥信号量 User_Mutex1。第 89、90 行输出随机数的值。这里把随机数产生函数 rand 作为共享资源保护起来,当用户任务 User_Task1 使用 rand 函数时,其他需要使用该函数的任务必须等该任务使用完后才能使用。在 C 语言中,rand 函数中使用了全局变量,不是可重入性函数,需要加以保护。所谓可重入性函数,是指只使用局部变量的函数,可同时被其他多个函数调用,其计算结果仍然正确。不可重入函数是指使用全局变量的函数,被其他多个函数调用时,其使用的全局变量可能发生不可预知的变化,导致运算结果失真。

```
93
94    void  User_Task2(void * p_arg)
95    {
96      OS_ERR   err;
97      CPU_TS   ts;
98      CPU_INT08U  str[60];
99      CPU_INT32U  r_num;
100
101     (void)p_arg;
102
103     while(DEF_TRUE)
104     {
105       OSTimeDlyHMSM(0,0,2,0,OS_OPT_TIME_HMSM_STRICT,&err);
106       OSMutexPend((OS_MUTEX  * )&User_Mutex1,
107                   (OS_TICK   )0,
108                   (OS_OPT    )OS_OPT_PEND_BLOCKING,
109                   (CPU_TS   * )&ts,
110                   (OS_ERR   * )&err);
111       r_num = (rand() % 100) + 1;
112       OSMutexPost((OS_MUTEX  * )&User_Mutex1,
113                   (OS_OPT    )OS_OPT_POST_NONE,
114                   (OS_ERR   * )&err);
115       sprintf((char * )str,"Task2 Random number(1 - 100): % ld.\n",r_num);
116       UART0_putstring(str);
117     }
118   }
```

用户任务 User_Task2(第 94~118)的工作原理与用户任务 User_Task1 相似。

```
119
120   void User_EventCreate(void)    //Create Events
121   {
```

```
122        OS_ERR   err;
123        OSMutexCreate((OS_MUTEX   * )&User_Mutex1,
124                      (CPU_CHAR   * )"User Mutex1",
125                      (OS_ERR     * )&err);
126    }
```

第 123 行调用 OSMutexCreate 函数创建互斥信号量 User_Mutex1。

③ tasks. h 文件定义了 tasks. c 文件中的变量、函数声明等,代码如程序段 8 - 16 所示,无需解释。

程序段 8 - 16   tasks. h 文件内容

```
1      //Filename: tasks. h
2
3      # ifndef   TASKS_H
4      # define   TASKS_H
5
6      # define   USER_TASK1_PRIO          11u
7      # define   USER_TASK2_PRIO          12u
8
9      # define   USER_TASK1_STK_SIZE      0x100
10     # define   USER_TASK2_STK_SIZE      0x100
11
12     void   App_TaskStart(void * p_arg);
13     void   User_TaskCreate(void);
14
15     void   User_Task1(void * p_arg);
16     void   User_Task2(void * p_arg);
17
18     void User_EventCreate(void);
19
20     # endif
21
22     # ifdef    TASKS_DATA
23     # define   VAR_EXT
24     # else
25     # define   VAR_EXT   extern
26     # endif
27
28     VAR_EXT   OS_TCB    App_TaskStartTCBPtr;
29     VAR_EXT   CPU_STK   App_TaskStartStkPtr[APP_CFG_TASK_START_STK_SIZE];
30
31     VAR_EXT   OS_TCB    USER_TASK1TCBPtr;
32     VAR_EXT   CPU_STK   USER_TASK1StkPtr[USER_TASK1_STK_SIZE];
33     VAR_EXT   OS_TCB    USER_TASK2TCBPtr;
34     VAR_EXT   CPU_STK   USER_TASK2StkPtr[USER_TASK2_STK_SIZE];
35
36     VAR_EXT   OS_MUTEX   User_Mutex1;
```

工程 ex8_7 的工作过程如图 8-16 所示，其运行结果如图 8-17 所示。

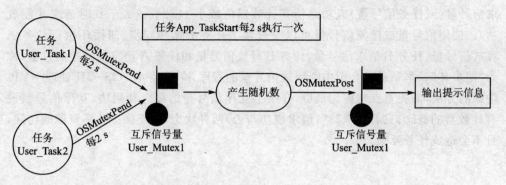

图 8-16 工程 ex8_7 的运行过程

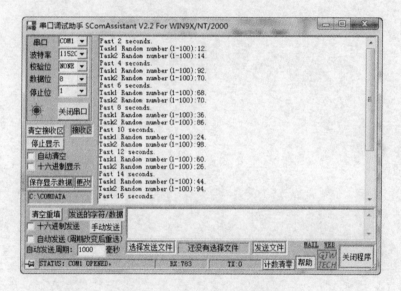

图 8-17 工程 ex8_7 的运行结果

8.4 本章小结

信号量主要用于任务间同步以及任务同步定时器或中断服务程序的执行，也可用于保护共享资源，但是具有一定的使用局限性。任务信号量只能用于任务间同步以及任务同步定时器或中断服务程序的执行，不能用于保护共享资源；在绝大多数同步情况下，任务信号量可以取代信号量的使用，并且效率更高。任务信号量集成在任务内，即每个任务具有专属于它的任务信号量，因此，不能多个任务请求同一个任务信号量，只能多个任务请求同一个信号量。信号量（或任务信号量）具有信号量计数器,为大于或等于 0 的整数,释放信号量(或任务信号量)使得其计数器值累加 1;请求信号量(或任务信号量)成功时使其计数器值减小 1(计数值大于 0 时请求才能成功)。使用信号量或任务信号量可以实现两个任务的循环同步,即循环执行任务 A 释放信号量、任务 B 请求信号量、任务 B 释放信号量和任务 A 请求信号量的过程,称为"同步环"。本章通过介绍中断释放信号量的程序,介绍了 μC／OS－Ⅲ 处理 NVIC 中断的方法,需要重点掌握。最后,介绍了互斥信号量的概念和用法,互斥信号量没有计数器的概念,只有"0"、"1"(请求成功与否)两种状态,用于保护共享资源的访问,且不会造成任务死锁。

第**9**章

消息队列和任务消息队列

消息队列是 μC/OS-III 中功能最强大的事件类型,可用于任务间的通信和同步,或用于中断服务程序或定时器回调函数与任务间的通信和同步。发送方任务(或中断服务程序、定时器)将通信的消息发送到消息队列中,接收方任务从消息队列中请求消息,实现双方间的数据通信和同步。在 μC/OS-II 中,具有消息邮箱和消息队列两种事件类型,所谓的消息邮箱就是队列长度为 1 的消息队列。在 μC/OS-III 中仅支持消息队列,与 μC/OS-II 中的消息队列相似,增加了消息从发送到接收到的时间记录功能。关于消息队列数据结构方面的内容可参阅参考文献[10-12],本章将重点讨论消息队列的应用。

9.1 消息队列

消息队列中的消息为(void *)类型,可以指向任意数据类型,因此,任务间可以传递任何数据。消息队列本质上是一种全局数据结构,μC/OS-III 赋予它新的访问机制,即通信双方访问消息列队的规则:消息队列为循环队列,新入队的消息可插入到消息队列中原有消息的前部或尾部,要出队的消息固定来自消息队列前部。当新入队消息插入到消息队列前部时,则称为先入先出(FIFO)方式;当新入队消息插入到消息队列尾部时,称为后入先出(LIFO)方式。发送方任务(或中断服务程序、定时器)将消息按设定的 FIFO 或 LIFO 方式保存在消息队列中;消息队列按既定的方式将消息传递给接收方任务,可以采用广播的方式将一则消息传递给所有请求消息队列的任务;也可以采用一对一的方式,仅将消息传递给请求消息队列的最高优先级任务。

9.1.1 消息队列函数

消息队列相关的用户函数主要有 6 个,这些函数位于系统文件 os_q.c 中,如表 9-1 所列。

表 9-1　消息队列相关的函数

序　号	函数原型	功　能
1	void　OSQCreate (OS_Q　* p_q, 　　CPU_CHAR　* p_name, 　　OS_MSG_QTY　max_qty, 　　OS_ERR　* p_err)	创建消息队列。参数 p_q 为消息队列指针;参数 p_name 为消息队列名;参数 max_qty 为消息队列的容量,即最大容纳的消息数;出错码为 p_err
2	OS_OBJ_QTY OSQDel (OS_Q * p_q, 　　OS_OPT　opt, 　　OS_ERR　* p_err)	删除消息队列。参数 opt 可取: 　　① OS_OPT_DEL_NO_PEND 表示没有任务请求消息队列时删除消息队列; 　　② OS_OPT_DEL_ALWAYS 表示强制删除消息队列,所有请求该消息队列的任务均就绪
3	OS_MSG_QTY　OSQFlush 　　(OS_Q　　* p_q, 　　OS_ERR　　* p_err)	清空消息队列
4	void　　* OSQPend (OS_Q　　* p_q, 　　OS_TICK　timeout, 　　OS_OPT　opt, 　　OS_MSG_SIZE　* p_msg_size, 　　CPU_TS　* p_ts, 　　OS_ERR　　* p_err)	请求消息队列。参数 timeout 表示等待超时时间,设为 0 表示永久等待;设为大于 0 的整数时,等待时间超过 timeout 指定的时钟节拍后,将放弃请求,返回出错码 OS_ERR_TIMEOUT。参数 opt 可取: 　　① OS_OPT_PEND_BLOCKING 表示请求不到消息或没有等待超时时,任务处于挂起等待态; 　　② OS_OPT_PEND_NON_BLOCKING 表示无论请求到消息与否,均不挂起任务。参数 p_msg_size 为指向消息大小的指针。参数 p_ts 记录消息释放、放弃请求消息或消息队列删除的时刻点,设为(CPU_TS *)0 表示不记录该时刻点。函数调用成功后的返回值为消息,否则返回(void *)0
5	OS_OBJ_QTY　OSQPendAbort 　　(OS_Q　* p_q, 　　OS_OPT　opt, 　　OS_ERR　　* p_err)	放弃请求消息队列。参数 opt 可取: 　　① OS_OPT_PEND_ABORT_1 表示请求消息队列的最高优先级任务放弃请求; 　　② OS_OPT_PEND_ABORT_ALL 表示所有任务放弃请求消息队列; 　　③ OS_OPT_POST_NO_SCHED 表示不进行任务调度

续表 9 - 1

序　号	函数原型	功　能
6	void　OSQPost（OS_Q　* p_q, 　　void　* p_void, 　　OS_MSG_SIZE　msg_size, 　　OS_OPT　opt, 　　OS_ERR　* p_err)	向消息队列中释放消息。参数 p_void 指向释放的消息；msg_size 为以字节为单位的消息长度。参数 opt 可取： 　　① OS_OPT_POST_ALL 表示向所有请求消息队列的任务广播消息，使它们均就绪；不使用该参数表示仅向请求消息队列的最高优先级任务释放消息； 　　② OS_OPT_POST_FIFO 表示消息队列为先入先出队列； 　　③ OS_OPT_POST_LIFO 表示消息队列为后入先出队列； 　　④ OS_OPT_POST_NO_SCHED 表示不进行任务调度，如果 N 次连续调用该函数释放消息，则前 N－1 次使用该参数，最后一次不用该参数，可使得释放消息队列一次性执行完

消息队列是一个循环队列，因此消息进出消息队列可以有多种方式，通过指定表 9-1 中释放消息队列函数 OSQPost 的参数 opt 配置，共有 8 种组合方式，即

① OS_OPT_POST_FIFO 表示消息进出消息队列的方式为先进先出；当消息队列非空时，每条消息仅能使得请求消息队列的单个最高优先级任务就绪，即一条消息仅能为一个任务服务。

② OS_OPT_POST_LIFO 表示消息进出消息队列的方式为后进先出；当消息队列非空时，每条消息仅能使得请求消息队列的单个最高优先级任务就绪，即一条消息仅能为一个任务服务。

③ OS_OPT_POST_FIFO+OS_OPT_POST_ALL 表示消息进出消息队列的方式为先进先出；当消息队列非空时，每条消息可使得请求消息队列的所有任务就绪，即一条消息能为所有请求消息队列的任务服务。

④ OS_OPT_POST_LIFO+OS_OPT_POST_ALL 表示消息进出消息队列的方式为后进先出；当消息队列非空时，每条消息可使得请求消息队列的所有任务就绪，即一条消息能为所有请求消息队列的任务服务。

⑤ OS_OPT_POST_FIFO+OS_OPT_POST_NO_SCHED 表示消息进出消息队列的方式为先进先出；当消息队列非空时，每条消息仅能使得请求消息队列的单个最高优先级任务就绪，即一条消息仅能为一个任务服务。OSQPost 函数释放消息后不进行任务调度，程序继续执行当前任务。

⑥ OS_OPT_POST_LIFO+OS_OPT_POST_NO_SCHED 表示消息进出消息队列的方式为后进先出；当消息队列非空时，每条消息仅能使得请求消息队列的单个最高优先级任务就绪，即一条消息仅能为一个任务服务。OSQPost 函数释放消息后

不进行任务调度,程序继续执行当前任务。

⑦ OS_OPT_POST_FIFO＋OS_OPT_POST_ALL＋OS_OPT_POST_NO_
SCHED 表示消息进出消息队列的方式为先进先出;当消息队列非空时,每条消息可使得请求消息队列的所有任务就绪,即一条消息能为所有请求消息队列的任务服务。OSQPost 函数释放消息后不进行任务调度,程序继续执行当前任务。

⑧ OS_OPT_POST_LIFO＋OS_OPT_POST_ALL＋OS_OPT_POST_NO_
SCHED 表示消息进出消息队列的方式为后进先出;当消息队列非空时,每条消息可使得请求消息队列的所有任务就绪,即一条消息能为所有请求消息队列的任务服务。OSQPost 函数释放消息后不进行任务调度,程序继续执行当前任务。

当消息队列中的消息被用户任务请求到后,该消息从消息循环队列中移除(当某个或某些任务正在请求消息队列且队列为空时,释放的消息将不进入消息队列,而直接传递给请求它的任务)。

9.1.2 消息队列工作方式

消息队列的工作方式如图 9-1 所示。

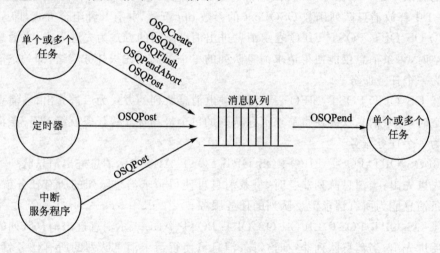

图 9-1 消息队列的工作方式

由图 9-1 可知,定时器和中断服务程序只能向消息队列中释放消息,不能请求消息队列。任务可以创建消息队列、释放消息队列、请求消息队列、删除消息队列、清空消息队列和放弃请求消息队列。多个任务可向同一个消息队列中释放消息;同一个消息队列可向多个任务广播或传递消息。

下面以两个任务 A 和 B 进行通信为例阐述消息队列的应用步骤:

S1. 创建消息队列。

例如:

程序段 9 - 1　创建消息队列

```
1     OS_Q   User_Q2;
2
3     OSQCreate((OS_Q      * )&User_Q2,
4              (CPU_CHAR * )"User Q2",
5              (OS_MSG_QTY)10,
6              (OS_ERR    * )&err);
```

第 1 行定义消息队列 User_Q1；第 3～6 行调用 OSQCreate 创建消息队列 User_Q1，消息队列名为"User Q1"，消息队列容量为 10。

S2. 定义消息，并向消息队列中释放消息。

例如：

程序段 9 - 2　定义消息并向消息队列中释放消息

```
1     static CPU_INT08U  str[30];//must static, in heap not in stack
2
3     strcpy((char * )str,"Task3\'s Message.\n");
4     OSQPost((OS_Q      * )&User_Q2,
5            (void       * )str,
6            (OS_MSG_SIZE )sizeof(str),
7            (OS_OPT      )OS_OPT_POST_FIFO,
8            (OS_ERR    * )&err);
```

定义的消息必须为全局变量或静态变量，不能使用任务内的局部变量，因为局部变量将被保存在任务堆栈中，消息的传递是一种传址方式，不是传值方式，堆栈内的变量需要堆栈操作，不能被直接引用。全局变量和静态变量被分配在堆中，可以通过其地址访问，适合用做消息。

第 1 行定义消息，这里是字符数组 str。第 3 行给字符数组 str 赋值。第 4～8 行调用 OSQPost 函数向消息队列 User_Q2 中释放消息 str，采用先进先出方式。

S3. 请求消息队列中的消息。

例如：

程序段 9 - 3　请求消息队列

```
1     OS_ERR   err;
2     CPU_TS   ts;
3     void * str;
4     OS_MSG_SIZE size;
5
6     str = (void * )OSQPend((OS_Q        * )&User_Q2,
7                           (OS_TICK      )0,
8                           (OS_OPT       )OS_OPT_PEND_BLOCKING,
9                           (OS_MSG_SIZE * )&size,
10                          (CPU_TS     * )&ts,
11                          (OS_ERR     * )&err);
12    UART0_putstring((CPU_INT08U * )str);
```

第 6 行调用 OSQPend 函数请求消息队列 User_Q2 中的消息,返回指向请求到的消息的指针 str,消息长度保存在 size 中(以字节为单位),释放消息的时间记录在 ts 变量中,出错码保存在 err 中;如果请求不到消息,则永久等待。

9.1.3 消息队列工作实例

在工程 ex8_3 的基础上,新建工程 ex9_1,工程 ex9_1 与工程 ex8_3 相同,除了以下内容外:

① includes.h 文件中添加"#include ＜string.h＞"。该头文件中包含了 strcpy 系统函数的声明。

② user_bsp_key.c 文件中的中断服务函数 P2_19_21_ISR 修改为程序段 9‑4 所示内容。

程序段 9‑4　中断服务函数 P2_19_21_ISR 内容

```
1      void P2_19_21_ISR(void)
2      {
3        OS_ERR   err;
4        if((IOIntStatus & (1<<2)) == (1<<2))
5        {
6          if((IO2IntStatF & (1<<19)) == (1<<19))
7          {
8            OSQPost((OS_Q       *)&User_Q1,
9                    (void        *)1uL,
10                   (OS_MSG_SIZE)sizeof(CPU_INT32U),
11                   (OS_OPT      )OS_OPT_POST_FIFO,
12                   (OS_ERR      *)&err);
13         }
14         if((IO2IntStatF & (1<<21)) == (1<<21))
15         {
16           OSQPost((OS_Q       *)&User_Q1,
17                   (void        *)2uL,
18                   (OS_MSG_SIZE)sizeof(CPU_INT32U),
19                   (OS_OPT      )OS_OPT_POST_FIFO,
20                   (OS_ERR      *)&err);
21         }
22       }
23       IO2IntClr = (1<<19) | (1<<21);
24     }
```

第 8～12 行调用 OSQPost 函数向消息队列 User_Q1 释放消息"1",长度为 4 字节,采用先进先出方式。第 16～20 行调用 OSQPost 函数向消息队列 User_Q1 释放消息"2",长度为 4 字节,采用先进先出方式。

程序段 9‑4 说明,当用户按下按键 1 时,释放消息"1";当按下按键 2 时,释放消息"2"。这里的消息为 32 位无符号整数。

③ tasks.h 文件定义 tasks.c 文件中使用的变量和函数声明,如程序段 9 – 5 所示。

程序段 9 – 5　tasks.h 文件内容

```
1    //Filename：tasks.h
2
3    # ifndef   TASKS_H
4    # define   TASKS_H
5
6    # define   USER_TASK1_PRIO          11u
7    # define   USER_TASK2_PRIO          12u
8    # define   USER_TASK3_PRIO          13u
9
10   # define   USER_TASK1_STK_SIZE      0x100
11   # define   USER_TASK2_STK_SIZE      0x100
12   # define   USER_TASK3_STK_SIZE      0x100
13
14   void    App_TaskStart(void * p_arg);
15   void    User_TaskCreate(void);
16
17   void    User_Task1(void * p_arg);
18   void    User_Task2(void * p_arg);
19   void    User_Task3(void * p_arg);
20
21   void User_EventCreate(void);
22   void User_Tmr_cbFnc1(void * p_arg);
23   void User_TmrCreate(void);
24
25   # endif
26
27   # ifdef    TASKS_DATA
28   # define   VAR_EXT
29   # else
30   # define   VAR_EXT   extern
31   # endif
32
33   VAR_EXT   OS_TCB    App_TaskStartTCBPtr;
34   VAR_EXT   CPU_STK   App_TaskStartStkPtr[APP_CFG_TASK_START_STK_SIZE];
35
36   VAR_EXT   OS_TCB    USER_TASK1TCBPtr;
37   VAR_EXT   CPU_STK   USER_TASK1StkPtr[USER_TASK1_STK_SIZE];
38   VAR_EXT   OS_TCB    USER_TASK2TCBPtr;
39   VAR_EXT   CPU_STK   USER_TASK2StkPtr[USER_TASK2_STK_SIZE];
40   VAR_EXT   OS_TCB    USER_TASK3TCBPtr;
41   VAR_EXT   CPU_STK   USER_TASK3StkPtr[USER_TASK3_STK_SIZE];
42
```

```
43        VAR_EXT   OS_Q    User_Q1;
44        VAR_EXT   OS_Q    User_Q2;
45
46        VAR_EXT   OS_TMR User_Tmr1;
```

重点关注第 43、44 行，这两行定义了两个消息队列，即 User_Q1 和 User_Q2。

④ tasks.c 文件内容如程序段 9-6 所示。

程序段 9-6   tasks.c 文件内容

```
1        //Filename: tasks.c
2
3        #define    TASKS_DATA
4        #include   "includes.h"
5
6        void App_TaskStart(void * p_arg)
7        {
8          OS_ERR     err;
9          OS_STATE   tmr_stat;
10         static  CPU_INT32U  t_cnt;
11         CPU_INT08U  str[30];
12
13         (void)p_arg;
14         t_cnt = 0;
15
16         CPU_Init();
17         OS_CSP_TickInit();    //Initialize the Tick interrupt
18
19         User_BSP_Init();
20
21         #if OS_CFG_STAT_TASK_EN > 0u
22             OSStatTaskCPUUsageInit(&err);
23         #endif
24
25         App_OS_SetAllHooks();  //Set User Hooks
26
27         User_EventCreate();    //Create Events
28         User_TaskCreate();     //Create User Tasks
29         User_TmrCreate();      //Create Timer
```

第 27 行调用 User_EventCreate 函数创建两个消息队列（见第 159～170 行），一般地，创建事件之后，再创建其他的用户任务。第 28 行调用 User_TaskCreate 函数创建用户任务 User_Task1、User_Task2 和 User_Task3。第 29 行调用 User_Tm-rCreate 函数创建一个定时器 User_Tmr1。

```
30
31         while(DEF_TRUE)
32         {
33           tmr_stat = OSTmrStateGet((OS_TMR * )&User_Tmr1,(OS_ERR * )&err);
```

```
34            if(tmr_stat! = OS_TMR_STATE_RUNNING)
35            {
36              OSTmrStart((OS_TMR * )&User_Tmr1,(OS_ERR * )&err);
37            }
38
39            OSTimeDlyHMSM(0,0,3,0,OS_OPT_TIME_HMSM_STRICT,&err);
40            t_cnt + = 3;
41            sprintf((char * )str,"Past % d seconds.\n\n",t_cnt);
42            UART0_putstring(str);
43        }
44    }
```

第 33 行获得定时器 User_Tmr1 的状态，如果不处于运行态，则第 34 行为真，第 36 行执行 OSTmrStart 函数启动定时器 User_Tmr1。第一个用户任务 App_Task-Start 每延时 3 s 执行一次第 40～42 行，输出带有系统运行时间的提示信息。

```
45
46    void  User_TaskCreate(void)
47    {
48        OS_ERR  err;
49        OSTaskCreate((OS_TCB * )&USER_TASK1TCBPtr,     //Task 1
50                    (CPU_CHAR * )"User Task1",
51                    (OS_TASK_PTR)User_Task1,
52                    (void * )0,
53                    (OS_PRIO)USER_TASK1_PRIO,
54                    (CPU_STK * )USER_TASK1StkPtr,
55                    (CPU_STK_SIZE)USER_TASK1_STK_SIZE/10,
56                    (CPU_STK_SIZE)USER_TASK1_STK_SIZE,
57                    (OS_MSG_QTY)0u,
58                    (OS_TICK)0u,
59                    (void * )0,
60                    (OS_OPT)(OS_OPT_TASK_STK_CHK | OS_OPT_TASK_STK_CLR),
61                    (OS_ERR * )&err;
62        OSTaskCreate((OS_TCB * )&USER_TASK2TCBPtr,     //Task 2
63                    (CPU_CHAR * )"User Task2",
64                    (OS_TASK_PTR)User_Task2,
65                    (void * )0,
66                    (OS_PRIO)USER_TASK2_PRIO,
67                    (CPU_STK * )USER_TASK2StkPtr,
68                    (CPU_STK_SIZE)USER_TASK2_STK_SIZE/10,
69                    (CPU_STK_SIZE)USER_TASK2_STK_SIZE,
70                    (OS_MSG_QTY)0u,
71                    (OS_TICK)0u,
72                    (void * )0,
73                    (OS_OPT)(OS_OPT_TASK_STK_CHK | OS_OPT_TASK_STK_CLR),
74                    (OS_ERR * )&err);
75        OSTaskCreate((OS_TCB * )&USER_TASK3TCBPtr,     //Task 3
76                    (CPU_CHAR * )"User Task3",
```

```
77                    (OS_TASK_PTR)User_Task3,
78                    (void *)0,
79                    (OS_PRIO)USER_TASK3_PRIO,
80                    (CPU_STK *)USER_TASK3StkPtr,
81                    (CPU_STK_SIZE)USER_TASK3_STK_SIZE/10,
82                    (CPU_STK_SIZE)USER_TASK3_STK_SIZE,
83                    (OS_MSG_QTY)0u,
84                    (OS_TICK)0u,
85                    (void *)0,
86                    (OS_OPT)(OS_OPT_TASK_STK_CHK | OS_OPT_TASK_STK_CLR),
87                    (OS_ERR *)&err);
88      }
```

第 46～88 行的函数 User_TaskCreate 创建 3 个用户任务，即 User_Task1、User_Task2 和 User_Task3(此处没有使用任务消息队列，与前文的创建任务方法相同)。

```
89
90    void  User_Task1(void * p_arg)
91    {
92      OS_ERR  err;
93      CPU_TS  ts;
94      CPU_INT32U  key;
95      OS_MSG_SIZE  size;
96
97      (void)p_arg;
98
99      while(DEF_TRUE)
100     {
101       key = (CPU_INT32U)OSQPend((OS_Q *)&User_Q1,
102                               (OS_TICK)0,
103                               (OS_OPT)OS_OPT_PEND_BLOCKING,
104                               (OS_MSG_SIZE *)&size,
105                               (CPU_TS *)&ts,
106                               (OS_ERR *)&err);
107       switch(key)
108       {
109       case 1uL:
110         UART0_putstring("Pressed Button 1.\n");
111         break;
112       case 2uL:
113         UART0_putstring("Pressed Button 2.\n");
114         break;
115       }
116     }
117   }
```

第 101～106 行请求消息队列 User_Q1,将请求到的消息强制类型转换为无符号 32 位整型,存放在变量 key 中,消息长度保存在 size 中,释放该消息的时刻点保存在

ts 变量中,如果请求不到消息,则永久等待;如果请求到消息,则执行第 107~115 行。

第 107 行判断 key 的值,如果为 1,则输出提示信息"Pressed Button 1.";如果为 2,则输出提示信息"Pressed Button 2."。

```
118
119    void  User_Task2(void * p_arg)
120    {
121      OS_ERR  err;
122      CPU_TS  ts;
123      void * str;
124      OS_MSG_SIZE size;
125
126      (void)p_arg;
127
128      while(DEF_TRUE)
129      {
130        str = (void * )OSQPend((OS_Q * )&User_Q2,
131                               (OS_TICK)0,
132                               (OS_OPT)OS_OPT_PEND_BLOCKING,
133                               (OS_MSG_SIZE * )&size,
134                               (CPU_TS * )&ts,
135                               (OS_ERR * )&err);
136        UART0_putstring((CPU_INT08U * )str);
137      }
138    }
```

用户任务 User_Task2 请求消息队列 User_Q2(第 130~135 行),返回指向请求到的消息的指针 str,消息长度保存在 size 变量中,释放该消息的时刻点保存在 ts 变量中,如果请求不到消息,则永远等待;如果请求到消息,则第 136 行输出该消息。

```
139
140    void  User_Task3(void * p_arg)
141    {
142      OS_ERR  err;
143      static CPU_INT08U  str[30];//must static, in heap not in stack
144
145      (void)p_arg;
146
147      while(DEF_TRUE)
148      {
149        OSTimeDlyHMSM(0,0,3,0,OS_OPT_TIME_HMSM_STRICT,&err);
150        strcpy((char * )str,"Task3\'s Message.\n");
151        OSQPost((OS_Q        * )&User_Q2,
152                (void         * )str,
153                (OS_MSG_SIZE )sizeof(str),
154                (OS_OPT       )OS_OPT_POST_FIFO,
```

```
155                    (OS_ERR        * )&err);
156        }
157    }
```

用户任务 User_Task3 每 3 s 释放一次消息队列 User_Q2。第 150 行给 str 赋值，这里每次执行都赋相同的值"Task3's Message."，实际上可根据需要赋不同的值。第 151～155 行向消息队列 User_Q2 中释放消息 str，这里的消息为字符数组，其长度为 sizeof(str)，采用先进先出方式。

```
158
159    void User_EventCreate(void)    //Create Events
160    {
161        OS_ERR   err;
162        OSQCreate((OS_Q        * )&User_Q1,
163                (CPU_CHAR * )"User Q1",
164                (OS_MSG_QTY)10,
165                (OS_ERR        * )&err);
166        OSQCreate((OS_Q        * )&User_Q2,
167                (CPU_CHAR * )"User Q2",
168                (OS_MSG_QTY)10,
169                (OS_ERR        * )&err);
170    }
```

第 162～169 行调用两次 OSQCreate 函数创建了两个消息队列，即 User_Q1 和 User_Q2，消息队列名分别为"User Q1"和"User Q2"，两个队列的容量都是 10。

```
171
172    void   User_TmrCreate(void)
173    {
174      OS_ERR   err;
175      OSTmrCreate((OS_TMR               * )&User_Tmr1,
176              (CPU_CHAR          * )"User Timer #1",
177              (OS_TICK            )20,
178              (OS_TICK            )20,    //2s
179              (OS_OPT             )OS_OPT_TMR_PERIODIC,
180              (OS_TMR_CALLBACK_PTR)User_Tmr_cbFnc1,
181              (void             * )0,
182              (OS_ERR            * )&err);
183    }
```

第 175～182 行创建周期型定时器 User_Tmr1，周期为 2 s，回调函数为 User_Tmr_cbFnc1。

```
184
185    void    User_Tmr_cbFnc1(void * p_arg)
186    {
187        OS_ERR err;
```

```
188        static CPU_INT08U  str[30];//must static, in heap not in stack
189
190        strcpy((char *)str,"Timer1\'s Message.\n");
191        OSQPost((OS_Q        *)&User_Q2,
192               (void         *)str,
193               (OS_MSG_SIZE)sizeof(str),
194               (OS_OPT        )OS_OPT_POST_FIFO,
195               (OS_ERR       *)&err);
196    }
```

第 185～196 行为定时器 User_Tmr1 的回调函数 User_Tmr_cbFnc1，该回调函数每 2 s 执行一次，调用 OSQPost 函数向消息队列 User_Q2 中释放消息（第 192～195 行），这里的消息为字符数组 str，其内容为"Timer1's Message."。

工程 ex9_1 的执行过程如图 9-2 所示，其运行结果如图 9-3 所示。

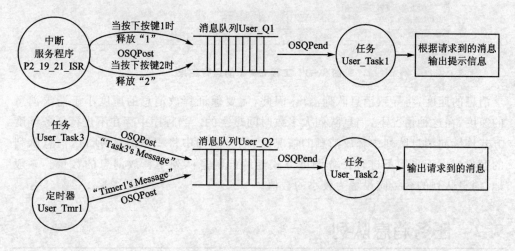

图 9-2　工程 ex9_1 的执行过程

根据图 9-2 和图 9-3，当按下按键 1 或 2 时，中断服务程序将根据按键值向消息队列 User_Q1 释放消息 1 或 2，用户任务 User_Task1 始终请求消息队列 User_Q1，并根据请求到的消息值输出按键信息。

用户任务 User_Task3 每 3 s 向消息队列 User_Q2 释放一则消息"Task3's Message."，定时器 User_Tmr1 每 2 s 向消息队列 User_Q2 释放一则消息"Timer1's Message."，用户任务 User_Task2 始终请求消息队列 User_Q2，并将请求到的消息输出。

在工程 ex9_1 中，两个消息队列 User_Q1 和 User_Q2 的容量均设为 10，但实际上，程序执行过程中，这两个消息队列始终为空，每次向这两个消息队列释放消息时，由于都有任务始终请求该消息队列，因此消息直接送到请求消息队列的任务中了，没有经过消息队列中转。事实上，如果向消息队列释放消息的速度快于向消息队列请

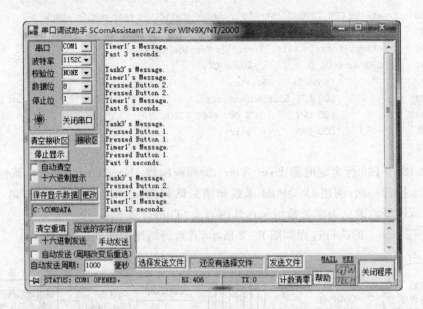

图 9‑3　工程 ex9_1 的运行结果

求消息的速度,将导致消息队列溢出,因此,需要保证释放消息的速度小于请求消息的速度,在这种情况下,消息队列大多数时间是空的。当程序中存在不进行任务调度方式连续向消息队列中释放消息的情况时,消息队列中将积累消息,所以,消息队列的容量应大于采用不进行任务调度方式连续向消息队列中释放消息的数量。一般地,消息队列的容量应设置为较小的数值。

9.2　任务消息队列

与普通的消息队列相比,任务消息队列为集成在任务中的消息队列,由任务管理。普通的消息队列可由多个任务向其释放消息或被多个任务向其请求消息,任务消息队列可由多个任务向其释放消息,但只能由任务消息队列所在的任务请求其中的消息。任务消息队列比普通消息队列的执行效率更高。

9.2.1　任务消息队列函数

任务消息队列具有 4 个相关的函数,位于系统文件 os_task.c 中,如表 9‑2 所列。

表 9 – 2　任务消息队列相关的函数

序　号	函数原型	功　能
1	void　 * OSTaskQPend 　　(OS_TICK　timeout, 　　OS_OPT　opt, 　　OS_MSG_SIZE　 * p_msg_size, 　　CPU_TS　 * p_ts, 　　OS_ERR　 * p_err)	请求任务消息队列。参数 timeout 表示等待超时值,当设为 0 时,表示请求不到任务消息则永远等待;当设为大于 0 的整数时,如果等待 timeout 时钟节拍仍请求不到任务消息,则放弃请求,并赋出错码 p_err 为 OS_ERR_TIMEOUT。参数 opt 可取: 　　① OS_OPT_PEND_BLOCKING 表示没有请求到任务消息且请求没有超时时,将挂起等待; 　　② OS_OPT_PEND_NON_BLOCKING 表示无论请求任务消息成功与否,均不挂起等待。参数 p_msg_size 指向保存任务消息长度的变量;参数 p_ts 记录任务消息被释放或放弃请求任务消息的时刻点;参数 p_err 保存出错码
2	CPU_BOOLEAN OSTaskQPendAbort 　　(OS_TCB　 * p_tcb, 　　OS_OPT　opt, 　　OS_ERR　 * p_err)	放弃请求任务消息队列。参数 p_tcb 为指向任务控制块的指针。参数 opt 可取: 　　① OS_OPT_POST_NONE 无特殊含义; 　　② OS_OPT_POST_NO_SCHED 表示不进行任务调度
3	void　OSTaskQPost 　　(OS_TCB　 * p_tcb, 　　void　 * p_void, 　　OS_MSG_SIZE　msg_size, 　　OS_OPT　opt, 　　OS_ERR　 * p_err)	释放任务消息队列。参数 p_void 为任务消息指针。参数 msg_size 为任务消息长度。参数 opt 可取: 　　① OS_OPT_POST_FIFO 表示先进先出方式; 　　② OS_OPT_POST_LIFO 表示后进先出方式; 　　③ OS_OPT_POST_NO_SCHED 表示不进行任务调度,与前两个参数搭配使用
4	OS_MSG_QTY　OSTaskQFlush 　　(OS_TCB　 * p_tcb, 　　OS_ERR　 * p_err)	清空任务消息队列

　　对比表 9 – 1 可见,任务消息队列没有消息队列创建和删除函数,这是由于任务消息队列集成在任务中,总是存在的。

9.2.2　任务消息队列工作方式

　　任务消息队列的工作方式如图 9 – 4 所示。
　　如图 9 – 4 所示,定时器或中断服务程序可向任务消息队列释放消息,但不能请求消息。单个或多个任务可向任务消息队列释放消息,只有任务消息队列所在的任

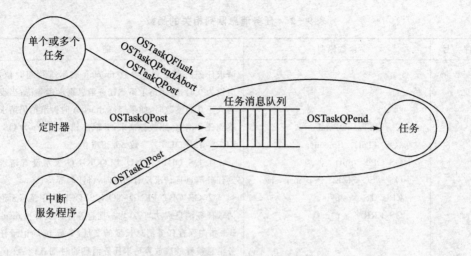

图9-4 任务消息队列工作方式

务才能请求该任务消息队列中的消息。

任务消息队列的容量在创建任务(调用 OSTaskCreate 函数)时指定,根据第 9.1.3 小节最后一段的分析可知,任务消息队列的容量应取较小的数值,这样可节省存储空间,同时,取较大的数值没有意义。一般情况下,只有不进行任务调度并连续向任务消息队列释放消息时,才有可能造成任务消息队列中积累消息;其他情况下,任务消息队列大部分时间是空队列。

9.2.3 任务消息队列工作实例

在工程 ex9_1 的基础上,新建工程 ex9_2,工程 ex9_2 与工程 ex9_1 相同,除了以下情况外:

① tasks.h 文件中删除定义消息队列的语句,即删除以下两句:

```
VAR_EXT   OS_Q   User_Q1
VAR_EXT   OS_Q   User_Q2
```

② user_bsp_key.c 文件中的中断服务函数 P2_19_21_ISR 修改为如程序段 9-7 所示。

程序段9-7 中断服务函数 P2_19_21_ISR

```
1     void P2_19_21_ISR(void)
2     {
3       OS_ERR   err;
4       if((IOIntStatus & (1<<2)) == (1<<2))
5       {
6         if((IO2IntStatF & (1<<19)) == (1<<19))
7         {
8           OSTaskQPost((OS_TCB        * )&USER_TASK1TCBPtr,
```

```
9                       (void          * )1uL,
10                      (OS_MSG_SIZE )sizeof(CPU_INT32U),
11                      (OS_OPT         )OS_OPT_POST_FIFO,
12                      (OS_ERR       * )&err);
13        }
14        if((IO2IntStatF & (1<<21)) == (1<<21))
15        {
16          OSTaskQPost((OS_TCB        * )&USER_TASK1TCBPtr,
17                      (void          * )2uL,
18                      (OS_MSG_SIZE )sizeof(CPU_INT32U),
19                      (OS_OPT         )OS_OPT_POST_FIFO,
20                      (OS_ERR       * )&err);
21        }
22      }
23      IO2IntClr = (1<<19) | (1<<21);
24    }
```

第 8 行使用释放任务消息队列函数 OSTaskQPost 向任务 User_Task1 的任务消息队列中释放消息"1";第 16 行使用释放任务消息队列函数 OSTaskQPost 向任务 User_Task1 的任务消息队列中释放消息"2"。因此,当按下按键 1 时,向任务 User_Task1 的任务消息队列中释放任务消息"1";当按下按键 2 时,释放任务消息"2"。

③ tasks.c 文件中需要改变的函数有 User_EventCreate、User_Task1、User_Task2、User_Task3 和 User_Tmr_cbFnc1,其代码如程序段 9 - 8 所示。

程序段 9 - 8　需要修改的函数

```
1     void  User_Task1(void * p_arg)
2     {
3       OS_ERR  err;
4       CPU_TS  ts;
5       CPU_INT32U  key;
6       OS_MSG_SIZE  size;
7
8       (void)p_arg;
9
10      while(DEF_TRUE)
11      {
12        key = (CPU_INT32U)OSTaskQPend((OS_TICK)0,
13                                      (OS_OPT)OS_OPT_PEND_BLOCKING,
14                                      (OS_MSG_SIZE * )&size,
15                                      (CPU_TS * )&ts,
16                                      (OS_ERR * )&err);
17        switch(key)
18        {
19        case 1uL:
20          UART0_putstring("Pressed Button 1.\n");
21          break;
22        case 2uL:
```

```
23              UARTO_putstring("Pressed Button 2.\n");
24              break;
25          }
26      }
27  }
28
29  void  User_Task2(void * p_arg)
30  {
31      OS_ERR  err;
32      CPU_TS  ts;
33      void * str;
34      OS_MSG_SIZE size;
35
36      (void)p_arg;
37
38      while(DEF_TRUE)
39      {
40          str = (void * )OSTaskQPend((OS_TICK)0,
41                              (OS_OPT)OS_OPT_PEND_BLOCKING,
42                              (OS_MSG_SIZE * )&size,
43                              (CPU_TS * )&ts,
44                              (OS_ERR * )&err);
45          UARTO_putstring((CPU_INT08U * )str);
46      }
47  }
48
49  void  User_Task3(void * p_arg)
50  {
51      OS_ERR  err;
52      static CPU_INT08U  str[30];//must static, in heap not in stack
53
54      (void)p_arg;
55
56      while(DEF_TRUE)
57      {
58          OSTimeDlyHMSM(0,0,3,0,OS_OPT_TIME_HMSM_STRICT,&err);
59          strcpy((char * )str,"Task3\'s Message.\n");
60          OSTaskQPost((OS_TCB        * )&USER_TASK2TCBPtr,
61                      (void          * )str,
62                      (OS_MSG_SIZE )sizeof(str),
63                      (OS_OPT         )OS_OPT_POST_FIFO,
64                      (OS_ERR        * )&err);
65      }
66  }
67
68  void User_EventCreate(void)   //Create Events
69  {
```

```
70      }
71
72      void    User_Tmr_cbFnc1(void * p_arg)
73      {
74        OS_ERR err;
75        static CPU_INT08U  str[30];//must static, in heap not in stack
76
77        strcpy((char * )str,"Timer1\'s Message.\n");
78        OSTaskQPost((OS_TCB    * )&USER_TASK2TCBPtr,
79                    (void      * )str,
80                    (OS_MSG_SIZE)sizeof(str),
81                    (OS_OPT     )OS_OPT_POST_FIFO,
82                    (OS_ERR     * )&err);
83      }
```

第 12～16 行用户任务 User_Task1 调用 OSTaskQPend 函数向其任务消息队列请求任务消息,赋给无符号 32 位整型变量 key。第 17～25 行根据 key 的值输出提示信息。

第 40～44 行用户任务 User_Task2 调用 OSTaskQPend 函数向其任务消息队列请求任务消息,赋给 str 指针,任务消息的长度赋给 size,ts 记录任务消息被释放的时刻。如果请求不到任务消息,则永远等待;如果请求到任务消息,则第 45 行输出该任务消息。

第 60～64 行用户任务 User_Task3 调用 OSTaskQPost 函数向用户任务 User_Task2 的任务消息队列释放任务消息,这里的任务消息为字符数组 str,采用先进先出方式。

第 78～82 行定时器 User_Tmr1 的回调函数 User_Tmr_cbFnc1 调用 OSTaskQPost 函数向用户任务 User_Task2 的任务消息队列释放任务消息,这里的任务消息为字符数组 str,采用先进先出方式。

第 68～70 行显示 User_EventCreate 函数为空函数,即对于任务消息队列而言,无需创建其对应的事件。

④ 在 tasks.c 文件中,将 User_TaskCreate 函数中调用 OSTaskCreate 函数创建任务 User_Tsak1 和任务 User_Task2 的代码作如下修改:

程序段 9－9　创建用户任务 User_Task1 和 User_Task2

```
1        OSTaskCreate((OS_TCB * )&USER_TASK1TCBPtr,      //Task 1
2                     (CPU_CHAR * )"User Task1",
3                     (OS_TASK_PTR)User_Task1,
4                     (void * )0,
5                     (OS_PRIO)USER_TASK1_PRIO,
6                     (CPU_STK * )USER_TASK1StkPtr,
7                     (CPU_STK_SIZE)USER_TASK1_STK_SIZE/10,
8                     (CPU_STK_SIZE)USER_TASK1_STK_SIZE,
9                     (OS_MSG_QTY)10u,
```

```
10                    (OS_TICK)0u,
11                    (void *)0,
12                    (OS_OPT)(OS_OPT_TASK_STK_CHK | OS_OPT_TASK_STK_CLR),
13                    (OS_ERR *)&err);
14        OSTaskCreate((OS_TCB *)&USER_TASK2TCBPtr,      //Task 2
15                    (CPU_CHAR *)"User Task2",
16                    (OS_TASK_PTR)User_Task2,
17                    (void *)0,
18                    (OS_PRIO)USER_TASK2_PRIO,
19                    (CPU_STK *)USER_TASK2StkPtr,
20                    (CPU_STK_SIZE)USER_TASK2_STK_SIZE/10,
21                    (CPU_STK_SIZE)USER_TASK2_STK_SIZE,
22                    (OS_MSG_QTY)10u,
23                    (OS_TICK)0u,
24                    (void *)0,
25                    (OS_OPT)(OS_OPT_TASK_STK_CHK | OS_OPT_TASK_STK_CLR),
26                    (OS_ERR *)&err);
```

第 9 行和第 22 行分别将用户任务 User_Tsak1 和 User_Task2 的任务消息队列容量设为 10。至此,OSTaskCreate 函数的 13 个参数,除第 11 个参数用于任务扩展外部数据访问外,均被介绍了。

工程 ex9_2 的运行结果与工程 ex9_1 完全相同(见图 9-3),其运行过程如图 9-5 所示。

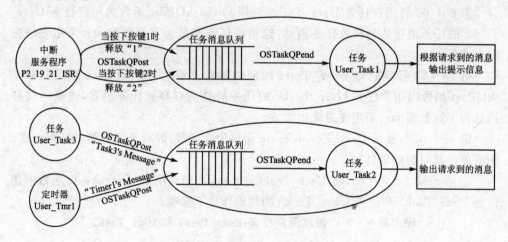

图 9-5 工程 ex9_2 的工作过程

图 9-5 表明,工程 ex9_2 中借助于 OSTaskQPost 函数向任务消息队列中释放任务消息,任务从其消息队列中请求任务消息需借助于 OSTaskQPend 函数。这种借助任务消息队列进行通信的方式,不需要创建事件,可实现多个任务向同一个任务消息队列中释放消息,但不能实现多个任务请求同一个任务消息队列。实际上,任务只能向其任务消息队列请求任务消息,而不请求其他任务的任务消息队列。

9.3　本章小结

消息队列或任务消息队列是 μC/OS-III 中最重要的事件,可实现以下功能:

① 任务间单向传递数据,即实现任务间的单向数据通信,由一个任务(或多个任务)向另一个任务(或另一些任务)传递数据处理的中间结果或最终结果。

② 任务间双向传递数据,即实现任务间的双向数据通信,由一个任务(或多个任务)向一个任务(或另一些任务)传递数据,并接收它们回传的数据,实现"循环通信"。

③ 任务间单向同步,即一个任务(或多个任务)同步另一个任务(或另一些任务)的执行,此时消息队列中的消息没有实质含义,可用(void *)1 表示,称为哑元消息。

④ 任务间双向同步,即一个任务(或多个任务)同步另一个任务(或另一些任务)的执行,然后,使那些任务再同步它们的执行,形成"循环同步",此时用于同步的消息也称为哑元消息。

⑤ 保护共享资源。用于保护共享资源时,需使用带有请求延时功能的消息队列(或任务消息队列)函数,当请求超时后,必须调用延时等待函数,否则将造成任务死锁。

本章中使用了"消息"和"任务消息"两个术语,是为了区分普通消息队列的消息和任务消息队列的消息,通常情况下,"任务消息"应称为"消息"。本章中出现的"请求消息队列"或"释放消息队列"分别指"向消息队列中请求消息"或"向消息队列中释放消息",在不引起歧义的情况下,两者均可使用。

在绝大多数情况下,任务消息队列可以取代消息队列的应用,并且效率更高。初学者最难理解的地方在于消息队列的容量应定义多大。对于工程 ex9_1 和 ex9_2,不妨将其消息队列或任务消息队列的容量定义为 0(或 1),两个工程仍然工作正常;或者在仿真运行时的任一时刻暂停程序的执行,查看消息队列或任务消息队列中消息的数量,其结果都为 0。只有不进行任务调度而连续向消息队列(或任务消息队列)中释放消息时,消息队列(或任务消息队列)才有可能积累消息(另外,同时就绪的优先级较高的多个任务连续释放消息给同一优先级较低的请求消息任务,由于此时没有任务调度,也会造成该时刻消息队列积累消息),因此,消息队列(或任务消息队列)只需要大于不进行任务调度而连续向消息队列(或任务消息队列)中释放消息的数量即可。如果没有这类情况,从节省内存的角度出发,消息队列长度宜取较小的值,例如 10。

除了消息队列和任务消息队列,任务间还可以通过全局变量进行数据共享,此时的全局变量属于共享资源,需要保证其数据完整性且不造成任务死锁。因此 μC/OS-III 中任务间共享数据最好的方式是借助消息队列和任务消息队列。

第 10 章

事件标志组

事件标志组是 μC/OS‑III 中可以记录多个事件状态的事件类型，主要用于任务间的同步以及任务同步定时器或中断服务程序的执行。事件标志组在系统文件 os. h 中定义，如程序段 10‑1 所示。

程序段 10‑1　事件标志组定义

```
1      struct  os_flag_grp {
2          OS_OBJ_TYPE              Type;
3          CPU_CHAR                 * NamePtr;
4          OS_PEND_LIST             PendList;
5      # if OS_CFG_DBG_EN > 0u
6          OS_FLAG_GRP              * DbgPrevPtr;
7          OS_FLAG_GRP              * DbgNextPtr;
8          CPU_CHAR                 * DbgNamePtr;
9      # endif
10         OS_FLAGS                 Flags;
11         CPU_TS                   TS;
12     };
13
14     typedef  struct  os_flag_grp       OS_FLAG_GRP;
15
16     typedef  CPU_INT32U     OS_FLAGS;   //os_type.h
```

事件标志组 OS_FLAG_GRP 为自定义结构体类型，Type 成员必须为 OS_OBJ_TYPE_FLAG，表示该事件类型为事件标志组；NamePtr 为事件标志组名称字符串指针；PendList 为请求该事件标志组的任务列表；第 5～9 行为调试服务；第 10 行 Flags 为位标志成员；第 11 行 TS 记录最近一次释放事件标志组的时刻。

第 16 行代码位于文件 os_type. h 中，说明 OS_FLAGS 为 32 位无符号整型。因此，第 10 行 Flags 位标志是 32 位无符号整型，通过 Flags 某些位的置 1(或清 0)或其组合表示某些事件的发生，例如，第 0 位置 1 表示按键 1 被按下，第 1 位置 1 表示按键 2 被按下等。用户不能直接访问 Flags 位标志，而是通过事件标志组函数来访问。

事件标志组的基本操作与信号量和消息队列相似，包括创建事件标志组、释放事件标志组和请求事件标志组。

10.1 事件标志组函数

事件标志组相关的用户函数有 6 个,位于系统文件 os_flag.c 中,如表 10 - 1 所列。

表 10 - 1 事件标志组相关的用户函数

序 号	函数原型	功 能
1	void OSFlagCreate (OS_FLAG_GRP * p_grp, CPU_CHAR * p_name, OS_FLAGS flags, OS_ERR * p_err)	创建事件标志组。参数 p_grp 为事件标志组指针;p_name 为事件标志组名;flags 为位标志,建议赋为 0;出错码为 p_err
2	OS_OBJ_QTY OSFlagDel (OS_FLAG_GRP * p_grp, OS_OPT opt, OS_ERR * p_err)	删除事件标志组。参数 opt 可取: ① OS_OPT_DEL_NO_PEND 表示没有任务请求该事件标志组时才删除它; ② OS_OPT_DEL_ALWAYS 表示强制删除该事件标志组,所有请求它的任务均就绪。返回值为就绪的任务个数
3	OS_FLAGS OSFlagPend (OS_FLAG_GRP * p_grp, OS_FLAGS flags, OS_TICK timeout, OS_OPT opt, CPU_TS * p_ts, OS_ERR * p_err)	请求事件标志组。参数 flags 表示请求事件标志的位模式。参数 timeout 为等待超时值,如果设为 0,表示请求不到事件标志组时永久等待;设为大于 0 的整数时,表示在 timeout 时钟节拍内请求不到事件标志组时,放弃请求,出错码为 OS_ERR_TIMEOUT。参数 opt 可取: ① OS_OPT_PEND_FLAG_CLR_ALL、OS_OPT_PEND_FLAG_CLR_ANY、OS_OPT_PEND_FLAG_SET_ALL 或 OS_OPT_PEND_FLAG_SET_ANY,表示位模式 flags 中指定的位(为 1 的那些位)对应的位标志全 0、任意为 0、全 1 或任意为 1; ② OS_OPT_PEND_NON_BLOCKING 或 OS_OPT_PEND_BLOCKING,与①组合使用,表示没有请求到事件标志组时不等待或等待; ③ OS_OPT_PEND_FLAG_CONSUME 与①和②组合使用,表示清除事件标志。返回值为请求到的位标志

序　号	函数原型	功　能
4	OS_OBJ_QTY　OSFlagPendAbort 　　(OS_FLAG_GRP　* p_grp, 　　OS_OPT　opt, 　　OS_ERR　* p_err)	放弃请求事件标志组。参数 opt 可取： 　　① OS_OPT_PEND_ABORT_1 表示请求事件标志组的最高优先级任务放弃请求； 　　② OS_OPT_PEND_ABORT_ALL 表示所有请求事件标志组的任务均放弃请求； 　　③ OS_OPT_POST_NO_SCHED 表示不进行任务调度。返回值为就绪的任务数
5	OS_FLAGS　OSFlagPendGetFlagsRdy 　　(OS_ERR　* p_err)	获得使任务就绪的位标志。返回值为使任务就绪的位标志
6	OS_FLAGS　OSFlagPost 　　(OS_FLAG_GRP　* p_grp, 　　OS_FLAGS　flags, 　　OS_OPT　opt, 　　OS_ERR　* p_err)	释放事件标志组。参数 flags 表示释放事件标志的位模式。参数 opt 可取： 　　① OS_OPT_POST_FLAG_SET 表示将 flags 指定的位(为 1 的位)对应的位标志置 1； 　　② OS_OPT_POST_FLAG_CLR 表示将 flags 指定的位(为 1 的位)对应的位标志清 0

表 10 - 1 中请求和释放事件标志组都涉及到位标志参数 flags 的含义，将在第 10.2 节深入讨论其概念。

10.2　事件标志组工作方式

事件标志组的位标志为 32 位无符号整数(见程序段 10 - 1 第 16 行)，创建事件标志组时，将位标志清 0，如程序段 10 - 2 所示。

程序段 10 - 2　创建事件标志组

```
1    OS_FLAG_GRP  User_Flag_Grp1;
2
3    void User_EventCreate(void)    //Create Events
4    {
5      OS_ERR   err;
6      OSFlagCreate((OS_FLAG_GRP    * )&User_Flag_Grp1,
7                   (CPU_CHAR       * )"User Flag Group1",
8                   (OS_FLAGS       )0uL,
9                   (OS_ERR         * )&err);
10   }
```

第 1 行定义事件标志组 User_Flag_Grp1。第 6～9 行调用 OSFlagCreate 函数创建事件标志组，第 8 行将事件标志组的位标志清 0。

假设某一事件的发生用位标志的第 10、16 和 29 位置 1 表示,另一事件的发生用位标志的第 5、12 和 30 位清 0 表示,则这两个事件释放事件标志组时,采用如下形式:

程序段 10 - 3　某两个事件释放事件标志组

```
1      OSFlagPost((OS_FLAG_GRP  * )&User_Flag_Grp1,
2                 (OS_FLAGS    )((1u<<10)|(1u<<16)|(1u<<29)),
3                 (OS_OPT      )OS_OPT_POST_FLAG_SET,
4                 (OS_ERR      * )&err);
5
6      OSFlagPost((OS_FLAG_GRP  * )&User_Flag_Grp1,
7                 (OS_FLAGS    )((1u<<5)|(1u<<12)|(1u<<30)),
8                 (OS_OPT      )OS_OPT_POST_FLAG_CLR,
9                 (OS_ERR      * )&err);
```

第 1～4 行释放事件标志组 User_Flag_Grp1,使其位标志的第 10、16 和 29 位置 1。第 6～9 行释放事件标志组,使其位标志的第 5、12 和 30 位清 0。

对于释放事件标志组函数 OSFlagPost 而言,其第 2 个参数为位模式,当第 3 个参数为 OS_OPT_POST_FLAG_SET 时,将位模式参数中为 1 的位对应的位标志中的位置 1;当第 3 个参数为 OS_OPT_POST_FLAG_CLR 时,将位模式参数中为 1 的位对应的位标志中的位清 0。通过这种方式来设置位标志的值,用户无法直接访问事件标志组中的位标志。

请求事件标志组的方法如程序段 10 - 4 所示。

程序段 10 - 4　请求事件标志组示例

```
1      OS_ERR   err;
2      CPU_TS   ts;
3      OS_FLAGS res_flags;
4
5      res_flags = (OS_FLAGS)OSFlagPend((OS_FLAG_GRP  * )&User_Flag_Grp1,
6                      (OS_FLAGS    )((1u<<10)|(1u<<16)|(1u<<29)),
7                      (OS_TICK     )0,
8          (OS_OPT )OS_OPT_PEND_BLOCKING + OS_OPT_PEND_FLAG_SET_ALL + OS_OPT_PEND_
FLAG_CONSUME,
9                          (CPU_TS      * )&ts,
10                         (OS_ERR      * )&err);
11     //to do:
12
13     res_flags = (OS_FLAGS)OSFlagPend((OS_FLAG_GRP  * )&User_Flag_Grp1,
14                     (OS_FLAGS    )((1u<<5)|(1u<<12)|(1u<<30)),
15                     (OS_TICK     )0,
16         (OS_OPT)OS_OPT_PEND_BLOCKING + OS_OPT_PEND_FLAG_CLR_ALL + OS_OPT_PEND_
FLAG_CONSUME,
17                         (CPU_TS      * )&ts,
18                         (OS_ERR      * )&err);
```

19   //to do：

第 5～10 行请求事件标志组 User_Flag_Grp1。第 8 行指定请求的选项为"OS_OPT_PEND_BLOCKING＋OS_OPT_PEND_FLAG_SET_ALL＋OS_OPT_PEND_FLAG_CONSUME"，结合第 6、7 行，表示：① 请求不到事件标志组时永久挂起等待；② 当位标志的第 10、16、29 位为 1 时，请求事件标志组成功；③ 请示成功后将事件标志组的位标志清除。变量 ts 记录事件标志组的释放时刻。

第 13～18 行请求事件标志组 User_Flag_Grp1。第 16 行指定请求的选项为"OS_OPT_PEND_BLOCKING＋OS_OPT_PEND_FLAG_CLR_ALL＋OS_OPT_PEND_FLAG_CONSUME"，结合第 14、15 行，表示：① 请求不到事件标志组时永久挂起等待；② 当位标志的第 5、12、30 位为 0 时，请求事件标志组成功；③ 请示成功后将事件标志组的位标志清除。变量 ts 记录事件标志组的释放时刻。

请求事件标志组的选项由三部分组成：① OS_OPT_PEND_NON_BLOCKING 或 OS_OPT_PEND_BLOCKING，表示请求不到事件标志组时不等待或挂起等待；② OS_OPT_PEND_FLAG_CLR_ALL、OS_OPT_PEND_FLAG_CLR_ANY、OS_OPT_PEND_FLAG_SET_ALL 或 OS_OPT_PEND_FLAG_SET_ANY，表示位模式参数中为 1 的位对应的位标志中的位全 0、任一位为 0、全 1 或任一位为 1；③ OS_OPT_PEND_FLAG_CONSUME，表示请示到事件标志组后清除事件标志。例如，选项 OS_OPT_PEND_BLOCKING＋OS_OPT_PEND_FLAG_SET_ANY＋OS_OPT_PEND_FLAG_CONSUME 表示：① 请求不到事件标志组时挂起等待；② 若位模式为 1 的位对应的位标志中的任一位为 1，则事件标志组就绪；③ 请求到事件标志组后清除位标志。

事件标志组的工作方式如图 10－1 所示。

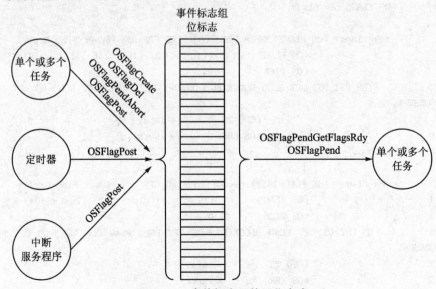

图 10－1 事件标志组的工作方式

图 10 - 1 表明中断服务程序和定时器只能调用 OSFlagPost 函数释放事件标志组,任务可以调用事件标志组的所有函数。释放事件标志组时需要指定位标志的模式,不同的模式对应着不同的事件,请求事件标志组时也要指定请求的位标志模式,因此,一个事件标志组可以记录多个事件的状态,供多个任务间同步。一个长度为 32 位的位标志,采用 OS_OPT_POST_FLAG_SET 模式,如果用 1 位表示一个事件,则可以表示 32 个事件;如果用 2 位表示一个事件,则可表示 496 个事件;如果用 3 位表示一个事件,则可表示 4 960 个事件。

　　图 10 - 1 中当请求事件标志组的任务请求成功后,事件标志组的位标志被保存到任务控制块中,此时任务可通过调用 OSFlagPendGetFlagsRdy 获取使它就绪的位标志。

10.3　事件标志组应用实例

　　在工程 ex9_2 的基础上,新建工程 ex10_1,工程 ex10_1 与工程 ex9_2 相同,除了以下内容外:

　　① 在文件 tasks.h 中添加对事件标志组变量的定义,即添加如下一行代码:

　　"VAR_EXT　OS_FLAG_GRP　User_Flag_Grp1;"定义事件标志组 User_Flag_Grp1。

　　② 在文件 user_bsp_key.c 中,将中断服务函数 P2_19_21_ISR 修改为程序段 10 - 5 所示的形式。

程序段 10 - 5　修改后的中断服务函数 P2_19_21_ISR

```
1      void P2_19_21_ISR(void)
2      {
3        OS_ERR   err;
4        if((IOIntStatus & (1<<2)) == (1<<2))
5        {
6          if((IO2IntStatF & (1<<19)) == (1<<19))
7          {
8            OSFlagPost((OS_FLAG_GRP * )&User_Flag_Grp1,
9                       (OS_FLAGS     )(1u<<0),
10                      (OS_OPT       )OS_OPT_POST_FLAG_SET,
11                      (OS_ERR       * )&err);
12         }
13         if((IO2IntStatF & (1<<21)) == (1<<21))
14         {
15           OSFlagPost((OS_FLAG_GRP * )&User_Flag_Grp1,
16                      (OS_FLAGS     )(1u<<1),
17                      (OS_OPT       )OS_OPT_POST_FLAG_SET,
18                      (OS_ERR       * )&err);
```

```
19          }
20        }
21        IO2IntClr = (1<<19) | (1<<21);
22     }
```

当 LPC1788 的 P2 口 GPIO 中断发生时,第 4 行为真;当 LPC1788 的 P2[19]脚产生下降沿中断时,第 6 行为真。第 8～11 行调用 OSFlagPost 函数向事件标志组 User_Flag_Grp1 释放事件标志,将位标志的第 0 位置为 1。

当 LPC1788 的 P2[21]脚产生下降沿中断时,第 13 行为真。第 15～18 行调用 OSFlagPost 函数向事件标志组 User_Flag_Grp1 释放事件标志,将位标志的第 1 位置为 1。第 21 行清除 P2 口的 P2[19]和 P2[21]中断标志。

③ tasks.c 文件内容如程序段 10-6 所示。

程序段 10-6　　tasks.c 文件内容

```
1     //Filename: tasks.c
2
3     # define    TASKS_DATA
4     # include   "includes.h"
5
6     void App_TaskStart(void * p_arg)
7     {
8        OS_ERR      err;
9        OS_STATE    tmr_stat;
10       static  CPU_INT32U  t_cnt;
11       CPU_INT08U  str[30];
12
13       (void)p_arg;
14       t_cnt = 0;
15
16       CPU_Init();
17       OS_CSP_TickInit();    //Initialize the Tick interrupt
18
19       User_BSP_Init();
20
21     # if OS_CFG_STAT_TASK_EN > 0u
22         OSStatTaskCPUUsageInit(&err);
23     # endif
24
25       App_OS_SetAllHooks();   //Set User Hooks
26
27       User_EventCreate();     //Create Events
28       User_TaskCreate();      //Create User Tasks
29       User_TmrCreate();       //Create Timer
30
31       while(DEF_TRUE)
32       {
33         tmr_stat = OSTmrStateGet((OS_TMR * )&User_Tmr1,(OS_ERR * )&err);
```

```
34        if(tmr_stat! = OS_TMR_STATE_RUNNING)
35        {
36            OSTmrStart((OS_TMR * )&User_Tmr1,(OS_ERR * )&err);
37        }
38
39        OSTimeDlyHMSM(0,0,3,0,OS_OPT_TIME_HMSM_STRICT,&err);
40        t_cnt + = 3;
41        sprintf((char * )str,"Past % d seconds.\n\n",t_cnt);
42        UART0_putstring(str);
43    }
44 }
```

第 27 行调用 User_EventCreate 函数创建事件标志组,见第 164~171 行。第 29
行调用 User_TmrCreate 函数创建定时器 User_Tmr1。第 33 行获得定时器 User_
Tmr1 的工作状态,如果没有处于运行态,则第 34 行为真,将执行第 36 行启动定时
器 User_Tmr1。

第 39 行说明任务 App_TaskStart 每隔 3 s 执行一次,第 40 行 t_cnt 为静态变
量,用于累加执行的时间,第 41 行产生包含运行时间的格式化字符串 str,第 42 行向
串口输出字符串 str。

```
45
46 void  User_TaskCreate(void)
47 {
48     OS_ERR   err;
49     OSTaskCreate((OS_TCB * )&USER_TASK1TCBPtr,        //Task 1
50                  (CPU_CHAR * )"User Task1",
51                  (OS_TASK_PTR)User_Task1,
52                  (void * )0,
53                  (OS_PRIO)USER_TASK1_PRIO,
54                  (CPU_STK * )USER_TASK1StkPtr,
55                  (CPU_STK_SIZE)USER_TASK1_STK_SIZE/10,
56                  (CPU_STK_SIZE)USER_TASK1_STK_SIZE,
57                  (OS_MSG_QTY)0u,
58                  (OS_TICK)0u,
59                  (void * )0,
60                  (OS_OPT)(OS_OPT_TASK_STK_CHK | OS_OPT_TASK_STK_CLR),
61                  (OS_ERR * )&err);
62     OSTaskCreate((OS_TCB * )&USER_TASK2TCBPtr,        //Task 2
63                  (CPU_CHAR * )"User Task2",
64                  (OS_TASK_PTR)User_Task2,
65                  (void * )0,
66                  (OS_PRIO)USER_TASK2_PRIO,
67                  (CPU_STK * )USER_TASK2StkPtr,
68                  (CPU_STK_SIZE)USER_TASK2_STK_SIZE/10,
69                  (CPU_STK_SIZE)USER_TASK2_STK_SIZE,
70                  (OS_MSG_QTY)0u,
71                  (OS_TICK)0u,
```

```
72                      (void * )0,
73                      (OS_OPT)(OS_OPT_TASK_STK_CHK | OS_OPT_TASK_STK_CLR),
74                      (OS_ERR * )&err);
75      OSTaskCreate((OS_TCB * )&USER_TASK3TCBPtr,      //Task 3
76                      (CPU_CHAR * )"User Task3",
77                      (OS_TASK_PTR)User_Task3,
78                      (void * )0,
79                      (OS_PRIO)USER_TASK3_PRIO,
80                      (CPU_STK * )USER_TASK3StkPtr,
81                      (CPU_STK_SIZE)USER_TASK3_STK_SIZE/10,
82                      (CPU_STK_SIZE)USER_TASK3_STK_SIZE,
83                      (OS_MSG_QTY)0u,
84                      (OS_TICK)0u,
85                      (void * )0,
86                      (OS_OPT)(OS_OPT_TASK_STK_CHK | OS_OPT_TASK_STK_CLR),
87                      (OS_ERR * )&err);
88      }
```

第 49~61 行创建用户任务 User_Task1,优先级号为 11,堆栈大小为 0x100;第 62~74 行创建用户任务 User_Task2,优先级号为 12,堆栈大小为 0x100;第 75~87 行创建用户任务 User_Task3,优先级号为 13,堆栈大小为 0x100。

```
89
90      void  User_Task1(void * p_arg)
91      {
92        OS_ERR  err;
93        CPU_TS  ts;
94        OS_FLAGS res_flags;
95
96        (void)p_arg;
97
98        while(DEF_TRUE)
99        {
100         res_flags = (OS_FLAGS)OSFlagPend((OS_FLAG_GRP  * )&User_Flag_Grp1,
101                                  (OS_FLAGS       )(3u<<0),
102                                  (OS_TICK        )0,
103                                  (OS_OPT    )OS_OPT_PEND_BLOCKING
104                                           + OS_OPT_PEND_FLAG_SET_ANY
105                                           + OS_OPT_PEND_FLAG_CONSUME,
106                                  (CPU_TS         * )&ts,
107                                  (OS_ERR         * )&err);
108         if((res_flags & (1u<<0)) == (1u<<0))
109         {
110           UART0_putstring("Pressed Button 1.\n");
111         }
112         if((res_flags & (1u<<1)) == (1u<<1))
113         {
114           UART0_putstring("Pressed Button 2.\n");
```

```
115          }
116       }
117    }
```

第 90～117 行为用户任务 User_Task1 的函数体,第 94 行定义事件标志变量 res_flags。第 100～107 行调用 OSFlagPend 函数请求事件标志组 User_Flag_Grp1, 如果其位标志的第 0 位或第 1 位为 1,则请求成功,请求成功后,将位标志清除;如果请求不到事件标志组,则永久等待。

请求到事件标志组 User_Flag_Grp1 后,位标志被赋到变量 res_flags 中,第 108～115 行得到执行。结合程序段 10-5 可知,事件标志组 User_Flag_Grp1 的位标志的第 0 位为 1 表示按下按键 1,其第 1 位为 1 表示按下按键 2。第 108 行判断 res_flags 变量的第 0 位是否为 1,如果是,则输出提示信息"Pressed Button 1.",表示按键 1 被按下。第 112 行判断 res_flags 变量的第 1 位是否为 1,如果是,则输出提示信息"Pressed Button 2.",表示按键 2 被按下。

因此,用户任务 User_Task1 与中断服务程序 P2_19_21_ISR 通过事件标志组 User_Flag_Grp1 实现对按键 1 和 2 的响应。

```
118
119    void  User_Task2(void * p_arg)
120    {
121       OS_ERR   err;
122       CPU_TS   ts;
123       OS_FLAGS res_flags;
124
125       (void)p_arg;
126
127       while(DEF_TRUE)
128       {
129         res_flags = (OS_FLAGS)OSFlagPend((OS_FLAG_GRP   * )&User_Flag_Grp1,
130                        (OS_FLAGS)((1u<<10)|(1u<<18)|(1u<<20)|(1u<<21)),
131                             (OS_TICK   )0,
132                             (OS_OPT    )OS_OPT_PEND_BLOCKING
133                                   + OS_OPT_PEND_FLAG_SET_ANY
134                                   + OS_OPT_PEND_FLAG_CONSUME,
135                             (CPU_TS    * )&ts,
136                             (OS_ERR    * )&err);
137         if((res_flags & ((1u<<10)|(1u<<18))) == ((1u<<10)|(1u<<18)))
138         {
139           UART0_putstring("User Task3 occurred.\n");
140         }
141         if((res_flags & ((3u<<20)|(1<<21))) == ((3u<<20)|(1<<21)))
142         {
143           UART0_putstring("Timer 1 occurred.\n");
144         }
145       }
```

```
146    }
```

第 119～146 行为用户任务 User_Task2 的函数体。第 123 行定义事件标志 res_flags。第 129～136 行调用 OSFlagPend 函数请求事件标志组 User_Flag_Grp1,如果其位标志的第 10、18、20 和 21 位中的任一位为 1,则请求成功,请求成功后清除位标志;如果请求不成功,则永久等待。

请求事件标志组 User_Flag_Grp1 成功后,其位标志保存在变量 res_flags 中。第 137 行判断其第 10、18 位是否都为 1,如果是,则输出提示信息"User Task3 occurred.",表示该位标志是任务 User_Task3 释放的。第 141 行判断 res_flags 的第 20、21 位是否都为 1,如果是,则输出提示信息"Timer 1 occurred.",表示该位标志是定时器 User_Tmr1 释放的。

```
147
148    void  User_Task3(void * p_arg)
149    {
150      OS_ERR   err;
151
152      (void)p_arg;
153
154      while(DEF_TRUE)
155      {
156        OSTimeDlyHMSM(0,0,3,0,OS_OPT_TIME_HMSM_STRICT,&err);
157        OSFlagPost((OS_FLAG_GRP * )&User_Flag_Grp1,
158                   (OS_FLAGS      )((1u<<10)| (1u<<18)),
159                   (OS_OPT        )OS_OPT_POST_FLAG_SET,
160                   (OS_ERR        * )&err);
161      }
162    }
```

第 148～162 行为用户任务 User_Task3 的函数体,每 3 s 释放一次事件标志组 User_Flag_Grp1(第 157～160 行),将其位标志的第 10、18 位置为 1。

```
163
164    void User_EventCreate(void)    //Create Events
165    {
166      OS_ERR   err;
167      OSFlagCreate((OS_FLAG_GRP  * )&User_Flag_Grp1,
168                   (CPU_CHAR     * )"User Flag Group1",
169                   (OS_FLAGS      )0uL,
170                   (OS_ERR       * )&err);
171    }
```

第 164～171 行为创建事件函数 User_EventCreate,第 167～170 行创建事件标志组 User_Flag_Grp1,其名称为"User Flag Group1",位标志清 0。

```
172
173    void  User_TmrCreate(void)
```

```
174  {
175      OS_ERR  err;
176      OSTmrCreate((OS_TMR                 * )&User_Tmr1,
177              (CPU_CHAR                * )"User Timer #1",
178              (OS_TICK                 )20,
179              (OS_TICK                 )20,   //2s
180              (OS_OPT                  )OS_OPT_TMR_PERIODIC,
181              (OS_TMR_CALLBACK_PTR)User_Tmr_cbFnc1,
182              (void                    * )0,
183              (OS_ERR                  * )&err);
184  }
```

第 173~184 行为创建定时器的函数 User_TmrCreate,第 176~183 行创建周期型定时器 User_Tm1,定时周期为 2 s,回调函数为 User_Tmr_cbFnc1。

```
185
186  void   User_Tmr_cbFnc1(void * p_arg)
187  {
188      OS_ERR err;
189      OSFlagPost((OS_FLAG_GRP * )&User_Flag_Grp1,
190              (OS_FLAGS        )((1u<<20)| (1u<<21)),
191              (OS_OPT          )OS_OPT_POST_FLAG_SET,
192              (OS_ERR          * )&err);
193  }
```

第 186~193 行为定时器 User_Tmr1 的回调函数,每 2 s 执行一次。第 189~192 行释放事件标志组 User_Flag_Grp1,使其位标志的第 20、21 位置 1。

工程 ex10_1 的执行过程如图 10-2 所示。

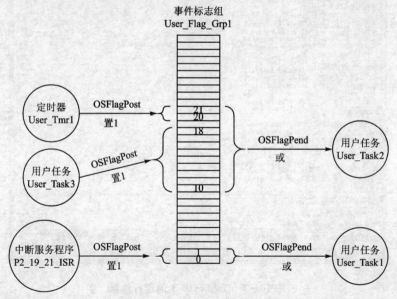

图 10-2　工程 ex10_1 的执行过程

由图 10‒2 可知,事件标志组 User_Flag_Grp1 分成 3 部分:① 第 0、1 位供中断服务程序 P2_19_21_ISR 用用户任务 User_Task1 使用,其中第 0 位置 1 表示按键 1 被按下,第 1 位置 1 表示按键 2 被按下;② 第 10、18 位供用户任务 User_Task3 和用户任务 User_Task2 使用,表示用户任务 3 每执行一次都将这两位置 1;③ 第 20、21 位供定时器 User_Tmr1 和用户任务 User_Task2 使用,定时器回调函数每执行一次都将这两位置 1。用户任务 User_Task1 始终请求事件标志组 User_Flag_Grp1 的第 0、1 位,只要其中一位为 1,则请求成功;用户任务 User_Task1 始终请求事件标志组 User_Flag_Grp1 的第 10、18、20 和 21 位,只要其中任一位为 1,则请求成功。

定时器 User_Tmr1 的定时周期为 2 s,用户任务 User_Task3 释放事件标志组 User_Flag_Grp1 的周期为 3 s,用户任务 User_Task2 将同步这两个事件的执行,即用户任务 2 的执行过程为:① 每 2 s 输出"Timer 1 occurred.";② 每 3 s 输出"User Task3 occurred."。

当用户按下按键 1 时,中断服务程序 P2_19_21_ISR 释放事件标志组 User_Flag_Grp1,将其位标志的第 0 位置 1,然后,用户任务 User_Task1 请求事件标志组 User_Flag_Grp1 成功,并输出提示信息"Pressed Button 1."。同理,当用户按下按键 2 时,中断服务程序 P2_19_21_ISR 释放事件标志组 User_Flag_Grp1,将其位标志的第 1 位置 1;接着,用户任务 User_Task1 请求事件标志组 User_Flag_Grp1 成功,并输出提示信息"Pressed Button 2."。

工程 ex10_1 的运行结果如图 10‒3 所示。

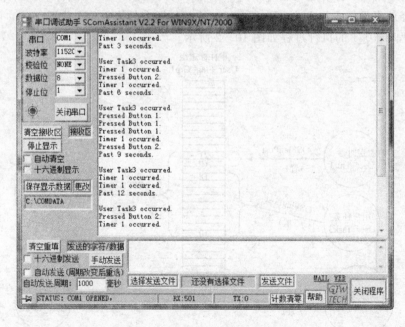

图 10‒3　工程 ex10_1 的运行结果

图 10‑3 中显示的"Past 3 seconds."信息为任务 App_TaskStart 输出的提示信息,每 3 s 输出一次带有程序运行时间的提示信息。按键提示信息,例如"Pressed Button 2"等,是当用户按下按键时才显示的。

10.4　本章小结

事件标志组是 $\mu C/OS$‑III 中唯一能用于众多任务同步的事件类型。通过事件标志组,可使得一个任务同步成百上千个任务(包括多个中断服务程序和定时器)的执行,也可使得成百上千个任务同步一个任务的执行,甚至可使得成百上千个任务同步其他的成百上千个任务的执行。对于多个任务同步一个任务的情况,被同步的单个任务释放事件标志组的一种位模式,同步它的多个任务从这个位模式中取出位组合进行同步。例如,某一任务释放的位模式为 0x0000 000F(32 位无符号整数),同步它的四个任务分别判断位标志的第 0～3 位是否为 1,可实现 4 个任务同步一个任务的执行。

第 **11** 章

多事件请求

在 μC/OS-III 中,不但支持多个任务请求一个事件,支持一个任务请求多个事件,而且支持一个任务同时请求多个事件,只要所有这些请求的事件中任意一个被释放了,该任务就会就绪。本章介绍的多事件请求,是指一个任务"同时"请求多个事件,与 μC/OS-II 相似,"多事件请求"中的事件仅限于信号量和消息队列,任务信号量、任务消息队列、互斥信号量和事件标志组不能用于多事件请求中。

11.1 多事件请求函数

多事件请求处理仅提供了一个用户函数,即 OSPendMulti,如下所示:

程序段 11 - 1   多事件请求函数原型

```
1    OS_OBJ_QTY  OSPendMulti (OS_PEND_DATA    * p_pend_data_tbl,
2                             OS_OBJ_QTY      tbl_size,
3                             OS_TICK         timeout,
4                             OS_OPT          opt,
5                             OS_ERR          * p_err)
```

多事件请求函数 OSPendMulti 具有 5 个参数。其中,第 3 个参数 timeout 表示等待超时值,如果为 0,表示请求不到事件,则永久等待;如果为大于 0 的整数,表示等待时间超过 timeout 个时钟节拍后,将放弃请求事件,赋出错码 p_err 为 OS_ERR_TIMEOUT。第 4 个参数 opt 可取:① OS_OPT_PEND_BLOCKING 表示没有请求到事件时,任务挂起等待;② OS_OPT_PEND_NON_BLOCKING 表示没有请求到事件时,任务不挂起等待,赋出错码 p_err 为 OS_ERR_PEND_WOULD_BLOCK。第 5 个参数 p_err 为出错码,当请求事件成功时,返回 OS_ERR_NONE。

第 1 个参数 p_pend_data_tbl 为指向请求的"多事件数组"指针,多事件数组的类型为 OS_PEND_DATA,例如,若需要同时请求 3 个信号量和 2 个消息队列,则可定义多事件数组为"OS_PEND_DATA User_Multi_Tbl[5]",将"User_Multi_Tbl"传递给形参 p_pend_data_tbl,将多事件数组的大小,这里是 5,传递给第 2 个形参 tbl_size。因此,第 2 个参数 tbl_size 为第一个形参 p_pend_data_tbl 指向的多事件数组的大小。

OS_PEND_DATA 类型的定义如程序段 11－2 所示。

程序段 11－2　　OS_PEND_DATA 类型的定义

```
1    struct  os_pend_data {
2        OS_PEND_DATA            * PrevPtr;
3        OS_PEND_DATA            * NextPtr;
4        OS_TCB                  * TCBPtr;
5        OS_PEND_OBJ             * PendObjPtr;
6        OS_PEND_OBJ             * RdyObjPtr;
7        void                    * RdyMsgPtr;
8        OS_MSG_SIZE             RdyMsgSize;
9        CPU_TS                  RdyTS;
10   };
11
12   typedef  struct  os_pend_data          OS_PEND_DATA;
```

第 2、3 行的 PrevPtr 和 NextPtr 为指向 OS_PEND_DATA 类型的双向链表指针。第 4 行的 TCBPtr 指向进行多事件请求的任务的任务控制块。需要掌握的是第 5～9 行的结构体成员，第 5 行 PendObjPtr 指向请求的信号量或消息队列；第 6 行 RdyObjPtr 指向就绪的信号量或消息队列；当请求的事件为消息队列时，第 7 行 RdyMsgPtr 指向请求到的消息；第 8 行 RdyMsgSize 保存请求到的消息大小；第 9 行 RdyTS 记录该事件被释放的时刻点。

假设要同时请求 5 个事件，其中包含 3 个信号量和 2 个消息队列，则多事件请求的方法如程序段 11－3 所示。

程序段 11－3　　同时请求 3 个信号量和 2 个消息队列的多事件请求

```
1    OS_ERR  err;
2
3    OS_SEM User_Sem1;
4    OS_SEM User_Sem2;
5    OS_SEM User_Sem3;
6
7    OS_Q    User_Q1;
8    OS_Q    User_Q2;
9
10   OS_PEND_DATA  User_Multi_Tbl[5];
11
12   User_Multi_Tbl[0].PendObjPtr = (OS_PEND_OBJ  * )&User_Sem1;
13   User_Multi_Tbl[1].PendObjPtr = (OS_PEND_OBJ  * )&User_Sem2;
14   User_Multi_Tbl[2].PendObjPtr = (OS_PEND_OBJ  * )&User_Sem3;
15   User_Multi_Tbl[3].PendObjPtr = (OS_PEND_OBJ  * )&User_Q1;
16   User_Multi_Tbl[4].PendObjPtr = (OS_PEND_OBJ  * )&User_Q2;
17
18   OSPendMulti((OS_PEND_DATA    * )User_Multi_Tbl,
19               (OS_OBJ_QTY      )5,
20               (OS_TICK         )0,
```

```
21                    (OS_OPT          )OS_OPT_PEND_BLOCKING,
22                    (OS_ERR          * )&err);
```

第 3～5 行定义 3 个信号量 User_Sem1、User_Sem2 和 User_Sem3，第 7、8 行定义 2 个消息队列 User_Q1 和 User_Q2。第 10 行定义多事件数组 User_Multi_Tbl，包含 5 个成员。

第 12～16 行将多事件数组的每个成员的 PendObjPtr 指向一个事件，依次为：User_Multi_Tbl[0]. PendObjPtr 指向信号量 User_Sem1；User_Multi_Tbl[1]. PendObjPtr 指向信号量 User_Sem2；User_Multi_Tbl[2]. PendObjPtr 指向信号量 User_Sem3；User_Multi_Tbl[3]. PendObjPtr 指向消息队列 User_Q1；User_Multi_Tbl[4]. PendObjPtr 指向消息队列 User_Q2。

第 18～22 行调用 OSPendMulti 函数进行多事件请求，第 1 个参数为多事件数组 User_Multi_Tbl（第 18 行）；第 2 个参数为多事件数组 User_Multi_Tbl 的大小 5；第 3、4 个参数为 0 和 OS_OPT_PEND_BLOCKING，表示请求不到事件时，永久等待。

多事件数组 User_Multi_Tbl 中的任一事件被释放后，多事件请求函数就会请求成功。假设信号量 User_Sem1 被释放了，此时 User_Multi_Tbl[0] 的 RdyObjPtr 将指向该信号量；假设消息队列 User_Q1 被释放了，此时 User_Multi_Tbl[3] 的 RdyObjPtr 将指向该消息队列，其 RdyMsgPtr 指向被释放的消息，RdyMsgSize 保存被释放的消息大小（以字节为单位）。因此，当一个事件被释放后，多事件数组中对应该事件的 RdyObjPtr 等于 PendObjPtr。

11.2　多事件请求工作方式

多事件请求的工作方式如图 11-1 所示。

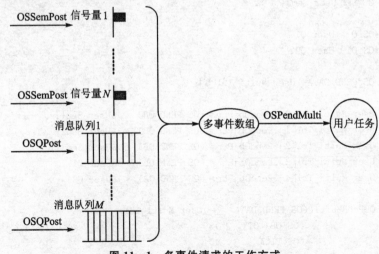

图 11-1　多事件请求的工作方式

在多事件请求工作方式中,一个用户任务可以同时请求多个事件,这些事件可为信号量或消息队列。同时请求的多个事件中,任一事件被释放,进行多事件请求的用户任务都将就绪。用户任务通过多事件数组管理其同时请求的多个事件,通过调用 OSPendMulti 函数进行多事件请求,当某个事件被释放时,多事件数组中对应该事件的成员 RdyObjPtr 将指向该事件,如果该事件为消息队列,则其消息指针保存在成员 RdyMsgPtr 中,消息长度保存在成员 RdyMsgSize 中。

11.3　多事件请求实例

在工程 ex10_1 的基础上,新建工程 ex11_1,工程 ex11_1 与工程 ex10_1 相同,除了以下文件内容外:

① tasks. h 文件定义 tasks. c 文件中使用的变量和函数声明,其内容如程序段 11 - 4 所示。

程序段 11 - 4　　tasks. h 文件内容

```
1    //Filename: tasks. h
2
3    # ifndef   TASKS_H
4    # define   TASKS_H
5
6    # define   USER_TASK1_PRIO        11u
7    # define   USER_TASK2_PRIO        12u
8    # define   USER_TASK3_PRIO        13u
9
10   # define   USER_TASK1_STK_SIZE    0x100
11   # define   USER_TASK2_STK_SIZE    0x100
12   # define   USER_TASK3_STK_SIZE    0x100
13
14   void    App_TaskStart(void * p_arg);
15   void    User_TaskCreate(void);
16
17   void    User_Task1(void * p_arg);
18   void    User_Task2(void * p_arg);
19   void    User_Task3(void * p_arg);
20
21   void User_EventCreate(void);
22   void User_Tmr_cbFnc1(void * p_arg);
23   void User_TmrCreate(void);
24
25   # endif
26
27   # ifdef    TASKS_DATA
```

```
28      #define  VAR_EXT
29      #else
30      #define  VAR_EXT  extern
31      #endif
32
33      VAR_EXT  OS_TCB   App_TaskStartTCBPtr;
34      VAR_EXT  CPU_STK  App_TaskStartStkPtr[APP_CFG_TASK_START_STK_SIZE];
35
36      VAR_EXT  OS_TCB   USER_TASK1TCBPtr;
37      VAR_EXT  CPU_STK  USER_TASK1StkPtr[USER_TASK1_STK_SIZE];
38      VAR_EXT  OS_TCB   USER_TASK2TCBPtr;
39      VAR_EXT  CPU_STK  USER_TASK2StkPtr[USER_TASK2_STK_SIZE];
40      VAR_EXT  OS_TCB   USER_TASK3TCBPtr;
41      VAR_EXT  CPU_STK  USER_TASK3StkPtr[USER_TASK3_STK_SIZE];
42
43      VAR_EXT  OS_TMR User_Tmr1;
44
45      VAR_EXT  OS_SEM User_Sem1;
46      VAR_EXT  OS_SEM User_Sem2;
47      VAR_EXT  OS_SEM User_Sem3;
48
49      VAR_EXT  OS_Q    User_Q1;
50      VAR_EXT  CPU_INT08U  user_msg1[60];
51      VAR_EXT  OS_Q    User_Q2;
52      VAR_EXT  CPU_INT08U  user_msg2[60];
53
54      VAR_EXT  OS_PEND_DATA  User_Multi_Tbl[5];
```

第 6～8 行宏定义 3 个用户任务 User_Task1、User_Task2 和 User_Task3 的优先级号为 11、12 和 13；第 10～12 行宏定义该 3 个用户任务的堆栈大小为 0x100；第 17～19 行为该 3 个用户任务的函数声明。

第 14 行为用户任务 App_TaskStart 的函数声明。第 15、21～23 行为自定义函数声明，分别表示创建用户任务、创建事件、定时器回调函数和创建定时器的自定义函数。

第 33～41 行定义用户任务 App_TaskStart、User_Task1、User_Task2 和 User_Task3 的任务控制块和任务堆栈，由于任务创建后在程序的生命周期内一直存在，因此，任务控制块和任务堆栈定义为全局变量或全局静态变量，其占有的存储空间不释放。

第 43 行定义定时器 User_Tmr1。第 45～47 行定义 3 个信号量 User_Sem1、User_Sem2 和 User_Sem3。第 49 行定义消息队列 User_Q1；第 50 行定义数组 user_msg1，用于保存消息。第 51 行定义消息队列 User_Q2；第 52 行定义数组 user_msg2，用于保存消息。

第 54 行定义多事件数组 User_Multi_Tbl。

② user_bsp_key. c 文件中的中断服务函数 P2_19_21_ISR 修改为程序段 11 - 5 所示内容,当按下按键 1 时释放信号量 User_Sem1;当按下按键 2 时释放信号量 User_Sem2。

程序段 11 - 5   中断服务函数 P2_19_21_ISR

```
1    void P2_19_21_ISR(void)
2    {
3      OS_ERR   err;
4      if((IOIntStatus & (1<<2)) == (1<<2))
5      {
6        if((IO2IntStatF & (1<<19)) == (1<<19))
7        {
8          OSSemPost((OS_SEM *)&User_Sem1,
9                    (OS_OPT   )OS_OPT_POST_1,
10                   (OS_ERR * )&err);
11       }
12       if((IO2IntStatF & (1<<21)) == (1<<21))
13       {
14         OSSemPost((OS_SEM * )&User_Sem2,
15                   (OS_OPT   )OS_OPT_POST_1,
16                   (OS_ERR * )&err);
17       }
18     }
19     IO2IntClr = (1<<19) | (1<<21);
20   }
```

当按下按键 1 时,第 8~10 行得到执行,调用 OSSemPost 函数释放信号量 User_Sem1,使得请求该信号量的最高优先级任务就绪。当按下按键 2 时,第 14~16 行得到执行,调用 OSSemPost 函数释放信号量 User_Sem2,使得请求该信号量的最高优先级任务就绪。

③ tasks. c 文件内容如程序段 11 - 6 所示。

程序段 11 - 6   tasks. c 文件内容

```
1    //Filename: tasks.c
2
3    #define   TASKS_DATA
4    #include  "includes.h"
5
6    void App_TaskStart(void * p_arg)
7    {
8      OS_ERR    err;
9      OS_STATE  tmr_stat;
10     static CPU_INT32U  t_cnt;
11     CPU_INT08U  str[30];
12
13     (void)p_arg;
```

```
14        t_cnt = 0;
15
16        CPU_Init();
17        OS_CSP_TickInit();      //Initialize the Tick interrupt
18
19        User_BSP_Init();
20
21    #if OS_CFG_STAT_TASK_EN > 0u
22        OSStatTaskCPUUsageInit(&err);
23    #endif
24
25        App_OS_SetAllHooks();   //Set User Hooks
26
27        User_EventCreate();     //Create Events
28        User_TaskCreate();      //Create User Tasks
29        User_TmrCreate();       //Create Timer
30
31        while(DEF_TRUE)
32        {
33          tmr_stat = OSTmrStateGet((OS_TMR *)&User_Tmr1,(OS_ERR *)&err);
34          if(tmr_stat! = OS_TMR_STATE_RUNNING)
35          {
36            OSTmrStart((OS_TMR *)&User_Tmr1,(OS_ERR *)&err);
37          }
38
39          OSTimeDlyHMSM(0,0,10,0,OS_OPT_TIME_HMSM_STRICT,&err);
40          t_cnt + = 10;
41          sprintf((char *)str,"Past % d seconds.\n\n",t_cnt);
42          UART0_putstring(str);
43        }
44    }
```

第 39 行说明任务 App_TaskStart 每 10 s 执行一次第 40~42 行,第 40 行静态变量 t_cnt 累加 10,记录工程的运行时间,第 41 行形成格式化字符串 str,第 42 行将 str 字符串输出到串口 0。

```
45
46    void  User_TaskCreate(void)
47    {
48        OS_ERR  err;
49        OSTaskCreate((OS_TCB *)&USER_TASK1TCBPtr,     //Task 1
50                     (CPU_CHAR *)"User Task1",
51                     (OS_TASK_PTR)User_Task1,
52                     (void *)0,
53                     (OS_PRIO)USER_TASK1_PRIO,
54                     (CPU_STK *)USER_TASK1StkPtr,
55                     (CPU_STK_SIZE)USER_TASK1_STK_SIZE/10,
56                     (CPU_STK_SIZE)USER_TASK1_STK_SIZE,
```

```
57                  (OS_MSG_QTY)0u,
58                  (OS_TICK)0u,
59                  (void *)0,
60                  (OS_OPT)(OS_OPT_TASK_STK_CHK | OS_OPT_TASK_STK_CLR),
61                  (OS_ERR *)&err;
62       OSTaskCreate((OS_TCB *)&USER_TASK2TCBPtr,       //Task 2
63                  (CPU_CHAR *)"User Task2",
64                  (OS_TASK_PTR)User_Task2,
65                  (void *)0,
66                  (OS_PRIO)USER_TASK2_PRIO,
67                  (CPU_STK *)USER_TASK2StkPtr,
68                  (CPU_STK_SIZE)USER_TASK2_STK_SIZE/10,
69                  (CPU_STK_SIZE)USER_TASK2_STK_SIZE,
70                  (OS_MSG_QTY)0u,
71                  (OS_TICK)0u,
72                  (void *)0,
73                  (OS_OPT)(OS_OPT_TASK_STK_CHK | OS_OPT_TASK_STK_CLR),
74                  (OS_ERR *)&err);
75       OSTaskCreate((OS_TCB *)&USER_TASK3TCBPtr,       //Task 3
76                  (CPU_CHAR *)"User Task3",
77                  (OS_TASK_PTR)User_Task3,
78                  (void *)0,
79                  (OS_PRIO)USER_TASK3_PRIO,
80                  (CPU_STK *)USER_TASK3StkPtr,
81                  (CPU_STK_SIZE)USER_TASK3_STK_SIZE/10,
82                  (CPU_STK_SIZE)USER_TASK3_STK_SIZE,
83                  (OS_MSG_QTY)0u,
84                  (OS_TICK)0u,
85                  (void *)0,
86                  (OS_OPT)(OS_OPT_TASK_STK_CHK | OS_OPT_TASK_STK_CLR),
87                  (OS_ERR *)&err);
88   }
```

第 46～88 行创建 3 个用户任务 User_Task1、User_Task2 和 User_Task3。

```
89
90   void  User_Task1(void * p_arg)
91   {
92     OS_ERR   err;
93     CPU_INT08U  i;
94
95     (void)p_arg;
96
97     while(DEF_TRUE)
98     {
99       OSPendMulti((OS_PEND_DATA   *)User_Multi_Tbl,
100              (OS_OBJ_QTY      )5,
101              (OS_TICK         )0,
102              (OS_OPT          )OS_OPT_PEND_BLOCKING,
```

```
103                    (OS_ERR          * )&err);
104        for(i = 0;i<5;i ++)
105        {
106            if(User_Multi_Tbl[i].RdyObjPtr!= (OS_PEND_OBJ * )0)
107            {
108                switch(i)
109                {
110                case 0:
111                    UART0_putstring("Pressed Key 1.\n");
112                    break;
113                case 1:
114                    UART0_putstring("Pressed Key 2.\n");
115                    break;
116                case 2:
117                    UART0_putstring("Task3\'s Sem.\n");
118                    break;
119                case 3:
120                    UART0_putstring((CPU_INT08U * )User_Multi_Tbl[i].RdyMsgPtr);
121                    break;
122                case 4:
123                    UART0_putstring((CPU_INT08U * )User_Multi_Tbl[i].RdyMsgPtr);
124                    break;
125                default:
126                    break;
127                }
128            break;    //only one ready
129            }
130        }
131    }
132    }
```

第 90～132 行为用户任务 User_Task1 的实现函数体。第 93 行定义 8 位无符号整型变量 i 作为循环变量。第 99～103 行调用 OSPendMulti 进行多事件请求,多事件数组为 User_Multi_Tbl,包含 5 个事件,请求不到事件时永久等待。

请求到事件后,第 104～130 行遍历多事件数组 User_Multi_Tbl 的每个元素,第 106 行判断当前元素的 RdyObjPtr 成员是否为空,如果非空,则第 108～128 行得到执行。第 108～127 行根据 i 的值判断是哪个事件被释放了,从而进行相应的处理。如果 i 为 0,则表示信号量 User_Sem1 被释放了,即按键 1 被按下,从而输出提示信息"Pressed Key 1.";如果 i 为 1,则表示信号量 User_Sem2 被释放了,即按键 2 被按下,从而输出提示信息"Pressed Key 2.";如果 i 为 2,则表示信号量 User_Sem3 被用户任务 User_Task3 释放了,从而输出提示信息"Task3's Sem.";如果 i 为 3,则表示消息队列 User_Q1 被用户任务 User_Task2 释放了,从而输出其消息,消息指针保存在元素的 RdyMsgPtr 成员中;如果 i 为 4,则表示消息队列 User_Q2 被定时器 User_Tmr1 的回调函数释放了,从而输出其消息,消息指针保存在元素的 RdyMsgPtr 成员中。进行多事件请求的任务请求到任一事件后都将就绪，由于同时请求的多个事件互不相同，一般不可能出现两个或两个以上事件同时被释放的情况，因此，在遍历多事件数组时，发现一个被释放的事件后，就不再遍历后续的事件，所以，第 128 行调用"break;"语句跳出 for 循环体。

```
133
134    void  User_Task2(void * p_arg)
135    {
136      OS_ERR  err;
137
138      (void)p_arg;
139
140      while(DEF_TRUE)
141      {
142        OSTimeDlyHMSM(0,0,4,0,OS_OPT_TIME_HMSM_STRICT,&err);
143
144        strcpy((char * )user_msg1,"Task2\'s Message.\n");
145
146        OSQPost(((OS_Q        * )&User_Q1,
147                (void         * )user_msg1,
148                (OS_MSG_SIZE)sizeof(user_msg1),
149                (OS_OPT       )OS_OPT_POST_FIFO,
150                (OS_ERR       * )&err);
151      }
152    }
```

第 134～152 行为用户任务 User_Task2 的实现函数体。第 142 行表示该任务每 4 s 执行一次第 144～150 行，第 144 行将字符串 user_msg1 赋值为"Task2's Message."，第 146～150 行将字符串 user_msg1 作为消息释放到消息队列 User_Q1 中，采用先进先出方式。

```
153
154    void  User_Task3(void * p_arg)
155    {
156      OS_ERR  err;
157
158      (void)p_arg;
159
160      while(DEF_TRUE)
161      {
162        OSTimeDlyHMSM(0,0,2,0,OS_OPT_TIME_HMSM_STRICT,&err);
163        OSSemPost((OS_SEM * )&User_Sem3,
164                  (OS_OPT    )OS_OPT_POST_1,
165                  (OS_ERR * )&err);
166      }
167    }
```

第 154～167 行为用户任务 User_Task3 的实现函数体。第 162 行表示该任务每隔 2 s 执行一次第 163～165 行，即释放信号量 User_Sem3，使请求该信号量的最高优先级任务就绪。

```
168
169    void User_EventCreate(void)     //Create Events
170    {
171      OS_ERR   err;
172      OSSemCreate((OS_SEM     * )&User_Sem1,
173                 (CPU_CHAR * )"User Sem1",
174                 (OS_SEM_CTR)0,
175                 (OS_ERR     * )&err);
176      OSSemCreate((OS_SEM     * )&User_Sem2,
177                 (CPU_CHAR * )"User Sem2",
178                 (OS_SEM_CTR)0,
179                 (OS_ERR     * )&err);
180      OSSemCreate((OS_SEM     * )&User_Sem3,
181                 (CPU_CHAR * )"User Sem3",
182                 (OS_SEM_CTR)0,
183                 (OS_ERR     * )&err);
184      OSQCreate((OS_Q     * )&User_Q1,
185               (CPU_CHAR * )"User Q1",
186               (OS_MSG_QTY)10,
187               (OS_ERR     * )&err);
188      OSQCreate((OS_Q     * )&User_Q2,
189               (CPU_CHAR * )"User Q2",
190               (OS_MSG_QTY)10,
191               (OS_ERR     * )&err);
192      User_Multi_Tbl[0].PendObjPtr = (OS_PEND_OBJ * )&User_Sem1;
193      User_Multi_Tbl[1].PendObjPtr = (OS_PEND_OBJ * )&User_Sem2;
194      User_Multi_Tbl[2].PendObjPtr = (OS_PEND_OBJ * )&User_Sem3;
195      User_Multi_Tbl[3].PendObjPtr = (OS_PEND_OBJ * )&User_Q1;
196      User_Multi_Tbl[4].PendObjPtr = (OS_PEND_OBJ * )&User_Q2;
197    }
```

第 172～191 行依次创建信号量 User_Sem1、User_Sem2、User_Sem3 和消息队列 User_Q1、User_Q2，第 192～196 行初始化多事件数组 User_Multi_Tbl 的各个元素的 PendObjPtr 成员，使它们分别指向上述的 5 个事件。

```
198
199    void  User_TmrCreate(void)
200    {
201      OS_ERR   err;
202      OSTmrCreate((OS_TMR                * )&User_Tmr1,
203                 (CPU_CHAR            * )"User Timer #1",
204                 (OS_TICK             )50,
205                 (OS_TICK             )50,    //5s
206                 (OS_OPT              )OS_OPT_TMR_PERIODIC,
207                 (OS_TMR_CALLBACK_PTR)User_Tmr_cbFnc1,
```

```
208                            * )0,
209          (OS_ERR            * )&err);
210    }
```

第 199～210 行创建周期定时器 User_Tmr1,定时器名称为"User Timer #1",
定时周期为 5 s,回调函数为 User_Tmr_cbFnc1。

```
211
212    void   User_Tmr_cbFnc1(void * p_arg)
213    {
214      OS_ERR err;
215      strcpy((char * )user_msg2,"Timer 1\'s Message.\n");
216
217      OSQPost((OS_Q          * )&User_Q2,
218              (void          * )user_msg2,
219              (OS_MSG_SIZE)sizeof(user_msg2),
220              (OS_OPT        )OS_OPT_POST_FIFO,
221              (OS_ERR        * )&err);
222    }
```

第 212～222 行为定时器 User_Tmr1 的回调函数 User_Tmr_cbFnc1,每 5 s 被
调用一次,第 215 行向 user_msg2 中赋值"Timer 1's Message.",第 217～221 行将字
符串 user_msg2 作为消息释放到信号量 User_Q2 中,采用先进先出方式。

工程 ex11_1 的执行过程如图 11-2 所示,其运行结果如图 11-3 所示。

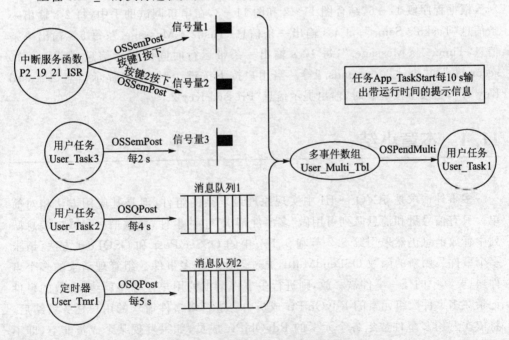

图 11-2　工程 ex11_1 的执行过程

图 11‐3　工程 ex11_1 的执行结果

　　根据程序段 11‐6，结合图 11‐2 和图 11‐3，在串口调试助手中，每 2 s 输出一条信息"Task3's Sem."；每 4 s 输出一条信息"Task2's Message."；每 5 s 输出一条信息"Timer 1's Message."；每 10 s 输出一条带运行时间的提示信息，如"Past 10 seconds."和"Past 20 seconds."等。当用户按下按键 1 时，输出提示信息"Pressed Key 1."；当按下按键 2 时，输出提示信息"Pressed Key 2."。

11.4　本章小结

　　多事件请求是 μC/OS‐III 中实现原理最复杂的组件，但是其应用方法相对简单。只有信号量和消息队列可用做"多事件请求"中的事件，释放信号量或向消息队列中释放消息仍然采用第 8.2 节和 9.1 节中的 OSSemPost 和 OSQPost 方法，请求多个事件采用新的函数 OSPendMulti，通过创建一个多事件数组管理请求的多个事件，只要其中的任一事件被释放，则进行多事件请求的用户任务将就绪，释放的事件记录在多事件数组元素的 RdyObjPtr 成员中。进行多事件请求的用户任务就绪后，将依次遍历多事件数组各个元素的 RdyObjPtr 成员，如果发现某个成员非空（即不为 0）或等于该元素的 PendObjPtr，则进行其对应事件的处理，然后停止遍历多事件数组（因为不可能有两个事件同时被释放），完成后续的任务处理。

第 **12** 章

存储管理

在堆中动态管理存储空间的 C 语言函数为 malloc 和 free,如果申请的存储空间不需释放,则使用 malloc 函数是安全的;如果需要多次调用这两个函数进行存储空间的请求和释放,则容易造成内存碎片。如图 12-1 所示,如果调用 malloc 函数连续开辟大小为 1 KB 的 4 个内存块 A、B、C 和 D,经过一段时间后,将内存块 B 和 D 释放掉,但内存块 A 和 C 还在使用中,则无法再分配大小为 1 KB 以上的内存块。

图 12-1　内存碎片

根据图 12-1 可得到解决内存碎片的方法,即请求内存块要连续请求,并且释放内存块也要连续释放。为了达到这一目的,μC/OS-III 创建了内存分区的概念,它由大小相同的内存块组成,通过调用 OSMemGet 函数从内存分区中申请内存块(相当于 malloc 函数的功能),调用 OSMemPut 函数将内存块释放回内存分区(相当于 free 函数的功能),这两个函数保证了从内存分区中请求和释放内存块一定是连续的,从而使得内存分区内部没有内存碎片。

12.1　存储管理函数

存储管理相关的用户函数有 3 个,位于系统文件 os_mem.c 中,如表 12-1 所列。

表 12－1　存储管理相关的函数

序　号	函数原型	功　　能
1	void　OSMemCreate 　　(OS_MEM　　　* p_mem, 　　CPU_CHAR　　* p_name, 　　void　　　　* p_addr, 　　OS_MEM_QTY　n_blks, 　　OS_MEM_SIZE　blk_size,OS_ERR　* p_err)	创建存储分区。参数 p_mem 为内存分区控制块指针；参数 p_name 为内存分区名；参数 p_addr 指向内存分区的首地址；参数 n_blks 为内存分区的存储块个数；参数 blk_size 为内存分区中存储块的大小(以字节为单位)，内存分区中各个存储块大小必须相同；出错码为 p_err
2	void　* OSMemGet 　　(OS_MEM　　* p_mem, 　　OS_ERR　　* p_err)	向内存分区请求内存块。从内存分区 p_mem 中取出一个内存块，返回指向获得的内存块的指针
3	void　OSMemPut 　　(OS_MEM　* p_mem, 　　void　　* p_blk, 　　OS_ERR　* p_err)	向内存分区释放内存块。向内存分区 p_mem 中释放内存块 p_blk，或称为把内存块 p_blk 归还到内存分区 p_mem 中，可供再次使用

　　内存分区是指存储区中的一块连续的存储空间，可分为多个内存块，要求每个内存分区中的各个内存块大小相同，也就是说，内存分区由大小相同的内存块组成。不同的内存分区，其内存块大小可以不同。使用内存分区中的内存块时，应先从内存分区中获得内存块，然后使用，使用完毕后，应把内存块释放到内存分区中，供再次使用。因此，函数 OSMemGet 和函数 OSMemPut 必须成对出现，μC/OS－Ⅲ 没有管理内存分区是否用完或使用情况不合法的函数，所以，用户需要完全了解各个内存分区中内存块的使用情况。

12.2　存储管理工作方式

　　当 os_cfg.h 文件中的 OS_CFG_MEM_EN 为 1(默认值)时，μC/OS－Ⅲ 支持存储管理，其工作方式如图 12－2 所示。

　　如图 12－2 所示，存储管理需要借助 3 个用户函数，即 OSMemCreate、OSMemGet 和 OSMemPut，分别用于创建内存分区、请求内存分区和释放内存分区。使用内存分区的步骤如下所示：

　　S1. 定义内存分区控制块，定义二维数组作为内存分区的存储空间，例如：

```
1    OS_MEM      User_Partition;
2    CPU_INT08U  User_Block[10][100];
```

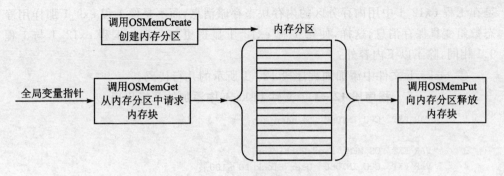

图 12 - 2 存储管理工作方式

第 1 行定义内存分区控制块 User_Partition,第 2 行定义二维数组 User_Block 作为其存储空间。

S2. 调用 OSMemCreate 函数创建内存分区,例如:

```
1          OSMemCreate((OS_MEM      * )&User_Partition,
2                      (CPU_CHAR    * )"User Partition",
3                      (void        * )User_Block,
4                      (OS_MEM_QTY )10,
5                      (OS_MEM_SIZE)100,
6                      (OS_ERR      * )&err);
```

第 1 行指定内存分区控制块地址;第 2 行设定内存分区名为"User Partition";第 3 行指定内存分区的首地址为 User_Block;第 4 行为内存分区中内存块的个数(这里为 10 个);第 5 行为内存分区中内存块的大小(这里为 100 字节)。

S3. 定义全局指针,当使用内存块时调用 OSMemGet 函数,例如:

```
1    CPU_INT08U   * user_msg;
2
3    user_msg = (CPU_INT08U * )OSMemGet((OS_MEM      * )&User_Partition,
4                                       (OS_ERR      * )&err);
5    strcpy((char * )user_msg,"Task3\'s Message.\n");
```

第 3 行从内存分区 User_Partition 中获得一个内存块,即为 user_msg 开辟存储空间,第 5 行向 user_msg 指向的存储空间赋值。

S4. 使用完内存块后,调用 OSMemPut 函数将内存块释放回内存分区中,例如:

```
1    OSMemPut((OS_MEM    * )&User_Partition,(void * )user_msg,(OS_ERR    * )&err);
```

将使用完后的 user_msg 指向的内存块释放回内存分区 User_Partition 中。

12.3 存储管理实例

在工程 ex9_1 的基础上,新建工程 ex12_1,这两个工程实现的功能完全相同,只是在工程 ex12_1 中用内存分区的内存块来存储消息，而不是像工程 ex9_1 那样用静态数组变量保存消息，这样，使得工程 ex12_1 显得更加合理。工程 ex12_1 与工程 9_1 相同，除了以下内容外：

① tasks. h 文件中添加如程序段 12 - 1 所示的几行代码。

程序段 12 - 1　文件 tasks. h 中添加的几行代码

```
1     VAR_EXT  CPU_INT08U  * user_msg;
2
3     VAR_EXT  OS_MEM  User_Partition;
4     VAR_EXT  CPU_INT08U  User_Block[10][100];
```

第 1 行代码定义了一个（void ＊）指针 user_msg，用做消息指针。第 3 行定义了内存分区变量 User_Partition，第 4 行定义了用做内存分区存储空间的 User_Block 变量。

② tasks. c 文件中需要修改的函数有 User_Task2、User_Task3、User_Event-Create 和 User_Tmr_cbFnc1，修改后的代码如程序段 12 - 2 所示。

程序段 12 - 2　　tasks. c 文件中需要修改的函数

```
1     void  User_Task2(void * p_arg)
2     {
3       OS_ERR  err;
4       CPU_TS  ts;
5       void * str;
6       OS_MSG_SIZE size;
7
8       (void)p_arg;
9
10      while(DEF_TRUE)
11      {
12        str = (void * )OSQPend((OS_Q * )&User_Q2,
13                     (OS_TICK)0,
14                     (OS_OPT)OS_OPT_PEND_BLOCKING,
15                     (OS_MSG_SIZE * )&size,
16                     (CPU_TS * )&ts,
17                     (OS_ERR * )&err);
18        UART0_putstring((CPU_INT08U * )str);
19        OSMemPut((OS_MEM    * )&User_Partition,
20               (void    * )user_msg,
21               (OS_ERR   * )&err);
22      }
23    }
```

第 19～21 行将内存块 user_msg 释放到内存分区 User_Partition 中。在任务 User_Task3 和定时器 User_Tmr1 的回调函数 User_Tmr_cbFnc1 中，使用 OS-MemGet 从内存分区 User_Partition 中取得内存块 user_msg，然后，将消息保存在该内存块中，再释放到消息队列 User_Q2 中。第 12～17 行请求消息队列 User_Q2 成功后,第 18 行输出内存块 user_msg 中的消息,然后,第 19~21 行释放该内存块。

```
24
25     void  User_Task3(void * p_arg)
26     {
27       OS_ERR   err;
28
29       (void)p_arg;
30
31       while(DEF_TRUE)
32       {
33         OSTimeDlyHMSM(0,0,3,0,OS_OPT_TIME_HMSM_STRICT,&err);
34         user_msg = (CPU_INT08U * )OSMemGet((OS_MEM     * )&User_Partition,
35                                            (OS_ERR     * )&err);
36         strcpy((char * )user_msg,"Task3\'s Message.\n");
37         OSQPost((OS_Q       * )&User_Q2,
38                 (void        * )user_msg,
39                 (OS_MSG_SIZE)sizeof(User_Block[0]),
40                 (OS_OPT      )OS_OPT_POST_FIFO,
41                 (OS_ERR      * )&err);
42       }
43     }
```

第 34 行调用 OSMemGet 函数从内存分区 User_Partition 中请求一个内存块,user_msg 为指向该内存块的指针,第 36 行向 user_msg 指向的内存块存入字符串"Task3's Message.",第 37 行将该字符串作为消息释放给消息队列 User_Q2,消息长度为内存块的长度(即 100),采用先进先出方式。

```
44
45     void User_EventCreate(void)    //Create Events
46     {
47       OS_ERR   err;
48       OSQCreate((OS_Q        * )&User_Q1,
49                 (CPU_CHAR     * )"User Q1",
50                 (OS_MSG_QTY)10,
51                 (OS_ERR       * )&err);
52       OSQCreate((OS_Q        * )&User_Q2,
53                 (CPU_CHAR     * )"User Q2",
54                 (OS_MSG_QTY)10,
55                 (OS_ERR       * )&err);
56       OSMemCreate((OS_MEM     * )&User_Partition,
57                   (CPU_CHAR    * )"User Partition",
58                   (void        * )&User_Block[0][0],
59                   (OS_MEM_QTY )10,
60                   (OS_MEM_SIZE)100,
61                   (OS_ERR      * )&err);
62     }
```

第 45～62 行创建消息队列 User_Q1、User_Q2 和内存分区 User_Partition。第 56～61 行调用 OSMemCreate 函数创建内存分区 User_Partition，内存分区名称为 "User Partition"，所在的存储区为 User_Block，包含内存块的个数为 10，每个内存块的大小为 100。因此，定义内存分区的存储空间时常用字节类型的二维数组，第一维为内存块的个数，第二维为内存块的大小。

```
63
64    void    User_Tmr_cbFnc1(void * p_arg)
65    {
66      OS_ERR err;
67
68      user_msg = (CPU_INT08U * )OSMemGet((OS_MEM      * )&User_Partition,
69                                          (OS_ERR      * )&err);
70      strcpy((char * )user_msg,"Timer1\'s Message. \n");
71      OSQPost((OS_Q        * )&User_Q2,
72              (void        * )user_msg,
73              (OS_MSG_SIZE)sizeof(User_Block[0]),
74              (OS_OPT      )OS_OPT_POST_FIFO,
75              (OS_ERR      * )&err);
76    }
```

第 68 行调用 OSMemGet 从内存分区 User_Partition 中请求一个内存块，将 user_msg 指向该存储块，第 70 行向该存储块中输入字符串"Timer1's Message."，第 71～75 行将该字符串作为消息释放到消息队列 User_Q2 中。由于回调函数 User_Tmr_cbFnc1 每 2 s 执行一次，故每 2 s 释放一次消息队列 User_Q2。

工程 ex12_1 的执行结果可参照图 9-3，其运行过程如图 12-3 所示。

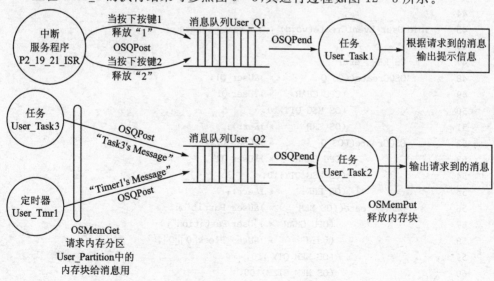

图 12 – 3　工程 ex12_1 的运行过程

对比图 9 - 2 和图 12 - 3,可知二者的区别在于:

① 用户任务 User_Task3 和定时器 User_Tmr1 向消息队列中释放消息时,都先调用 OSMemGet 函数为消息从内存分区 User_Partition 中申请存储空间;

② 用户任务 User_Task2 请求消息队列成功且使用完消息后,将调用 OSMem-Put 函数将消息占用的内存块释放到内存分区 User_Partition 中。

12.4　本章小结

μC/OS - Ⅲ 为了避免出现内存碎片,将内存划分为一个个的内存分区,又把每个内存分区划分为相同大小的若干内存块(不同内存分区的内存块大小可以不同)。当用户工程使用内存分区中的内存块时,需要先创建内存分区,然后向内存分区请求内存区,使用完后将内存块释放回内存分区。内存分区本质上是程序中一段连续的存储空间,可用二维数组表示,第一维表示内存分区中内存块的个数,第二维表示内存块的大小。一般地,内存分区给工程中的全局变量使用,此时无需定义全局变量(并为其开辟存储空间),只需要定义一个全局变量指针,当要使用该全局变量时,将全局变量指针指向内存分区中一个空间的内存块,即所谓的"向内存分区请求内存块",然后可以对其进行操作;当使用完全局变量后,将其所指向的内存块释放回内存分区,供重复使用。这样,可有效地避免内存分区的碎片化。使用内存分区的过程中,用户必须了解内存分区中内存块的使用情况,保证"请求"内存块和"释放"内存块操作是成对出现的。此外,函数 OSMemGet 和 OSMemPut 可用于中断服务程序和定时器回调函数中。

工程 ex12_1 中使用内存分区中的内存块作为消息队列的消息,此时定义一个消息指针(无符号字符指针),当使用该消息时,从内存分区中为它请求一个内存块,使用完消息后,将内存块释放回内存分区。工程 ex12_1 有一个潜在的"危险",将程序段 12 - 2 中第 20 行改为"(void ＊)str,"可解决该问题,留作读者讨论。

第**13**章

LCD 显示原理与面向 任务程序设计实例

LCD 显示屏是嵌入式系统应用中最重要的输出设备之一,而 LPC1788 芯片是少数集成了 LCD 控制器的微控制器之一,基于 LPC1788 芯片的嵌入式系统使用 LCD 显示屏输出信息特别方便。IAR‐LPC1788 实验板带有一块分辨率为 320×240 的 LCD 显示屏作为输出设备,触摸屏、按键、ADC 输入等作为其输入设备,串口 0 可作为输入或输出设备。本章将基于这些输入/输出设备讨论面向任务程序设计的方法,并给出一个完整的应用实例。

13.1　LCD 屏显示原理

对于 24 位真彩色 TFT 屏而言,如果其分辨率为 320×240,则该 TFT 屏具有 76 800 个像素点,并且每个点的色彩对应着一个 32 位的字;针对 LPC1788 芯片,表示像素点颜色的字的最高 8 位保留,第[23:16]位为蓝色分量,第[15:8]位为绿色分量,第[7:0]位为红色分量。TFT LCD 屏显示的基本原理为:在内存中开辟一块大小为 76 800×32 bit＝76 800 Word 的存储空间,如果该存储空间按字地址排列,且首地址为 0xA000 0000,则 0xA000 0000～0xA001 2BFF 存储空间对应着 LCD 屏的显示内容,称为显存,如图 13‐1 所示。LCD 控制器按一定频率(例如 60 Hz)将显存的内容显示在 LCD 面板上,称为刷新。在 LCD 控制器的辅助下,用户只需要将显示内容写入显存,即可实现 LCD 面板的显示,用户也可以读显存内容,了解显存特定位置的信息。

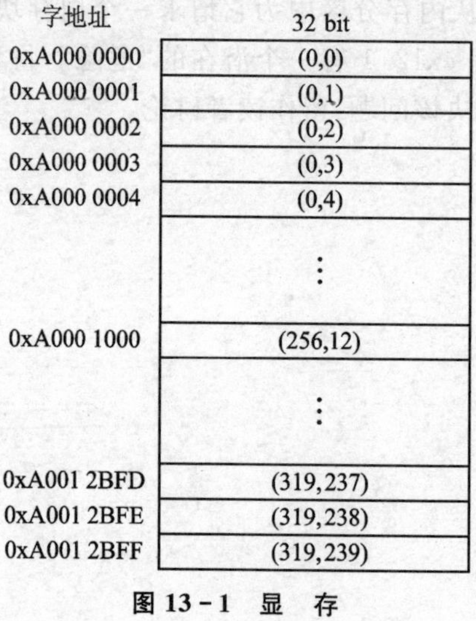

字地址	32 bit
0xA000 0000	(0,0)
0xA000 0001	(0,1)
0xA000 0002	(0,2)
0xA000 0003	(0,3)
0xA000 0004	(0,4)
	⋮
0xA000 1000	(256,12)
	⋮
0xA001 2BFD	(319,237)
0xA001 2BFE	(319,238)
0xA001 2BFF	(319,239)

图 13‐1　显　存

在图 13-1 中,每个字地址对应的存储单元大小为 32 位,显存首地址为 0xA000 0000,该地址内存对应着 LCD 显示面板的第(0,0)点,如果在第(0,0)点显示蓝色,则设置 0xA000 0000 地址处的存储单元内容为 0x00FF 0000;同理,字地址 0xA000 1000 对应着 LCD 显示面板的第(256,12)点,字地址 0xA001 2BFF 对应着 LCD 显示面板的第(319,239)点。对于 320×240 分辨率的 LCD 显示屏,其显存至少为 307 200 B,一般地,微控制器的 RAM 空间都较小(LPC1788 芯片为 96 KB),因此需要外扩 SDRAM 作为显存。

13.1.1　LCD 屏工作方式

LPC1788 芯片 LCD 控制器有 26 个寄存器,常用的 8 个如表 13-1 所列。

表 13-1　LCD 控制器寄存器

序　号	寄存器	名　称	地　址
1	LCD_CFG	LCD 时钟配置寄存器	0x400F C1B8
2	LCD_TIMH	水平(行)时序控制寄存器	0x2008 8000
3	LCD_TIMV	垂直(列)时序控制寄存器	0x2008 8004
4	LCD_POL	时钟和信号极性控制寄存器	0x2008 8008
5	LCD_UPBASE	高端面板帧基地址寄存器	0x2008 8010
6	LCD_LPBASE	低端面板帧基地址寄存器	0x2008 8014
7	LCD_CTRL	LCD 控制寄存器	0x2008 8018
8	CRSR_CTRL	光标控制寄存器	0x2008 8C00

IAR-LPC1788 实验板上集成了晶发科技 GFT035EA320240Y 显示屏,其驱动器芯片为 HX8238-A。查阅该驱动器芯片资料,对比其驱动时序和 LPC1788 芯片 LCD 控制器时序,可得以下关系式:

每行点数 PPL=320/16-1-19;水平同步脉宽 HSW+1=thp=30;水平前阶时钟数 HFP+1=thf=20;水平后阶时钟数 HBP+1=thb=38。

每帧行数 LPP+1=240;垂直同步脉宽 VSW+1=tvp=4;垂直前阶时钟数 VFP+1=tvf=6;垂直后阶时钟数 VBP+1=tvb=16。

根据上述值,可知表 13-1 中寄存器 LCD_TIMH 和 LCD_TIMV 的值分别为 (PPL≪2)|(HSW≪8)|(HFP≪16)|(HBP≪24)=(19≪2)|(29≪8)|(19≪16)|(37≪24)和(LPP≪0)|(VSW≪10)|(VFP≪16)|(VBP≪24)=(239≪0)|(3≪10)|(5≪16)|(15≪24)。

LPC1788 芯片 LCD 控制器支持双面板显示,可用于处理动画。如果仅使用单面板显示,即 LCD_CTRL 寄存器第 7 位为 0 时,可将两个显示面板的帧基地址寄存器,即 LCD_UPBASE 和 LCD_LPBASE 均设置为同一个显存的地址,这里设置为 0xA000 0000(IAR–LPC1788 实验板),即显存的首地址。LCD_UPBASE 和 LCD_LPBASE 的地址必须为 8 字节对齐的地址,即地址的末 3 位必须为 0。

LCD_CFG 寄存器只有最低 5 位有效,为 CLKDIV,为 LCD 控制器时钟预分频器,如果设置为 15,则 LCD 控制器时钟为 96 MHz/(CLKDIV+1)=6 MHz,这里假设 CPU 时钟为 96 MHz。

LCD 控制寄存器 LCD_CTRL 需要了解第 0、1~3、5、7、11 位,其中,第 0 位为 LcdEn 位,设为 1 使用 LCD 控制器;第 1~3 位为 LcdBpp,设为 101b 表示 24 位真彩色 TFT 模式;第 5 位为 LcdTFT,设为 1 表示工作在 TFT 模式;第 7 位为 LcdDual,设为 0 表示工作在单面板模式;第 11 位为 LcdPwr,设为 1 表示启动 LCD。

此外,LPC1788 芯片支持硬件光标,如果不使用硬件光标,则需要将 CRSR_CTRL 寄存器的第 0 位清 0。

13.1.2 SDRAM 驱动

IAR–LPC1788 实验板外扩了 64 MB 的 SDRAM(参考第 3.2.2 小节),SDRAM 用做 LCD 屏的显示缓存,驱动 SDRAM 的步骤如下:

① 配置 PCONP 寄存器的 PCEMC 位(第 11 位)为 1,使能 EMC 外部存储控制器。

② 配置 EMC 时钟选择寄存器 EMCCLKSEL 为 0,该寄存器只有第 0 位(EMCDIV 位)有意义,其余位均保留。EMCDIV 位为 0 表示 EMC 使用 CPU 时钟,为 1 表示 EMC 时钟为 CPU 时钟的一半。

③ 配置 EMC 使用的 IO 口引脚为 EMC 功能引脚,参考图 3–11 和表 3–2,将表 3–2 中最后一栏显示的 LPC1788 引脚配置为相应的 EMC 功能引脚。

④ 根据 SDRAM 芯片 K4S561632C 的访问时序要求,配置 EMC 控制器相关的寄存器,即配置 EMCDLYCTL、EMCControl、EMCDynamicReadConfig、EMCDynamicRasCas0、EMCDynamictRP、EMCDynamictRAS、EMCDynamictSREX、EMCDynamictAPR、EMCDynamictDAL、EMCDynamictWR、EMCDynamictRC、EMCDynamictRFC、EMCDynamictXSR、EMCDynamictRRD、EMCDynamictMRD、EMCDynamicConfig0、EMCDynamicControl 和 EMDDynamicRefresh 寄存器的值,详细情况请参考程序段 13–1。SDRAM 驱动后,其映射地址空间为 0xA000 0000~0xA0FF FFFF,每个地址均为字地址,即对应着 32 位大小的存储单元。

程序段 13–1   user_bsp_sdram.c 文件内容

```
1      //Filename: user_bsp_sdram.c
2
3      # include "includes.h"
```

```
4
5       void initSDRAM(void)
6       {
7           CPU_INT32U i;
8           volatile CPU_INT32U Dummy;
9
10          PCONP | = (1u<<11);    //PCEMC = 1
11          EMCCLKSEL = 0;    //emc_clk = cpu_clk
12          //conf. IO pin as SDRAM
13          IOCON_P2_16 = 0x21;
14          IOCON_P2_17 = 0x21;
15          IOCON_P2_18 = 0x21;
16          IOCON_P2_20 = 0x21;
17          IOCON_P2_24 = 0x21;
18          IOCON_P2_28 = 0x21;
19          IOCON_P2_29 = 0x21;
20          IOCON_P2_30 = 0x21;
21          IOCON_P2_31 = 0x21;
22          IOCON_P3_00 = 0x21;
23          IOCON_P3_01 = 0x21;
24          IOCON_P3_02 = 0x21;
25          IOCON_P3_03 = 0x21;
26          IOCON_P3_04 = 0x21;
27          IOCON_P3_05 = 0x21;
28          IOCON_P3_06 = 0x21;
29          IOCON_P3_07 = 0x21;
30          IOCON_P3_08 = 0x21;
31          IOCON_P3_09 = 0x21;
32          IOCON_P3_10 = 0x21;
33          IOCON_P3_11 = 0x21;
34          IOCON_P3_12 = 0x21;
35          IOCON_P3_13 = 0x21;
36          IOCON_P3_14 = 0x21;
37          IOCON_P3_15 = 0x21;
38          IOCON_P3_16 = 0x21;
39          IOCON_P3_17 = 0x21;
40          IOCON_P3_18 = 0x21;
41          IOCON_P3_19 = 0x21;
42          IOCON_P3_20 = 0x21;
43          IOCON_P3_21 = 0x21;
44          IOCON_P3_22 = 0x21;
45          IOCON_P3_23 = 0x21;
46          IOCON_P3_24 = 0x21;
47          IOCON_P3_25 = 0x21;
48          IOCON_P3_26 = 0x21;
49          IOCON_P3_27 = 0x21;
50          IOCON_P3_28 = 0x21;
```

```
51        IOCON_P3_29 = 0x21;
52        IOCON_P3_30 = 0x21;
53        IOCON_P3_31 = 0x21;
54        IOCON_P4_00 = 0x21;
55        IOCON_P4_01 = 0x21;
56        IOCON_P4_02 = 0x21;
57        IOCON_P4_03 = 0x21;
58        IOCON_P4_04 = 0x21;
59        IOCON_P4_05 = 0x21;
60        IOCON_P4_06 = 0x21;
61        IOCON_P4_07 = 0x21;
62        IOCON_P4_08 = 0x21;
63        IOCON_P4_09 = 0x21;
64        IOCON_P4_10 = 0x21;
65        IOCON_P4_11 = 0x21;
66        IOCON_P4_12 = 0x21;
67        IOCON_P4_13 = 0x21;
68        IOCON_P4_14 = 0x21;
69        IOCON_P4_25 = 0x21;
70        //According to K4S561632C, set time sequence
71        EMCDLYCTL = (8u<<0) | (8u<<8) | (8u<<16);
72        EMCControl = (1u<<0);
73        EMCDynamicReadConfig = (1u<<0);
74        EMCDynamicRasCas0 = (3u<<0) | (3u<<8);
75        EMCDynamictRP = (2u<<0);
76        EMCDynamictRAS = (5u<<0);
77        EMCDynamictSREX = (7u<<0);
78        EMCDynamictAPR = (1u<<0);
79        EMCDynamictDAL = (5u<<0);
80        EMCDynamictWR = (3u<<0);
81        EMCDynamictRC = (7u<<0);
82        EMCDynamictRFC = (7u<<0);
83        EMCDynamictXSR = (7u<<0);
84        EMCDynamictRRD = (2u<<0);
85        EMCDynamictMRD = (3u<<0);
86        EMCDynamicConfig0 = 0x4680;
87        EMCDynamicControl = (3u<<0) | (3u<<7);
88        for(i = 0;i<100u * 100u;i++);   //wait for >100us
89        EMCDynamicControl = (3u<<0) | (2u<<7);
90        EMCDynamicRefresh = (1u<<0);
91        for(i = 0;i<256;i++);
92        EMCDynamicRefresh = (47u<<0);
93        EMCDynamicControl = (3u<<0) | (1u<<7);
94        for(i = 0;i<10;i++);
95        Dummy = * (CPU_REG32 * )((CPU_INT32U)(&( * (CPU_REG32 * )LCD_VRAM_BASE_AD-
DR)) + (0x32UL<<13));
96        EMCDynamicControl = 0x0000;
```

```
97        EMCDynamicConfig0 |=(1<<19);
98        for(i=0;i<100000;i++);
99    }
```

第 12～69 行为外扩 SDRAM 使用的 IO 口,将这些引脚对应的寄存器设为 0x21,使这些 IO 口工作在 EMC 模式下。第 70～97 行为根据外接的 K4S561632C 芯片的访问时序要求而设置的 EMC 控制器相关的寄存器,见参考文献[6]。

13.2　ADC 工作原理

LPC1788 芯片片内集成了一个 8 通道 12 位分辨率的模/数转换器(ADC)外设,可达 400 kHz 的转换速率。IAR - LPC1788 实验板通过电位器分压电路,将一路模拟电压信号输入到 ADC0[7](ADC0 的第 7 通道,参考第 3.1.3 小节);同时,实验板上的触摸屏通过 ADC0[0～1](ADC0 的第 0、1 通道)获取触点位置。本节将介绍 ADC 的工作原理以及触摸屏的工作原理。

13.2.1　ADC 工作方式

LPC1788 芯片中与 ADC 相关的寄存器如表 13 - 2 所列。

表 13 - 2　与 ADC 相关的寄存器

寄存器	名　称	属　性	地　址
AD0CR	ADC 控制寄存器	可读可写	0x4003 4000
AD0GDR	ADC 总的数据寄存器	可读可写	0x4003 4004
AD0INTEN	ADC 中断使能寄存器	可读可写	0x4003 400C
AD0DR0～7	ADC 通道 0～7 寄存器	只读	0x4003 4010～ 0x4003 402C
AD0STAT	ADC 状态寄存器	只读	0x4003 4030
AD0TRM	ADC 数据调整寄存器	可读可写	0x4003 4034

表 13 - 2 中 ADC 控制寄存器各位的含义如表 13 - 3 所列。

表 13 - 3　ADC0CR 寄存器各位的含义

位	名　称	复位值	含　义
7:0	SEL	1	选择 ADC0 的通道。例如,第 0 位为 1,则选择通道 0,第 5 位为 1 则选择通道 5。在软件控制模式下,只能有一位为 1
15:8	CLKDIV	0	ADC0 转换时钟=PCLK 时钟/(CLKDIV+1)

位	名　称	复位值	含　义
16	BURST	0	该位为 1 表示 ADC0 工作在连续转换模式,可达 400 kHz,此时 START 位域必须为 000b;该位为 0 表示 ADC0 工作在软件控制模式,通过设置 START 位域启动 ADC0
20:17	—	—	保留
21	PDN	0	该位为 1 表示 ADC0 处于正常工作状态;为 0 表示处于低功耗模式
23:22	—	—	保留
26:24	START	0	该位域为 000b 时,表示 ADC0 没有启动(当清除 PDN 位时该位域应设为 0);为 001b 时,表示启动 ADC0 模/数转换;为 010b～111b 时,ADC0 启动转换受 EDGE 位控制,当 EDGE 位为 1 时,分别在 P2[10]、P1[27]、MAT0.1、MAT0.3、MAT1.0、MAT1.1 的下降沿启动转换;当 EDGE 为 0 时,在那些功能脚的上升沿启动转换
27	EDGE	0	当 START 为 010b～111b 时,控制 ADC 启动转换的信号边沿特性(见 START 位域说明)
31:28	—	—	保留

如果 PCLK 时钟频率为 12 MHz,则软件方式启动 ADC0 第 7 通道模/数转换需要配置 AD0CR 的值为 (1≪7) | (1≪21) | (1≪24),此时,ADC0 转换时钟为 12 MHz(ADC0 的转换时钟应小于或等于 12.4 MHz)。

AD0GDR 装载最近一次 ADC0 模/数转换的结果,例如,通道 7 完成模/数转换后,其结果保存在 AD0DR7 和 AD0GDR 中,然后,通道 0 完成了模/数转换,其结果同时保存在 AD0DR0 和 AD0GDR 中。因此,每个通道都有自己独立的模/数转换结果寄存器,同时共用了一个转换结果寄存器 AD0GDR。如果只关心最近一次模/数转换的结果,则可以只使用 AD0GDR 寄存器,除了第 26:24 位外,AD0GDR 和 AD0DR0～7 寄存器各位的含义相同,AD0DR0～7 中第 26:24 位保留。AD0GDR 寄存器各位的含义如表 13－4 所列。

表 13－4　AD0GDR 寄存器各位的含义

位	名　称	含　义
3:0	—	保留
15:4	RESULT	模/数转换结果。0x000 表示输入值为 Vss(地);0xFFF 表示输入值等于或大于 Vrefp
23:16	—	保留
26:24	CHN	该位域保存最近一次 ADC 转换的通道号,如果通道 7 进行模/数转换,则 CHN 置 111b
29:27	—	保留
30	OVERRUN	当处于连续转换工作模式下时,新的转换结果覆盖原来的转换结果,该位被置 1
31	DONE	ADC0 转换完成后,该位被置 1;读 AD0GDR 寄存器值时,该位被清 0

AD0INTEN 寄存器的第 31:17 位为保留位域；第 0:7 位为 ADINTEN0～7，每位置 1 表示相应的通道完成模/数转换后将触发中断；第 8 位为 ADGINTEN 位，为 0 时表示第 0:7 位的配置有效，为 1 时表示 AD0GDR 寄存器中的 DONE 位为 1 将触发中断。一般地，当 ADC0 工作在软件控制模式下时，只需要将第 8 位置为 1。

下面，结合 IAR－LPC1788 实验板上的 ADC 输入电路（见图 3－7），介绍 LPC1788 芯片片上 ADC 电路的工作方法：

① 初始化 ADC0。设置 PCONP 寄存器的第 12 位为 1，使能 ADC0 时钟；按表 13－2 设置 AD0CR 寄存器的值为 $(1 \ll 7) \mid (1 \ll 21)$，即选择 ADC0 第 7 通道，工作时钟为 12 MHz（假设 PCLK 时钟为 12 MHz）；配置 P0[13] 引脚为 ADC0[7] 功能脚，即设置寄存器 IOCON_P0_13 为 $(3 \ll 0)$；配置 AD0INTEN 寄存器的值为 $(1 \ll 8)$，即 DONE 位为 1 触发 ADC0 中断。

② 软件控制启动 ADC0。设置 ADC0 控制寄存器 AD0CR 的值为 $(1 \ll 7) \mid (1 \ll 21) \mid (1 \ll 24)$，启动 ADC0 通道 7 的模/数转换。

③ ADC0 通道 7 转换完成后，触发 ADC0 中断，在其中断服务程序中，读取 AD0GDR（或 AD0DR7）寄存器的值 val，$(val \gg 4)$ & 0x0FFF 为 ADC0 通道 7 的转换结果。

④ 在程序中循环第②、③步，使得 ADC0 不断进行模/数转换。

13.2.2　触摸屏工作原理

IAR－LPC1788 实验板集成了一块四线电阻式触摸屏。由于 LPC1788 芯片没有像 S3C2440 或 S3C6410 芯片那样集成了触摸屏接口外设，因此，LPC1788 只能把触摸屏视为普通的 ADC 外设来处理。EA－LPC1788－DK 实验板提出了一种优秀的触摸屏电路连接方案，板上通过集成触摸屏控制器芯片 TSC2046，将触点数据经 ADC 转换为数字信号，再经 SPI 口与 LPC1788 通信，并且带有触笔触碰中断信号。而 IAR－LPC1788 实验板直接把触摸屏的 4 个信号线与 LPC1788 相连，并非一种良好的触摸屏电路连接方案。

四线电阻式触摸屏的工作原理如图 13－2 所示。

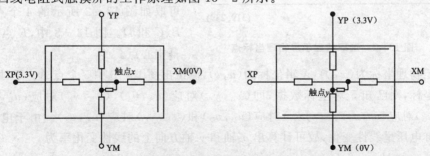

图 13－2　四线电阻式触摸屏工作原理示意图

由图 13 - 2 可知,四线电阻式的触摸屏具有 4 个电极,即横向上左右电极 XP 和 XM 以及纵向上顶部和底部电极 YP 和 YM。获取触点横坐标的方式为:在 XP(或 XM)上施加 3.3 V 正电压;另一端 XM(或 XP)接地,在横向上产生均匀分布的电场,通过触点与纵向极板连接,使 YM(或 YP)悬空;另一端 YP(或 YM)接 ADC 输入端,读出 YP 的数据为触点"横坐标"(按显示屏分辨率进行校正后得到横坐标)。同理,获取触点纵坐标的方式为:在 YP(或 YM)上施加 3.3 V 正电压;另一端 YM(或 YP)接地,在纵向上产生均匀分布的电场,通过触点与横向极板连接,使 XM(或 XP)悬空;另一端 XP(或 XM)接 ADC 输入端,读出 XP 的数据为触点"纵坐标"(按显示屏分辨率进行校正后得到纵坐标)。

对于 IAR - LPC1788 而言,由表 3 - 2 可知,X1(即 XP)接 ADC0_[1](ADC0 的第 1 通道,复用了 P0[24]引脚),X2(即 XM)接 P0[19](P0 口的第 19 脚),Y1(即 XP)接 ADC0_[0](ADC0 的第 0 通道,复用了 P0[23]引脚),Y2(即 YM)接 P0[21](P0 口的第 21 脚)。获取触点横坐标的方法为:① 使 X1 和 X2 工作在通用 IO 口模式下,且均配置为输出口,X1 输出高电平,X2 输出低电平,形成横向均匀电场;② 配置 Y1 为 ADC0_[0]功能引脚,Y2 为通用 IO 口,且为输入口;③ 延时一定时间使电场稳定;④ 打开 ADC0_[0]通道,读取 Y1 口的值即为触点的"横坐标"(按显示屏宽度校正后为横坐标)。同理,获取触点纵坐标的方法为:① 使 Y1 和 Y2 工作在通用 IO 口模式下,且均配置为输出口,Y1 输出高电平,Y2 输出低电平,形成纵向均匀电场;② 配置 X1 为 ADC0_[1]功能引脚,X2 为通用 IO 口,且为输入口;③ 延时一定时间使电场稳定;④ 打开 ADC0_[1]通道,读取 X1 口的值即为触点的"纵坐标"(按显示屏高度校正后为纵坐标)。

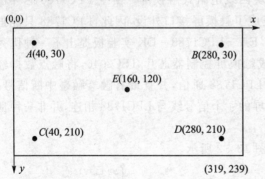

图 13 - 3　选取的显示屏物理坐标点

通过上述方法获取的触点的坐标称为逻辑坐标,需要校正转化为显示屏上对应的物理坐标。常用的校正方法为 4 点校正法:在显示屏上取 4 个点,要求这 4 个点不位于边缘上且相距一定的距离,一般地,对于分辨率为 320×240 的屏而言,可取如图 13 - 3 所示的 4 个点 A、B、C 和 D。图 13 - 3 中,E 点为屏幕中心点。

记物理坐标为 (x, y),逻辑坐标为 (u, v),测试出图 13 - 3 中 5 个点 A～E 对应的逻辑坐标,则已知 5 对坐标数据,即 (x_A, y_A) 对应 (u_A, v_A)、(x_B, y_B) 对应 (u_B, v_B)、(x_C, y_C) 对应 (u_C, v_C)、(x_D, y_D) 对应 (u_D, v_D) 和 (x_E, y_E) 对应 (u_E, v_E)。由于电阻式触摸屏电压呈线性变化,故可计算出 x 轴和 y 轴方向上的线性变化率为

$$k_x = 0.5[(u_B - u_A)/(x_B - x_A) + (u_D - u_C)/(x_D - x_C)]$$

$$k_y = 0.5[(v_C - v_A)/(y_C - y_A) + (v_D - v_B)/(y_D - y_B)]$$

则任一点 $F(u_F, v_F)$ 所对应的物理坐标为 ($x_F = x_E + (u_F - u_E)/k_x$, $y_F = y_E + (v_F - v_E)/k_y$)。针对 IAR - LPC1788 而言，$k_x = 10.229$, $k_y = -12.039$, $u_E = 2012$, $v_E = 1988$，由逻辑坐标 $F(u_F, v_F)$ 计算物理坐标的公式为 $x_F = 160 + (u_F - 2012)/10.229$, $y_F = 120 - (v_F - 1988)/12.039$。

13.3　面向任务程序设计方法

在参考文献[11]中，提出了面向任务程序设计的思想。基于嵌入式操作系统 μC/OS - III 进行应用程序设计，最重要的指导思想仍然是模块化的思想，但是需要将模块转化为任务，一个模块可以包括多个用户任务。面向任务程序设计方法的基本单位是任务。根据任务实现的功能不同，任务可分为 3 种，即与数据处理相关的任务、与外设访问相关的任务以及反映系统运行情况的任务，如图 13-4 所示。

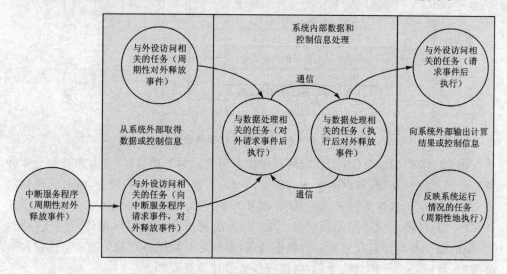

图 13-4　任务种类与关系图

如图 13-4 所示，按任务在数据处理中的角色不同，任务可分为三个层次：其一，管理输入/输出数据或控制信息的任务，这类任务与系统外设相关，一般地，管理一个外设的数据或信息交换需要一个或多个任务，称为输入/输出层任务，这类任务常常向中断服务程序请求事件，而向数据处理相关的任务释放事件；其二，与数据处理相关的任务用于对外设输入的数据和控制信息进行处理，这类任务主要是算法的实现，称为计算层任务，这类任务常常需要请求到事件（即获得采样点数据）后才能执行，执行完后通过释放事件，将计算结果通过消息邮箱等事件传送出去；其三，反映系统运行状况的任务，用于向用户显示系统运行时间、日期、系统各部分工作是否正常等系统状态信息,这类任务往往周期性地运行,且不会请求和释放事件,称为指示层任务。

由一些相关联的输入/输出层任务和计算层任务联合实现的一个程序处理单元,称为任务链,基于 μC/OS-III 的应用程序就是由许多个用户任务链和指示层任务组成的。

下面以心电测试仪为例,解释使用面向任务程序设计方法进行 μC/OS-III 应用程序设计的过程,如图 13-5 所示。

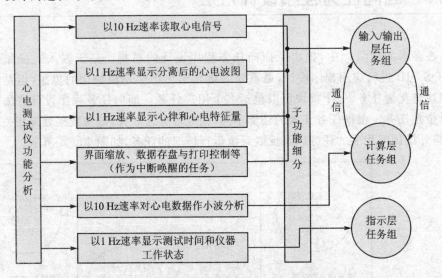

图 13-5　心电测试仪功能分解

图 13-5 说明 μC/OS-III 应用程序应采用自顶向下的设计方法,即首先总体分解心电测试仪的功能,得到 6 个大的功能,然后,对这些功能进行细分,细分后得到的小功能将对应于具体的任务,这些任务被分为 3 大类,即输入/输出层任务、计算层任务和指示层任务。由于指示层任务是独立的,故可由专门的程序设计者完成;而输入/输出层任务与计算层任务间有数据通信,应制定与数据格式相关的通信协议和事件类型,然后使二者相对独立后,再进行任务设计与开发。

从图 13-5 可以看出,每个心电测试仪的功能必须具有周期执行或请求信号才执行等特点,例如,"以 1 Hz 速率显示测试时间和仪器工作状态"以及"界面缩放、数据存盘与打印控制等(作为中断唤醒的任务)"等,这与基于函数的功能分解是有本质区别的。同样,子功能细分出来的小功能也应具有类似特点,如果分出来的功能不具有周期性执行或请求事件执行这种特点,那么分出来的功能应视为普通函数,而不能视为任务。因此,基于 μC/OS-III 系统采用面向任务程序设计方法进行应用程序设计,就是把要实现的功能模块化,且每个小模块都应具有周期性地执行或请求事件才执行这种特点,然后将所有小模块编写为任务(对于有通信的模块,需事先规定请求和释放协议),即实现了总体程序设计;而任务如何按设计要求去调度工作,这是 μC/

OS－Ⅲ 系统的事，无需程序员干预。总之，借助于面向任务程序设计方法，基于 μC/OS－Ⅲ 系统将大大简化用户开发应用程序的复杂程度。J. J. Labrosse 说，只要使用了 μC/OS－Ⅲ 系统，就绝不会回到那种基于前后台系统开发软件的阶段（前后台系统就是常规的无操作系统程序设计的另一种说法，把中断称为前台，其他的所有用户程序称为后台）。

13.4　应用程序实例

本节基于 IAR－LPC1788 实验板，介绍一个综合性实例，实例的典型运行结果如图 13－6 和图 13－7 所示。

该实例综合使用了 IAR－LPC1788 实验板的输出设备（LCD 屏和串口）和输入设备（按键、ADC 输入、触摸屏和串口），如图 13－6 所示，当用户点击触摸屏时，在 LCD 屏左上角显示触点坐标，例如"（217，135）"；当用户按下 IAR－LPC1788 实验板两个按键中的一个时，在 LCD 屏右上角显示按键信息，例如"Pressed Button 2."；ADC 输入的电压值显示在 LCD 屏上部，例如"ADC Input Voltage：1. 574 V."；

图 13－6　LCD 显示结果

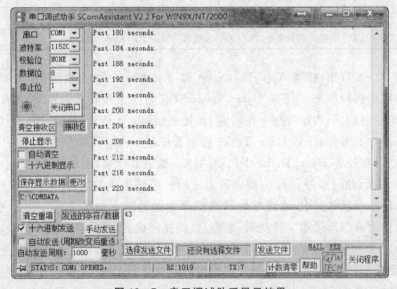

图 13－7　串口调试助手显示结果

LCD 屏最下方显示运行信息,例如"Past 220 seconds.",表示运行了 220 s;其中"Timer 1 Running."为动画输出,在 LCD 屏上左右滚动,提示系统定时器 Timer 1 在运行。通过串口调试助手可以向 IAR - LPC1788 实验板发送字符,当发送"A"字符时,在 LCD 屏中部画一个绿色的圆;当发送"B"字符时,清除圆;当发送"C"字符时,在 LCD 屏中部画一个蓝色的矩形;当发送"D"字符时,清除矩形;发送的字符将显示在 LCD 屏中下部,例如"Received 'C' from UART0."。应用程序的执行时间除了显示在 LCD 屏上外,还通过串口线发送到上位机(计算机)中显示,如图 13 - 7 所示。

13.4.1 任务组织结构

本节实例包括 6 个用户任务,即 App_TaskStart、User_Task1、User_Task2、User_Task3、User_Task4 和 User_Task5,其中 App_TaskStart 属于指示层任务,其他任务均属于输入/输出层任务,本实例没有典型的计算层任务。各个任务实现的功能如表 13 - 5 所列,应用程序的组织结构如图 13 - 8～图 13 - 11 所示。

表 13 - 5 各个任务实现的功能

任　务	实现的功能
App_TaskStart	启动定时器 User_Tmr1,每 4 s 向 LCD 屏和计算机串口发送提示信息
User_Task1	当按键被按下时,在 LCD 屏输出按键信息
User_Task2	每隔 1 s 输出触摸屏的触点信息,并向 User_Task3 释放任务信号量
User_Task3	在 LCD 屏上输出 ADC0 通道 7 的模/数转换结果
User_Task4	接收计算机串口发送来的字符并进行处理
User_Task5	处理定时器事件,在 LCD 屏上输出"Timer 1 Running"信息

由图 13 - 8 可知,任务 App_TaskStart 每 4 s 执行一次,是典型的指示层任务,用于输出程序运行状态。任务 User_Task1 只有当按下按键 1 或按键 2 时才能执行,并输出按键信息;当没有按下按键时,该任务始终处于请求(等待)态。

由图 13 - 9 可知,任务 User_Task2 控制着任务 User_Task3 和 ADC0 中断服务程序的执行,在任务 User_Task2 中启动 ADC0 通道 0 转换,当模/数转换完成后,产生 ADC0 中断,此时通道号为 0,则将通道 0 的转换结果作为消息释放到任务 User_Task2 的任务消息队列中,通道 0 的转换结果为触屏触点的横坐标。在任务 User_Task2 中启动 ADC0 通道 1 转换后,当模/数转换完成后,再次产生 ADC0 中断,此时通道号为 1,则将通道 1 的转换结果作为消息释放到任务 User_Task2 的任务消息队列中,通道 1 的转换结果为触屏触点的纵坐标。在任务 User_Task2 中向任务 User_Task3 释放任务信号量,使得 User_Task3 开始执行,在任务 User_Task3 启动

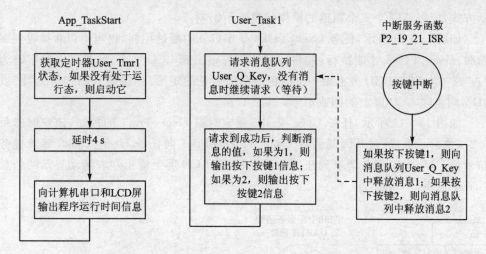

图 13 - 8　App_TaskStart 和 User_Task1 任务结构

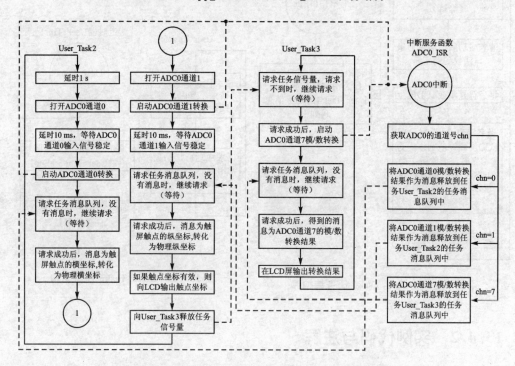

图 13 - 9　User_Task2 和 User_Task3 任务结构

ADC0 通道 7 模/数转换,当模/数转换完成后,产生 ADC0 中断,此时通道号为 7,则将通道 7 的转换结果作为消息释放到任务 User_Task3 的任务消息队列中,通道 7 的转换结果为模拟输出电压的值。

　　由于 LPC1788 仅有一个模/数转换器 ADC0,它具有 8 个通道,这 8 个通道通过时分复用的方式进行模/数转换,任一时刻仅能转换一个通道,因此,采用图 13 - 9 所示方式,使得 ADC0 三个通道的模拟转换互不影响。

如图 13-10 所示,任务 User_Task4 受串口 0 中断的控制,仅当串口 0 接收到字符时,User_Task4 才能执行,并将得到的字符输出到 LCD 屏上;如果输入的字符为"A"或"C",则在 LCD 屏上画一个绿色的圆或蓝色的矩形;如果输入的字符为"B"或"D",则清除 LCD 屏上的圆或矩形。

如图 13-11 所示,任务 User_Task5 受定时器 User_Tmr1 的控制,该定时器每 0.2 s 执行一次,通过其回调函数 User_Tmr_cbFnc1 向任务 User_Task5 释放任务信号量。User_Task5 请求到任务信号量时,在 LCD 屏上输出左右滚动显示的信息 "Timer 1 Running."。

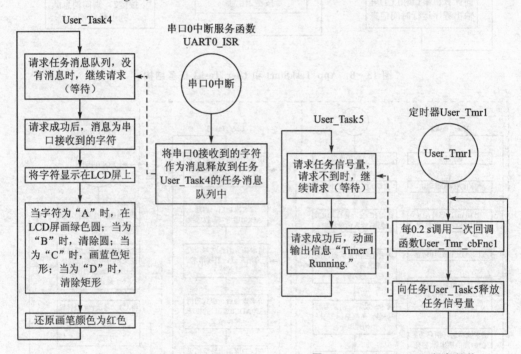

图 13-10　User_Task4 任务结构　　　　图 13-11　User_Task5 任务结构

13.4.2　实例代码与注解

在工程 ex12_1 的基础上,新建工程 ex13_1,如图 13-12 所示。相对于工程 ex12_1,内容不同或新创建的文件有:APP 目录下的 app_cfg.h、tasks.c、tasks.h 和 includes.h;APP_CPU 目录(APP/CPU 组)下的 LPC_1788_nvic.c;APP_BSP 目录 (APP/BSP 组)下的 user_bsp.c、user_bsp.h、user_bsp_key.c、user_bsp_UART0.c、user_bsp_adc.c、user_bsp_sdram.c、user_bsp_lcd.c 和 use_charLib.h。其中,user_bsp_sdram.c 文件参考程序段 13-1,includes.h 文件中添加了包括头文件的语句

"# include　＜math. h＞"。

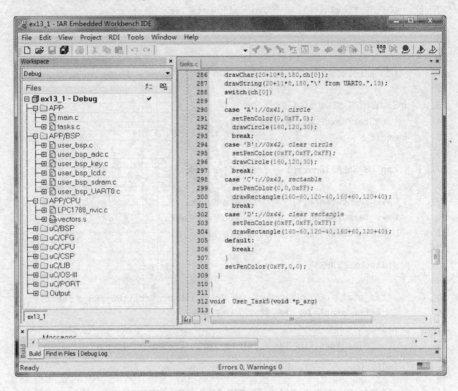

图 13 - 12　工程 ex13_1

1. tasks. c 文件

文件 tasks. c 位于目录"D:\xtucos3\ex13_1\APP"下,其内容如程序段 13 - 2 所示。

程序段 13 - 2　tasks. c 文件

```
1      //Filename: tasks.c
2
3      # define    TASKS_DATA
4      # include   "includes.h"
5
6      void App_TaskStart(void * p_arg)
7      {
8        OS_ERR     err;
9        OS_STATE   tmr_stat;
10       static  CPU_INT32U  t_cnt;
11       CPU_INT08U  str[40];
12
13       (void)p_arg;
14       t_cnt = 0;
15
```

```
16      CPU_Init();
17      OS_CSP_TickInit();      //Initialize the Tick interrupt
18
19      User_BSP_Init();
20
21      LCD_scrclr();   //clear screen
22
23   # if OS_CFG_STAT_TASK_EN > 0u
24      OSStatTaskCPUUsageInit(&err);
25   # endif
26
27      App_OS_SetAllHooks();   //Set User Hooks
28
29      User_EventCreate();     //Create Events
30      User_TaskCreate();      //Create User Tasks
31      User_TmrCreate();       //Create Timer
32
33      while(DEF_TRUE)
34      {
35        tmr_stat = OSTmrStateGet((OS_TMR *)&User_Tmr1,(OS_ERR *)&err);
36        if(tmr_stat!= OS_TMR_STATE_RUNNING)
37        {
38          OSTmrStart((OS_TMR *)&User_Tmr1,(OS_ERR *)&err);
39        }
40
41        OSTimeDlyHMSM(0,0,4,0,OS_OPT_TIME_HMSM_STRICT,&err);
42        t_cnt + = 4;
43        sprintf((char *)str,"Past % d seconds.\n\n",t_cnt);
44        UART0_putstring(str);
45        sprintf((char *)str,"Past % d seconds.",t_cnt);
46        drawStringEx1(14,3,str,40);
47      }
48   }
```

第 35 行获得定时器 User_Tmr1 的状态；第 36 行判断定时器是否为运行态，如果不是，则第 38 行启动定时器 User_Tmr1。

```
49
50   void  User_TaskCreate(void)
51   {
52      OS_ERR  err;
53      OSTaskCreate((OS_TCB *)&USER_TASK1TCBPtr,      //Task 1
54              (CPU_CHAR *)"User Task1",
55              (OS_TASK_PTR)User_Task1,
56              (void *)0,
57              (OS_PRIO)USER_TASK1_PRIO,
58              (CPU_STK *)USER_TASK1StkPtr,
59              (CPU_STK_SIZE)USER_TASK1_STK_SIZE/10,
```

```
60              (CPU_STK_SIZE)USER_TASK1_STK_SIZE,
61              (OS_MSG_QTY)0u,
62              (OS_TICK)0u,
63              (void *)0,
64              (OS_OPT)(OS_OPT_TASK_STK_CHK | OS_OPT_TASK_STK_CLR),
65              (OS_ERR *)&err);
66     OSTaskCreate((OS_TCB *)&USER_TASK2TCBPtr,     //Task 2
67              (CPU_CHAR *)"User Task2",
68              (OS_TASK_PTR)User_Task2,
69              (void *)0,
70              (OS_PRIO)USER_TASK2_PRIO,
71              (CPU_STK *)USER_TASK2StkPtr,
72              (CPU_STK_SIZE)USER_TASK2_STK_SIZE/10,
73              (CPU_STK_SIZE)USER_TASK2_STK_SIZE,
74              (OS_MSG_QTY)10u,
75              (OS_TICK)0u,
76              (void *)0,
77              (OS_OPT)(OS_OPT_TASK_STK_CHK | OS_OPT_TASK_STK_CLR),
78              (OS_ERR *)&err);
79     OSTaskCreate((OS_TCB *)&USER_TASK3TCBPtr,     //Task 3
80              (CPU_CHAR *)"User Task3",
81              (OS_TASK_PTR)User_Task3,
82              (void *)0,
83              (OS_PRIO)USER_TASK3_PRIO,
84              (CPU_STK *)USER_TASK3StkPtr,
85              (CPU_STK_SIZE)USER_TASK3_STK_SIZE/10,
86              (CPU_STK_SIZE)USER_TASK3_STK_SIZE,
87              (OS_MSG_QTY)10u,
88              (OS_TICK)0u,
89              (void *)0,
90              (OS_OPT)(OS_OPT_TASK_STK_CHK | OS_OPT_TASK_STK_CLR),
91              (OS_ERR *)&err);
92     OSTaskCreate((OS_TCB *)&USER_TASK4TCBPtr,     //Task 4
93              (CPU_CHAR *)"User Task4",
94              (OS_TASK_PTR)User_Task4,
95              (void *)0,
96              (OS_PRIO)USER_TASK4_PRIO,
97              (CPU_STK *)USER_TASK4StkPtr,
98              (CPU_STK_SIZE)USER_TASK4_STK_SIZE/10,
99              (CPU_STK_SIZE)USER_TASK4_STK_SIZE,
100             (OS_MSG_QTY)10u,
101             (OS_TICK)0u,
102             (void *)0,
103             (OS_OPT)(OS_OPT_TASK_STK_CHK | OS_OPT_TASK_STK_CLR),
104             (OS_ERR *)&err);
105    OSTaskCreate((OS_TCB *)&USER_TASK5TCBPtr,     //Task 5
106             (CPU_CHAR *)"User Task5",
```

```
107                    (OS_TASK_PTR)User_Task5,
108                    (void *)0,
109                    (OS_PRIO)USER_TASK5_PRIO,
110                    (CPU_STK *)USER_TASK5StkPtr,
111                    (CPU_STK_SIZE)USER_TASK5_STK_SIZE/10,
112                    (CPU_STK_SIZE)USER_TASK5_STK_SIZE,
113                    (OS_MSG_QTY)0u,
114                    (OS_TICK)0u,
115                    (void *)0,
116                    (OS_OPT)(OS_OPT_TASK_STK_CHK | OS_OPT_TASK_STK_CLR),
117                    (OS_ERR *)&err);
118    }
```

第50～118 行 User_TaskCreate 函数创建用户任务 User_Task1～User_Task5，其中，任务 User_Task2～User_Task4 使用了任务消息队列，将各自的队列长度设为10，如第 74、87 和 100 行所示。

```
119
120    void  User_Task1(void * p_arg)
121    {
122      OS_ERR   err;
123      CPU_TS   ts;
124      CPU_INT08U   * key;
125      OS_MSG_SIZE  size;
126
127      (void)p_arg;
128
129      while(DEF_TRUE)
130      {
131        key = (CPU_INT08U *)OSQPend((OS_Q *)&User_Q_Key,
132                                    (OS_TICK)0,
133                                    (OS_OPT)OS_OPT_PEND_BLOCKING,
134                                    (OS_MSG_SIZE *)&size,
135                                    (CPU_TS *)&ts,
136                                    (OS_ERR *)&err);
137        switch(key[0])
138        {
139        case 1u:
140          drawStringEx1(2,20,"Pressed Button 1.",20);
141          //UART0_putstring("Pressed Button 1.\n");
142          break;
143        case 2u:
144          drawStringEx1(2,20,"Pressed Button 2.",20);
145          //UART0_putstring("Pressed Button 2.\n");
146          break;
147        }
148      }
149    }
```

第 131 行请求消息队列 User_Q_Key，请求到的消息保存在 key 中。第 137 行根据 key 的值进行分支选择，当为 1 时，第 140 行向 LCD 屏第 2 行第 20 列位置输出信息"Pressed Button 1."；当为 2 时，第 140 行向 LCD 屏第 2 行第 20 列位置输出信息"Pressed Button 2."。

```
150
151    void   User_Task2(void * p_arg)
152    {
153      OS_ERR   err;
154      CPU_TS   ts;
155      CPU_INT32U   * x_touch;
156      CPU_INT32U   * y_touch;
157      float xycoor[2];
158      CPU_INT32U xy[2];
159      OS_MSG_SIZE size;
160      CPU_INT08U   str1[30],str2[30];
161      CPU_INT08U   penPress;
162
163      (void)p_arg;
164      penPress = 0;
165
166      while(DEF_TRUE)
167      {
168        OSTimeDlyHMSM(0,0,1,0,OS_OPT_TIME_HMSM_STRICT,&err);
169        //ADC0_0 , X - coor
170        adc0_sel_ch0();
171        OSTimeDly(10,OS_OPT_TIME_DLY,&err);
172        adc0_start_ch0();
173        x_touch = (CPU_INT32U * )OSTaskQPend((OS_TICK         )0,
174                                      (OS_OPT    )OS_OPT_PEND_BLOCKING,
175                                      (OS_MSG_SIZE * )&size,
176                                      (CPU_TS        * )&ts,
177                                      (OS_ERR        * )&err);
178        xycoor[0] = 160.0 + ((float)x_touch[0] - 2012.0)/10.229;
179        if(xycoor[0]<0)
180          xy[0] = 0;
181        else
182          xy[0] = (CPU_INT32U)xycoor[0];
183        if((x_touch[0]>400) && (x_touch[0]<3700))
184        {
185          if(xy[0]<320)
186          {
187            sprintf((char * )str1,"( % ld,",xy[0]);//x_touch[0]);
188            penPress = 1;
189          }
190        }
191        //ADC0_1 , Y - coor
```

```
192        adc0_sel_ch1();
193        OSTimeDly(10,OS_OPT_TIME_DLY,&err);  //10ms
194        adc0_start_ch1();
195        y_touch = (CPU_INT32U * )OSTaskQPend((OS_TICK       )0,
196                                   (OS_OPT         )OS_OPT_PEND_BLOCKING,
197                                   (OS_MSG_SIZE * )&size,
198                                   (CPU_TS        * )&ts,
199                                   (OS_ERR        * )&err);
200        xycoor[1] = 120.0 + (1988.0 - (float)y_touch[0])/12.039;
201        if(xycoor[1]<0)
202          xy[1] = 0;
203        else
204          xy[1] = (CPU_INT32U)xycoor[1];
205        if((y_touch[0]>500) && (y_touch[0]<3500))
206        {
207          if((xy[1]<240) && (penPress = = 1))
208          {
209            sprintf((char * )str2," % ld)       ",xy[1]);//y_touch[0]);
210            strcat((char * )str1,(char * )str2);
211            drawStringEx1(2,2,str1,20);
212            penPress = 0;
213          }
214        }
215        //then, ADC0_7.
216        OSTaskSemPost((OS_TCB    * )&USER_TASK3TCBPtr,
217                      (OS_OPT   )OS_OPT_POST_NONE,
218                      (OS_ERR   * )&err);
219      }
220    }
```

第 173 行请求任务消息队列,将得到的消息(触点横坐标)保存在 x_touch 中,第 178～190 行将 x_touch 的值转化为物理横坐标,如果该坐标值有效,则将坐标值格式化到字符串 str1 中。第 195 行再次请求任务消息队列,将得到的消息(触点纵坐标)保存在 y_touch 中,第 200～214 行将 y_touch 的值转化为物理纵坐标,如果该坐标值有效,则将坐标值格式化到字符串 str2 中,然后将 str2 添加到 str1 的末尾成为一个新的字符串 str1,即完整的触点坐标,并输出到 LCD 屏上。第 216～218 行向任务 User_Task3 释放任务信号量。

```
221
222    void  User_Task3(void * p_arg)  //ADC0_ch7
223    {
224      OS_ERR  err;
225      CPU_INT32U * v_adc0_7;
226      OS_MSG_SIZE size;
227      CPU_TS  ts;
228      float   val;
229      CPU_INT08U  str[30];
```

```
230
231    (void)p_arg;
232
233    while(DEF_TRUE)
234    {
235      OSTaskSemPend((OS_TICK   )0,
236                    (OS_OPT    )OS_OPT_PEND_BLOCKING,
237                    (CPU_TS   * )&ts,
238                    (OS_ERR   * )&err);
239      adc0_start_ch7();   //select ch7
240      v_adc0_7 = (CPU_INT32U * )OSTaskQPend((OS_TICK        )0,
241                                            (OS_OPT)OS_OPT_PEND_BLOCKING,
242                                            (OS_MSG_SIZE * )&size,
243                                            (CPU_TS     * )&ts,
244                                            (OS_ERR        * )&err);
245      val = v_adc0_7[0] * 3.3/4095.0;
246      sprintf((char * )str,"ADC Input Voltage: % 5.3f V.",val);
247      drawStringEx1(3,2,str,30);
248    }
249  }
```

第 235～238 行请求任务信号量,如果请求到,则第 239 行启动 ADC0 通道 7 模/数转换;第 240～244 行请求任务消息队列,请求到的消息为 ADC0 通道 7 转换结果,保存在 v_adc0_7 中;第 245 行将模/数转换结果转化为实际的电压值,第 246 行将该电压值格式化输出到字符串 str 中,第 247 行在 LCD 上输出提示信息。

```
250
251    void   User_Task4(void * p_arg) //Rev Uart0 and Send Back
252    {
253      OS_ERR   err;
254      CPU_INT08U   * ch;
255      OS_MSG_SIZE size;
256      CPU_TS  ts;
257
258      (void)p_arg;
259
260      while(DEF_TRUE)
261      {
262        ch = (CPU_INT08U * )OSTaskQPend((OS_TICK        )0,
263                                        (OS_OPT         )OS_OPT_PEND_BLOCKING,
264                                        (OS_MSG_SIZE * )&size,
265                                        (CPU_TS     * )&ts,
266                                        (OS_ERR      * )&err);
267        drawString(20,180,"Received \'",10);
268        drawChar(20 + 10 * 8,180,ch[0]);
269        drawString(20 + 11 * 8,180,"\' from UART0.",13);
270        switch(ch[0])
271        {
```

```
272        case 'A'://0x41, circle
273          setPenColor(0,0xFF,0);
274          drawCircle(160,120,30);
275          break;
276        case 'B'://0x42, clear circle
277          setPenColor(0xFF,0xFF,0xFF);
278          drawCircle(160,120,30);
279          break;
280        case 'C'://0x43, rectable
281          setPenColor(0,0,0xFF);
282          drawRectangle(160 - 60,120 - 40,160 + 60,120 + 40);
283          break;
284        case 'D'://0x44, clear rectangle
285          setPenColor(0xFF,0xFF,0xFF);
286          drawRectangle(160 - 60,120 - 40,160 + 60,120 + 40);
287      default:
288          break;
289        }
290        setPenColor(0xFF,0,0);
291    }
292  }
```

第 262~266 行请求任务消息队列,请求到的消息为串口 0 接收到的字符 ch [0];第 267~269 行将提示信息和该字符输出到 LCD 屏上。第 270 行根据 ch[0]字符的值进行分支选择,当为字符"A"时,第 273 行设置画笔颜色为绿色,第 274 行在 LCD 屏上画绿色的圆;当为字符"B"时,第 277 行设置画笔为白色(背景色),第 278 行清除圆;当为字符"C"时,第 281、282 行在 LCD 屏上画蓝色的矩形;当为字符"D"时,第 285、286 行清除矩形。绘图函数的注解参考程序段 13 - 8。

```
293
294  void  User_Task5(void * p_arg)
295  {
296    OS_ERR   err;
297    CPU_TS   ts;
298    CPU_INT32U i,dirc;
299
300    (void)p_arg;
301    i = 0;
302    dirc = 0;
303
304    while(DEF_TRUE)
305    {
306      OSTaskSemPend((OS_TICK   )0,
307                    (OS_OPT    )OS_OPT_PEND_BLOCKING,
308                    (CPU_TS   * )&ts,
309                    (OS_ERR   * )&err);
310      i+ = 3;  //i+ +   //117 % 3 == 0
```

```
311        i = i % 117;
312        if(i = = 0)
313          dirc^ = 1u;
314        if(dirc = = 1)
315          {
316            drawString(30 + 116 - i,200," Timer 1 Running. ",18);
317          }
318        else
319          {
320            drawString(30 + i,200," Timer 1 Running. ",18);
321          }
322      }
323    }
```

第 306 行请求任务信号量,请求成功后,第 310～321 行输出左右滚动显示的信息"Timer 1 Running. "。

```
324
325    void User_EventCreate(void)    //Create Events
326    {
327        OS_ERR   err;
328        OSQCreate((OS_Q        * )&User_Q_Key,
329                  (CPU_CHAR * )"User Q for Key",
330                  (OS_MSG_QTY)10,
331                  (OS_ERR    * )&err);
332    }
333
334    void   User_TmrCreate(void)
335    {
336      OS_ERR   err;
337      OSTmrCreate((OS_TMR              * )&User_Tmr1,
338                  (CPU_CHAR            * )"User Timer #1",
339                  (OS_TICK             )2,
340                  (OS_TICK             )2,    //0.2s
341                  (OS_OPT              )OS_OPT_TMR_PERIODIC,
342                  (OS_TMR_CALLBACK_PTR)User_Tmr_cbFnc1,
343                  (void                * )0,
344                  (OS_ERR              * )&err);
345    }
346
347    void   User_Tmr_cbFnc1(void * p_arg)
348    {
349      OS_ERR err;
350
351      OSTaskSemPost((OS_TCB * )&USER_TASK5TCBPtr,
352                    (OS_OPT   )OS_OPT_POST_NONE,
353                    (OS_ERR * )&err);
354    }
```

第 351 行向任务 User_Task5 释放任务信号量。

2. tasks.h 文件

文件 tasks.h 位于目录"D:\xtucos3\ex13_1\APP"下,定义或声明文件 tasks.c 中的变量或函数,其内容如程序段 13 – 3 所示。

程序段 13 – 3　　tasks.h 文件

```
1      //Filename: tasks.h
2
3      # ifndef   TASKS_H
4      # define   TASKS_H
5
6      # define   USER_TASK1_PRIO           11u
7      # define   USER_TASK2_PRIO           12u
8      # define   USER_TASK3_PRIO           13u
9      # define   USER_TASK4_PRIO           14u
10     # define   USER_TASK5_PRIO           15u
11
12     # define   USER_TASK1_STK_SIZE       0x200
13     # define   USER_TASK2_STK_SIZE       0x200
14     # define   USER_TASK3_STK_SIZE       0x200
15     # define   USER_TASK4_STK_SIZE       0x200
16     # define   USER_TASK5_STK_SIZE       0x200
17
18     void    App_TaskStart(void * p_arg);
19     void    User_TaskCreate(void);
20
21     void    User_Task1(void * p_arg);
22     void    User_Task2(void * p_arg);
23     void    User_Task3(void * p_arg);
24     void    User_Task4(void * p_arg);
25     void    User_Task5(void * p_arg);
26
27     void User_EventCreate(void);
28     void User_Tmr_cbFnc1(void * p_arg);
29     void User_TmrCreate(void);
30
31     # endif
32
33     # ifdef    TASKS_DATA
34     # define   VAR_EXT
35     # else
36     # define   VAR_EXT    extern
37     # endif
38
39     VAR_EXT   OS_TCB    App_TaskStartTCBPtr;
40     VAR_EXT   CPU_STK   App_TaskStartStkPtr[APP_CFG_TASK_START_STK_SIZE];
```

```
41
42     VAR_EXT   OS_TCB     USER_TASK1TCBPtr;
43     VAR_EXT   CPU_STK    USER_TASK1StkPtr[USER_TASK1_STK_SIZE];
44     VAR_EXT   OS_TCB     USER_TASK2TCBPtr;
45     VAR_EXT   CPU_STK    USER_TASK2StkPtr[USER_TASK2_STK_SIZE];
46     VAR_EXT   OS_TCB     USER_TASK3TCBPtr;
47     VAR_EXT   CPU_STK    USER_TASK3StkPtr[USER_TASK3_STK_SIZE];
48     VAR_EXT   OS_TCB     USER_TASK4TCBPtr;
49     VAR_EXT   CPU_STK    USER_TASK4StkPtr[USER_TASK4_STK_SIZE];
50     VAR_EXT   OS_TCB     USER_TASK5TCBPtr;
51     VAR_EXT   CPU_STK    USER_TASK5StkPtr[USER_TASK5_STK_SIZE];
52
53     VAR_EXT   OS_Q       User_Q_Key;
54     VAR_EXT   OS_TMR     User_Tmr1;
55
56     VAR_EXT   CPU_INT08U msg_uart0_ch[1];      //Uart0 msg
57     VAR_EXT   CPU_INT08U msg_key[1];           //Key msg
58     VAR_EXT   CPU_INT32U msg_ADC0_7[1];        //ADC0_ch7 msg
59     VAR_EXT   CPU_INT32U msg_touch[1];         //Touch msg
60
61     //LCD Background and Foreground Color
62     VAR_EXT   CPU_INT32U    penColor[3];
63     VAR_EXT   CPU_INT32U    bkColor[3];
```

上述代码需要解释的为第 62、63 行。第 62 行定义画笔颜色变量 penColor 数组，第 63 行定义背景颜色变量 bkColor 数组，这两个数组的第 0 个元素保存红色分量、第 1 个元素保存绿色分量、第 2 个元素保存蓝色分量。

3. LPC1788_nvic.c 文件

文件 LPC1788_nvic.c 位于目录"D:\xtucos3\ex13_1\APP_CPU"下，用于处理 NVIC 中断事件，其内容如程序段 13-4 所示。

程序段 13-4   LPC1788_nvic.c 文件

```
1      //Filename: LPC1788_nvic.c
2
3      #include    "includes.h"
4
5      #pragma    section = "INTREV"
6
7      int    _low_level_init(void)
8      {
9
10         FLASHCFG = (5UL<<12) | 0x03AUL;
11         initClock();
12
13         //Close All Interrupts
14         CSP_IntDisAll(CSP_INT_CTRL_NBR_MAIN);
```

```
15        VectTblReloc();
16
17        initUART0();
18        initP2_19_21();//Init P2[19], P2[21]
19        P2_19_21_Int_En();
20        initADC();
21        initSDRAM();
22        initLCD();
23
24        return 1;
25    }
```

第 17 行初始化串口 0；第 20～22 行分别初始化 ADC0、SDRAM 和 LCD 控制器。

```
26
27    void   VectTblReloc(void)
28    {
29        CPU_REG_NVIC_VTOR = (CPU_INT32U)_segment_begin("INTREV");
30    }
31
32    void   VectTblIntFncAt(CSP_DEV_NBR intNbr)
33    {
34     ( * (CPU_REG32 * )(CPU_REG_NVIC_VTOR + 4 * (CPU_INT_EXT0 + intNbr))) = (CPU_
INT32U) CSP_IntHandler;
35    }
36
37    void   VectTblFncAt(CSP_DEV_NBR   excNbr, CPU_FNCT_VOID excFunc)
38    {
39        ( * (CPU_REG32 * )(CPU_REG_NVIC_VTOR + 4 * excNbr)) = (CPU_INT32U)excFunc;
40    }
41
42    //PLL0 = 96MHz, CPU = 96MHz,PCLK = 12MHz
43    void initClock(void)
44    {
45        CCLKSEL = (1UL<<0) | (0UL<<8);
46        CLKSRCSEL = 0UL;
47        USBCLKSEL = (0UL<<0) | (0UL<<8);
48
49        SCS = SCS & (~((1UL<<4) | (1UL<<5)));
50        SCS | = (1UL<<5);
51        while((SCS & (1UL<<6)) == 0UL);
52
53        CLKSRCSEL = 1UL;
54        PLL0CON = 0UL;
55        PLL0FEED = 0xAA;
56        PLL0FEED = 0x55;
57        PLL0CFG = (7UL<<0) | (0UL<<5);
```

```
58        PLLOFEED = 0xAA;
59        PLLOFEED = 0x55;
60        PLLOCON = 1UL;
61        PLLOFEED = 0xAA;
62        PLLOFEED = 0x55;
63        while((PLLOSTAT & (1UL<<10)) == 0UL);
64
65        PCLKSEL = (8UL<<0);   //PCLK = 12MHz
66        CCLKSEL = (1UL<<0) | (1UL<<8);    //CPU = 96MHz
67        USBCLKSEL = (2UL<<0) | (1UL<<8);//USB = 48MHz
68        EMCCLKSEL = (0UL<<0);  //EMC = 96MHz
69    }
70
71    void  LPC1788_NVIC_Init(void)
72    {
73        VectTblIntFncAt((CSP_DEV_NBR)38u);    //GPIO Interrupt
74        VectTblIntFncAt((CSP_DEV_NBR)5u);     //Uart 0 Interrupt
75        VectTblIntFncAt((CSP_DEV_NBR)22u);    //ADC Interrupt
76        VectTblFncAt((CSP_DEV_NBR)15u,OS_CPU_SysTickHandler); //SysTick Exception
77        VectTblFncAt((CSP_DEV_NBR)14u,OS_CPU_PendSVHandler); //PendSV EXception
78    }
```

第 73～77 行用于将 GPIO 中断、UART0 中断、ADC0 中断、系统时钟 SysTick 中断和 PendSV 中断的入口函数重定位到新的中断向量表中。

4. user_bsp_key. c 文件

文件 user_bsp_key. c 位于目录“D:\xtucos3\ex13_1\APP_BSP”下,其内容包括按键初始化和按键中断服务函数,如程序段 13 - 5 所示。

程序段 13 - 5 user_bsp_key. c 文件

```
1     //Filename: user_bsp_key.c
2
3     # include "includes.h"
4
5     void  initP2_19_21() //Init P2[19], P2[21]
6     {
7       IOCON_P2_19 = (3u<<3);
8       IOCON_P2_21 = (3u<<3);
9       FIO2DIR = FIO2DIR & (~((1u<<19) | (1u<<21)));
10      FIO2MASK = FIO2MASK & (~((1u<<19) | (1u<<21)));
11    }
12
13    void P2_19_21_Int_En(void)
14    {
15      IO2IntEnF = (1<<19) | (1<<21);
16      PCONP = PCONP | (1<<15);
17    }
```

```
18
19    void P2_19_21_ISR(void)
20    {
21      OS_ERR   err;
22
23      if((IOIntStatus & (1<<2)) == (1<<2))
24      {
25        if((IO2IntStatF & (1<<19)) == (1<<19))
26        {
27          msg_key[0] = 1u;
28          OSQPost((OS_Q       * )&User_Q_Key,
29                  (void       * )msg_key,
30                  (OS_MSG_SIZE)sizeof(msg_key),
31                  (OS_OPT     )OS_OPT_POST_FIFO,
32                  (OS_ERR     * )&err);
33        }
34        if((IO2IntStatF & (1<<21)) == (1<<21))
35        {
36          msg_key[0] = 2u;
37          OSQPost((OS_Q       * )&User_Q_Key,
38                  (void       * )msg_key,
39                  (OS_MSG_SIZE)sizeof(msg_key),
40                  (OS_OPT     )OS_OPT_POST_FIFO,
41                  (OS_ERR     * )&err);
42        }
43      }
44      IO2IntClr = (1<<19) | (1<<21);
45    }
```

5. user_bsp_UART0.c 文件

文件 user_bsp_UART0.c 位于目录"D:\xtucos3\ex13_1\APP_BSP"下,用于串口通信,其内容如程序段 13-6 所示。

程序段 13-6   user_bsp_UART0.c 文件

```
1     //Filename: user_bsp_UART0.c
2
3     # include   "includes.h"
4
5     void initUART0(void)
6     {
7       PCONP = PCONP | (1UL<<3);
8
9       U0LCR = U0LCR | ((3UL<<0) | (0<<2) | (0<<3) | (1UL<<7));
10      U0DLM = 0UL;
11      U0DLL = 4UL;
12      U0FDR = (5UL<<0) | (8UL<<4);
13
```

```
14        IOCON_P0_02 = (0<<3) | (1UL<<0);
15        IOCON_P0_03 = (0<<3) | (1UL<<0);
16    }
17
18    void UART0_putchar(CPU_INT08U ch)
19    {
20      while((U0LSR & (1<<6)) == 0);
21      U0LCR = U0LCR & (~(1<<7));
22      U0THR = ch;
23    }
24
25    void UART0_putstring(CPU_INT08U * str)
26    {
27        while((*str) != '\0')
28        {
29            UART0_putchar(*str++);
30        }
31    }
32
33    CPU_INT08U UART0_getchar(void)
34    {
35      CPU_INT08U ch;
36      while((U0LSR & (1<<0)) == 0);
37      U0LCR = U0LCR & (~(1<<7));
38      ch = U0RBR;
39      return ch;
40    }
41
42    void  UART0_Enable(void)   //Put at User_BSP_Init()
43    {
44      U0LCR = U0LCR & (~(1<<7));
45      U0IER = (1UL<<0);   //Enable Receive Data interrupt
46    }
47
48    void  UART0_ISR(void)
49    {
50      OS_ERR err;
51
52      msg_uart0_ch[0] = UART0_inchar();
53      OSTaskQPost((OS_TCB      * )&USER_TASK4TCBPtr,
54              (void       * )msg_uart0_ch,
55              (OS_MSG_SIZE)sizeof(msg_uart0_ch),
56              (OS_OPT     )OS_OPT_POST_FIFO,
57              (OS_ERR     * )&err);
58    }
```

第 48～58 行为 UART0 的中断服务函数，当产生 UART0 接收中断时，第 53～57 行向任务 User_Task4 的任务消息队列释放消息。

```
59
60    CPU_INT08U  UART0_inchar(void)
61    {
62      CPU_INT08U ch;
63      U0LCR = U0LCR & (~(1<<7));
64      ch = U0RBR;
65      return ch;
66    }
```

6. user_bsp_adc. c 文件

文件 user_bsp_adc. c 位于目录"D:\xtucos3\ex13_1\APP_BSP"下,其内容包括 ADC0 初始化和中断服务函数等,如程序段 13 - 7 所示。

程序段 13 - 7   user_bsp_adc. c 文件

```
1     //user_bsp_adc.c
2
3     # include "includes. h"
4
5     void   initADC(void)
6     {
7       PCONP = PCONP | (1<<12);
8       AD0CR = (1<<21);
9       AD0CR = ((1<<7) | (1<<21));//12MHz Clock
10
11      IOCON_P0_13 = (3u<<0);    //P0[13] : ADC0_[7]
12    }
13
14    void   ADC0_ISR(void)
15    {
16      OS_ERR err;
17      CPU_INT32U   val_adc0,chn;
18
19      val_adc0 = AD0GDR;
20      chn = (val_adc0>>24) & (0x07);
21
22      switch(chn)
23      {
24      case 7u:  //ADC0_7
25        msg_ADC0_7[0] = (val_adc0>>4) & 0x0FFF;
26        OSTaskQPost((OS_TCB      * )&USER_TASK3TCBPtr,
27                    (void        * )msg_ADC0_7,
28                    (OS_MSG_SIZE)sizeof(msg_ADC0_7),
29                    (OS_OPT      )OS_OPT_POST_FIFO,
30                    (OS_ERR      * )&err);
31        break;
32      case 0u:  //ADC0_0
33        msg_touch[0] = (val_adc0>>4) & 0x0FFF;
```

```
34        OSTaskQPost((OS_TCB      * )&USER_TASK2TCBPtr,
35                    (void        * )msg_touch,
36                    (OS_MSG_SIZE)sizeof(msg_touch),
37                    (OS_OPT      )OS_OPT_POST_FIFO,
38                    (OS_ERR      * )&err);
39        break;
40    case 1u:  //ADC0_1
41        msg_touch[0] = (val_adc0>>4) & 0x0FFF;
42        OSTaskQPost((OS_TCB      * )&USER_TASK2TCBPtr,
43                    (void        * )msg_touch,
44                    (OS_MSG_SIZE)sizeof(msg_touch),
45                    (OS_OPT      )OS_OPT_POST_FIFO,
46                    (OS_ERR      * )&err);
47        break;
48    default:
49        break;
50    }
51  }
```

第 20 行获得 ADC0 的通道号 chn;第 22 行根据 chn 的值进行分支选择,当为 7 时,第 25 行获得通道 7 的模/数转换结果,第 26 行将该结果作为消息释放到任务 User_Task3 的任务消息队列中;当为 0 时,第 33 行获得通道 0 的模/数转换结果,第 33 行将该结果作为消息释放到任务 User_Task2 的任务消息队列中;当为 1 时,第 41 行获得通道 1 的模/数转换结果,第 42 行将该结果作为消息释放到任务 User_Task2 的任务消息队列中。

```
52
53  void adc0_start_ch7(void)  //Select ch7, start conversion
54  {
55    AD0CR = (1u<<7) | (1u<<21) | (1u<<24);  //ch7 Start Conversion - ADC
56  }
```

第 55 行选择 ADC0 通道 7 并启动模/数转换。

```
57
58  void adc0_sel_ch0(void)  //Select ch0, Y1
59  {
60    TS_X1 = 0x1A0;    //P0_24, disable pulls
61    TS_X2 = 0x20;     //P0_19, disable pulls
62    TS_Y1 = 0x101;    //ADC0_0, disable pulls
63    TS_Y2 = 0x28;     //P0_21, pull - down
64
65    FIO0DIR |= (1<<24);    //X1 output
66    FIO0DIR |= (1<<19);    //X2 output
67    FIO0DIR &= ~(1<<23);   //Y1 input
68    FIO0DIR &= ~(1<<21);   //Y2 input
69
70    FIO0SET = (1<<24);     //X1 = 1, X2 = 0;
```

```
71        FIO0CLR = (1<<19);
72      }
```

第 58~72 行的函数 adc0_sel_ch0 用于选择 ADC0 通道 0,用做触屏的 X 坐标输入。

```
73
74      void adc0_start_ch0(void)   //ch0, Y1, start conversion
75      {
76          AD0CR = (1u<<0) | (1u<<21) | (1u<<24);   //ch0 Start Conversion-ADC
77      }
```

第 76 行选择 ADC0 通道 0 并启动模/数转换。

```
78
79      void adc0_sel_ch1(void)   //Select ch1, X1, start conversion
80      {
81          TS_X1 = 0x101;    //ADC0_ch1, disable pulls(P0_24)
82          TS_X2 = 0x28;     //P0_19, pull-down
83          TS_Y1 = 0x1A0;    //P0_23, disable pulls
84          TS_Y2 = 0x20;     //P0_21, disable pulls
85
86          FIO0DIR &= (~(1<<24));   //X1 input
87          FIO0DIR &= (~(1<<19));   //X2 input
88          FIO0DIR |= (1<<23);      //Y1 output
89          FIO0DIR |= (1<<21);      //Y2 output
90
91          FIO0CLR = (1<<21);
92          FIO0SET = (1<<23);          //Y1 = 1, Y2 = 0
93      }
```

第 79~93 行的函数 adc0_sel_ch1 用于选择 ADC0 通道 1,用做触屏的 Y 坐标输入。

```
94
95      void adc0_start_ch1(void)   //ch1, X1, start conversion
96      {
97          AD0CR = (1u<<1) | (1u<<21) | (1u<<24);   //ch1 Start Conversion-ADC
98      }
```

第 97 行选择 ADC0 通道 1 并启动模/数转换。

7. user_bsp_lcd.c 文件

文件 user_bsp_lcd.c 位于目录"D:\xtucos3\ex13_1\APP_BSP"下,其内容包括 LCD 控制器初始化和各种绘图函数,如程序段 13-8 所示。

程序段 13-8　　user_bsp_lcd.c 文件

```
1      //Filename: user_bsp_lcd.c
2
3      #include "includes.h"
4      #include "user_charLib.h"
5
6      void  initLCD(void)
```

```
7       {
8           CPU_INT32U  i;
9           LCD_CTRL & = ~(1<<11);
10          for(i = 0;i<10000;i+ +);
11          LCD_CTRL & = ~(1<<0);   //Disable LCD
12
13          IOCON_P0_04 = 0x27;//Assign Pins
14          IOCON_P0_05 = 0x27;
15          IOCON_P0_06 = 0x27;
16          IOCON_P0_07 = 0x27;
17          IOCON_P0_08 = 0x27;
18          IOCON_P0_09 = 0x27;
19          IOCON_P1_20 = 0x27;
20          IOCON_P1_21 = 0x27;
21          IOCON_P1_22 = 0x27;
22          IOCON_P1_23 = 0x27;
23          IOCON_P1_24 = 0x27;
24          IOCON_P1_25 = 0x27;
25          IOCON_P1_26 = 0x27;
26          IOCON_P1_27 = 0x27;
27          IOCON_P1_28 = 0x27;
28          IOCON_P1_29 = 0x27;
29
30          IOCON_P2_01 = 0x20;
31          IOCON_P2_02 = 0x27;
32          IOCON_P2_03 = 0x27;
33          IOCON_P2_04 = 0x27;
34          IOCON_P2_05 = 0x27;
35          IOCON_P2_06 = 0x27;
36          IOCON_P2_07 = 0x27;
37          IOCON_P2_08 = 0x27;
38          IOCON_P2_09 = 0x27;
39
40          IOCON_P2_12 = 0x27;
41          IOCON_P2_13 = 0x27;
42          IOCON_P4_28 = 0x27;
43          IOCON_P4_29 = 0x27;
44          //Back light
45          FIO2DIR | = (1u<<1);
46          FIO2SET   = (1u<<1);
47
48          PCONP | = (1u<<0);
49          CRSR_CTRL & = ~(1u<<0);
50          LCD_CTRL = (5u<<1) | (1u<<5);   //24bpp, single panel
51          LCD_CFG = (15u<<0);   //div = 15
52          LCD_POL = (1u<<26) | ((320u-1u)<<16) | (1u<<13) | (1u<<12) | (1u<<11);
53          LCD_TIMH = ((320u/16u-1u)<<2) | ((30u-1u)<<8) | ((20u-1u)<<16) |
```

```
   ((38u-1u)<<24);
54        LCD_TIMV = ((240u-1u)<<0) | (3u<<10) | (5u<<16) | (15u<<24);
55        LCD_UPBASE        =    LCD_VRAM_BASE_ADDR & ~7UL ;
56        LCD_LPBASE        =    LCD_VRAM_BASE_ADDR & ~7UL ;
57
58        LCD_CTRL | = (1<<0);    //Enable LCD
59        for(i=0;i<10000;i++);
60        LCD_CTRL | = (1<<11);
61    }
```

第 6～61 行的 initLCD 函数用于初始化 LCD 控制器。

```
62
63    void LCD_scrclr(void)
64    {
65        CPU_INT32U  i,j;
66
67        setBkColor(0xFF,0xFF,0xFF);
68        setPenColor(0xFF,0,0);
69        for(i=0;i<320;i++)   //white
70        {
71          for(j=0;j<240;j++)
72          {
73            drawBkPoint(i,j);
74          }
75        }
76    }
```

第 63～76 行的 LCD_scrclr 用于清屏 LCD 显示。第 67 行将背景色设为白色，第 68 行将画笔设为红色，第 69～75 行调用 drawBkPoint 函数，将每个点的颜色设为白色。

```
77
78    void  drawPoint(CPU_INT32U x,CPU_INT32U y)
79    {   //0<=x<320, 0<=y<240
80      CPU_INT32U * cur_LCDADDR;
81      cur_LCDADDR = ((CPU_INT32U *)(LCD_VRAM_BASE_ADDR)) + x + 320u * y;
82       * cur_LCDADDR = (penColor[0]<<0) | (penColor[1]<<8) | (penColor[2]<<16);
83    }
84
85    void  drawBkPoint(CPU_INT32U x,CPU_INT32U y)
86    {
87      CPU_INT32U * cur_LCDADDR;
88      cur_LCDADDR = ((CPU_INT32U *)(LCD_VRAM_BASE_ADDR)) + x + 320u * y;
89       * cur_LCDADDR = (bkColor[0]<<0) | (bkColor[1]<<8) | (bkColor[2]<<16);
90    }
```

第 78～83 行的 drawPoint 函数将 (x,y) 点设为画笔颜色。第 85～90 行的 drawBkPoint 函数将 (x,y) 点设为背景颜色。

```
91
92    void setPenColor(CPU_INT32U r,CPU_INT32U g,CPU_INT32U b)
93    {
94      penColor[0] = r;
95      penColor[1] = g;
96      penColor[2] = b;
97    }
98
99    void setBkColor(CPU_INT32U r,CPU_INT32U g,CPU_INT32U b)
100   {
101     bkColor[0] = r;
102     bkColor[1] = g;
103     bkColor[2] = b;
104   }
```

第 92～97 行的 setPenColor 函数和第 99～104 行的 setBkColor 函数分别用于赋值全局变量 penColor 和 bkColor 数组,参数 r、g 和 b 分别表示红、绿和蓝色分量的值,取值范围均为 0～255。

```
105
106   void drawChar(CPU_INT32U x,CPU_INT32U y, CPU_INT08U ch)
107   {              //(x,y):left - top corner of char
108     CPU_INT32U i,j;
109     CPU_INT08U k,m;
110     CPU_INT08U v;
111     for(k = 0;k<16;k ++ )
112     {
113       v = stdChar16_8[ch][k];
114       for(m = 0;m<8;m ++ )
115       {
116         i = x + m;
117         j = y + k;
118         if((v & (1u<<(7 - m))) == (1u<<(7 - m)))
119         {
120           drawPoint(i,j);
121         }
122         else
123         {
124           drawBkPoint(i,j);
125         }
126       }
127     }
128   }
```

第 106～128 行的 drawChar 函数在 (x,y) 点处输出字符 ch,这里的 (x,y) 点作为字符 ch 的 16×8 点阵的左上角。字符点阵二维数组 stdChar16_8 定义在程序段 13-11 中,在该数组中,字符 ch 对应着 stdChar16_8[ch]行的 16 个元素,第 111～

127 行将这 16 个元素中为 1 的位显示为画笔颜色,为 0 的位显示为背影颜色。

```
129
130    void drawString(CPU_INT32U x,CPU_INT32U y,CPU_INT08U * str,CPU_INT32U n)
131    {                    //(x,y) left - top corner of string, make sure 8n + x<320
132      CPU_INT32U i;
133      CPU_INT08U ch;
134
135      for(i = 0;i<n;i ++)
136      {
137        ch = str[i];
138        if(ch! = '\0')
139        {
140          drawChar(x + 8 * i,y,ch);
141        }
142        else
143          break;
144      }
145    }
```

第 130~145 行的 drawString 函数在 (x,y) 点处输出字符串 str 的前 n 个字符,如果 n 大于字符串长度,则输出整个字符串。这里 (x,y) 点为字符串的左上角位置。该函数是通过调用 drawChar 函数实现的。

```
146
147    void drawStringEx1(CPU_INT32U row,CPU_INT32U col,CPU_INT08U * str,CPU_INT32U n)
148    {                    //0< = row<15, 0< = col<40,make sure: n + col<40
149      CPU_INT32U  x,y;
150
151      x = col * 8;
152      y = row * 16;
153      drawString(x,y,str,n);
154    }
```

第 147~154 行的 drawStringEx1 函数为 drawString 函数的扩展函数,用于第 row 行和第 col 列处输出字符串 str 的前 n 个字符。需要注意的是,这两个字符串输出函数均没有考虑字符串长度大于一行时的换行显示问题,要求读者编写新的扩展函数 drawStringEx2,实现长字符串换行显示功能。

```
155
156    void drawLine(CPU_INT32U x1,CPU_INT32U y1,CPU_INT32U x2,CPU_INT32U y2)
157    {
158      float   k1,k2;
159      float   fx1,fx2,fy1,fy2,fx,fy;
160      CPU_INT32U i,xmin,xmax,ymin,ymax;
161      CPU_INT32U ix,iy;
162
163      xmin = x1;xmax = x2;
```

```
164      ymin = y1;ymax = y2;
165      if(x1>x2)
166      {
167        xmin = x2;
168        xmax = x1;
169      }
170      if(y1>y2)
171      {
172        ymin = y2;
173        ymax = y1;
174      }
175      fx1 = (float)x1;
176      fy1 = (float)y1;
177      fx2 = (float)x2;
178      fy2 = (float)y2;
179      if((x1! = x2) & (y1!= y2))
180      {
181        k1 = (fy2 - fy1)/(fx2 - fx1);
182        for(i = xmin;i< = xmax;i ++ )
183        {
184          fx = (float)i;
185          fy = fy1 + k1 * (fx - fx1);
186          ix = i;
187          iy = (CPU_INT32U)fy;
188          drawPoint(ix,iy);
189        }    //x continum
190        k2 = (fx2 - fx1)/(fy2 - fy1);
191        for(i = ymin;i< = ymax;i ++ )
192        {
193          fy = (float)i;
194          fx = fx1 + k2 * (fy - fy1);
195          iy = i;
196          ix = (CPU_INT32U)fx;
197          drawPoint(ix,iy);
198        }  //y continum
199      }
200      else if(x1 == x2)
201      {
202        for(i = ymin;i< = ymax;i ++ )
203        {
204          ix = x1;
205          iy = i;
206          drawPoint(ix,iy);
207        }
208      }
209      else
210      {
```

```
211        for(i = xmin;i< = xmax;i ++ )
212        {
213          ix = i;
214          iy = y1;
215          drawPoint(ix,iy);
216        }
217      }
218    }
```

第 156～218 行的 drawLine 函数用画笔颜色在(x1,y1)和(x2,y2)两点间画一条直线,调用 drawPoint 函数实现。

```
219
220    void drawRectangle(CPU_INT32U x1,CPU_INT32U y1,CPU_INT32U x2,CPU_INT32U y2)
221    {
222      if((x1!= x2) && (y1!= y2))
223      {
224        drawLine(x1,y1,x2,y1);
225        drawLine(x2,y1,x2,y2);
226        drawLine(x2,y2,x1,y2);
227        drawLine(x1,y2,x1,y1);
228      }
229    }
```

第 220～229 行 drawRectangle 函数用画笔颜色画一个矩形,其左上角和右下角的顶点坐标分别为(x1,y1)和(x2,y2),调用 drawLine 函数实现。

```
230
231    void drawCircle(CPU_INT32U x0,CPU_INT32U y0,CPU_INT32U r)
232    {
233      float   x1,y1,x2,y2,theta;
234      float   fr,fx0,fy0;
235      CPU_INT32U i;
236
237      fr = (float)r;fx0 = (float)x0;fy0 = (float)y0;
238      x1 = fx0 + fr;
239      y1 = fy0;
240      if(r>0)
241      {
242        for(i = 0;i<360;i ++ )
243        {
244          theta = i * 3.1416/180.0;
245          x2 = fx0 + fr * cos(theta);
246          y2 = fy0 + fr * sin(theta);
247      drawLine((CPU_INT32U)x1,(CPU_INT32U)y1,(CPU_INT32U)x2,(CPU_INT32U)y2);
248          x1 = x2;
249          y1 = y2;
250        }
251      }
```

```
252      }
```

第 231～252 行的 drawCircle 函数用当前画笔颜色画一个圆心位于 $(x0, y0)$、半径为 r 的圆,调用 drawLine 函数实现。

```
253
254      void clearRegin(CPU_INT32U x1,CPU_INT32U y1,CPU_INT32U x2,CPU_INT32U y2)
255      {
256        CPU_INT32U i,j;
257
258        if((x1<x2) && (y1<y2))
259        {
260          for(i = x1;i< = x2;i ++ )
261          {
262            for(j = y1;j< = y2;j ++ )
263            {
264              drawBkPoint(i,j);
265            }
266          }
267        }
268      }
```

第 254～268 行的 clearRegin 函数用背景颜色重绘矩形区域(左上角和右下角顶点分别为 $(x1, y1)$ 和 $(x2, y2)$),用于清除指定的显示区域。

8. user_bsp.c 文件

文件 user_bsp.c 位于目录"D:\xtucos3\ex13_1\APP_BSP"下,用于注册中断向量,其内容如程序段 13 - 9 所示。

程序段 13 - 9　user_bsp.c 文件

```
1        //Filename: user_bsp.c
2
3        # include "includes.h"
4
5        void User_BSP_Init(void)
6        {
7          User_Reg_Int();   //Register Int
8
9          CSP_IntEn(CSP_INT_CTRL_NBR_MAIN,CSP_INT_SRC_NBR_GPIO_00);//Enable GPIO Int
10         CSP_IntEn(CSP_INT_CTRL_NBR_MAIN,CSP_INT_SRC_NBR_UART_00);//Enable Uart
Rev Int
11         CSP_IntEn(CSP_INT_CTRL_NBR_MAIN,CSP_INT_SRC_NBR_ADC_00);  //Enable
ADC0 Int
12
13         UART0_Enable();
14       }
```

第 9～11 行依次使能 GPIO、UART0 和 ADC0 中断。

```
15
16      void   User_Reg_Int(void)
17      {
18        //Register P2[19],P2[21] Falling Interrupt
19        CSP_IntVectReg(CSP_INT_CTRL_NBR_MAIN,38u,(CPU_FNCT_PTR)P2_19_21_ISR,(void
* )0);
20        //Register UART0 Interrupt
21        CSP_IntVectReg(CSP_INT_CTRL_NBR_MAIN,5u,(CPU_FNCT_PTR)UART0_ISR,(void * )
0);
22        //Register ADC0 Interrupt
23        CSP_IntVectReg(CSP_INT_CTRL_NBR_MAIN,22u,(CPU_FNCT_PTR)ADC0_ISR,(void * )
0);
24      }
```

第 19、21 和 23 行依次注册 GPIO 中断、UART0 中断和 ADC0 中断的中断服务
函数。

9. user_bsp. h 文件

文件 user_bsp. h 位于目录"D:\xtucos3\ex13_1\APP_BSP"下,用于宏定义和
声明 APP_BSP 目录下 C 语言文件使用的常量和函数,其内容如程序段 13-10
所示。

程序段 13-10　　user_bsp. h 文件

```
1       //Filename: user_bsp. h
2
3       # ifndef   BSP_SERIAL
4       # define   BSP_SERIAL
5
6       void   User_BSP_Init(void);
7       void   User_Reg_Int(void);
8
9       void initUART0(void);
10      void UART0_putchar(CPU_INT08U ch);
11      void UART0_putstring(CPU_INT08U * str);
12      CPU_INT08U UART0_getchar(void);
13      CPU_INT08U UART0_inchar(void);   //without wait
14      void   UART0_Enable(void);
15      void   UART0_ISR(void);
16
17      void initP2_19_21(void);
18      void P2_19_21_Int_En(void);
19      void P2_19_21_ISR(void);
20
21      void   initADC(void);
22      void   ADC0_ISR(void);
23      void adc0_start_ch7(void);
24      void adc0_sel_ch0(void);
```

```
25      void adc0_sel_ch1(void);
26      void adc0_start_ch0(void);
27      void adc0_start_ch1(void);
28
29      void initLCD(void);
30      void LCD_scrclr(void);
31      void drawPoint(CPU_INT32U x,CPU_INT32U y);
32      void drawBkPoint(CPU_INT32U x,CPU_INT32U y);
33      void setPenColor(CPU_INT32U r,CPU_INT32U g,CPU_INT32U b);
34      void setBkColor(CPU_INT32U r,CPU_INT32U g,CPU_INT32U b);
35      void drawChar(CPU_INT32U x,CPU_INT32U y, CPU_INT08U ch);
36      void drawString(CPU_INT32U x,CPU_INT32U y,CPU_INT08U * str,CPU_INT32U n);
37      void drawStringEx1(CPU_INT32U row,CPU_INT32U col,CPU_INT08U * str,CPU_INT32U n);
38      void drawLine(CPU_INT32U x1,CPU_INT32U y1,CPU_INT32U x2,CPU_INT32U y2);
39      void drawRectangle(CPU_INT32U x1,CPU_INT32U y1,CPU_INT32U x2,CPU_INT32U y2);
40      void drawCircle(CPU_INT32U x0,CPU_INT32U y0,CPU_INT32U r);
41      void clearRegin(CPU_INT32U x1,CPU_INT32U y1,CPU_INT32U x2,CPU_INT32U y2);
42
43      void  initSDRAM(void);
44      # endif
45
46      # define   PCONP           ( * (CPU_REG32 * )0x400FC0C4)
47
48      //Uart0 Related Registers
49      # define   U0RBR           ( * (CPU_REG32 * )0x4000C000)
50      # define   U0THR           ( * (CPU_REG32 * )0x4000C000)
51      # define   U0DLL           ( * (CPU_REG32 * )0x4000C000)
52      # define   U0DLM           ( * (CPU_REG32 * )0x4000C004)
53      # define   U0IER           ( * (CPU_REG32 * )0x4000C004)
54      # define   U0IIR           ( * (CPU_REG32 * )0x4000C008)
55      # define   U0FCR           ( * (CPU_REG32 * )0x4000C008)
56      # define   U0LCR           ( * (CPU_REG32 * )0x4000C00C)
57      # define   U0LSR           ( * (CPU_REG32 * )0x4000C014)
58      # define   U0SCR           ( * (CPU_REG32 * )0x4000C01C)
59      # define   U0ACR           ( * (CPU_REG32 * )0x4000C020)
60      # define   U0FDR           ( * (CPU_REG32 * )0x4000C028)
61      # define   U0TER           ( * (CPU_REG32 * )0x4000C030)
62      # define   ISER0           ( * (CPU_REG32 * )0xE000E100)
63      # define   ICPR0           ( * (CPU_REG32 * )0xE000E280)
64      # define   IOCON_P0_02     ( * (CPU_REG32 * )0x4002C008)
65      # define   IOCON_P0_03     ( * (CPU_REG32 * )0x4002C00C)
66      # define   IOCON_P0_04     ( * (CPU_REG32 * )0x4002C010)
67      # define   IOCON_P0_05     ( * (CPU_REG32 * )0x4002C014)
68      # define   IOCON_P0_06     ( * (CPU_REG32 * )0x4002C018)
69      # define   IOCON_P0_07     ( * (CPU_REG32 * )0x4002C01C)
70      # define   IOCON_P0_08     ( * (CPU_REG32 * )0x4002C020)
71      # define   IOCON_P0_09     ( * (CPU_REG32 * )0x4002C024)
```

```
72    # define   IOCON_P1_20    ( * (CPU_REG32 * )0x4002C0D0)
73    # define   IOCON_P1_21    ( * (CPU_REG32 * )0x4002C0D4)
74    # define   IOCON_P1_22    ( * (CPU_REG32 * )0x4002C0D8)
75    # define   IOCON_P1_23    ( * (CPU_REG32 * )0x4002C0DC)
76    # define   IOCON_P1_24    ( * (CPU_REG32 * )0x4002C0E0)
77    # define   IOCON_P1_25    ( * (CPU_REG32 * )0x4002C0E4)
78    # define   IOCON_P1_26    ( * (CPU_REG32 * )0x4002C0E8)
79    # define   IOCON_P1_27    ( * (CPU_REG32 * )0x4002C0EC)
80    # define   IOCON_P1_28    ( * (CPU_REG32 * )0x4002C0F0)
81    # define   IOCON_P1_29    ( * (CPU_REG32 * )0x4002C0F4)
82    # define   IOCON_P2_01    ( * (CPU_REG32 * )0x4002C104)
83    # define   IOCON_P2_02    ( * (CPU_REG32 * )0x4002C108)
84    # define   IOCON_P2_03    ( * (CPU_REG32 * )0x4002C10C)
85    # define   IOCON_P2_04    ( * (CPU_REG32 * )0x4002C110)
86    # define   IOCON_P2_05    ( * (CPU_REG32 * )0x4002C114)
87    # define   IOCON_P2_06    ( * (CPU_REG32 * )0x4002C118)
88    # define   IOCON_P2_07    ( * (CPU_REG32 * )0x4002C11C)
89    # define   IOCON_P2_08    ( * (CPU_REG32 * )0x4002C120)
90    # define   IOCON_P2_09    ( * (CPU_REG32 * )0x4002C124)
91    # define   IOCON_P2_12    ( * (CPU_REG32 * )0x4002C130)
92    # define   IOCON_P2_13    ( * (CPU_REG32 * )0x4002C134)
93    # define   IOCON_P4_28    ( * (CPU_REG32 * )0x4002C270)
94    # define   IOCON_P4_29    ( * (CPU_REG32 * )0x4002C274)
95    //GPIO P2[19] P2[21]
96    # define   IOCON_P2_19    ( * (CPU_REG32 * )0x4002C14C)
97    # define   IOCON_P2_21    ( * (CPU_REG32 * )0x4002C154)
98    # define   FIO2DIR        ( * (CPU_REG32 * )0x20098040)
99    # define   FIO2MASK       ( * (CPU_REG32 * )0x20098050)
100   # define   FIO2SET        ( * (CPU_REG32 * )0x20098058)
101   # define   IO2IntEnF      ( * (CPU_REG32 * )0x400280B4)
102   # define   IO2IntStatF    ( * (CPU_REG32 * )0x400280A8)
103   # define   IO2IntClr      ( * (CPU_REG32 * )0x400280AC)
104   # define   IOIntStatus    ( * (CPU_REG32 * )0x40028080)
105
106   # define   AD0CR          ( * (CPU_REG32 * )0x40034000)
107   # define   AD0GDR         ( * (CPU_REG32 * )0x40034004)
108   # define   AD0STAT        ( * (CPU_REG32 * )0x40034030)
109   # define   AD0DR7         ( * (CPU_REG32 * )0x4003402C)
110   # define   AD0INTEN       ( * (CPU_REG32 * )0x4003400C)
111   # define   IOCON_P0_13    ( * (CPU_REG32 * )0x4002C034)
112   # define   IOCON_P0_23    ( * (CPU_REG32 * )0x4002C05C) //ADC0[0]
113   # define   IOCON_P0_24    ( * (CPU_REG32 * )0x4002C060) //ADC0[1]
114   # define   IOCON_P0_19    ( * (CPU_REG32 * )0x4002C04C)
115   # define   IOCON_P0_21    ( * (CPU_REG32 * )0x4002C054)
116   # define   FIO0DIR        ( * (CPU_REG32 * )0x20098000)
117   # define   FIO0MASK       ( * (CPU_REG32 * )0x20098010)
118   # define   FIO0PIN        ( * (CPU_REG32 * )0x20098014)
```

```
119    # define    FIO0SET        ( * (CPU_REG32 * )0x20098018)
120    # define    FIO0CLR        ( * (CPU_REG32 * )0x2009801C)
121    //Touch
122    # define    TS_X1          IOCON_P0_24
123    # define    TS_X2          IOCON_P0_19
124    # define    TS_Y1          IOCON_P0_23
125    # define    TS_Y2          IOCON_P0_21
126    //EMC
127    # define    EMCCLKSEL      ( * (CPU_REG32 * )0x400FC100)
128    # define    IOCON_P2_16    ( * (CPU_REG32 * )0x4002C140)
129    # define    IOCON_P2_17    ( * (CPU_REG32 * )0x4002C144)
130    # define    IOCON_P2_18    ( * (CPU_REG32 * )0x4002C148)
131    # define    IOCON_P2_20    ( * (CPU_REG32 * )0x4002C150)
132    # define    IOCON_P2_24    ( * (CPU_REG32 * )0x4002C160)
133    # define    IOCON_P2_28    ( * (CPU_REG32 * )0x4002C170)
134    # define    IOCON_P2_29    ( * (CPU_REG32 * )0x4002C174)
135    # define    IOCON_P2_30    ( * (CPU_REG32 * )0x4002C178)
136    # define    IOCON_P2_31    ( * (CPU_REG32 * )0x4002C17C)
137    # define    IOCON_P3_00    ( * (CPU_REG32 * )0x4002C180)
138    # define    IOCON_P3_01    ( * (CPU_REG32 * )0x4002C184)
139    # define    IOCON_P3_02    ( * (CPU_REG32 * )0x4002C188)
140    # define    IOCON_P3_03    ( * (CPU_REG32 * )0x4002C18C)
141    # define    IOCON_P3_04    ( * (CPU_REG32 * )0x4002C190)
142    # define    IOCON_P3_05    ( * (CPU_REG32 * )0x4002C194)
143    # define    IOCON_P3_06    ( * (CPU_REG32 * )0x4002C198)
144    # define    IOCON_P3_07    ( * (CPU_REG32 * )0x4002C19C)
145    # define    IOCON_P3_08    ( * (CPU_REG32 * )0x4002C1A0)
146    # define    IOCON_P3_09    ( * (CPU_REG32 * )0x4002C1A4)
147    # define    IOCON_P3_10    ( * (CPU_REG32 * )0x4002C1A8)
148    # define    IOCON_P3_11    ( * (CPU_REG32 * )0x4002C1AC)
149    # define    IOCON_P3_12    ( * (CPU_REG32 * )0x4002C1B0)
150    # define    IOCON_P3_13    ( * (CPU_REG32 * )0x4002C1B4)
151    # define    IOCON_P3_14    ( * (CPU_REG32 * )0x4002C1B8)
152    # define    IOCON_P3_15    ( * (CPU_REG32 * )0x4002C1BC)
153    # define    IOCON_P3_16    ( * (CPU_REG32 * )0x4002C1C0)
154    # define    IOCON_P3_17    ( * (CPU_REG32 * )0x4002C1C4)
155    # define    IOCON_P3_18    ( * (CPU_REG32 * )0x4002C1C8)
156    # define    IOCON_P3_19    ( * (CPU_REG32 * )0x4002C1CC)
157    # define    IOCON_P3_20    ( * (CPU_REG32 * )0x4002C1D0)
158    # define    IOCON_P3_21    ( * (CPU_REG32 * )0x4002C1D4)
159    # define    IOCON_P3_22    ( * (CPU_REG32 * )0x4002C1D8)
160    # define    IOCON_P3_23    ( * (CPU_REG32 * )0x4002C1DC)
161    # define    IOCON_P3_24    ( * (CPU_REG32 * )0x4002C1E0)
162    # define    IOCON_P3_25    ( * (CPU_REG32 * )0x4002C1E4)
163    # define    IOCON_P3_26    ( * (CPU_REG32 * )0x4002C1E8)
164    # define    IOCON_P3_27    ( * (CPU_REG32 * )0x4002C1EC)
165    # define    IOCON_P3_28    ( * (CPU_REG32 * )0x4002C1F0)
```

```
166    # define    IOCON_P3_29    ( * (CPU_REG32 * )0x4002C1F4)
167    # define    IOCON_P3_30    ( * (CPU_REG32 * )0x4002C1F8)
168    # define    IOCON_P3_31    ( * (CPU_REG32 * )0x4002C1FC)
169    # define    IOCON_P4_00    ( * (CPU_REG32 * )0x4002C200)
170    # define    IOCON_P4_01    ( * (CPU_REG32 * )0x4002C204)
171    # define    IOCON_P4_02    ( * (CPU_REG32 * )0x4002C208)
172    # define    IOCON_P4_03    ( * (CPU_REG32 * )0x4002C20C)
173    # define    IOCON_P4_04    ( * (CPU_REG32 * )0x4002C210)
174    # define    IOCON_P4_05    ( * (CPU_REG32 * )0x4002C214)
175    # define    IOCON_P4_06    ( * (CPU_REG32 * )0x4002C218)
176    # define    IOCON_P4_07    ( * (CPU_REG32 * )0x4002C21C)
177    # define    IOCON_P4_08    ( * (CPU_REG32 * )0x4002C220)
178    # define    IOCON_P4_09    ( * (CPU_REG32 * )0x4002C224)
179    # define    IOCON_P4_10    ( * (CPU_REG32 * )0x4002C228)
180    # define    IOCON_P4_11    ( * (CPU_REG32 * )0x4002C22C)
181    # define    IOCON_P4_12    ( * (CPU_REG32 * )0x4002C230)
182    # define    IOCON_P4_13    ( * (CPU_REG32 * )0x4002C234)
183    # define    IOCON_P4_14    ( * (CPU_REG32 * )0x4002C238)
184    # define    IOCON_P4_25    ( * (CPU_REG32 * )0x4002C264)
185    # define    EMCDLYCTL      ( * (CPU_REG32 * )0x400FC1DC)
186    # define    EMCControl     ( * (CPU_REG32 * )0x2009C000)
187    # define    EMCDynamicReadConfig   ( * (CPU_REG32 * )0x2009C028)
188    # define    EMCDynamicRasCas0      ( * (CPU_REG32 * )0x2009C104)
189    # define    EMCDynamictRP          ( * (CPU_REG32 * )0x2009C030)
190    # define    EMCDynamictRAS         ( * (CPU_REG32 * )0x2009C034)
191    # define    EMCDynamictSREX        ( * (CPU_REG32 * )0x2009C038)
192    # define    EMCDynamictAPR         ( * (CPU_REG32 * )0x2009C03C)
193    # define    EMCDynamictDAL         ( * (CPU_REG32 * )0x2009C040)
194    # define    EMCDynamictWR          ( * (CPU_REG32 * )0x2009C044)
195    # define    EMCDynamictRC          ( * (CPU_REG32 * )0x2009C048)
196    # define    EMCDynamictRFC         ( * (CPU_REG32 * )0x2009C04C)
197    # define    EMCDynamictXSR         ( * (CPU_REG32 * )0x2009C050)
198    # define    EMCDynamictRRD         ( * (CPU_REG32 * )0x2009C054)
199    # define    EMCDynamictMRD         ( * (CPU_REG32 * )0x2009C058)
200    # define    EMCDynamicConfig0      ( * (CPU_REG32 * )0x2009C100)
201    # define    EMCDynamicControl      ( * (CPU_REG32 * )0x2009C020)
202    # define    EMCDynamicRefresh      ( * (CPU_REG32 * )0x2009C024)
203    //LCD
204    # define    LCD_VRAM_BASE_ADDR     0xA0000000
205    # define    LCD_CTRL       ( * (CPU_REG32 * )0x20088018)
206    # define    CRSR_CTRL      ( * (CPU_REG32 * )0x20088C00)
207    # define    LCD_CFG        ( * (CPU_REG32 * )0x400FC1B8)
208    # define    LCD_POL        ( * (CPU_REG32 * )0x20088008)
209    # define    LCD_TIMH       ( * (CPU_REG32 * )0x20088000)
210    # define    LCD_TIMV       ( * (CPU_REG32 * )0x20088004)
211    # define    LCD_UPBASE     ( * (CPU_REG32 * )0x20088010)
212    # define    LCD_LPBASE     ( * (CPU_REG32 * )0x20088014)
```

10. user_charLib.h 文件

文件 user_charLib.h 位于目录"D:\xtucos3\ex13_1\APP_BSP"下,其内容为 128 个标准 ASCII 字符的点阵数组,如程序段 13 - 11 所示。

程序段 13 - 11　user_charLib.h 文件

```
1     //Filename: user_charLib.h
2
3     # include "includes.h"
4
5     volatile CPU_INT08U stdChar16_8[128][16] = {  //ASCII 0～127
6     0x00,0x00,0x00,0x00,0x00,0x00,0x00,0x00,0x00,0x00,0x00,0x00,0x00,0x00,
0x00,0x00,
7     0x00,0x00,0x00,0x00,0x00,0x00,0x00,0x00,0x00,0x00,0x00,0x00,0x00,0x00,
0x00,0x00,
8     0x00,0x00,0x00,0x00,0x00,0x00,0x00,0x00,0xF8,0x08,0x08,0x08,0x08,0x08,
0x08,0x08,
9     0x08,0x08,0x08,0x08,0x08,0x08,0x08,0x08,0x0F,0x00,0x00,0x00,0x00,0x00,
0x00,0x00,
10    0x08,0x08,0x08,0x08,0x08,0x08,0x08,0x08,0xF8,0x00,0x00,0x00,0x00,0x00,
0x00,0x00,
11    0x08,0x08,0x08,0x08,0x08,0x08,0x08,0x08,0x08,0x08,0x08,0x08,0x08,0x08,
0x08,0x08,
12    0x00,0x00,0x00,0x00,0x00,0x00,0x00,0x00,0xFF,0x00,0x00,0x00,0x00,0x00,
0x00,0x00,
13    0x00,0x00,0x00,0x00,0x18,0x3C,0x7E,0x7E,0x7E,0x3C,0x18,0x00,0x00,0x00,
0x00,0x00,
14    0xFF,0xFF,0xFF,0xFF,0xE7,0xC3,0x81,0x81,0x81,0xC3,0xE7,0xFF,0xFF,0xFF,
0xFF,0xFF,
15    0x00,0x00,0x00,0x00,0x18,0x24,0x42,0x42,0x42,0x24,0x18,0x00,0x00,0x00,
0x00,0x00,
16    0xFF,0xFF,0xFF,0xFF,0xE7,0xDB,0xBD,0xBD,0xBD,0xDB,0xE7,0xFF,0xFF,0xFF,
0xFF,0xFF,
17    0x00,0x00,0x1F,0x05,0x05,0x09,0x09,0x10,0x10,0x38,0x44,0x44,0x44,0x38,
0x00,0x00,
18    0x00,0x00,0x1C,0x22,0x22,0x22,0x1C,0x08,0x08,0x7F,0x08,0x08,0x08,0x08,
0x00,0x00,
19    0x00,0x10,0x18,0x14,0x12,0x11,0x11,0x11,0x11,0x12,0x30,0x70,0x70,0x60,
0x00,0x00,
20    0x00,0x03,0x1D,0x11,0x13,0x1D,0x11,0x11,0x11,0x13,0x17,0x36,0x70,0x60,
0x00,0x00,
21    0x00,0x08,0x08,0x5D,0x22,0x22,0x22,0x63,0x22,0x22,0x22,0x5D,0x08,0x08,
0x00,0x00,
22    0x08,0x08,0x08,0x08,0x08,0x08,0x08,0x08,0xFF,0x08,0x08,0x08,0x08,0x08,
0x08,0x08,
23    0x00,0x00,0x01,0x03,0x07,0x0F,0x1F,0x3F,0x7F,0x3F,0x1F,0x0F,0x07,0x03,
0x01,0x00,
```

```
24    0x00,0x08,0x1C,0x2A,0x08,0x08,0x08,0x08,0x08,0x08,0x08,0x08,0x2A,0x1C,
0x08,0x00,
25    0x00,0x00,0x24,0x24,0x24,0x24,0x24,0x24,0x24,0x24,0x24,0x00,0x00,0x24,
0x24,0x00,
26    0x00,0x00,0x1F,0x25,0x45,0x45,0x45,0x25,0x1D,0x05,0x05,0x05,0x05,0x05,
0x00,0x00,
27    0x08,0x08,0x08,0x08,0x08,0x08,0x08,0x08,0xFF,0x00,0x00,0x00,0x00,0x00,
0x00,0x00,
28    0x00,0x00,0x00,0x00,0x00,0x00,0x00,0x00,0xFF,0x08,0x08,0x08,0x08,0x08,
0x08,0x08,
29    0x08,0x08,0x08,0x08,0x08,0x08,0x08,0x08,0xF8,0x08,0x08,0x08,0x08,0x08,
0x08,0x08,
30    0x00,0x08,0x1C,0x2A,0x08,0x08,0x08,0x08,0x08,0x08,0x08,0x08,0x08,0x08,
0x08,0x00,
31    0x08,0x08,0x08,0x08,0x08,0x08,0x08,0x08,0x0F,0x08,0x08,0x08,0x08,0x08,
0x08,0x08,
32    0x00,0x00,0x00,0x00,0x00,0x00,0x04,0x02,0x7F,0x02,0x04,0x00,0x00,0x00,
0x00,0x00,
33    0x00,0x00,0x00,0x00,0x00,0x00,0x10,0x20,0x7F,0x20,0x10,0x00,0x00,0x00,
0x00,0x00,
34    0x00,0x00,0x00,0x40,0x40,0x40,0x40,0x40,0x40,0x40,0x40,0x40,0x7F,0x00,
0x00,0x00,
35    0x00,0x00,0x00,0x00,0x00,0x00,0x22,0x41,0x7F,0x41,0x22,0x00,0x00,0x00,
0x00,0x00,
36    0x00,0x08,0x08,0x08,0x1C,0x1C,0x1C,0x1C,0x3E,0x3E,0x3E,0x3E,0x7F,0x7F,
0x7F,0x00,
37    0x00,0x7F,0x7F,0x7F,0x3E,0x3E,0x3E,0x3E,0x1C,0x1C,0x1C,0x1C,0x08,0x08,
0x08,0x00,
38    0x00,0x00,0x00,0x00,0x00,0x00,0x00,0x00,0x00,0x00,0x00,0x00,0x00,0x00,
0x00,0x00,
39    0x00,0x00,0x00,0x10,0x10,0x10,0x10,0x10,0x10,0x10,0x00,0x00,0x18,0x18,
0x00,0x00,
40    0x00,0x12,0x36,0x24,0x48,0x00,0x00,0x00,0x00,0x00,0x00,0x00,0x00,0x00,
0x00,0x00,
41    0x00,0x00,0x00,0x24,0x24,0x24,0xFE,0x48,0x48,0x48,0xFE,0x48,0x48,0x48,
0x00,0x00,
42    0x00,0x00,0x10,0x38,0x54,0x54,0x50,0x30,0x18,0x14,0x14,0x54,0x54,0x38,
0x10,0x10,
43    0x00,0x00,0x00,0x44,0xA4,0xA8,0xA8,0xA8,0x54,0x1A,0x2A,0x2A,0x2A,0x44,
0x00,0x00,
44    0x00,0x00,0x00,0x30,0x48,0x48,0x48,0x50,0x6E,0xA4,0x94,0x88,0x89,0x76,
0x00,0x00,
45    0x00,0x60,0x60,0x20,0xC0,0x00,0x00,0x00,0x00,0x00,0x00,0x00,0x00,0x00,
0x00,0x00,
46    0x00,0x02,0x04,0x08,0x08,0x10,0x10,0x10,0x10,0x10,0x10,0x08,0x08,0x04,
0x02,0x00,
47    0x00,0x40,0x20,0x10,0x10,0x08,0x08,0x08,0x08,0x08,0x08,0x10,0x10,0x20,
```

0x40,0x00,

48　　0x00,0x00, 0x00, 0x00, 0x10, 0x10, 0xD6, 0x38, 0x38, 0xD6, 0x10, 0x10, 0x00, 0x00,
0x00,0x00,

49　　0x00,0x00, 0x00, 0x00, 0x10, 0x10, 0x10, 0x10, 0xFE, 0x10, 0x10, 0x10, 0x10, 0x00,
0x00,0x00,

50　　0x00,0x00, 0x00, 0x00, 0x00, 0x00, 0x00, 0x00, 0x00, 0x00, 0x00, 0x00, 0x60, 0x60,
0x20,0xC0,

51　　0x00,0x00, 0x00, 0x00, 0x00, 0x00, 0x00, 0x00, 0x7F, 0x00, 0x00, 0x00, 0x00, 0x00,
0x00,0x00,

52　　0x00,0x00, 0x00, 0x00, 0x00, 0x00, 0x00, 0x00, 0x00, 0x00, 0x00, 0x00, 0x60, 0x60,
0x00,0x00,

53　　0x00,0x00, 0x01, 0x02, 0x02, 0x04, 0x04, 0x08, 0x08, 0x10, 0x10, 0x20, 0x20, 0x40,
0x40,0x00,

54　　0x00,0x00, 0x00, 0x18, 0x24, 0x42, 0x42, 0x42, 0x42, 0x42, 0x42, 0x42, 0x24, 0x18,
0x00,0x00,

55　　0x00,0x00, 0x00, 0x10, 0x70, 0x10, 0x10, 0x10, 0x10, 0x10, 0x10, 0x10, 0x10, 0x7C,
0x00,0x00,

56　　0x00,0x00, 0x00, 0x3C, 0x42, 0x42, 0x42, 0x04, 0x04, 0x08, 0x10, 0x20, 0x42, 0x7E,
0x00,0x00,

57　　0x00,0x00, 0x00, 0x3C, 0x42, 0x42, 0x04, 0x18, 0x04, 0x02, 0x02, 0x42, 0x44, 0x38,
0x00,0x00,

58　　0x00,0x00, 0x00, 0x04, 0x0C, 0x14, 0x24, 0x24, 0x44, 0x44, 0x7E, 0x04, 0x04, 0x1E,
0x00,0x00,

59　　0x00,0x00, 0x00, 0x7E, 0x40, 0x40, 0x40, 0x58, 0x64, 0x02, 0x02, 0x42, 0x44, 0x38,
0x00,0x00,

60　　0x00,0x00, 0x00, 0x1C, 0x24, 0x40, 0x40, 0x58, 0x64, 0x42, 0x42, 0x42, 0x24, 0x18,
0x00,0x00,

61　　0x00,0x00, 0x00, 0x7E, 0x44, 0x44, 0x08, 0x08, 0x10, 0x10, 0x10, 0x10, 0x10, 0x10,
0x00,0x00,

62　　0x00,0x00, 0x00, 0x3C, 0x42, 0x42, 0x42, 0x24, 0x18, 0x24, 0x42, 0x42, 0x42, 0x3C,
0x00,0x00,

63　　0x00,0x00, 0x00, 0x18, 0x24, 0x42, 0x42, 0x42, 0x26, 0x1A, 0x02, 0x02, 0x24, 0x38,
0x00,0x00,

64　　0x00,0x00, 0x00, 0x00, 0x00, 0x18, 0x18, 0x00, 0x00, 0x00, 0x18, 0x18,
0x00,0x00,

65　　0x00,0x00, 0x00, 0x00, 0x00, 0x00, 0x00, 0x10, 0x00, 0x00, 0x00, 0x00, 0x00, 0x10,
0x10,0x20,

66　　0x00,0x00, 0x00, 0x02, 0x04, 0x08, 0x10, 0x20, 0x40, 0x20, 0x10, 0x08, 0x04, 0x02,
0x00,0x00,

67　　0x00,0x00, 0x00, 0x00, 0x00, 0x00, 0xFE, 0x00, 0x00, 0x00, 0xFE, 0x00, 0x00, 0x00,
0x00,0x00,

68　　0x00,0x00, 0x00, 0x40, 0x20, 0x10, 0x08, 0x04, 0x02, 0x04, 0x08, 0x10, 0x20, 0x40,
0x00,0x00,

69　　0x00,0x00, 0x00, 0x3C, 0x42, 0x42, 0x62, 0x02, 0x04, 0x08, 0x08, 0x00, 0x18, 0x18,
0x00,0x00,

70　　0x00,0x00, 0x00, 0x38, 0x44, 0x5A, 0xAA, 0xAA, 0xAA, 0xAA, 0xB4, 0x42, 0x44, 0x38,
0x00,0x00,

71 0x00,0x00,0x00,0x10,0x10,0x18,0x28,0x28,0x24,0x3C,0x44,0x42,0x42,0xE7,
0x00,0x00,

72 0x00,0x00,0x00,0xF8,0x44,0x44,0x44,0x78,0x44,0x42,0x42,0x42,0x44,0xF8,
0x00,0x00,

73 0x00,0x00,0x00,0x3E,0x42,0x42,0x80,0x80,0x80,0x80,0x80,0x42,0x44,0x38,
0x00,0x00,

74 0x00,0x00,0x00,0xF8,0x44,0x42,0x42,0x42,0x42,0x42,0x42,0x42,0x44,0xF8,
0x00,0x00,

75 0x00,0x00,0x00,0xFC,0x42,0x48,0x48,0x78,0x48,0x48,0x40,0x42,0x42,0xFC,
0x00,0x00,

76 0x00,0x00,0x00,0xFC,0x42,0x48,0x48,0x78,0x48,0x48,0x40,0x40,0x40,0xE0,
0x00,0x00,

77 0x00,0x00,0x00,0x3C,0x44,0x44,0x80,0x80,0x80,0x8E,0x84,0x44,0x44,0x38,
0x00,0x00,

78 0x00,0x00,0x00,0xE7,0x42,0x42,0x42,0x42,0x7E,0x42,0x42,0x42,0x42,0xE7,
0x00,0x00,

79 0x00,0x00,0x00,0x7C,0x10,0x10,0x10,0x10,0x10,0x10,0x10,0x10,0x10,0x7C,
0x00,0x00,

80 0x00,0x00,0x00,0x3E,0x08,0x08,0x08,0x08,0x08,0x08,0x08,0x08,0x08,0x08,
0x88,0xF0,

81 0x00,0x00,0xEE,0x44,0x48,0x50,0x70,0x50,0x48,0x48,0x44,0x44,0xEE,
0x00,0x00,

82 0x00,0x00,0x00,0xE0,0x40,0x40,0x40,0x40,0x40,0x40,0x40,0x40,0x42,0xFE,
0x00,0x00,

83 0x00,0x00,0x00,0xEE,0x6C,0x6C,0x6C,0x6C,0x54,0x54,0x54,0x54,0x54,0xD6,
0x00,0x00,

84 0x00,0x00,0x00,0xC7,0x62,0x62,0x52,0x52,0x4A,0x4A,0x4A,0x46,0x46,0xE2,
0x00,0x00,

85 0x00,0x00,0x00,0x38,0x44,0x82,0x82,0x82,0x82,0x82,0x82,0x82,0x44,0x38,
0x00,0x00,

86 0x00,0x00,0x00,0xFC,0x42,0x42,0x42,0x42,0x7C,0x40,0x40,0x40,0x40,0xE0,
0x00,0x00,

87 0x00,0x00,0x00,0x38,0x44,0x82,0x82,0x82,0x82,0x82,0xB2,0xCA,0x4C,0x38,
0x06,0x00,

88 0x00,0x00,0xFC,0x42,0x42,0x42,0x7C,0x48,0x48,0x44,0x44,0x42,0xE3,
0x00,0x00,

89 0x00,0x00,0x00,0x3E,0x42,0x42,0x40,0x20,0x18,0x04,0x02,0x42,0x42,0x7C,
0x00,0x00,

90 0x00,0x00,0x00,0xFE,0x92,0x10,0x10,0x10,0x10,0x10,0x10,0x10,0x10,0x38,
0x00,0x00,

91 0x00,0x00,0x00,0xE7,0x42,0x42,0x42,0x42,0x42,0x42,0x42,0x42,0x42,0x3C,
0x00,0x00,

92 0x00,0x00,0x00,0xE7,0x42,0x42,0x44,0x24,0x24,0x28,0x28,0x18,0x10,0x10,
0x00,0x00,

93 0x00,0x00,0x00,0xD6,0x92,0x92,0x92,0x92,0xAA,0xAA,0x6C,0x44,0x44,0x44,
0x00,0x00,

94 0x00,0x00,0x00,0xE7,0x42,0x24,0x24,0x18,0x18,0x18,0x24,0x24,0x42,0xE7,

0x00,0x00,
95   0x00,0x00,0x00,0xEE,0x44,0x44,0x28,0x28,0x10,0x10,0x10,0x10,0x10,0x38,
0x00,0x00,
96   0x00,0x00,0x00,0x7E,0x84,0x04,0x08,0x08,0x10,0x20,0x20,0x42,0x42,0xFC,
0x00,0x00,
97   0x00,0x1E,0x10,0x10,0x10,0x10,0x10,0x10,0x10,0x10,0x10,0x10,0x10,0x10,
0x1E,0x00,
98   0x00,0x00,0x40,0x40,0x20,0x20,0x10,0x10,0x10,0x08,0x08,0x04,0x04,0x04,
0x02,0x02,
99   0x00,0x78,0x08,0x08,0x08,0x08,0x08,0x08,0x08,0x08,0x08,0x08,0x08,0x08,
0x78,0x00,
100   0x00,0x1C,0x22,0x00,0x00,0x00,0x00,0x00,0x00,0x00,0x00,0x00,0x00,0x00,
0x00,0x00,
101   0x00,0x00,0x00,0x00,0x00,0x00,0x00,0x00,0x00,0x00,0x00,0x00,0x00,0x00,
0x00,0xFF,
102   0x00,0x60,0x10,0x00,0x00,0x00,0x00,0x00,0x00,0x00,0x00,0x00,0x00,0x00,
0x00,0x00,
103   0x00,0x00,0x00,0x00,0x00,0x00,0x00,0x3C,0x42,0x1E,0x22,0x42,0x42,0x3F,
0x00,0x00,
104   0x00,0x00,0x00,0xC0,0x40,0x40,0x40,0x58,0x64,0x42,0x42,0x42,0x64,0x58,
0x00,0x00,
105   0x00,0x00,0x00,0x00,0x00,0x00,0x00,0x1C,0x22,0x40,0x40,0x40,0x22,0x1C,
0x00,0x00,
106   0x00,0x00,0x00,0x06,0x02,0x02,0x02,0x1E,0x22,0x42,0x42,0x42,0x26,0x1B,
0x00,0x00,
107   0x00,0x00,0x00,0x00,0x00,0x00,0x00,0x3C,0x42,0x7E,0x40,0x40,0x42,0x3C,
0x00,0x00,
108   0x00,0x00,0x00,0x0F,0x11,0x10,0x10,0x7E,0x10,0x10,0x10,0x10,0x10,0x7C,
0x00,0x00,
109   0x00,0x00,0x00,0x00,0x00,0x00,0x00,0x3E,0x44,0x44,0x38,0x40,0x3C,0x42,
0x42,0x3C,
110   0x00,0x00,0x00,0xC0,0x40,0x40,0x40,0x5C,0x62,0x42,0x42,0x42,0x42,0xE7,
0x00,0x00,
111   0x00,0x00,0x00,0x30,0x30,0x00,0x00,0x70,0x10,0x10,0x10,0x10,0x10,0x7C,
0x00,0x00,
112   0x00,0x00,0x00,0x0C,0x0C,0x00,0x00,0x1C,0x04,0x04,0x04,0x04,0x04,0x04,
0x44,0x78,
113   0x00,0x00,0x00,0xC0,0x40,0x40,0x40,0x4E,0x48,0x50,0x68,0x48,0x44,0xEE,
0x00,0x00,
114   0x00,0x00,0x00,0x70,0x10,0x10,0x10,0x10,0x10,0x10,0x10,0x10,0x10,0x7C,
0x00,0x00,
115   0x00,0x00,0x00,0x00,0x00,0x00,0x00,0xFE,0x49,0x49,0x49,0x49,0x49,0xED,
0x00,0x00,
116   0x00,0x00,0x00,0x00,0x00,0x00,0x00,0xDC,0x62,0x42,0x42,0x42,0x42,0xE7,
0x00,0x00,
117   0x00,0x00,0x00,0x00,0x00,0x00,0x00,0x3C,0x42,0x42,0x42,0x42,0x42,0x3C,
0x00,0x00,

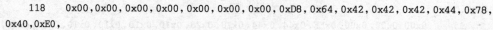

118 0x00,0x00,0x00,0x00,0x00,0x00,0x00,0xD8,0x64,0x42,0x42,0x42,0x44,0x78,
0x40,0xE0,

119 0x00,0x00,0x00,0x00,0x00,0x00,0x00,0x1E,0x22,0x42,0x42,0x42,0x22,0x1E,
0x02,0x07,

120 0x00,0x00,0x00,0x00,0x00,0x00,0x00,0xEE,0x32,0x20,0x20,0x20,0x20,0xF8,
0x00,0x00,

121 0x00,0x00,0x00,0x00,0x00,0x00,0x00,0x3E,0x42,0x40,0x3C,0x02,0x42,0x7C,
0x00,0x00,

122 0x00,0x00,0x00,0x00,0x00,0x10,0x10,0x7C,0x10,0x10,0x10,0x10,0x10,0x0C,
0x00,0x00,

123 0x00,0x00,0x00,0x00,0x00,0x00,0x00,0xC6,0x42,0x42,0x42,0x42,0x46,0x3B,
0x00,0x00,

124 0x00,0x00,0x00,0x00,0x00,0x00,0x00,0xE7,0x42,0x24,0x24,0x28,0x10,0x10,
0x00,0x00,

125 0x00,0x00,0x00,0x00,0x00,0x00,0x00,0xD7,0x92,0x92,0xAA,0xAA,0x44,0x44,
0x00,0x00,

126 0x00,0x00,0x00,0x00,0x00,0x00,0x00,0x6E,0x24,0x18,0x18,0x18,0x24,0x76,
0x00,0x00,

127 0x00,0x00,0x00,0x00,0x00,0x00,0x00,0xE7,0x42,0x24,0x24,0x28,0x18,0x10,
0x10,0xE0,

128 0x00,0x00,0x00,0x00,0x00,0x00,0x00,0x7E,0x44,0x08,0x10,0x10,0x22,0x7E,
0x00,0x00,

129 0x00,0x03,0x04,0x04,0x04,0x04,0x04,0x08,0x04,0x04,0x04,0x04,0x04,0x04,
0x03,0x00,

130 0x08,0x08,0x08,0x08,0x08,0x08,0x08,0x08,0x08,0x08,0x08,0x08,0x08,0x08,
0x08,0x08,

131 0x00,0x60,0x10,0x10,0x10,0x10,0x10,0x08,0x10,0x10,0x10,0x10,0x10,0x10,
0x60,0x00,

132 0x30,0x4C,0x43,0x00,0x00,0x00,0x00,0x00,0x00,0x00,0x00,0x00,0x00,0x00,
0x00,0x00,

133 0x00,0x00,0x00,0x00,0x00,0x00,0x00,0x00,0x00,0x00,0x00,0x00,0x00,0x00,
0x00,0x00};

  第 5~133 行的二维数组 stdChar16_8 定义了 128 个标准 ASCII 码字符的点阵图。例如,字符"A",其 ASCII 值为 65,则第 71 行的 stdChar16_8[65][0]~ stdChar16_8[65][15]为字符"A"的点阵,字符显示为 16 行 8 列的点阵图,其中,stdChar16_8[65][i](0<=i<16)显示为第 i 行,如果元素数据中的位为 1,则显示为前景色(画笔颜色);如果元素数据中的位为 0,则显示为背景色。同理,通过生成汉字库,结合汉字的区位码可以显示汉字。

13.5 本章小结

  本章讨论了 LCD 屏、外扩 SDRAM 和触摸屏的驱动原理和方法,基于 IAR-

LPC1788 实验板给出了一个集成任务信号量、消息队列和任务消息队列用法的综合性应用实例,将触摸屏、按键、ADC0 通道 7 和串口等作为输入设备,将 LCD 屏和串口等作为输出设备,演示了借助事件进行任务间通信以及中断服务程序与任务间通信的实现方法。本章工程实例 ex13_1 全面复习和总结了基于 $\mu C/OS-III$ 嵌入式操作系统进行面向任务应用程序设计的方法和技巧,此外,在 LCD 屏上显示汉字的原理与显示字符的原理相似,读者可在工程 ex13_1 的基础上进一步添加用户任务,实现更为复杂的绘图功能和汉字显示功能。最后,关于 $\mu C/OS-III$ 事件需要补充的一点是,所有的事件本质上是全局变量,因此,事件应必须声明为全局变量,使事件保存在堆中;而消息队列的消息也应声明为全局变量或静态变量,使消息变量保存在堆中。在工程 ex13_1 中,如程序段 13-3 的第 56～59 行所示,这些全局变量均用来表示消息。

　　[设计性实验]　设计一个计算器软件,能实现加、减、乘、除和三角函数运算以及二、十、十六进制转换处理,使用触摸屏作为输入设备,LCD 屏作为输出设备。

第**14**章

Keil MDK 程序设计方法

本章在第 2 章介绍 Keil MDK 的基础上,进一步深入讲述 Keil MDK 设计基于 μC/OS-Ⅲ 操作系统的应用程序框架,旨在方便那些偏好使用 Keil MDK 集成开发环境的读者。本章使用了 Embedded Artists(EA)公司 LPC1788-32 Develper's Kit 开发板,以下简称 EA-LPC1788-DK 实验板,实际上仅用到了其 JTAG 接口和串口 0;使用 Keil MDK4.53 软件开发环境,建议使用最新的 Keil MDK 软件。

14.1 Keil MDK 工程构建

使用 EA-LPC1788-DK 实验板的工作平台如图 14-1 所示,使用 U-Link2 仿真器和 5 V 直流电源,此外,EA-LPC1788-DK 实验板上集成了 FT232R 芯片,通过 Mini-USB 接口线与计算机的 USB 口相连,在 Windows 7 操作系统下自动安装 USB 转串口驱动程序,使得 USB 口转为串口与 EA-LPC1788-DK 实验板进行通信。客观上讲,EA-LPC1788-DK 实验板功能模块比 IAR-LPC1788 实验板多一些,功能更加强大,并且它标配了一个 7 寸 LCD 屏。这里基于 Keil MDK 的工程只用到了 JTAG 接口和串口 0 通信模块,尽管 EA-LPC1788-DK 实验板使用 FT232R 进行了 USB 转串口处理,但是功能上可以看作与 IAR-LPC1788 实验板电路结构相同,因此,不再给出相关的电路原理图;另外 EA-LPC1788-DK 实验板可以借助于 U-LINK2 供电,也可借助外部 5 V 直流电源。

将图 14-1 中的 U-LINK2 的 USB 接口和做串口通信用的 Mini-USB 线的另一端 USB 接口分别连接到笔记本电脑的两个 USB 口上,然后,将 5 V 直流电源接 220 V 插头,此时,EA-LPC1788-DK 实验板上靠近 Mini-USB 口的 LED 灯会点亮。如果电脑系统为 Windows 7,则会自动安装 FT232R 芯片驱动程序,之后,打开串口调试助手,选择使用的串口号,并设置波特率为 115 200 bps。最后,打开 Keil MDK 集成开发环境,就可以进行程序设计了。需要注意的是,EA-LPC1788-DK 上具有大量的跳线,另外 R163 电阻要从实验板上拆除,如果不能确保所有跳线为出厂配置,则应先熟悉这些跳线的接法。影响最大的跳线为 J23,如果使用外部 5 V 电源供电,则该跳线必须空着。

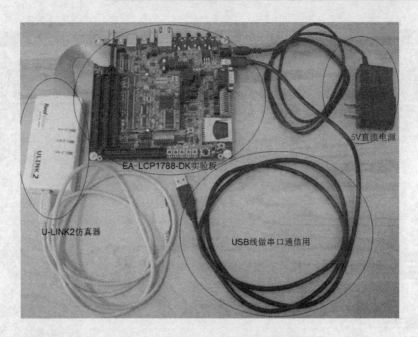

5V直流电源

EA-LCP1788-DK实验板

U-LINK2仿真器

USB线做串口通信用

图 14 - 1　EA - LPC1788 - DK 实验板

这里创建的 Keil MDK 工程 ex14_1 与第 4 章的工程 ex4_3 功能相同,目的在于演示如何使用 Keil MDK 集成开发环境创建基于 μC/OS - IIII 嵌入式系统的应用程序。

14.1.1　工程文件结构

打开 Keil MDK 集成开发环境,新建工程 ex14_1. uvproj,对应的目录为 D:\xtu-cos3\ex14_1,工程 ex14_1 主界面如图 14 - 2 所示。该工程具有与图 4 - 14 相同的分组名(Keil MDK 不自动创建 Output 分组,故图 14 - 2 中没有 Output 分组)。

工程 ex14_1 的工作目录如图 14 - 3 所示。图 14 - 3 中的所有目录都是用户创建的,与图 14 - 2 中各分组的对应关系和第 4 章表 4 - 5 完全相同,只是这里的Debug 目录是用户创建的,而工程 ex4_3 的 Debug 目录是 EWARM 根据配置信息自动创建的。

然后,直接将工程 ex4_3 工作目录下的各个子目录的文件(见图 4 - 16)拷贝到如图 14 - 3 所示的同名子目录下。注意以下几点:

① 原来作了改动的汇编语言程序恢复为原来的程序。

② 保留 C 语言文件(.c 和.h 文件)的修改。

③ 将 APP_CPU 子目录下的 vectors. s 文件删除,换作 startup_LPC177x_8x. s 文件(即附录所示的文件),在文件标号"_initial_sp"后添加如下代码:

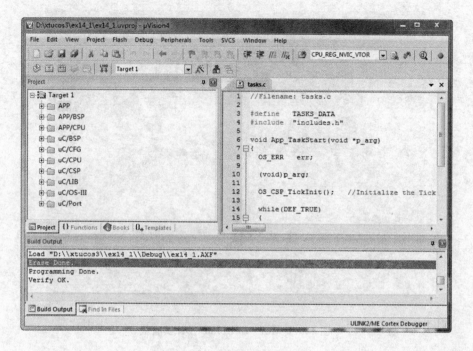

图 14-2 工程 ex14_1 主界面

图 14-3 工程 ex14_1 工作目录

```
AREA       |.ARM._at_0x10000000|,DATA, READWRITE, ALIGN = 3
VECTSPACE            DCD       _initial_sp  ;Top of Stack
                     SPACE     55 * 4
```

上述代码为重定位的异常向量表保留空间。

④ 将 uCLIB 子目录下的全部文件删除掉，更换为压缩包文件 Micrium － Book －
uCOS － III － NXP － LPC1788. exe 解压后得到的"Micrium\Software\uC－LIB 及其
子目录 Cfg\ Template 和 Ports\ARM － Cortex － M3\RealView 下的全部文件"。

⑤ 将 APP 子目录下 main. c 文件中的主函数改为"int main(void)"，即 Keil
MDK 要求 main 主函数的返回类型为 int。

⑥ 将 APP_CPU 子目录下的 LPC1788_nvic. c 文件重新编写，其代码如下：

程序段 14 － 1　　LPC1788_nvic. c 文件

```
1       //Filename: LPC1788_nvic.c
2       //Programmer: ZhangYong@ jxufe.edu.cn
3
4       # include   "includes.h"
5
6       void  SystemInit(void)
7       {
8
9           FLASHCFG = (5UL<<12) | 0x03AUL;
10          initClock();
11
12          //Close All Interrupts
13          CSP_IntDisAll(CSP_INT_CTRL_NBR_MAIN);
14
15          VectTblReloc();
16
17          initUART0();
18      }
19
20      void  VectTblReloc(void)   //Vector Table reloc at 0x1000 0000
21      {
22          CPU_REG_NVIC_VTOR = CPU_REG_NVIC_VTOR_TBLBASE;
23      }
24
25      //Relocate: Interrupt(intNbr) to VectTbl
26      void  VectTblIntFncAt(CSP_DEV_NBR intNbr)
27      {
28        ( * (CPU_REG32 * )(CPU_REG_NVIC_VTOR + 4 * (CPU_INT_EXT0 + intNbr))) = (CPU_
INT32U)CSP_IntHandler;
29      }
30
31      //Relocate: Exception(excNbr,excFunc) to VectTbl
32      void  VectTblFncAt(CSP_DEV_NBR  excNbr, CPU_FNCT_VOID excFunc)
```

```
33      {
34          ( * (CPU_REG32 * )(CPU_REG_NVIC_VTOR + 4 * excNbr)) = (CPU_INT32U)excFunc;
35      }
36
37      //PLL0 = 96MHz, CPU = 96MHz,PCLK = 12MHz
38      void initClock(void)
39      {
40          CCLKSEL = (1UL<<0) | (0UL<<8);
41          CLKSRCSEL = 0UL;
42          USBCLKSEL = (0UL<<0) | (0UL<<8);
43
44          SCS = SCS & (~((1UL<<4) | (1UL<<5)));
45          SCS | = (1UL<<5);
46          while((SCS & (1UL<<6)) = = 0UL);
47
48          CLKSRCSEL = 1UL;
49          PLL0CON = 0UL;
50          PLL0FEED = 0xAA;
51          PLL0FEED = 0x55;
52          PLL0CFG = (7UL<<0) | (0UL<<5);
53          PLL0FEED = 0xAA;
54          PLL0FEED = 0x55;
55          PLL0CON = 1UL;
56          PLL0FEED = 0xAA;
57          PLL0FEED = 0x55;
58          while((PLL0STAT & (1UL<<10)) = = 0UL);
59
60          PCLKSEL = (8UL<<0);   //PCLK = 12MHz
61          CCLKSEL = (1UL<<0) | (1UL<<8);    //CPU = 96MHz
62          USBCLKSEL = (2UL<<0) | (1UL<<8);//USB = 48MHz
63          EMCCLKSEL = (0UL<<0);   //EMC = 96MHz
64      }
65
66      void  LPC1788_NVIC_Init(void)
67      {
68          VectTblIntFncAt((CSP_DEV_NBR)5u);                       //Uart 0 Interrupt
69        VectTblFncAt((CSP_DEV_NBR)15u,OS_CPU_SysTickHandler); //SysTick Exception
70          VectTblFncAt((CSP_DEV_NBR)14u,OS_CPU_PendSVHandler); //PendSV EXception
71      }
```

Keil MDK 的启动文件 startup_LPC177x_8x. s 执行后，将自动调用 SystemInit 函数对硬件平台进行初始化，然后再调用 main 函数。因此，这里第 6～18 行为 SystemInit 函数（对应着工程 ex4_3 中的_low_level_init 函数），进行时钟、异常向量表重定位和串口 0 的初始化工作。第 66～71 行在 Main 函数中调用（与工程 ex4_3 相同），为重定位串口 0、系统时钟节拍和 PendSV 异常（中断）的入口地址。

至此，工程 ex14_1 的所有文件都准备好了。

14.1.2　工程选项配置

准备好工程 ex14_1 的所有文件后，在图 14-2 的工程浏览器中右击"Target 1"，在其弹出的快捷菜单中选择"Options for Target 'Target 1'... Alt+F7"，配置其各个选项卡如图 14-4～图 14-10 所示。

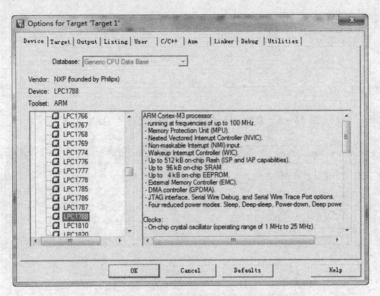

图 14-4　在"Device"选项卡中选择 LPC1788

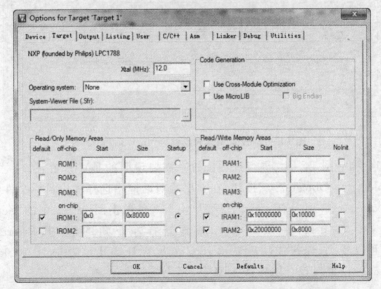

图 14-5　设置 LPC1788 的外部时钟、ROM 和 RAM 存储区

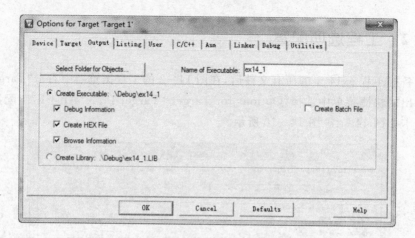

图 14‑6 在"Output"选项卡中设置产生 HEX 文件

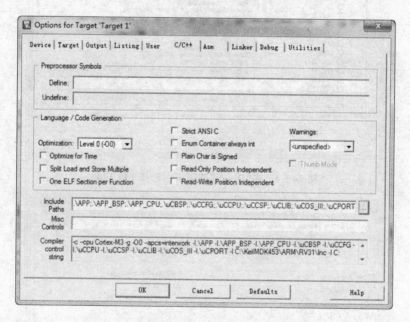

图 14‑7 设置编译包括路径"Include Paths"

按图 14‑4～图 14‑10 进行选项配置。需要说明的是：① 在图 14‑6 中单击"Select Folder for Objects…"按钮，在弹出的对话框中选择输出目标文件使用的路径为"D:\xtucos3\ex14_1\Debug"；② 图 14‑10 是单击图 14‑9 中的"Settings"按钮弹出的对话框窗口，在该窗口中，注意选择左下角的"with Pre‑reset"。从图 14‑10 可以看到，连接成功后显示 LPC1788 的 IDCODE 为 0x4BA0 0477，一般地，JTAG 时钟设置为 500 kHz 或 1 MHz。

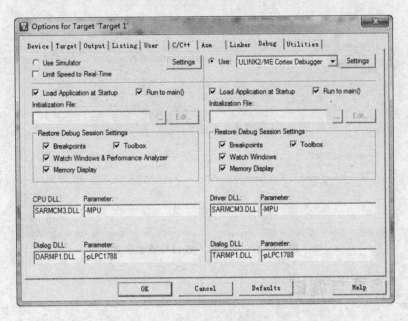

图 14 - 8　在"Debug"选项卡中设置使用 U - LINK2 仿真器

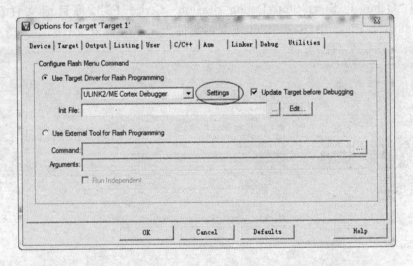

图 14 - 9　在"Utilities"选项卡中设置使用 U - LINK2 下载 Flash

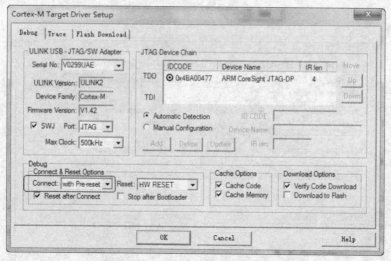

图 14 – 10   Cortex – M 目标驱动设置

14.2   仿真与调试

在图 14 – 2 中选择"Project │ Rebuild all target files"编译工程 ex14_1,然后,选择菜单"Debug │ Start/Stop Debug Session Ctrl ＋ F5",将目标文件下载到 LPC1788 片上 Flash 中(Keil MDK 下载的文件为 ex14_1. axf 文件),进入图 14 – 11

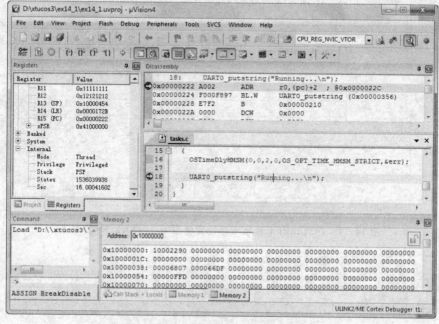

图 14 – 11   工程 ex14_1 仿真调试界面

所示仿真调试界面。可以在工程中设置断点,如图 14-11 所示,在 tasks.c 文件中设置了一个断点,然后,按"F5"键运行程序至断点处,或按"F11"键单步运行程序,通过"Register"、"Call Stack+Locals"或"Memory 2"等窗口观测调试信息。

　　工程 ex14_1 运行时将在串口调试助手中显示如图 14-12 所示信息,即每隔 2 s 将显示一行"Running..."信息,共 10 个可显示字符,再加上 1 个换行符,因此,每行信息共 11 个字符。图 14-12 中收到 7 行"Running"信息,共计 77 个字符,如图中状态栏"RX:77"所示。图 14-12 中,使用了串口 1,波特率为 115 200 bps,无校验位,1 位停止位,8 位数据位。

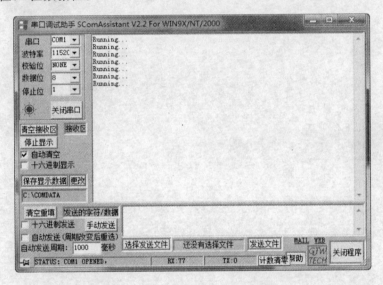

图 14-12　串口调试助手输出信息

14.3　本章小结

　　由于 Keil MDK 集成开发环境操作简单,具有很强的易用性,且 Keil MDK V4.53 版本的编辑器性能也较以前的版本有很大的提高,更重要的是,Keil MDK 采用 ARM 公司 RVDS 编译连接器生成目标代码,因此使得很多 ARM 程序设计者偏好 Keil MDK 软件。事实上,无法简单地比较 IAR EWARM 和 Keil MDK 二者的优缺点,至少对于 Cortex-M3 架构 LPC1788 芯片而言,这两个集成开发环境都是最优秀的。通过本章及第 4 章的对比学习,可见基于 IAR EWARM 开发好的 μC/OS-III 应用程序移植到 Keil MDK 集成开发环境下,只是要启动代码和将汇编伪指令修改一下而已。本章中的程序没有给出详细清单,那些来自于压缩包的文件在第 4 章已经作了说明,用户编写的代码参考第 5 章的同名文件。有趣的是,将 EA-

LPC1788 – DK 实验板换成 IAR – LPC1788 实验板(采用 USB 转串口线,仍采用 U – LINK2 仿真器),本章的工程 ex14 – 1(在 Keil MDK 下编译连接)可以直接在 IAR – LPC1788 实验板上运行,实验结果相同。只需要把图 14 – 8 和图 14 – 9 按图 2 – 19 和图 2 – 20 所示配置,并打开 H – JTAG 和 H – Flasher 软件,借助 H – JTAG 仿真器,即可使工程 ex14_1(在 Keil MDK 下编译连接)直接运行在 IAR – LPC1788 实验板或 EA – LPC1788 – DK 实验板上。

11 行用 PALSE（应为 FALSE）为 Heap_Mem 开辟 0x400 Bytes。Beak hoad 与 heap_limit 为 Heap_Mem 的首地址与尾地址。（源代码：space ← [CPU 上移 hoad heap Mem 与 Heap_Mem 为 heap hoad Heap hoad。）

附录

启动文件 startup_LPC177x_8x.s

Keil MDK 基于 Cortex-M3 核心 LPC1788 芯片的启动代码文件,对于学习 μC/OS-III 的移植和深入理解 LPC1788 芯片资源等有直接的帮助,所以,在此罗列了该程序完整的源代码(为了节省篇幅,去掉了大部分注释),仅用于辅助 Keil MDK 软件教学。由于启动文件代码较长,为了便于阅读理解,解释部分直接嵌入到程序中了,下面那些带有行号的语句属于程序代码,其余部分为解释。

程序段附 1-1 startup_LPC177x_8x.s

```
1      ;filename:    startup_LPC177x_8x.s
2
3      Stack_Size    EQU      0x00000200
4                    AREA     STACK, NOINIT, READWRITE, ALIGN = 3
5      Stack_Mem     SPACE    Stack_Size
6      _initial_sp
7
```

第 3 行定义常量 Stack_Size 为 0x0000 0200,该常量用做堆栈的大小。第 4 行定义数据段 STACK,初始化为 0(或不进行初始化),可读可写属性,8 字节对齐存储,即堆栈的首地址的后 3 位必须为 0。第 4～6 行为数据段 STACK,第 5 行用 SPACE 为堆栈开辟 Stack_Size(即 0x200)大小的空间,标号为 Stack_Mem。第 6 行标号 _initial_sp 指向 Stack_Mem 的末地址,由于 Cortex_M3 是由高地址向低地址增长型的堆栈(即压栈后 SP 指针地址减 4 字节),因此,_initial_sp 即为堆栈的首地址,Stack_Mem 为堆栈空间,Stack_Size 为堆栈大小。

```
8      Heap_Size     EQU      0x00000400
9                    AREA     HEAP, NOINIT, READWRITE, ALIGN = 3
10     _heap_base
11     Heap_Mem      SPACE    Heap_Size
12     _heap_limit
13
```

第 8 行定义堆的大小 Heap_Size 常量为 0x0000 0400,(堆)栈主要用于存放上下文信息,或需要用栈临时保存的中间变量;堆用于存储程序中的其他数据,包括全局变量等,一般地,堆比(堆)栈要大得多。第 9 行定义数据段 HEAP,初始化为 0 或不进行初始化,可读可写属性,8 字节对齐存储,即堆的首地址的末 3 位必须为 0。第

11 行用 SPACE 为堆开辟 Heap_Size 大小的空间,第 10 行_heap_base 指向堆的首地址,第 12 行_heap_limi 指向堆的尾地址。因此,第 8~12 行创建了大小为 Heap_Size 的堆 Heap_Mem,其首地址为_heap_base,尾地址为_heap_limit。

```
14                      PRESERVE8
15                      THUMB
16
```

第 14 行 PRESERVE8 指示连接器当前程序保持 8 字节对齐的堆栈形式,实际上,第 3~12 行并没有具体指定堆栈和堆在内存(SRAM)中的具体地址,程序在运行时将根据 PRESERVE8 和 ALIGN 伪指令的需要具体分配堆和栈的位置,即保证堆、栈按 8 字节对齐存储。特别是堆栈,它的大小应该是能被 8 整除的整数,例如 0x200 和 0x400 等,保证栈顶指针也是 8 字节对齐的地址。

第 15 行指示当前程序采用 THUMB 指令集,而且 Cortex‐M3 不支持 ARM 指令集。

```
17            AREA      RESET, DATA, READONLY
18            EXPORT    _Vectors
19  _Vectors  DCD       _initial_sp              ;Top of Stack
20            DCD       Reset_Handler            ;Reset Handler
21            DCD       NMI_Handler              ;NMI Handler
22            DCD       HardFault_Handler        ;Hard Fault Handler
23            DCD       MemManage_Handler        ;MPU Fault Handler
24            DCD       BusFault_Handler         ;Bus Fault Handler
25            DCD       UsageFault_Handler       ;Usage Fault Handler
26            DCD       0                        ;Reserved
27            DCD       0                        ;Reserved
28            DCD       0                        ;Reserved
29            DCD       0                        ;Reserved
30            DCD       SVC_Handler              ;SVCall Handler
31            DCD       DebugMon_Handler         ;Debug Monitor Handler
32            DCD       0                        ;Reserved
33            DCD       PendSV_Handler           ;PendSV Handler
34            DCD       SysTick_Handler          ;SysTick Handler
35
36            DCD       WDT_IRQHandler           ;16: Watchdog Timer
37            DCD       TIMER0_IRQHandler        ;17: Timer0
38            DCD       TIMER1_IRQHandler        ;18: Timer1
39            DCD       TIMER2_IRQHandler        ;19: Timer2
40            DCD       TIMER3_IRQHandler        ;20: Timer3
41            DCD       UART0_IRQHandler         ;21: UART0
42            DCD       UART1_IRQHandler         ;22: UART1
43            DCD       UART2_IRQHandler         ;23: UART2
44            DCD       UART3_IRQHandler         ;24: UART3
45            DCD       PWM1_IRQHandler          ;25: PWM1
46            DCD       I2C0_IRQHandler          ;26: I2C0
```

47	DCD	I2C1_IRQHandler	;27：I2C1
48	DCD	I2C2_IRQHandler	;28：I2C2
49	DCD	SPIFI_IRQHandler	;29：SPIFI
50	DCD	SSP0_IRQHandler	;30：SSP0
51	DCD	SSP1_IRQHandler	;31：SSP1
52	DCD	PLL0_IRQHandler	;32：PLL0 Lock (Main PLL)
53	DCD	RTC_IRQHandler	;33：Real Time Clock
54	DCD	EINT0_IRQHandler	;34：External Interrupt 0
55	DCD	EINT1_IRQHandler	;35：External Interrupt 1
56	DCD	EINT2_IRQHandler	;36：External Interrupt 2
57	DCD	EINT3_IRQHandler	;37：External Interrupt 3
58	DCD	ADC_IRQHandler	;38：A/D Converter
59	DCD	BOD_IRQHandler	;39：Brown－Out Detect
60	DCD	USB_IRQHandler	;40：USB
61	DCD	CAN_IRQHandler	;41：CAN
62	DCD	DMA_IRQHandler	;42：General Purpose DMA
63	DCD	I2S_IRQHandler	;43：I2S
64	DCD	ENET_IRQHandler	;44：Ethernet
65	DCD	MCI_IRQHandler	;45：SD/MMC card I/F
66	DCD	MCPWM_IRQHandler	;46：Motor Control PWM
67	DCD	QEI_IRQHandler	;47：Quadrature Encoder Interface
68	DCD	PLL1_IRQHandler	;48：PLL1 Lock (USB PLL)
69	DCD	USBActivity_IRQHandler	;49：USB Activity interrupt to wakeup
70	DCD	CANActivity_IRQHandler	;50：CAN Activity interrupt to wakeup
71	DCD	UART4_IRQHandler	;51：UART4
72	DCD	SSP2_IRQHandler	;52：SSP2
73	DCD	LCD_IRQHandler	;53：LCD
74	DCD	GPIO_IRQHandler	;54：GPIO
75	DCD	PWM0_IRQHandler	;55：PWM0
76	DCD	EEPROM_IRQHandler	;56：EEPROM
77			

第 17 行定义数据段 RESET，一般地，数据段具有可读可写属性，但是，Keil MDK 要求 0 地址固定地映射到 RESET 段，所以这个段名是固定的，并且具有只读属性（因为对应着 Flash 存储空间，具有可读可写属性也没有实际意义）。第 18 行将 _Vectors 定义为外部可引用标号。第 19～76 行的写法非常固定，而且是和地址对应的，第 19～34 行为 ARM 异常向量表（对应于第 2 章表 2 - 3 异常号 0～15），第 36～76 行为外部中断向量表（与 LPC1788 芯片相关），第 19～76 行的每一行都是 DCD 加上一个标号（或 0），DCD 为每个标号（或 0）分配一个字的空间，刚好占据一个异常（或中断）向量的空间，Keil MDK 采用了见名知义的标号表示每个异常（或中断），例如，用 Reset_Handler（复位手柄）表示复位向量标号。这些标号实际上是跳转地址，当异常（或中断）发生后，PC 将指向异常（或中断）向量表中对应的位置，然后，跳转到异常服务程序中去。用户可以自己命名相应的异常（或中断）标号，这里强烈建议采用这些标号的命名方法。访问异常（或中断）向量表是按地址方式访问的，

所以,每个异常(或中断)的位置先后顺序必须固定。

```
78                      IF       :LNOT::DEF:NO_CRP
79                      AREA     |.ARM._at_0x02FC|, CODE, READONLY
80      CRP_Key         DCD      0xFFFFFFFF
81                      ENDIF
82
```

LPC1788 芯片具有对代码和硬件的保护特色,分为三级,依次为 CRP1、CRP2 和 CRP3。当 Flash 地址 0x0000 02FC 中的数据为 0x1234 5678 时,为 CRP1 级,此时,JTAG 口不可用,不能读存储空间,不能访问低于 0x1000 0200 地址的 RAM,除了 0 扇区外,其余 Flash 扇区可独立擦除等。当 0x0000 02FC 中为 0x8765 4321 时,为 CRP2 级,在 CRP1 的基础上,不能写 RAM,不能拷贝 RAM 代码到 Flash,只能整块擦除 Flash。当 0x0000 02FC 中包含 0x4321 8765 时,为 CRP3,在 CRP2 的基础上,ISP 不可用,只有用户程序才能更新 Flash 内容,相当于硬件被保护而不再具有二次开发特性。因此,初学者应尽可能不设置 CRP 保护,第 78 行 IF 语句判断如果没有定义 CRP 保护,则执行第 79～80 行。第 79 行定义了只读代码段|.ARM._at_0x02FC|,这种类似于.ARM._at_address 的语句(其中 address 为某个地址常数)表示指定段的具体地址为 address,而双竖线"||"表示该段是由 C 编译器产生的段(允许同名段的合并),或者是以数字开头的段名,例如"|1_oper|"。第 80 行用 DCD 将标号 CRP_Key 赋初值 0xFFFF FFFF,即相当于将 0x02FC 置值 0xFFFF FFFF。因此,第 78～81 行将 Flash 的地址 0x0000 02FC 处赋值 0xFFFF FFFF,即不使用代码读保护(CRP)。

```
83                       AREA      |.text|, CODE, READONLY
84      Reset_Handler    PROC
85                       EXPORT    Reset_Handler            [WEAK]
86                       IMPORT    SystemInit
87                       IMPORT    _main
88                       LDR       R0, = SystemInit
89                       BLX       R0
90                       LDR       R0, = _main
91                       BX        R0
92                       ENDP
93
94      NMI_Handler      PROC
95                       EXPORT    NMI_Handler              [WEAK]
96                       B         .
97                       ENDP
98      HardFault_Handler    PROC
99                       EXPORT    HardFault_Handler        [WEAK]
100                      B         .
101                      ENDP
102     MemManage_Handler    PROC
```

```
103                EXPORT   MemManage_Handler     [WEAK]
104                B        .
105                ENDP
106  BusFault_Handler    PROC
107                EXPORT   BusFault_Handler      [WEAK]
108                B        .
109                ENDP
110  UsageFault_Handler  PROC
111                EXPORT   UsageFault_Handler    [WEAK]
112                B        .
113                ENDP
114  SVC_Handler    PROC
115                EXPORT   SVC_Handler           [WEAK]
116                B        .
117                ENDP
118  DebugMon_Handler    PROC
119                EXPORT   DebugMon_Handler      [WEAK]
120                B        .
121                ENDP
122  PendSV_Handler PROC
123                EXPORT   PendSV_Handler        [WEAK]
124                B        .
125                ENDP
126  SysTick_Handler PROC
127                EXPORT   SysTick_Handler       [WEAK]
128                B        .
129                ENDP
130
131  Default_Handler PROC
132                EXPORT   WDT_IRQHandler        [WEAK]
133                EXPORT   TIMER0_IRQHandler     [WEAK]
134                EXPORT   TIMER1_IRQHandler     [WEAK]
135                EXPORT   TIMER2_IRQHandler     [WEAK]
136                EXPORT   TIMER3_IRQHandler     [WEAK]
137                EXPORT   UART0_IRQHandler      [WEAK]
138                EXPORT   UART1_IRQHandler      [WEAK]
139                EXPORT   UART2_IRQHandler      [WEAK]
140                EXPORT   UART3_IRQHandler      [WEAK]
141                EXPORT   PWM1_IRQHandler       [WEAK]
142                EXPORT   I2C0_IRQHandler       [WEAK]
143                EXPORT   I2C1_IRQHandler       [WEAK]
144                EXPORT   I2C2_IRQHandler       [WEAK]
145                EXPORT   SPIFI_IRQHandler      [WEAK]
146                EXPORT   SSP0_IRQHandler       [WEAK]
147                EXPORT   SSP1_IRQHandler       [WEAK]
148                EXPORT   PLL0_IRQHandler       [WEAK]
149                EXPORT   RTC_IRQHandler        [WEAK]
```

```
150          EXPORT    EINT0_IRQHandler       [WEAK]
151          EXPORT    EINT1_IRQHandler       [WEAK]
152          EXPORT    EINT2_IRQHandler       [WEAK]
153          EXPORT    EINT3_IRQHandler       [WEAK]
154          EXPORT    ADC_IRQHandler         [WEAK]
155          EXPORT    BOD_IRQHandler         [WEAK]
156          EXPORT    USB_IRQHandler         [WEAK]
157          EXPORT    CAN_IRQHandler         [WEAK]
158          EXPORT    DMA_IRQHandler         [WEAK]
159          EXPORT    I2S_IRQHandler         [WEAK]
160          EXPORT    ENET_IRQHandler        [WEAK]
161          EXPORT    MCI_IRQHandler         [WEAK]
162          EXPORT    MCPWM_IRQHandler       [WEAK]
163          EXPORT    QEI_IRQHandler         [WEAK]
164          EXPORT    PLL1_IRQHandler        [WEAK]
165          EXPORT    USBActivity_IRQHandler [WEAK]
166          EXPORT    CANActivity_IRQHandler [WEAK]
167          EXPORT    UART4_IRQHandler       [WEAK]
168          EXPORT    SSP2_IRQHandler        [WEAK]
169          EXPORT    LCD_IRQHandler         [WEAK]
170          EXPORT    GPIO_IRQHandler        [WEAK]
171          EXPORT    PWM0_IRQHandler        [WEAK]
172          EXPORT    EEPROM_IRQHandler      [WEAK]
173
174   WDT_IRQHandler
175   TIMER0_IRQHandler
176   TIMER1_IRQHandler
177   TIMER2_IRQHandler
178   TIMER3_IRQHandler
179   UART0_IRQHandler
180   UART1_IRQHandler
181   UART2_IRQHandler
182   UART3_IRQHandler
183   PWM1_IRQHandler
184   I2C0_IRQHandler
185   I2C1_IRQHandler
186   I2C2_IRQHandler
187   SPIFI_IRQHandler
188   SSP0_IRQHandler
189   SSP1_IRQHandler
190   PLL0_IRQHandler
191   RTC_IRQHandler
192   EINT0_IRQHandler
193   EINT1_IRQHandler
194   EINT2_IRQHandler
195   EINT3_IRQHandler
196   ADC_IRQHandler
```

```
197        BOD_IRQHandler
198        USB_IRQHandler
199        CAN_IRQHandler
200        DMA_IRQHandler
201        I2S_IRQHandler
202        ENET_IRQHandler
203        MCI_IRQHandler
204        MCPWM_IRQHandler
205        QEI_IRQHandler
206        PLL1_IRQHandler
207        USBActivity_IRQHandler
208        CANActivity_IRQHandler
209        UART4_IRQHandler
210        SSP2_IRQHandler
211        LCD_IRQHandler
212        GPIO_IRQHandler
213        PWM0_IRQHandler
214        EEPROM_IRQHandler
215                        B       .
216                        ENDP
217
```

　　第 83 行定义了只读代码段|.text|，第 84 行之后的代码均属于该段。第 84 行的标号 Reset_Handler 与第 20 行对应，表示这里是复位异常服务程序的入口地址，PROC 与第 92 行的 ENDP 配对，表示第 85～91 行间的语句组成"函数"或"子程序"，这里 Reset_Handler 为函数名。第 85 行将 Reset_Handler 声明为外部可引用标号，WEAK 表示该标号是"弱"作用的，即如果在别的模块中出现了同名标号，该标号将会被取代而不被引用。第 86～87 行引用外部的标号 SystemInit 和_main，Keil MDK 希望用户用 C 语言编写这两个标号的函数，即"int main()"和"void SystemInit()"，分别表示主程序函数和系统初始化函数。第 88～89 行将跳转到 SystemInit 函数执行芯片系统初始化工作，然后返回到第 90 行，第 90～91 行跳转到 main 函数执行。当出现异常或中断时，再跳转到其他的异常或中断服务程序去。

　　同理，第 94～97 行定义 NMI_Handler 异常的服务函数，这里第 96 行"B ."表示通过跳转到本行循环执行，没有实质性的含义，用户需要修改这部分代码，添加用户希望的 NMI_Handler 异常服务程序。由于 NMI_Handler 是弱作用的，一般地，不直接修改该部分代码，而是重新创建一个模块（文件），在其中定义新的 NMI_Handler 标号。第 98～261 行基本上都是这个模式，不再赘述。需要注意的是，第 131～214 行的外部中断都指向同一函数，即 Default_Handler，由于这些中断标号（或称函数名）都是弱作用的，因此，可以在新的模块（文件）中重新创建它们的服务函数。

```
218                        ALIGN
219                        IF      :DEF:_MICROLIB
220                        EXPORT  _initial_sp
```

```
221                    EXPORT    _heap_base
222                    EXPORT    _heap_limit
223
224                    ELSE
225                    IMPORT    _use_two_region_memory
226                    EXPORT    _user_initial_stackheap
227   _user_initial_stackheap
228                    LDR       R0, =   Heap_Mem
229                    LDR       R1, = (Stack_Mem + Stack_Size)
230                    LDR       R2, = (Heap_Mem +   Heap_Size)
231                    LDR       R3, = Stack_Mem
232                    BX        LR
233
234                    ALIGN
235                    ENDIF
236                    END
237
```

第 218 行 ALIGN 表示其下面的代码将被放置在 4 字节对齐的地址,即紧跟其后的指令地址的最低 2 位必须为 0。这样有可能会使得第 218 行前后的代码不是连续存储的,中间最多会相隔 3 个字节,但是执行效率会更高一些(总线按 32 位取指)。第 219~235 行为定义用户堆和堆栈的地址。第 219 行判断是否使用了 MICROLIB 库,该库与 C 标准库不兼容,与 IEEE 754 浮点数标准不兼容,且要求 main 函数无返回值、无参数,不支持操作系统函数,它的优势在于对小代码高度优化,该库集成了创建堆和栈的函数,并初始化了库函数,因此,一旦使用 MICROLIB(在第 2 章图 2 - 17 中复选"Use MicroLIB"),则只需要把堆栈的栈顶地址 _initial_sp 以及堆的首尾地址 _heap_base 和 _heap_limit 标号定义为外部引用标号即可,即第 220~222 行的作用。必须注意的是,这里的 3 个标号名称是系统默认的,不能随意改动。

对于加载嵌入式操作系统 μC/OS - III 的应用程序,不建议使用 MicroLIB 库,尽可能使用 C 标准库,这样,第 225 ~ 234 行被执行。启动代码文件 startup_LPC177x_8x.s 中最令人费解的代码是第 225 行代码,可以在 .map 表文件中查得该标号占据 2 字节,Keil MDK 的说法是如果堆和栈在内存中靠得比较近,则可能在运行过程中会导致空间重叠(这种情况几乎不会发生,因为堆和栈的生长方向是相反的),这样会在编译连接时给出警告,并且堆空间分配失败,为了避免该警告,Keil MDK 要求添加第 225 行的代码,表示用两个不同的区段分别存放堆和堆栈。

第 226 行定义外部可调用的标号 _user_initial_stackheap,C 标准库自动实现了用户堆和栈的分配工作,需要启动代码通过第 228~231 行借助 R0~R3 将堆首地址、栈顶指针地址、堆尾地址和栈首地址作为 4 个参数传递到 C 函数中。必须注意,这里的顺序不能变动,堆栈栈顶指针保存在 R1 中。这 4 个参数对应着 C 结构体 _initial_stackheap 如下:

```
struct _initial_stackheap {
```

```
    unsigned heap_base;              /* low-address end of initial heap */
    unsigned stack_base;             /* high-address end of initial stack */
    unsigned heap_limit;             /* high-address end of initial heap */
    unsigned stack_limit;            /* unused */
};
```

其中，第 4 个参数(由 R3 传递)没有使用，第 2 个参数 stack_base 是堆栈的栈顶指针，对于 Cortex-M3 而言，表示栈空间的最高地址，即栈尾地址。

第 232 行是典型的子程序返回语句，即"BX　LR"。第 234 行表示后续的代码必须以 4 字节对齐开始存储。第 236 行为汇编语言程序结束标志符。Keil MDK 要求程序文件必须以空行(第 237 行)结束。

参考文献

[1] ARMv7 – M architecture reference manual. ARM DDI 0403Derrata 2010_Q3 (ID100710). [2012]. http://www.arm.com.

[2] ARM. Cortex – M system design kit technical reference manual. ARM DDI 0479B(ID070811). [2010]. http://www.arm.com.

[3] ARM. Cortex – M3 technical reference manual (Revision r2p1). ARM DDI 0337I. [2010]. http://infocenter.arm.com/help/index.jsp.

[4] Yiu Joseph. Cortex – M3 权威指南. 宋岩，译. [2012]. http://down.oad.csdn.netisource/2009050.

[5] 张勇. ARM 原理与 C 程序设计. 西安：西安电子科技大学出版社，2009.

[6] NXP Semicondctors. LPC178x/7x user manual. UM10470. [2011]. http://www.nxp.com.

[7] NXP Semicondctors. LPC178x/7x Preliminary data sheet rev. 4. [2012]. http://www.nxp.com.

[8] IAR Systems. IAR KickStart Kit for NXP semiconductor's LPC1788 Getting started guide. [2009]. http://www.iar.com.

[9] IAR Systems. LPC1788 board schematic. [2009]. http://www.iar.com.

[10] 张勇，方勤，蔡鹏，等. μC/OS – II 原理与 ARM 应用程序设计. 西安：西安电子科技大学出版社，2010.

[11] 张勇. 嵌入式操作系统原理与面向任务程序设计——基于 μC/OS – II v2.86 和 ARM920T. 西安：西安电子科技大学出版社，2010.

[12] Micriμm. μC/OS – III the real-time kernel user's manual. [2010]. http://www.micrium.com.

[13] Labrosse J J, Torres Freddy. μC/OS – III the real-time kernel for NXP LPC1700. Micrium Press，2010.

[14] Labrosse J J. MicroC/OS – II the real-time kernel second edition. CMPBooks，2002.

[15] Labrosse J J. μC/OS – III the real-time kernel for STMicroelectronics STM32. Micriμm Press，2011.